중등교원 임용시험 대비 최신판

박문각 임용

동영상강의 www.pmg.co.kr

정영식
임용기계
기출문제집

정영식 편저

- 2002~2024년 기출문제

- 상세한 해설 + 모범 답안

- 10개 영역별 기출문제 수록

박문각

기계전공교과에서 17문제가 출제되고 이 17문제로 합격, 불합격을 가리니 참 고약한 중등교원임용시험입니다. 특히 2019년부터 "기계·금속 중등교원임용"에서 "기계 중등교원임용"으로 변경되면서 시험문제에 많은 변화가 있었습니다.

저자는 교재를 집필하면서 기계전공교과를 10과목(1. 재료역학, 2. 기계설계, 3. 유체역학, 4. 열역학, 5. 자동차공학, 6. 기계제도, 7. 공·유압기기 및 유체기계, 8. 전기·자동제어, 9. 기계제작법, 10. 기계재료)으로 분류했습니다. 10과목에서 과목당 2문제가 출제되면 20문제입니다. 범위가 너무 광범위한데 정작 문제의 수는 17문제이므로 다시 생각해 봐도 참 고약한 시험입니다.

기계 중등교원임용을 준비하는 많은 학생들과 이야기를 해본 결과 기계공학을 완벽히 공부하기보다는 "중등교원합격"을 위한 수업을 하는 것이 좋겠다고 결론을 내렸습니다. 중등교원시험의 합격이라는 결과를 위해 2002~2024년 기출문제를 완벽히 분석하고 기출문제에서 파생될 수 있는 문제들로 교재를 집필하여 수업하고 있습니다. 이 교재를 접하는 예비 선생님들에게 감히 조언 드립니다. 공부를 위한 공부 말고 "합격을 위한 공부"를 하라고 말입니다. 저자도 공부를 위한 공부보다는 중등교원합격이라는 최종의 목표를 위해 수업하고 교재를 집필하였습니다.

모든 것은 만남으로 시작됩니다. 과거와 현재의 만남, 현재와 미래의 만남의 선상에 우리는 살아가고 있습니다. 현재 존재하는 우리들도 일상에서 수 없는 만남을 탄생시키고 있습니다. 길거리에서 모르는 사람을 만나든, 친구를 만나든, 자의든 타의든 간에 우리는 만남의 틀 안에서 벗어날 수 없습니다.

저자는 국제기계학원 원장으로 22년 동안 기계분야 국가기술자격 강의와 기계직공무원, 군무원 수업을 진행해 왔습니다. 기계분야 강의와 더불어 건설기계기술사와 기계가공기능장으로 기계분야의 강의를 "진심"으로 진행하고 있습니다. 공부를 위한 공부가 아닌 "임용 합격을 위한 강의"를 진행합니다. 수험자분들도 "임용 합격을 위한 공부"를 하는 것을 다시 한 번 강조 드립니다.

예비 선생님에서 "예비"를 떼는 날 까지 같이 열심히 해봅시다!

저자 정 영 식

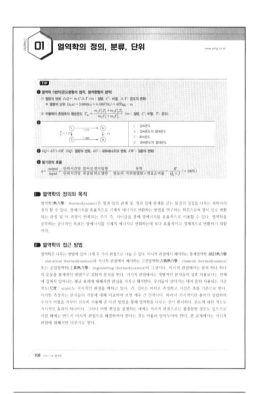

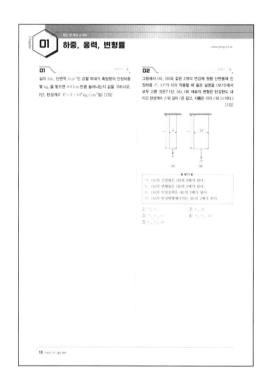

1 | 기본이론으로 구성

기계임용문제를 푸는데 필요한 기본이론(평면도형의 성질, 기초이론과 단위, 연속방정식, 열역학의 정의, 습공기 선도 등)을 넣어 기출문제를 편하게 풀이 할 수 있도록 구성하였습니다.

2 | 2002~2024년 기출문제 수록

2002~2024년 기출문제를 수록하여 보다 완벽한 시험 대비를 할 수 있도록 하였습니다. 기출문제에 대한 답안을 직접 작성해 보면서 실전 감각을 키우고 학습의 진행 정도를 파악할 수 있습니다.

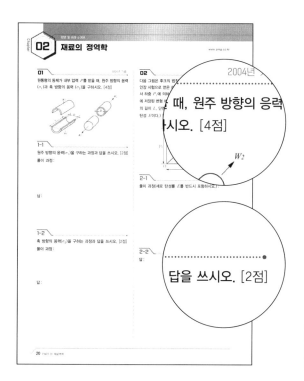

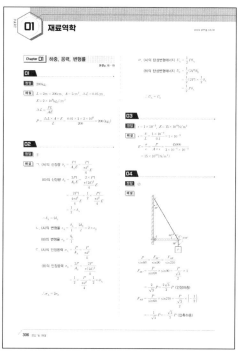

3 | 각 문항별 배점 표시

모든 문항별로 배점을 표시하여, 현재 자신의 실력과
문제의 수준 등을 파악할 수 있도록 하였고 효율적
인 학습이 이루어질 수 있도록 하였습니다.

4 | 상세한 해설수록

모든 문제의 해설을 최대한 상세히 풀어서 수록하고
부족한 부분은 Tip에서 얻어갈 수 있도록 하여 본 교
재를 통해 공부하시는 분들이 혼자서도 최대한 이해
하기 쉽도록 하였습니다.

❶ 2025년 기계중등교사 임용시험 일정 및 출제분야

- 가공고(사전공고): 2024년 6월~8월
- 확정공고(본 TO): 2024년 10월 초
- 원서접수: 2024년 10월 14일~10월 18일
- 시험 날짜: 2024년 11월 23일(1차 시험)
  　　　　　 2025년 1월 15일~2025년 1월 24일(2차 시험)

구분	1교시	2교시(전공 A)-12문제		3교시(전공 B)-11문제	
출제분야	교육학	공업교육론(25~35%), 기계전공문제(65~75%)			
시험시간	60분 (09:00~10:00)	90분 (10:40~12:10)		90분 (12:50~14:20)	
문항유형	논술형	기입형	서술형	기입형	서술형
문항수	1문항	4문항	8문항	2문항	9문항
문항수배점	20점	2점	4점	2점	4점
배점	20점	8점	32점	4점	36점
교시별 배점	20점	40점		40점	
		공업교육론 10점	기계전공문제 30점	공업교육론 10점	기계전공문제 30점
		기입형 1문제 서술형 2문제	기입형 3문제 서술형 6문제	기입형 1문제 서술형 2문제	기입형 1문제 서술형 7문제

※ 본 수험서는 기계전공교과 60점에 해당되는 내용을 수록하였습니다.

❷ 과목별 기출문제 분석

구분	2020년	2021년	2022년	2023년	2024년
재료역학	2문제 보, Hook's law	2문제 보, Mohr's circle	2문제 보, 압력용기	2문제 보, 보	2문제 응력집중, 보의 비틀림
유체역학	3문제 베르누이, 전압력, 점성계수	2문제 베르누이, 상대평형	2문제 베르누이, 전압력	2문제 베르누이, 부력	2문제 피토정압관, 벤츄리관
열역학	1문제 P−V 선도	1문제 T−s 선도	1문제 랭킨사이클	1문제 열펌프	3문제 가솔린기관, 열평형, 냉동사이클
기계제작법	3문제 방전가공, 공구수명, 용접	2문제 연삭숫돌, 선반 MRR	2문제 연삭, 공구수명	2문제 MCT프로그램, 드릴	2문제 CNC선반프로그램, 밀링
기계재료	2문제 순철결정구조, 경도측정	2문제 격자상수, 충격시험	1문제 알루미늄	2문제 무게분률, 포와송비	1문제 재결정
기계제도	0문제	1문제 끼워맞춤	1문제 끼워맞춤	1문제 기하공차	1문제 기하공차
기계설계	2문제 리벳, 브레이크	3문제 피벗베어링, 용접, 평벨트	4문제 블록 브레이크, 응력진폭, 용접, 플랜지 커플링	2문제 용접, 스퍼기어	2문제 리벳, 칼라저널베어링
자동차공학	2문제 하이브리드, 슬립률	1문제 공주거리 및 제동거리	1문제 하이브리드	2문제 발전기, 4행정 제동출력	1문제 디스크브레이크
유체기계	0문제	1문제 펌프종류	1문제 축류 펌프	1문제 수차동력	0문제 수차동력
기초전기	1문제 합성 저항	1문제 합성정전용량	1문제 합성 저항	1문제 회로해석	1문제 변압기 교류해석
자동제어	1문제 블록선도	1문제 전달함수(극점)	1문제 블록선도(전달함수)	1문제 블록선도(전달함수)	1문제 2차 지연(직선계의 전달함수)

❸ 연도별 선발인원 커트라인

연도	선발인원	접수인원	경쟁률	1차 합격선(커트라인)	
				최고점	최저점
2017년	94명	386명	4.11	−	−
2018년	94명	468명	4.98	−	−
2019년	88명	466명	5.3	−	−
2020년	77명	461명	5.99	68점(전북)	51.67점(강원)
2021년	80명	449명	5.61	77.67점(대구)	62.33점(경남, 부산)
2022년	55명	399명	7.25	87.33점(충남)	71.33점(전북)
2023년	64명	286명	4.47	73점(대전)	59.67점(경북)
2024년	62명	342명	5.52	77점(대구)	52.67점(전남)

❹ 지역별 선발인원 커트라인

지역	연도	선발인원	접수인원	경쟁률	커트라인
경기	2020년	2	15	7.5:1	57.67점
	2021년	4	30	7.5:1	68.33점
	2022년	0	–	–	–
	2023년	3	23	7.67:1	71점
	2024년	7	39	5.57:1	68점
서울	2020년	14	86	6.14:1	60점
	2021년	7	47	6.71:1	72점
	2022년	3	30	10:1	81.67점
	2023년	0	–	–	–
	2024년	3	24	8:1	65점
인천	2020년	7	40	5.71:1	59.33점
	2021년	8	37	4.63:1	70.67점
	2022년	4	24	6:1	76.67점
	2023년	0	–	–	–
	2024년	0	–	–	–
대전	2020년	0	–	–	–
	2021년	4	27	6.75:1	70.67점
	2022년	3	21	7:1	76.33점
	2023년	4	28	7:1	73점
	2024년	0	–	–	–
세종	2020년	0	–	–	–
	2021년	0	–	–	–
	2022년	0	–	–	–
	2023년	1	4	4:1	비공개
	2024년	0	–	–	–
울산	2020년	2	10	5:1	52점
	2021년	4	23	5.75:1	65.33점
	2022년	4	26	6.5:1	79점
	2023년	6	22	3.67:1	65점
	2024년	0	–	–	–
부산	2020년	6	37	6.17:1	57.33점
	2021년	8	35	4.38:1	62.33점
	2022년	8	57	7.13:1	76.33점
	2023년	7	42	6:1	68점
	2024년	10	64	6.4:1	69.67점
경남	2020년	3	24	8:1	54.33점
	2021년	11	60	5.45:1	62.33점
	2022년	15	99	6.6:1	76점
	2023년	17	68	4:1	63점
	2024년	9	51	5.67:1	69.67점

지역	연도	선발인원	접수인원	경쟁률	커트라인
경북	2020년	7	57	8.14:1	59.33점
	2021년	6	36	6:1	64.33점
	2022년	2	16	8:1	71점
	2023년	3	14	4.67:1	59.67점
	2024년	4	21	5.25:1	60점
대구	2020년	3	19	6.33:1	59.33점
	2021년	6	33	5.5:1	77.67점
	2022년	2	15	7.5:1	87점
	2023년	3	14	4.67:1	59.67점
	2024년	2	17	8.5:1	77점
제주	2020년	0	–	–	–
	2021년	0	–	–	–
	2022년	0	–	–	–
	2023년	0	–	–	–
	2024년	2	5	2.5:1	비공개
전남	2020년	0	–	–	–
	2021년	0	–	–	–
	2022년	0	–	–	–
	2023년	0	–	–	–
	2024년	3	9	3:1	52.67점
전북	2020년	2	19	9.5:1	68점
	2021년	5	26	5.2:1	68.33점
	2022년	3	22	7.33:1	71.34점
	2023년	7	31	4.43:1	60점
	2024년	13	74	5.69:1	66.33점
광주	2020년	1	13	13:1	비공개
	2021년	1	10	10:1	비공개
	2022년	2	20	10:1	80점
	2023년	0	–	–	–
	2024년	0	–	–	–
충남	2020년	2	13	6.5:1	비공개
	2021년	5	26	5.2:1	68.33점
	2022년	3	22	7.33:1	87.33점
	2023년	5	17	3.4:1	60.33점
	2024년	2	10	5:1	62.67점
충북	2020년	8	37	4.63:1	60.67점
	2021년	12	67	5.58:1	69.67점
	2022년	6	47	7.83:1	84점
	2023년	8	25	3.13:1	71.33점
	2024년	3	13	4.33:1	70.33점
강원	2020년	13	73	5.62:1	51.67점
	2021년	0	–	–	–
	2022년	0	–	–	–
	2023년	0	–	–	–
	2024년	4	15	3.75:1	57점

CONTENTS 차례

CONTENTS **차 례**

정영식
임용기계
기출문제집

PART

01

재료역학

2006년 기출

01

길이 $2\mathrm{m}$, 단면적 $2\mathrm{cm}^2$인 강철 막대가 축방향의 인장하중 몇 $\mathrm{kg_f}$을 받으면 $0.01\mathrm{cm}$만큼 늘어나는지 값을 구하시오. (단, 탄성계수 $E = 2 \times 10^6\,\mathrm{kg_f/cm^2}$임) [2점]

2009년 기출

02

그림에서 (A), (B)와 같은 2개의 연강제 원형 단면봉에 인장하중 P, $2P$가 각각 작용할 때 옳은 설명을 〈보기〉에서 모두 고른 것은? (단, (A), (B) 재료의 변형은 탄성한도 내이고 탄성계수 E와 길이 l은 같고, 지름은 각각 d와 $2d$이다.) [2점]

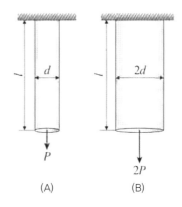

(A) (B)

> ▶ 보기 ◀
> ㄱ. (A)의 신장량은 (B)의 2배가 된다.
> ㄴ. (A)의 변형율은 (B)의 2배가 된다.
> ㄷ. (A)의 인장응력은 (B)의 2배가 된다.
> ㄹ. (A)의 탄성변형에너지는 (B)의 2배가 된다.

① ㄱ, ㄴ　　　　　　② ㄴ, ㄹ
③ ㄱ, ㄴ, ㄷ　　　　④ ㄱ, ㄷ, ㄹ
⑤ ㄴ, ㄷ, ㄹ

03

그림과 같이 길이가 L이고 단면적이 A인 균일한 재질의 원기둥 시편에 길이 방향으로 인장하중 P가 작용하여 길이 변형량 δ가 발생하였다. 〈조건〉을 고려하여 이 시편의 길이 변형률 ϵ과 탄성계수(Young's modulus) $E(\mathrm{N/m^2})$를 각각 구하고, 풀이 과정과 함께 쓰시오. [4점]

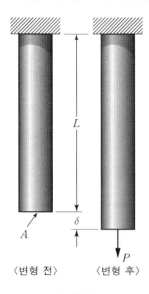

〈변형 전〉　〈변형 후〉

▶ 조건 ◀

- 단면적 $A = 3.0 \times 10^{-4}(\mathrm{m^2})$, 길이 $L = 0.1(\mathrm{m})$, 길이변형량 $\delta = 1.0 \times 10^{-4}(\mathrm{m})$, 인장하중 $P = 45$ (kN)이다.
- 변형은 비례한도 내에 있고, 자중과 단면적의 변화는 고려하지 않는다.
- 변형률은 공칭변형률(nominal strain) 또는 공학변형률(engineering strain)을 의미한다.
- 인장하중 P는 단면적 A에 수직으로 작용한다.

04

그림과 같이 봉 AB의 끝에 하중 P를 매달고 수직 벽에 줄로 C점에 고정시켰을 때, (가) 봉 AB에 작용하는 힘(F_{AB}), (나) 줄 BC에 작용하는 힘(F_{BC})의 크기가 옳게 묶인 것은? (단, 봉은 강체이고 봉과 줄의 무게는 무시한다.) [1.5점]

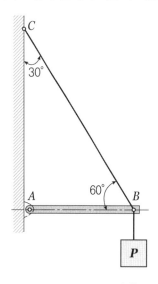

　　　(가)　　　　　　　　　(나)

① $F_{AB} = \dfrac{\sqrt{2}}{3}P$　　　$F_{BC} = \dfrac{2\sqrt{3}}{3}P$

② $F_{AB} = \dfrac{\sqrt{3}}{3}P$　　　$F_{BC} = \dfrac{2\sqrt{3}}{3}P$

③ $F_{AB} = \dfrac{\sqrt{3}}{2}P$　　　$F_{BC} = \dfrac{2\sqrt{3}}{3}P$

④ $F_{AB} = \dfrac{\sqrt{2}}{3}P$　　　$F_{BC} = \dfrac{3\sqrt{2}}{2}P$

⑤ $F_{AB} = \dfrac{\sqrt{3}}{3}P$　　　$F_{BC} = \dfrac{3\sqrt{2}}{2}P$

05

두께 1.5mm, 폭 20mm, 표점거리 50mm인 금속 판재 시편으로 인장시험을 하였다. 하중이 4.5kN에 도달하였을 때 항복현상이 발생하였고, 표점거리가 70mm로 늘어났을 때 파단되었다. 항복강도(MPa), 탄성계수(GPa), 파단이 일어나기 전까지 연신율(%)로 옳은 것은? (단, 항복강도와 비례한도는 일치한다.) [2.5점]

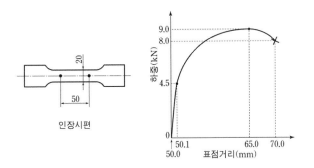

인장시편

	항복강도	탄성계수	연신율
①	150	75	30
②	150	75	40
③	150	150	40
④	300	150	30
⑤	300	150	40

06

그림은 초기 단면적이 $78.5(\text{mm}^2)$인 금속봉재의 '공칭응력 − 공칭변형률 곡선'의 일부이다. 점 B는 점 A로부터 직선 OP에 평행한 직선을 그어 곡선과 만나는 점이다. σ_y는 0.2 (%) 오프셋(offset) 항복응력이다. 직선 OP의 기울기가 의미하는 기계적 성질의 명칭을 쓰고, σ_y가 $200(\text{N/mm}^2)$일 때 항복하중(N)을 구하시오. [2점]

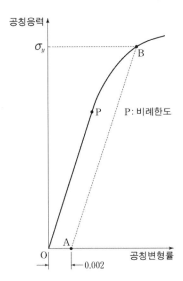

07

그림과 같이 정사각형 단면의 한 변의 길이가 a이고, 축 방향의 길이가 l인 금속 사각봉에 인장하중 P가 작용할 때, 봉의 수직응력과 길이 변화량을 구하시오. 그리고 단면적 변화량과 체적 변화량의 식을 유도한 후, 그 값들을 계산하시오. (단, 다음 〈유의 사항〉을 고려하여 답안을 작성하고, $a = 100\text{mm}$, $l = 2\text{m}$, $P = 200\text{kN}$, $E = 200\text{GPa}$, $\nu = 0.3$이다.) [10점]

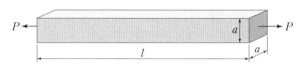

→ 유의 사항 ←

(1) A : 단면적, V : 체적, ϵ : 세로(종)변형률, σ : 수직응력, E : 탄성계수, ν : 푸아송 비, $\triangle l$: 길이변화량, $\triangle A$: 단면적 변화량, $\triangle V$: 체적 변화량

(2) 응력은 MPa, 길이 변화량은 mm, 단면적 변화량은 mm^2, 체적 변화량은 mm^3의 단위로 나타내며, 1Pa은 1N/m^2이다.

(3) 재료는 탄성변형을 한다.

(4) 계산식은 주어진 기호를 사용하며, 모든 풀이 과정을 기술한다.

08

그림과 같이 축방향 인장하중으로 금속 시편이 균질변형 하는 경우를 이용하여 진응력(true stress, σ_T)과 공칭응력(nominal stress, σ)의 차이를 설명하시오. 그리고 진응력, 공칭응력 및 공칭변형률(nominal strain, ϵ) 사이의 관계식을 구하고, 풀이 과정과 함께 쓰시오. (단, 금속 시편의 부피는 일정하다고 가정한다.) [4점]

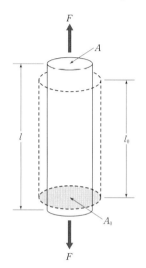

F : 인장하중
A_0 : 변형 전 시편의 단면적
A : 변형 중 시편의 단면적
l_0 : 변형 전 시편의 길이
l : 변형 중 시편의 길이

01

2004년 기출

원통형의 동체가 내부 압력 P를 받을 때, 원주 방향의 응력(σ_1)과 축 방향의 응력 (σ_2)을 구하시오. [4점]

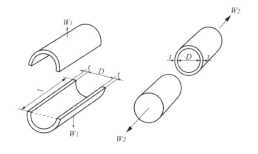

1-1

원주 방향의 응력(σ_1)을 구하는 과정과 답을 쓰시오. [2점]

풀이 과정 :

답 :

1-2

축 방향의 응력(σ_2)을 구하는 과정과 답을 쓰시오. [2점]

풀이 과정 :

답 :

02

2004년 기출

다음 그림은 후크의 법칙(Hook's law)에 따르는 봉재료의 인장 시험으로 얻은 하중 변형 선도이다. 탄성 한도 이내에서 하중 P_1에 의하여 봉의 길이가 δ_1만큼 늘어났을 때, 봉에 저장된 변형 에너지 W를 구하시오. (단, 하중 P_1, 재료의 길이 L, 단면적 A, 인장된 길이 δ_1, 인장응력 σ, 세로 탄성 E이다.) [4점]

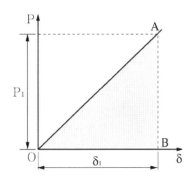

2-1

풀이 과정(세로 탄성률 E를 반드시 포함하시오.) :

2-2

답 :

03

2013년 기출

그림은 최대 내압 $P = 1\mathrm{MPa}$을 받고 있는 원통형 박판 압력용기이다. 안지름 $D = 120\mathrm{cm}$이고, 압력용기 재질의 항복응력이 $600\mathrm{MPa}$일 때, 원통 부분의 최소 두께 $t(\mathrm{mm})$는? (단, 안전계수(safety factor)는 4이다.) [2.5점]

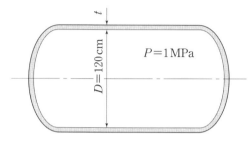

① 0.5

② 1.0

③ 2.0

④ 4.0

⑤ 8.0

01 .... 2008년 기출

다음 그림과 같이 수직 단면적 (A_o)을 갖는 봉재에 축 방향으로 인장하중 (P)이 작용한다. 임의의 각(θ), 단면적 A_n인 경사단면에 작용하는 전단응력(τ_n)의 식을 쓰고, 최대전단경사각($\theta_{\max}$)과 최대전단응력($\tau_{\max}$)을 각각 쓰시오. [3점]

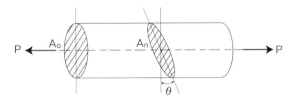

1-1

전단응력(τ_n)의 식:

1-2

최대전단경사각($\theta_{\max}$):

1-3

최대전단응력($\tau_{\max}$):

02 .... 2010년 기출

그림의 평면 응력 상태에 대하여 모호원(Mohr's circle)을 작도하고, 세 축의 주응력과 최대전단응력을 구하시오. 또한, 이 재료의 인장항복강도가 $\sigma_y = 150\mathrm{MPa}$라고 할 때, 최대전단응력기준(Maximum shear stress criterion, Tresca criterion)에서의 안전 여부에 대하여 설명하시오. (단, 그림에 주어진 응력 상태를 모호원에 표기하시오.) [15점]

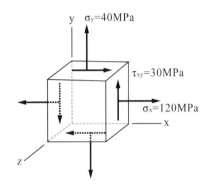

03

평면응력(2차원 응력) 상태에 있는 한 응력요소에서 $\sigma_x = 1{,}850\mathrm{kg_f/cm^2}$, $\sigma_y = 250\mathrm{kg_f/cm^2}$, $\tau_{xy} = -600\mathrm{kg_f/cm^2}$이 작용할 때, $x - y$ 평면 내의 최대주응력을 σ_1, 최소주응력을 σ_2라고 하면, $\sigma_1 + 3\sigma_2$의 값은? [2점]

① $1{,}300\mathrm{kg_f/cm^2}$ ② $1{,}900\mathrm{kg_f/cm^2}$

③ $2{,}050\mathrm{kg_f/cm^2}$ ④ $2{,}200\mathrm{kg_f/cm^2}$

⑤ $2{,}600\mathrm{kg_f/cm^2}$

04

그림과 같이 어떤 재료의 평면응력 상태에 있는 미소사각요소에 수직응력 $\sigma_x = 6(\mathrm{MPa})$, $\sigma_y = 4(\mathrm{MPa})$, 전단응력 $\tau_{xy} = 1(\mathrm{MPa})$이 작용하고 있다. 이때 최대주응력 σ_1 (MPa), 최대전단응력 $\tau_{\max}(\mathrm{MPa})$의 크기, 최대주응력의 방향 $\theta_1(°)$을 구하고, 풀이과정과 함께 쓰시오. (단, 재료는 균질, 등방성, 미소변위 상태이다. 최대주응력 방향 θ_1은 $+x$축을 기준으로 시계방향은 ($-$)이고, 반시계방향은 ($+$)이다. θ_1의 범위는 $-90° \leq \theta_1 \leq 90°$이다.) [5점]

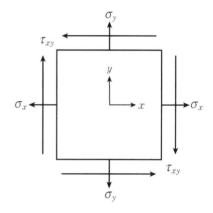

05

그림은 3차원 응력 상태에 놓여 있는 정육면체 요소를 나타낸 것이다. 응력 성분이 $\sigma_x = 100(\mathrm{MPa})$, $\sigma_y = 20(\mathrm{MPa})$, $\sigma_z = -20(\mathrm{MPa})$, $\tau_{yz} = \tau_{zx} = 0$으로 주어질 때, 최대 주응력 $\sigma_{\max} = 110(\mathrm{MPa})$이 되기 위한 $\tau_{xy}(\mathrm{MPa})$를 구하고, 풀이 과정과 함께 쓰시오. 그리고 이때의 최대 전단응력 $\tau_{\max}(\mathrm{MPa})$를 구하고, 풀이 과정과 함께 쓰시오. [4점]

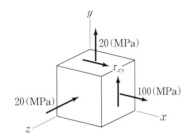

> **TIP**

❶ 사각형, 중실, 중공의 형상계수값을 암기하여야만 된다.

구분	수학적 표현	공식활용	사각형	중실축	중공축
단면 1차 모멘트 Q_x, Q_y	$Q_x = \int y dA$ $Q_y = \int x dA$	$Q_x = \bar{y} A$ $Q_y = \bar{x} A$			$x = \dfrac{D_1}{D_2}$
단면 2차 모멘트 I_x, I_y	$I_x = \int y^2 dA$	$I_x = K_y^2 A$ $I_y = K_x^2 A$	$I_x = \dfrac{bh^3}{12}$ $I_y = \dfrac{hb^3}{12}$	$I_x = I_y = \dfrac{\pi D^4}{64}$	$I_x = I_y = \dfrac{\pi D_2^4}{64}(1 - x^4)$
극단면 2차 모멘트 I_p	$I_p = \int r^2 dA$	$I_p = I_x + I_y$	$I_p = \dfrac{bh}{12}(b^2 + h^2)$	$I_p = \dfrac{\pi D^4}{32}$	$I_p = \dfrac{\pi D_2^4}{32}(1 - x^4)$
단면계수 Z	$Z_x = \dfrac{I_x}{e_x}$ $Z_y = \dfrac{I_y}{e_y}$	$Z = \dfrac{M}{\sigma_b}$	$Z_x = \dfrac{bh^2}{6}$ $Z_y = \dfrac{hb^2}{6}$	$Z_x = Z_y = \dfrac{\pi D^3}{32}$	$Z_x = Z_y = \dfrac{\pi D_2^3}{32}(1 - x^4)$
극단면계수 Z_p	$Z_p = \dfrac{I_p}{e}$	$Z_p = \dfrac{T}{\tau}$	—	$Z_p = \dfrac{\pi D^3}{16}$	$Z_p = \dfrac{\pi D_2^3}{16}(1 - x^4)$

❷ 평형축 정리

$I_x' = I_{\bar{X}} + a^2 A$ (I_x' : 새로운 축의 단면 2차 모멘트, a : 도심에서 떨어진 거리, $I_{\bar{X}}$: 도심축에서의 단면 2차 모멘트, A : 단면적)

❸ 삼각형 도심에서 단면 2차 모멘트 : $I_{\bar{x}} = \dfrac{bh^3}{36}$, 삼각형 밑변에서 단면 2차 모멘트 : $I_x' = \dfrac{bh^3}{12}$

1️⃣ 관성모멘트

(1) 모멘트(Moment)의 종류

① 힘모멘트 = 힘 × 최단거리

② 단면모멘트 = 단면 × 거리

　㉠ 단면 1차 모멘트 = 단면 × 거리 1 (거리 : 평면의 도심)

　㉡ 단면 2차 모멘트 = 단면 × 거리 2 (거리 : 평면의 회전반경)

(2) 단면 1차 모멘트 Q_x, Q_y

도심 $\bar{y} = \dfrac{Q_x}{A} = \dfrac{x축\ 단면\ 1차\ 모멘트}{전체\ 단면} = \dfrac{A_1 y_1 + A_2 y_2 + A_3 y_3}{A_1 + A_2 + A_3}$	
도심 $\bar{x} = \dfrac{Q_y}{A} = \dfrac{y축\ 단면\ 1차\ 모멘트}{전체\ 단면} = \dfrac{A_1 x_1 + A_2 x_2 + A_3 x_3}{A_1 + A_2 + A_3}$	

① x축에 대한 단면 1차 모멘트 Q_x

$$Q_x = (dA_1 \times y_1) + (dA_2 \times y_2) + \cdots (dA_n \times y_n) = \sum_{i=1}^{n} dA_i y_i$$
$$= \int_A y\ dA$$
$$= \bar{y} A$$

② y축에 대한 단면 1차 모멘트 Q_y

$$Q_y = (dA_1 \times x_1) + (dA_2 \times x_2) + \cdots (dA_n \times x_n)$$
$$= \sum_{i=1}^{n} dA_i x_i$$
$$= \int_A x\, dA$$
$$= \bar{x} A$$

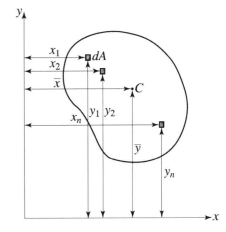

㉠ 사각단면의 도심구하기

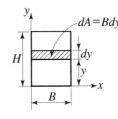 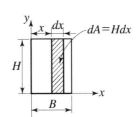

$$Q_y = \int x\, dA = \int xh\, dx = h \int_0^b x\, dx = h \times \frac{b^2}{2} = hb \times \frac{b}{2} = A \times \bar{x}$$

$$Q_x = \int y\, dA = \int y\, b\, dy = b \int_0^h y\, dy = b \times \frac{h^2}{2} = bh \times \frac{h}{2} = A \times \bar{y}$$

ⓛ 반원의 도심 구하기

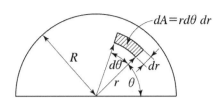 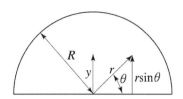

$y = r\sin\theta, \ dA = r \times d\theta \times dr$

$$Q_x = \int y dA$$

$$= \int r\sin\theta r d\theta \times dr$$

$$= \int_o^R r^2 dr \times 2\int_0^{\frac{\pi}{2}} \sin\theta d\theta$$

$$= \frac{R^3}{3} \times 2 \times -\left(\cos\frac{\pi}{2} - \cos 0\right)$$

$$= \frac{R^3}{3} \times 2$$

$$= \frac{2R^3}{3}$$

$$Q_x = \frac{2R^4}{3}$$

$$= y \times \frac{\pi R^2}{2}$$

$$\therefore \overline{y} = \frac{2R^3}{3} \times \frac{2}{\pi R^2} = \frac{4R}{3\pi}$$

반원의 도심 $\overline{y} = \frac{4R}{3\pi}$

(3) **단면 2차 모멘트 = 관성모멘트**

① x축 단면 2차 모멘트 $I_x = \int_A y^2 dA = A k_x^2$

② y축 단면 2차 모멘트 $I_y = \int_A x^2 dA = A k_y^2$

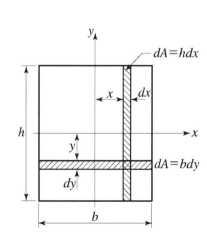

㉠ 사각단면($b \times h$)일 때(도심축에 대한 단면 2차 모멘트)

$$I_x = \int y^2 dA = \int_{-\frac{h}{2}}^{+\frac{h}{2}} y^2 \times b dy = \frac{bh^3}{12}$$

$$I_y = \int x^2 dA = \int_{-\frac{b}{2}}^{+\frac{b}{2}} x^2 \times b dy = \frac{hb^3}{12}$$

ⓒ 원형단면의 2차 모멘트

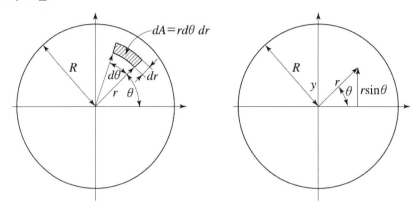

$$dA = r \times d\theta \times dr, \ y = r\sin\theta$$

$$
\begin{aligned}
I_x &= \int_A y^2 dA \\
&= \int\int (r^2\sin^2\theta)r \times d\theta \times dr \\
&= \int_0^R r^3 dr \times \int_0^{\frac{\pi}{2}} \frac{(1-\cos2\theta)}{2} d\theta \\
&= \frac{R^4}{4} \times \frac{4}{2} \int_0^{\frac{\pi}{2}} (1-\cos2\theta) d\theta \\
&= \frac{R^4}{4} \times \frac{4}{2} \left[\theta - \frac{1}{2}\sin2\theta \right]_0^{\frac{\pi}{2}} \\
&= \frac{R^4}{4} \times \frac{4}{2} \times \frac{\pi}{2} = \frac{\pi R^4}{4} = \frac{\pi D^4}{64}
\end{aligned}
$$

중실축의 단면 2차 모멘트 $I_x = I_y = \dfrac{\pi D^4}{64}$

ⓓ 중공축 = 속이 빈 축의 단면 2차 모멘트

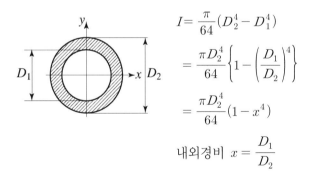

$$
\begin{aligned}
I &= \frac{\pi}{64}(D_2^4 - D_1^4) \\
&= \frac{\pi D_2^4}{64}\left\{ 1 - \left(\frac{D_1}{D_2}\right)^4 \right\} \\
&= \frac{\pi D_2^4}{64}(1 - x^4)
\end{aligned}
$$

내외경비 $x = \dfrac{D_1}{D_2}$

⑷ **극단면 2차 모멘트 = 극관성모멘트** I_p(≒원점에 대한 단면 2차 모멘트)

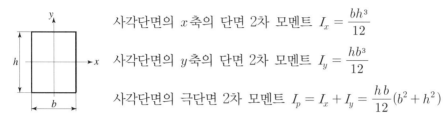

$$I_p = \int_A r^2 dA$$
$$= I_x + I_y$$
$$= \int_A (x^2 + y^2) dA$$
$$= \int_A x^2 dA + \int_A y^2 dA$$
$$= I_x + I_y$$

① 사각 단면의 극단면 2차 모멘트

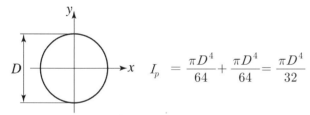

사각단면의 x축의 단면 2차 모멘트 $I_x = \dfrac{bh^3}{12}$

사각단면의 y축의 단면 2차 모멘트 $I_y = \dfrac{hb^3}{12}$

사각단면의 극단면 2차 모멘트 $I_p = I_x + I_y = \dfrac{hb}{12}(b^2 + h^2)$

② 원형단면의 극단면 2차 모멘트

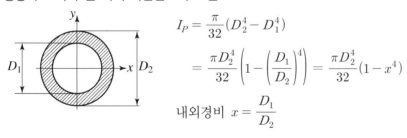

$$I_p = \frac{\pi D^4}{64} + \frac{\pi D^4}{64} = \frac{\pi D^4}{32}$$

③ 중공축 = 속이 빈 축의 극단면 2차 모멘트

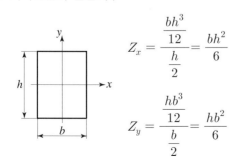

$$I_P = \frac{\pi}{32}(D_2^4 - D_1^4)$$
$$= \frac{\pi D_2^4}{32}\left(1 - \left(\frac{D_1}{D_2}\right)^4\right) = \frac{\pi D_2^4}{32}(1 - x^4)$$

내외경비 $x = \dfrac{D_1}{D_2}$

⑸ **단면계수** $Z = \dfrac{I}{e}$

도형의 도심을 지나는 축에 관한 단면 2차 모멘트를 그 축에서 도형의 끝단까지의 연직거리를 나눈 것을 단면계수라 한다.

① 사각단면의 단면계수

$$Z_x = \frac{\dfrac{bh^3}{12}}{\dfrac{h}{2}} = \frac{bh^2}{6}$$

$$Z_y = \frac{\dfrac{hb^3}{12}}{\dfrac{b}{2}} = \frac{hb^2}{6}$$

② 원형단면의 단면계수

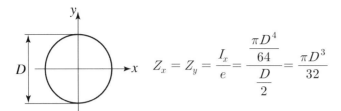

$$Z_x = Z_y = \frac{I_x}{e} = \frac{\frac{\pi D^4}{64}}{\frac{D}{2}} = \frac{\pi D^3}{32}$$

③ 중공축

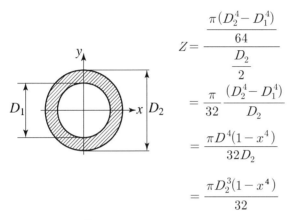

$$Z = \frac{\frac{\pi (D_2^4 - D_1^4)}{64}}{\frac{D_2}{2}}$$

$$= \frac{\pi}{32} \frac{(D_2^4 - D_1^4)}{D_2}$$

$$= \frac{\pi D^4 (1 - x^4)}{32 D_2}$$

$$= \frac{\pi D_2^3 (1 - x^4)}{32}$$

(6) **극단면계수** $Z_p = \dfrac{I_p}{e}$

도형의 도심을 지나는 축에 관한 극단면 2차 모멘트(I_p)를 2축에서 도형의 끝단까지의 연직거리를 나눈 것을 극단면계수라 한다.

① 중실축의 극단면계수

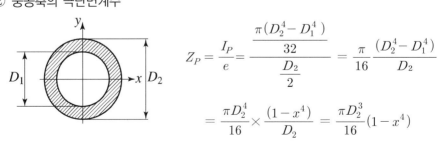

$$Z_p = \frac{I_p}{e} = \frac{\frac{\pi D^4}{32}}{\frac{D}{2}} = \frac{\pi D^3}{16}$$

② 중공축의 극단면계수

$$Z_P = \frac{I_P}{e} = \frac{\frac{\pi (D_2^4 - D_1^4)}{32}}{\frac{D_2}{2}} = \frac{\pi}{16} \frac{(D_2^4 - D_1^4)}{D_2}$$

$$= \frac{\pi D_2^4}{16} \times \frac{(1 - x^4)}{D_2} = \frac{\pi D_2^3}{16} (1 - x^4)$$

(7) 단면상승 모멘트

$I_{XY} = \int xydA = \overline{x}\,\overline{y}A \rightarrow \overline{x}\,\overline{y}$ 는 도형의 도심이다. 도형의 도심에서는 항상 단면상승 모멘트는 0의 값을 가진다. 이를 정리하면 다음과 같다.

구분	수학적 표현	공식활용	사각형	중실축	중공축
단면 1차 모멘트 Q_x, Q_y	$Q_x = \int ydA$ $Q_y = \int xdA$	$Q_x = \overline{y}A$ $Q_y = \overline{x}A$			$x = \dfrac{D_1}{D_2}$
단면 2차 모멘트 I_x, I_y	$I_x = \int y^2 dA$	$I_x = K_y^2 A$ $I_y = K_x^2 A$	$I_x = \dfrac{bh^3}{12}$ $I_y = \dfrac{hb^3}{12}$	$I_x = I_y = \dfrac{\pi D^4}{64}$	$I_x = I_y = \dfrac{\pi D_2^4}{64}(1-x^4)$
극단면 2차 모멘트 I_p	$I_p = \int r^2 dA$	$I_p = I_x + I_y$	$I_p = \dfrac{bh}{12}(b^2 + h^2)$	$I_p = \dfrac{\pi D^4}{32}$	$I_p = \dfrac{\pi D_2^4}{32}(1-x^4)$
단면계수 Z	$Z_x = \dfrac{I_x}{e_x}$ $Z_y = \dfrac{I_y}{e_y}$	$Z = \dfrac{M}{\sigma_b}$	$Z_x = \dfrac{bh^2}{6}$ $Z_y = \dfrac{hb^2}{6}$	$Z_x = Z_y = \dfrac{\pi D^3}{32}$	$Z_x = Z_y = \dfrac{\pi D_2^3}{32}(1-x^4)$
극단면계수 Z_p	$Z_p = \dfrac{I_p}{e}$	$Z_p = \dfrac{T}{\tau}$	—	$Z_p = \dfrac{\pi D^3}{16}$	$Z_p = \dfrac{\pi D_2^3}{16}(1-x^4)$

2 평형축의 정리

$$I_{X'} = \int_A (a+y)^2 dA$$
$$= \int_A (y^2 + 2ya + a^2)dA$$
$$= \int_A y^2 dA + 2a\int_A ydA + \int_A a^2 dA$$
$$= I_{\overline{X}} + a^2 A$$

($I_{X'}$: 새로운 축의 단면 2차 모멘트, a : 도심에서 떨어진 거리, $I_{\overline{X}}$: 도심축에서의 단면 2차 모멘트, A : 단면적)

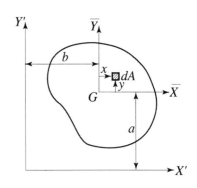

③ 삼각형의 단면 2차 모멘트

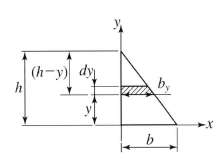

$$dA = dy \times b_y = dy \times \frac{b(h-y)}{h}$$

$$h : b = (h-y) : b_y$$

$$b(h-y) = hb_y$$

$$\therefore b_y = \frac{b(h-y)}{h}$$

$$I_x = \int y^2 dA = \int_0^h y^2 \times \frac{b(h-y)}{h} dy$$

$$= \frac{b}{h} \int_0^h (y^2 h - y^3) dy \ = \frac{b}{h} \times \left(h\frac{y^3}{3} - \frac{y^4}{4} \right)$$

$$= \frac{b}{h} \times \left(\frac{h^4}{3} - \frac{h^4}{4} \right) = \frac{b}{h} \times \frac{h^4}{12}$$

$$= \frac{bh^3}{12}$$

평행축 정리를 이용하여 $I = I_{\overline{x}} + a^2 A x^{'}$

도심에서 단면 2차 모멘트 $I_{\overline{x}} = I_x^{'} - a^2 A$

$$I_{\overline{x}} = \frac{bh^3}{12} - \left(\frac{h}{3} \right)^2 \times \frac{bh}{2} = \frac{bh^3}{12} - \frac{h^2}{9} \times \frac{bh}{2} \ = \frac{bh^3}{12} - \frac{bh^3}{18} = \frac{bh^3}{36}$$

삼각형 도심에서 단면 2차 모멘트 $I_{\overline{x}} = \frac{bh^3}{36}$

삼각형 밑변에서 단면 2차 모멘트 $I_x^{'} = \frac{bh^3}{12}$

2016년 기출

01

그림과 같이 지름 $d = 10(\text{mm})$이고 길이 $L = 1(\text{m})$인 중심 원형봉의 한쪽 끝을 벽에 고정하고, 다른 쪽 끝에는 비틀림 모멘트 $T = \dfrac{\pi}{32}(\text{N} \cdot \text{m})$를 가하였다. 이때 원형봉에 발생한 최대전단응력(N/m^2)과 비틀림각 $\theta(\text{rad})$를 구하고, 풀이 과정과 함께 쓰시오. (단, 원형봉의 전단탄성계수 (shear modulus) $G = 100 \times 10^9 (\text{Pa})$이다. 그림은 비례척이 아님) [4점]

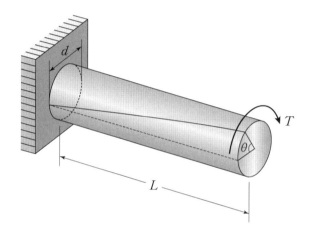

2017년 기출

02

차축이 회전 각속도 $\omega(\text{rad/sec})$로 $H(\text{W})$의 동력을 전달한다. 이 축의 허용 전단응력이 $\tau_a(\text{N}/\text{m}^2)$인 경우, 축의 외경을 설계하고자 한다. 그림과 같이 차축이 중공축이고 내경 d_1이 외경 d_2의 $\dfrac{1}{2}$일 때, 다음 〈조건〉을 사용하여 외경 $d_2(\text{m})$를 구하는 식을 서술하고, 풀이 과정과 함께 쓰시오.

[5점]

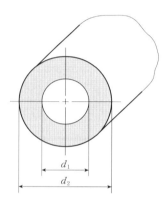

> ▶ 조건 ◀

- 축은 비틀림만 받는다고 가정한다.
- 풀이 과정에 축이 전달하는 비틀림 모멘트 $T(\text{N} \cdot \text{m})$를 구하는 식을 명시한다.
- π는 그대로 쓰고, 제곱근, 세제곱근의 계산은 다음 예시로 표시 : $(20\pi)^{1/2}$, $(15\pi)^{1/3}$

보(Beam)

www.pmg.co.kr

2002년 기출

01

그림과 같은 형상과 치수를 갖는 단순보(Simple Beam)에 대한 반력 R_A, R_B를 계산하시오. [4점]

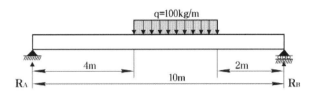

1-1

계산식 [2점] :

1-2

답 : R_A [1점] =

R_B [1점] =

2005년 기출

02

다음 그림을 보고, 길이 120mm 인 단순보에 A받침점으로부터 $a_1 = 40\text{mm}$ 인 곳에 집중하중 $W_1 = 15\text{N}$ 이, $a_2 = 80\text{mm}$ 인 곳에 집중하중 $W_2 = 30\text{N}$ 이 작용 할 때, 보의 중앙인 60mm 지점에서의 굽힘모멘트를 구하시오.

[3점]

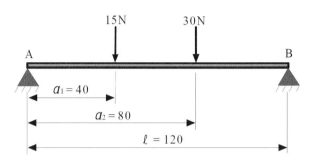

2-1

풀이 과정 :

2-2

모멘트 :

03

2007년 기출

다음 그림과 같이 길이 $l = 200\text{cm}$ 의 단순보에 균일분포하중 $w = 3\text{kg}_f/\text{cm}$ 가 작용하고 있다. 보의 양단과 중앙에서의 전단력 및 굽힘모멘트 값을 구하고, 이 보의 전단력 선도, 굽힘모멘트 선도를 그리시오. [3점]

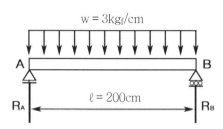

3-1

전단력 : 왼쪽 단면 값 _____

중앙 단면 값 _____

오른쪽 단면 값 _____

굽힘모멘트 : 왼쪽 단면 값 _____

중앙 단면 값 _____

오른쪽 단면 값 _____

3-2

전단력 선도 :

3-3

굽힘 모멘트 선도 :

04

2009년 기출

그림과 같이 길이 l 인 단순 지지보의 중앙부에 균일분포하중 w 가 부분적으로 작용할 때 발생하는 (가) A 지점의 반력, (나) 최대전단력, (다) 최대굽힘모멘트로 옳게 묶인 것은? [2점]

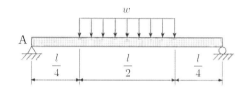

	(가)	(나)	(다)
①	$\dfrac{wl}{4}$	$\dfrac{wl}{4}$	$\dfrac{3}{32}wl^2$
②	$\dfrac{wl}{4}$	$\dfrac{wl}{2}$	$\dfrac{3}{32}wl^2$
③	$\dfrac{wl}{4}$	$\dfrac{wl}{4}$	$\dfrac{5}{32}wl^2$
④	$\dfrac{wl}{2}$	$\dfrac{wl}{2}$	$\dfrac{5}{32}wl^2$
⑤	$\dfrac{wl}{2}$	$\dfrac{wl}{4}$	$\dfrac{5}{48}wl^2$

05

그림과 같이 하중을 받고 있는 강철보의 굽힘모멘트(M) 선 도는? (단, 보의 무게는 무시한다.) [2점]

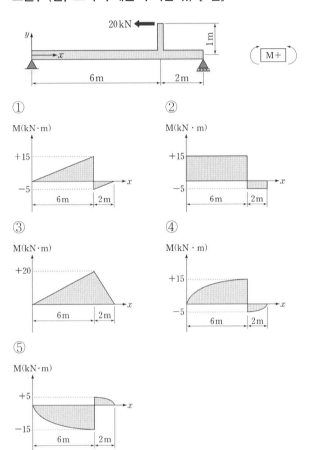

① ②

③ ④

⑤

06

그림과 같이 외팔보에 분포하중(w)이 작용할 때, 〈조건〉을 고려하여 보의 B점 단면에 걸리는 전단력과 굽힘모멘트 값을 구하고, 풀이 과정과 함께 쓰시오. [4점]

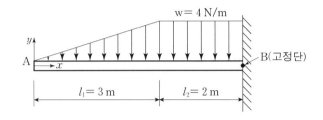

> **조건**

• 보의 자중은 무시한다.

• 전단력의 단위는 N, 굽힘모멘트의 단위는 N · m 이다.

• 전단력(V)과 굽힘 모멘트(M)에 대한 양(+)의 부호 규약은 다음과 같다.

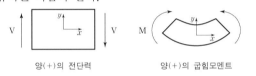

양(+)의 전단력   양(+)의 굽힘모멘트

07

2021년 기출

그림은 균일분포하중 w가 아래 방향으로 작용하고 있는 단순 지지보 AB를 나타낸 것이다. 지지점 A로부터 x방향으로 x_L만큼 떨어진 위치에 최대굽힘모멘트 $M_{max} = 1.2$ $(kN \cdot m)$가 발생하였다. 〈조건〉을 고려하여 $x_L(m)$과 w $(kN \cdot m)$를 각각 구하고, 풀이과정과 함께 쓰시오. [4점]

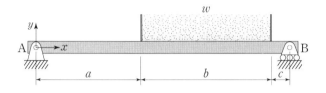

▶ 조건 ◀

• $a = 0.5(m)$, $b = 0.6(m)$, $c = 0.1(m)$

• 보는 비례한도 내에서 변형하고, 보의 단면은 일정하며 자중은 무시한다.

• 전단력 V와 굽힘모멘트 M에 대한 양(+)의 부호 규약은 다음과 같다.

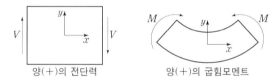

양(+)의 전단력　　　　양(+)의 굽힘모멘트

• 주어진 조건 외에는 고려하지 않는다.

07 보속의 응력

www.pmg.co.kr

01
2006년 기출

폭 b, 높이 h인 사각 단면을 가지고, 길이가 L인 단순보에 그림과 같이 균일분포하중 $w(\text{N/m})$가 작용할 때, 다음을 구하시오. [3점]

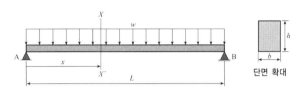

단면 확대

1-1

받침점 A에서 $x(\text{m})$의 거리에 있는 임의의 단면 $X-X'$에서의 굽힘모멘트 :

1-2

보에 작용하는 최대굽힘모멘트 :

1-3

보에서 발생하는 최대굽힘응력 :

02
2010년 기출

그림과 같이 직사각형 단면을 갖는 단순보가 집중하중을 받을 때 (가) 최대굽힘모멘트($\text{N}\cdot\text{m}$), (나) 최대굽힘응력(MPa)의 값이 옳게 묶인 것은? (단, 보의 단면은 폭 $b=20\text{mm}$, 높이 $h=30\text{mm}$ 이다.) [2.5점]

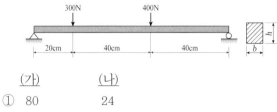

	(가)	(나)
①	80	24
②	90	24
③	90	30
④	120	30
⑤	120	40

2011년 기출

03

그림과 같이 외력 P를 받아 평형을 이루는 보의 아래 표면에서 위로 $\dfrac{3h}{4}$, 왼쪽 끝에서 $\dfrac{l}{2}$ 지점 A의 굽힘응력(σ_x)값으로 옳은 것은? (단, x, y, z 축은 도심축이다.) [2점]

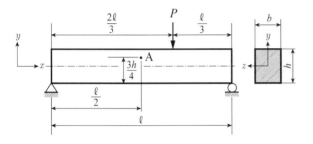

① $\sigma_x = -\dfrac{Pl}{2bh^2}$

② $\sigma_x = -\dfrac{Pl}{3bh^2}$

③ $\sigma_x = -\dfrac{Pl}{4bh^2}$

④ $\sigma_x = -\dfrac{Pl}{5bh^2}$

⑤ $\sigma_x = -\dfrac{Pl}{6bh^2}$

2014년 기출

04

그림과 같이 집중하중과 분포하중이 작용하는 내다지보의 반력을 구하고, 전단력 선도와 굽힘모멘트 선도를 그리시오. 그리고 보의 단면 높이가 h가 $40\mathrm{mm}$일 때, 허용굽힘응력 $30\mathrm{MPa}$을 기준으로 최소 단면폭 b를 구하시오. (단, 아래 〈유의 사항〉을 고려하여 답안을 작성한다.) [10점]

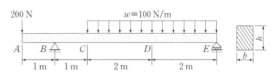

▶ 유의 사항 ◀

(1) 전단력(V)과 굽힘모멘트(M)에 대한 양(+)의 부호 규약은 다음과 같다

(2) 전단력 선도와 굽힘모멘트 선도를 그릴 때 보의 위치 $A \sim E$에서의 전단력과 굽힘모멘트 값을 표시한다.

(3) 반력과 전단력의 단위는 N, 굽힘모멘트의 단위는 $\mathrm{N \cdot m}$, 보 단면의 단위는 mm를 사용한다.

(4) 보의 자중은 무시한다.

(5) 모든 풀이 과정을 기술한다.

05

그림은 자유단에 수직 하중 $F(\mathrm{N})$와 비틀림 모멘트 T $(\mathrm{N} \cdot \mathrm{m})$를 받는 원형 단면의 외팔보이다. 〈조건〉을 사용하여 외팔보의 A점에 발생한 굽힘응력 $\sigma_b(\mathrm{MPa})$, 비틀림 응력 $\tau_t(\mathrm{MPa})$및 최대인장응력 $\sigma_{\max}(\mathrm{MPa})$를 각각 구하고, 풀이 과정과 함께 쓰시오. [5점]

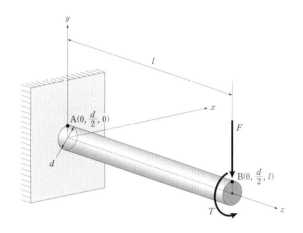

》 조건 《

- 원형 단면 보는 길이 $l = 0.1(\mathrm{m})$, 지름 $d = 0.01(\mathrm{m})$ 인 선형 탄성체이다.

- $F = \dfrac{6000\pi}{32}(\mathrm{N})$이고, $T = 25\pi(\mathrm{N} \cdot \mathrm{m})$이다.

- 원형 단면에 대한 단면 2차 관성모멘트 $I = \dfrac{\pi d^4}{64}$,

  극관성모멘트 $I_p = \dfrac{\pi d^4}{32}$이다.

- 보의 자중에 의한 영향은 무시하며, 주어진 조건 이이 에는 고려하지 않는다.

06

A와 B에서 각각 핀(pin)과 롤러(roller)로 지지되어 있는 부재의 점 D에 그림과 같이 집중하중이 작용하고 있다. 아래 〈유의 사항〉을 고려하여 자유물체도를 그려서 양단 지지점에서의 반력을 계산하고, x축에 수직인 단면에 대해 점 C에서의 수직응력을 구하시오. (단, 반력과 수직응력 계산시 과정식도 함께 기술해야 한다.) [15점]

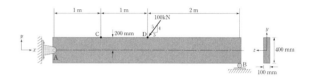

》 유의 사항 《

(1) 점 C와 D는 $z = 0$인 평면상에 있다.

(2) 부재의 자중에 의한 영향은 무시한다.

(3) 필요시 직사각형 단면에 대한 관성모멘트는 아래 공식을 참고한다.

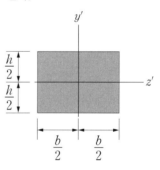

$$I_{z'} = \frac{bh^3}{12}, \quad I_{y'} = \frac{b^3 h}{12}$$

(4) 힘의 단위는 kN, 길이 단위는 m, 응력의 단위는 kPa로 나타낸다.

07

그림과 같이 외팔보에 집중하중 P와 분포하중 w가 수직하게 작용한다. 〈조건〉을 고려하여 보의 A점 단면에서 걸리는 전단력, 굽힘모멘트와 최대굽힘인장응력을 각각 구하고, 풀이 과정과 함께 순서대로 쓰시오. [5점]

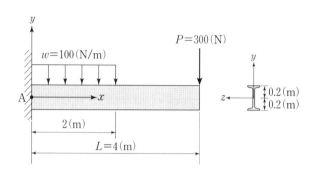

── ▶ 조건 ◀ ──

- 부재의 자중에 의한 영향은 무시한다.
- 전단력의 단위는 (N), 굽힘모멘트의 단위는 $(N \cdot m)$, 응력의 단위는 (N/m^2)이다.
- 전단력 V와 굽힘모멘트 M에 대한 양$(+)$의 부호 규약은 다음과 같다.

양$(+)$의 전단력

양$(+)$의 굽힘모멘트

- 보에 대한 단면 2차 모멘트 I는 $4 \times 10^{-4}(m^4)$이다.

08

다음은 균일분포하중이 작용하는 외팔보를 나타낸 그림이다. 물음에 답하시오. (단, 보의 단면은 폭이 $6cm$이고, 높이가 $8cm$이다.) [4점]

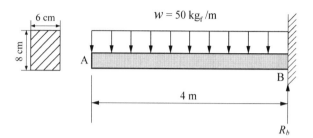

8-1

B점의 반력(R_b)을 계산하시오.

답: $R_b =$ _____ (kg_f)

8-2

B점에 작용하는 최대전단력(V_{max})을 계산하시오.

답: $V_{max} =$ _____ (kg_f)

8-3

B점에 작용하는 최대굽힘모멘트(M_{max})를 계산하시오.

답: $M_{max} =$ _____ $(kg_f \cdot cm)$

8-4

최대굽힘응력(σ_{max})을 계산하시오.

답: $\sigma_{max} =$ _____ (kg_f/cm^2)

Chapter

08 보의 처짐

www.pmg.co.kr

01

그림은 점 B에서 모멘트 $M_0(\mathrm{N \cdot m})$을 받는 길이 $L(\mathrm{m})$의 단순 지지보(simply supported beam) AB를 나타낸 것이다. 〈조건〉을 고려하여 점 A로부터 x만큼 떨어진 위치에서 보의 처짐(deflection) $y(x)$와 기울기 $a(x)=\dfrac{dy(x)}{dx}$를 각각 x, M_o, E, I, L을 이용하여 나타내고, 풀이 과정과 함께 쓰시오. [4점]

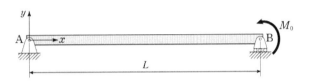

> ▶ 조건 ◀

- 보는 비례한도 내에서 변형하고, 자중에 의한 영향은 무시한다.
- 모멘트 $M_o(>0)$은 반시계방향으로 작용한다.
- x, $y(x)$의 단위는 m 이다.
- $I(\mathrm{m}^4)$는 보 단면의 중립축에 대한 단면 2차 모멘트 $E(\mathrm{Pa})$는 탄성계수(Young's modulus)이다.
- 주어진 조건 외에는 고려하지 않는다.

02

단면이 일정한 외팔보(점 A에서 고정)의 끝단 C에 집중 하중 P가 작용한다. 아래 〈유의 사항〉을 고려하여 탄성 영역 내에서 부재 AB의 전단력 선도(shear force diagram)와 굽힘 모멘트 선도(bending moment diagram)를 그리고, 부재 AB의 처짐 곡선의 방정식을 유도하여 점 B의 처짐 δ_B를 구하시오. [15점]

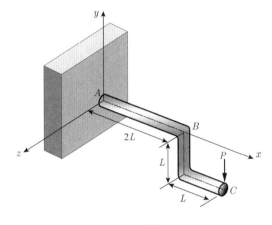

> ▶ 유의 사항 ◀

(1) 굽힘 강도 EI는 일정하다.
(2) 보의 자중에 의한 영향은 고려하지 않는다.
(3) 모든 결과는 그림에 제시된 좌표축을 기준으로 기술해야 한다.
(4) 굽힘 모멘트를 받는 보의 탄성 곡선의 미분 방적식으로부터 처짐 곡선의 방정식을 유도하여야 한다.
(5) 힘/모멘트, 전단력, 굽힘 모멘트의 양의 방향은 다음과 같이 정의한다.

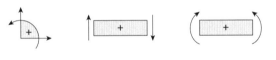

03

길이 L인 동일 재질의 단순보에 외력 P가 중앙에 작용한다. (가)는 안지름 d_i, 바깥지름 d_o인 중공 단면보이고, (나)는 지름 d인 중실 단면보이다. 중앙에서 동일한 처짐이 발생하기 위한 단면비$\left(\dfrac{(가)의\ 단면적}{(나)의\ 단면적}\right)$를 d_i와 d_o로 옳게 표시한 것은? [1.5점]

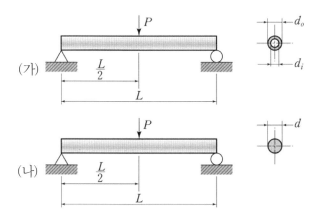

① $\sqrt{\dfrac{d_o - d_i}{d_o + d_i}}$

② $\sqrt{\dfrac{d_o^2 - d_i^2}{d_o^2 + d_i^2}}$

③ $\sqrt{\dfrac{d_o^2 + d_i^2}{d_o^2 - d_i^2}}$

④ $\sqrt[3]{\dfrac{d_o - d_i}{d_o + d_i}}$

⑤ $\sqrt[3]{\dfrac{d_o^2 + d_i^2}{d_o^2 - d_i^2}}$

정영식
임용기계
기출문제집

PART

02

기계설계

01 기초이론과 단위

❶ 단위

구분		거리	질량	시간	힘	일	동력
국제(SI) 단위	MKS 단위계	m	kg	s	$1N = 1kg \times 1\dfrac{m}{s^2}$	$1J = 1N \cdot m$	$1W = 1\dfrac{J}{s} = 1\dfrac{N \cdot m}{s}$ $1KW = 102\dfrac{kg_f \cdot m}{s}$
공학 단위	중력 단위계	m cm mm	$kg_f \cdot s^2/m$	s min	kg_f	$kg_f \cdot m$	$1PS = 75\dfrac{kg_f \cdot m}{s}$

(1) SI기본단위(7개) : 서로 독립된 차원을 가지는 단위로 정의

양	명칭	기호
길이	미터	m
질량	킬로그램	kg
시간	초	s
전류	암페어	A
온도	켈빈	K
몰질량	몰	mol
광도	칸델라	cd

배수	접두어 약호
$10^9 = 1000000000$	giga(G)
$10^6 = 1000000$	mega(M)
$10^3 = 1000$	kilo(k)
$10^2 = 100$	hecto(h)
$10^1 = 10$	deca(D)
$10^{-1} = 0.1$	deci(d)
$10^{-2} = 0.01$	centi(c)
$10^{-3} = 0.001$	milli(m)
$10^{-6} = 0.000001$	micro(μ)
$10^{-9} = 0.000000001$	nano(n)

(2) SI유도 단위 중 고유명칭을 가진 단위(19개)

양	고유명칭	기호	단위	비고
힘	뉴턴	N	$kg \times \dfrac{m}{s^2}$	힘 = 질량 × 가속도
압력, 응력	파스칼	Pa	$\dfrac{N}{m^2}$	압력 = $\dfrac{힘}{면적}$, 응력 = $\dfrac{하중}{면적}$
에너지, 일량, 열량	줄	J	N·m	일량 = 힘 × 거리
일률, 동력, 전력	와트	W	$\dfrac{J}{s} = \dfrac{N \cdot m}{s}$	동력 = $\dfrac{일량}{시간} = \dfrac{힘 \times 거리}{시간}$
주파수	헤르쯔	Hz	$\dfrac{1}{sec}$	주파수 = $\dfrac{사이클}{초}$
섭씨온도	섭씨	℃	℃	섭씨온도 = 절대온도 − 273.15
전기량, 전하	쿨롬	C	C	(전기량 = 전하) = 전류 × 시간
전압, 전위	볼트	V	V	전압 = $\dfrac{전력}{전력}$
전기용량	패럿	F	F	전기용량 = $\dfrac{전하량}{전압}$
전기저항	옴	Ω	Ω	전기저항 = $\dfrac{전압}{전류}$
전기전도도 (= 컨덕턴스)	지멘스	S	$S = \dfrac{1}{\Omega}$	전기전도도 = $\dfrac{전류}{전압}$
자속	웨버	Wb	Wb	자속 = 전압 × 시간
자속밀도	테슬라	T	$T = \dfrac{Wb}{m^2}$	자속밀도 = $\dfrac{자속}{면적}$
인덕턴스	헨리	H	H	인덕턴스 = $\dfrac{자속}{전류}$
광속	루멘	lm	lm	
조도	럭스	lx	lx	
방사능	베크렐	Bq	Bq	
흡수선량	그레이	Gy	Gy	
선량당량	시버트	Sv	Sv	

❷ 하중(load) : 기계, 기계구조물에 가하는 외력

(1) 하중의 단위

국제단위(SI), 중력단위를 사용하고 있다.

① 국제단위(System Internationl) : (힘 = 질량 × 단위가속도)

> 힘 = 질량 × 가속도, $F = m \times a$
> $1N = 1kg \times 1m/s^2 = 1kg \cdot m/s^2$

② 중력단위(공학단위) : (무게 = 질량 × 중력가속도)

> 무게 = 질량 × 중력가속도, $W = m \times g$
> $1kg_f = 1kg \times 9.8m/s^2 = 9.8kg \cdot m/s^2 = 9.8N$
>
> $\therefore 1kg_f = 9.8N$

(2) 하중의 종류

① 작용 방향에 따른 분류

ㄱ 축하중 = 수직하중(axial load) : 단면에 수직한 하중(같은 축선 상에 하중이 있어야 한다.)

> **인장하중** : 재료를 늘리는 하중
> **압축하중** : 재료를 줄이는 하중

ㄴ 전단 하중(shearing load) : 단면에 평행한 하중

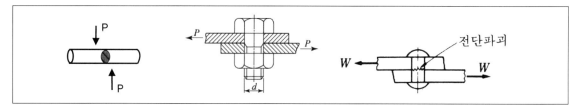

② 작용 속도에 따른 분류

ㄱ 정하중 : 정지 상태에서 가해지는 하중, 시간에 따라 하중의 변화가 발생하지 않는 하중

ㄴ 동하중 : 움직이면서 가해지는 하중

> **반복하중** : 일정한 주기 및 진폭을 반복하여 계속 작용하는 하중으로 편진하중이다.(압축이든, 인장이든 한쪽 하중 만 발생한다.)
> **교번하중** : 인장하중과 압축하중이 교대로 반복하여 작용하는 하중으로 크기와 방향이 동시에 변화하는 하중
> **충격하중** : 짧은 시간에 순간적으로 작용하는 하중

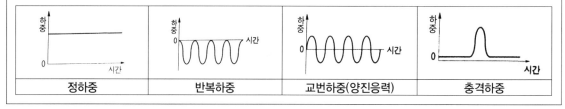

❸ 응력(Stress)

재료에 하중이 가해지면, 그 하중에 대응하는 내부적인 저항력(내력)이 발생하고 내력의 크기를 나타내기 위한
것을 재료역학에서 응력이라 한다.

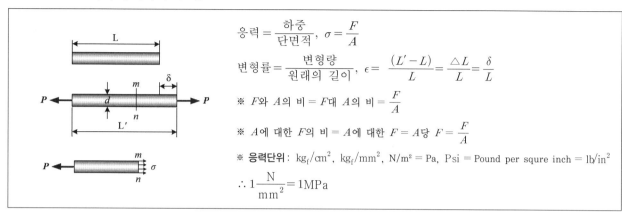

응력 $= \dfrac{하중}{단면적}$, $\sigma = \dfrac{F}{A}$

변형률 $= \dfrac{변형량}{원래의\ 길이}$, $\epsilon = \dfrac{(L'-L)}{L} = \dfrac{\triangle L}{L} = \dfrac{\delta}{L}$

※ F와 A의 비 $= F$대 A의 비 $= \dfrac{F}{A}$

※ A에 대한 F의 비 $= A$에 대한 $F = A$당 $F = \dfrac{F}{A}$

※ 응력단위: $\mathrm{kg_f/cm^2}$, $\mathrm{kg_f/mm^2}$, $\mathrm{N/m^2} = \mathrm{Pa}$, $\mathrm{Psi} = \mathrm{Pound\ per\ squre\ inch} = \mathrm{lb/in^2}$

∴ $1\dfrac{\mathrm{N}}{\mathrm{mm}^2} = 1\mathrm{MPa}$

응력의 종류는 다음과 같다.

(1) 축응력 = 수직응력 = 법선응력(normal stress)

축하중에 의한 하중(같은 선상에 하중이 작용해야 됨)

① 인장응력

인장하중에 의한 응력

② 압축응력

압축하중에 의한 응력

(2) 전단응력

전단하중에 의한 응력, 단면에 평행한 하중에 의해 발생되는 응력

> (수직응력은 단면에 항상 수직) 수직응력 $\sigma = \dfrac{P}{A}$, (전단응력은 단면에 항상 평행) 전단응력 $\tau = \dfrac{P_s}{A}$

❹ 변형률(Strain) : 원래의 길이에 대한 변형량

> 변형률 $= \dfrac{변형량}{원래의\ 길이}$, $\epsilon = \dfrac{\Delta \ell}{\ell}$

(1) 변형률의 종류

① 수직하중에 의한 변형률

㉠ 종변형률 = 축 방향 변형률 = 세로방향 변형률 = 길이방향 변형률 = 힘이 작용하는 방향의 변형률

㉡ 횡변형률 = 반지름 방향 변형률 = 가로방향 변형률 = 힘이 작용하지 않는 방향의 변형률

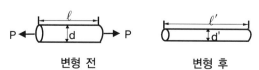

변형 전   변형 후

$$\text{종변형률 } \epsilon = \frac{\triangle \ell}{\ell} = \frac{\ell' - \ell}{\ell} \quad (\triangle \ell : \text{길이방향 변형량} = \text{종변형량})$$

$$\text{횡변형률 } \epsilon' = \frac{\triangle d}{d} = \frac{d - d'}{d} \quad (\triangle d : \text{직경방향 변형량} = \text{가로방향 변형률} = \text{횡변형량})$$

(2) 변형률의 관계 : 포아송의 비 μ(Poisson's ratio), 포아송의 수 m(Poisson's number)

$$\text{포아송 비 } \mu = \frac{\epsilon'}{\epsilon} = \frac{\left(\dfrac{\triangle d}{d}\right)}{\left(\dfrac{\triangle \ell}{\ell}\right)} = \frac{\triangle d \cdot \ell}{\triangle \ell \cdot d} = \frac{1}{m}$$

5 응력과 변형률의 관계

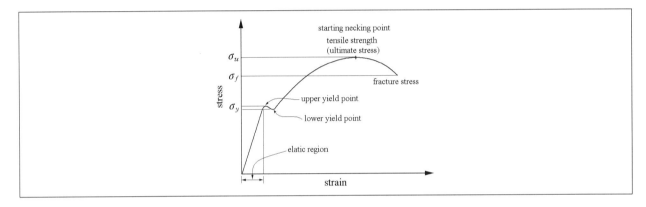

(1) σ_w : 사용응력(Working Stress)

사용할 수 있는 응력 = 영구 변형 없이 구조물을 안전하게 사용할 수 있는 응력

(2) σ_a : 허용응력(allow stress)

사용응력으로 선정한 안전한 범위의 응력 = 사용응력의 상한응력

(3) σ_u : 인장강도 = 극한강도(ultimate stress) = (최대응력)

(4) 응력의 관계

$$\sigma_w \leq \sigma_a = \frac{\sigma_u}{S} \quad (S : \text{안전율})$$

$$\text{사용응력} \leq \text{허용응력} = \left(\frac{\text{극한강도}}{\text{안전율}}\right) \leq \text{비례한도} \leq \text{항복응력} \leq \text{극한강도}$$

(5) 인장강도 $= \dfrac{\text{최대하중}}{\text{최초의 단면적}}$ (인장시험의 최대하중을 최초의 단면적으로 나눈 값)

(6) 안전률 $= \dfrac{\text{기준강도}}{\text{허용응력}} > 1$

⑺ **기준강도**

① **항복점**: 연성재료(연강 : C함유량 0.12%~0.2%)가 상온에서 정하중을 받을 때 적용한다.

② **극한강도**: 취성재료(주철 : C함유량 2%~6.67%)가 상온에서 정하중을 받을 때 적용한다.

③ **크리프 한도**: 고온에서 정하중(일정한 하중)을 받을 때 적용한다.

④ **피로강도**: 반복하중을 받는 경우 적용한다.

⑤ **좌굴강도**: 단면에 비해 길이가 긴 기둥

⑥ **저온 취성강도**: 저온에서 정하중을 받을 때 적용한다(저온에서 사용 되는 저장탱크 설계 시).

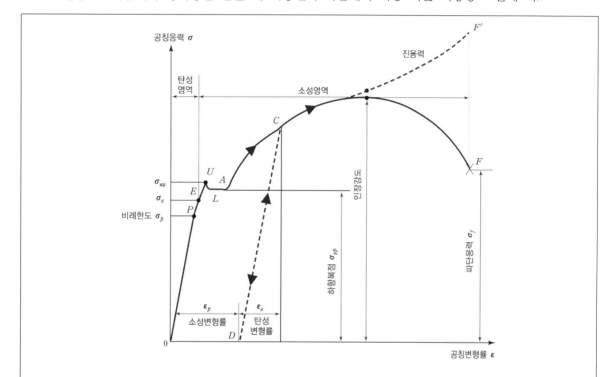

비례한도 σ_P : 응력 – 변형률 선도에서 직선의 식을 가지는 최대 점으로 직선의 기울기가 탄성계수이다.

하항복점 σ_{yp} : 항복강도는 하항복점을 기준으로 정한다.

탄성한도 σ_e : 탄성한도 이하는 영구변형이 발생하지 않고 탄성한도 이상에서는 영구변형이 발생하는 소성이 발생된다.

(8) 응력의 크기 비교 : 인장강도 > 항복강도 > 탄성한도 > 비례한도 > 허용응력 ≥ 사용응력

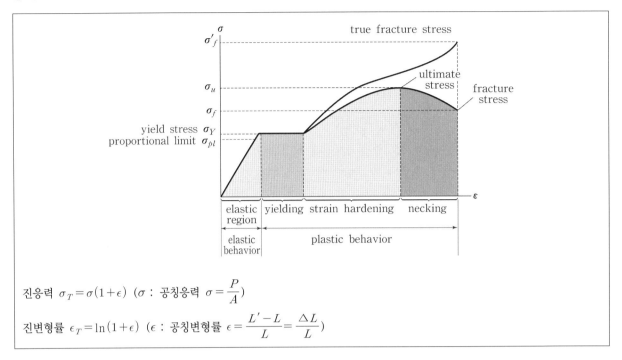

진응력 $\sigma_T = \sigma(1+\epsilon)$ (σ : 공칭응력 $\sigma = \dfrac{P}{A}$)

진변형률 $\epsilon_T = \ln(1+\epsilon)$ (ϵ : 공칭변형률 $\epsilon = \dfrac{L'-L}{L} = \dfrac{\triangle L}{L}$)

① 공칭응력과 공칭변형률의 가정조건은 단면적의 변화가 없다.

② 진응력과 진변형률의 가정조건은 체적의 변화가 없다.

③ 항복점이 명확하지 않은 경우

   ㉠ 주철, 구리, 알루미늄 및 고무 등의 재료

   ㉡ 항복점 : 0.2% 영구변형률 발생점 → 오프셋 항복강도(offset yield strength)라 한다.

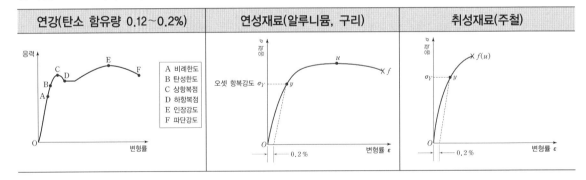

6 피로한도 = 피로강도(S_f)

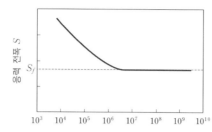

피로파괴(fatigue fracture)가 발생하는 하중 조건 : 외부에서 가해지는 반복하중의 응력진폭 값이 피로한도보다 크면 피로파괴가 발생 한다.

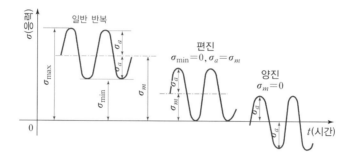

$$응력진폭\ \sigma_a = \frac{\sigma_{\max} - \sigma_{\min}}{2} = S, \quad 평균응력\ \sigma_m = \frac{\sigma_{\max} + \sigma_{\min}}{2}$$

금속은 반복하중을 받을 때 어떤 반복회수(N)가 지나면 파괴된다. 이때 반복하중의 응력진폭이 작은 경우에는 파괴까지의 반복횟수는 증가한다. 즉, 응력진폭(S)이 크면 파괴되기까지의 반복횟수(N)가 작아지고, 응력진폭(S)이 작으면 파괴되기까지의 반복회수는(N)가 많아진다. 따라서 S − N 곡선이 수평이 되어 하중 사이클을 무한히 반복하여도 파괴가 일어나지 않게 되고, 이때의 응력진폭값을 피로한도(S_f)라 한다.

7 Hook's의 법칙≒응력과 변형률의 법칙

수직응력을 받는 경우 $\sigma = E \times \epsilon = E \times \dfrac{\triangle \ell}{\ell}$, 수직변형량 $\triangle \ell = \dfrac{\sigma \times \ell}{E} = \dfrac{P \times \ell}{A \cdot E}$

(E = 비례계수 = 종탄성계수 = 세로탄성계수 = 영계수(Young's moduls) = 수직탄성계수)

8 모멘트(Moment)

(1) 비틀림모멘트(T)

비틀림모멘트 $T = F \times R (F : 접선력, R : 반지름)$

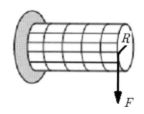 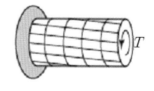

(2) 굽힘모멘트(M)

굽힘모멘트 $M = F \times L$ (F : 굽힘력, L : 거리)

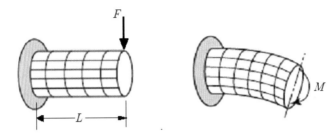

❾ 응력집중

공칭응력 $\sigma_n = \dfrac{P}{A} = \dfrac{P}{(B-D)t}$

최대응력 $\sigma_{\max} = \alpha \times \sigma_n$ (α : 응력집중계수 = 형상계수)

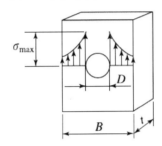

❿ 크리프(creep)

고온에서 일정한 하중(정하중)을 작용시키면 재료 내의 응력이 일정함에도 불구하고 시간의 경과에 따라 변형률이 점차 증가하는 현상으로 변형이 급격히 증가하다 파괴되는 현상이다.

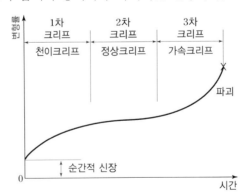

⑴ 1차크리프(천이크리프)

재료가 가공경화를 일으키는 단계로 크리프 변형속도가 점점 감소한다.

⑵ 2차크리프(정상크리프)

재료가 가공경화와 회복이 번갈아 일어나는 단계로 크리프 변형속도가 거의 일정하다.

⑶ 3차크리프(가속크리프)

재료가 경화는 거의 일어나지 않고 연화작용만 크게 되는 단계로 크리프 변형속도가 점점 증가하여 파괴가 일어나는 단계이다.

⑪ Mohr's circle

⑴ 1축응력의 임의의 경사각에 나타나는 수직응력과 전단응력

$$\sigma_n = \sigma_x \cos^2\theta, \ \tau = \frac{\sigma_x}{2}\sin2\theta$$

⑵ 2축응력의 임의의 경사각에 나타나는 수직응력과 전단응력

$$\sigma_n = \left(\frac{\sigma_x + \sigma_y}{2}\right) + \left(\frac{\sigma_x - \sigma_y}{2}\right)\cos2\theta, \ \tau_\theta = \left(\frac{\sigma_x - \sigma_y}{2}\right)\sin2\theta$$

⑶ 조합응력에 나타나는 최대주응력, 최소주응력, 최대전단응력

$$\sigma_1 = \left(\frac{\sigma_x + \sigma_y}{2}\right) + \sqrt{\left(\frac{\sigma_x - \sigma_y}{2}\right)^2 + \tau_{yx}^2}, \ \sigma_2 = \left(\frac{\sigma_x + \sigma_y}{2}\right) - \sqrt{\left(\frac{\sigma_x - \sigma_y}{2}\right)^2 + \tau_{yx}^2}, \ \tau_{max} = \sqrt{\left(\frac{\sigma_x - \sigma_y}{2}\right)^2 + \tau_{yx}^2}$$

⑷ 최대, 최소 주응력 상태에서는 반드시 전단응력이 0이다.

2018년 기출

01

그림과 같이 볼트 체결에서 축 방향으로 판재를 누르는 힘 $P = 500(\mathrm{N})$과 수평방향 하중 $F_s = 450(\mathrm{N})$이 작용하고 있다. 서로 밀착되어 있는 두 판재 접촉면 사이의 마찰계수 $\mu = 0.3$일 때, 볼트의 중앙 단면에 작용하는 전단력 $F(\mathrm{N})$와 전단응력 $\tau(\mathrm{N/mm^2})$를 각각 구하고, 풀이 과정과 함께 쓰시오. (단, 볼트 중앙 단면의 지름 $d_1 = 10(\mathrm{mm})$, $\pi = 3.0$으로 계산하고, 볼트와 판재 사이의 마찰력은 무시한다.) [4점]

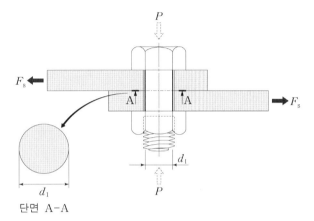

단면 A-A

Chapter 03 키, 코터, 핀

www.pmg.co.kr

01

회전수 $300\mathrm{rpm}$으로 $15\mathrm{KW}$의 동력을 전달하는 전동축에 묻힘키가 설치되어 있다. 축의 지름 $d = 50\mathrm{mm}$이며, 키의 폭 $b = 10\mathrm{mm}$, 높이 $h = 8\mathrm{mm}$, 길이 $l = 80\mathrm{mm}$일 때 키에 생기는 전단응력(MPa)의 근사값은? (단, $\pi \fallingdotseq 3$이다.) [2점]

 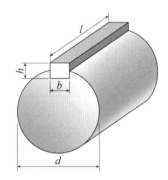

① 25   ② 28

③ 32   ④ 36

⑤ 40

02

그림은 지름 $d = 50(\mathrm{mm})$인 축에 보통형 평행키가 설치된 모습을 나타낸 것이다. 평행키로 전달하려고 하는 토크 $T = 1,500(\mathrm{kg_f} \cdot \mathrm{mm})$일 때, 〈조건〉을 고려하여 평행키에 발생하는 평균전단응력 $\tau_k(\mathrm{kg_f}/\mathrm{mm^2})$를 구하고, 풀이과정과 함께 쓰시오. [2점]

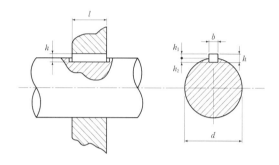

── ▶ 조건 ◀ ──

• 축에는 비틀림 모멘트만 작용하고, 전단면은 평면이라고 가정한다.
• 평행키의 폭 $b = 8(\mathrm{mm})$, 높이 $h = 7(\mathrm{mm})$, 길이 $l = 30(\mathrm{mm})$이다.
• $h_2/h_1 = 1$이고, 키와 키홈 사이의 틈새는 무시한다.

2013년 1차 기출

01

그림과 같이 동일한 두께의 판재가 리벳으로 결합된 채 $P = 1\text{kN}$ 의 인장력을 받고 있다. 리벳에 작용하는 평균전단응력(MPa)은? (단, 판에 발생하는 마찰은 무시하며 $d = 10\text{mm}$, $t = 5\text{mm}$ 이다.) [2점]

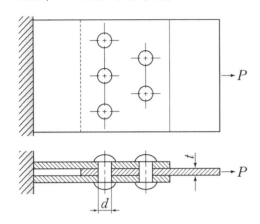

① $\dfrac{4}{\pi}$ ② $\dfrac{8}{\pi}$

③ $\dfrac{10}{\pi}$ ④ $\dfrac{20}{\pi}$

⑤ $\dfrac{40}{\pi}$

2015년 기출

02

다음은 편심하중을 받는 구조용 리벳의 전단력에 관한 설명이다. 괄호 안의 ㉠, ㉡에 해당하는 내용을 순서대로 쓰시오. [2점]

그림에서 리벳 이음 구조물의 끝단에 300N 의 하중이 작용하는 경우, 리벳 A, B, C 중 최대 전단력이 발생하는 리벳은 (㉠)이고, 최대전단력의 크기는 (㉡)N 이다.

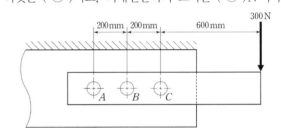

03

그림과 같이 2개의 강판이 1줄 겹치기 리벳이음으로 체결되어 있다. 강판에 분포하중 $w = 10(\mathrm{kg_f/mm})$이 작용할 때, 〈조건〉을 고려하여 리벳에 발생하는 전단응력 $\tau(\mathrm{kg_f/mm^2})$와 체결 부위에서 강판에 발생하는 최대인장응력 $\sigma(\mathrm{kg_f/mm^2})$를 각각 구하고, 풀이과정과 함께 쓰시오. [4점]

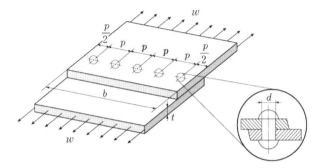

▶ 조건 ◀

- 강판 폭 $b = 600(\mathrm{mm})$, 강판 두께 $t = 10(\mathrm{mm})$, 리벳 지름 $d = 10(\mathrm{mm})$, 리벳 개수 $n = 5$이다.
- p는 리벳의 피치이고, π는 3으로 계산한다.
- 하중으로 인한 굽힘 효과는 고려하지 않고, 각 리벳에 걸리는 전단응력은 동일하다.
- 두 강판의 폭과 두께는 동일하다.
- 응력분포는 균일하고, 접촉면의 마찰은 무시한다.
- 주어진 조건 외에는 고려하지 않는다.

01

2016년 기출

그림과 같이 강판을 필릿 용접(fillet weld)하려고 한다. 작용 하중 $P = 5000\sqrt{2}\,(\mathrm{kg_f})$, 용접부의 허용전단응력 $\tau_a = 10$ $(\mathrm{kg_f/mm^2})$, 유효길이 $l = 50(\mathrm{mm})$일 때, 용접부의 최소 용접치수 $t(\mathrm{mm})$를 구하고, 풀이 과정과 함께 쓰시오. [4점]

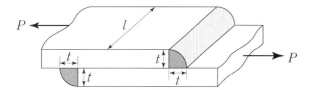

02

원통형 필릿 용접에 비틀림모멘트가 작용할 때, 용접부의 전단응력을 구하시오. [4점]

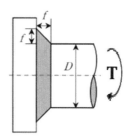

06 축

01

축을 회전시킬 때, 토크(T)는 $T = F \cdot r(\text{N} \cdot \text{m})$이다. 이 때 〈보기〉의 기호를 사용하여, 일(Q)과 동력(P)의 식을 각각 쓰시오. 그리고 회전체의 회전수(n)가 포함된 동력(P)의 식을 쓰시오. (단, 일과 동력은 SI 단위로 표현하고, 반드시 답 뒤에 단위를 쓰시오.) [3점]

> ▶ 보기 ◀
>
> $F(\text{N})$: 회전력
> $r(\text{m})$: 회전축의 중심에서 회전력이 작용하는 점까지
>   의 거리
> $\theta(\text{rad})$: 회전각
> $t(\text{s})$: 한 일의 시간
> $\omega(\text{rad/s})$: 각속도
> $n(\text{rpm})$: 회전수

1-1

일(Q)의 식:

1-2

동력(P)의 식:

1-3

회전수(n)가 포함된 동력(P)의 식:

02

길이 $l = 40\text{cm}$의 단순보 축이 그림과 같은 기어에 의하여 회전되고 있다. 이 기어의 중량은 24.8kg이고, 기어 피치원 지름 $D = 24.3\text{cm}$의 접선 방향에 40kg의 힘이 아래쪽으로 작용할 때의 축 지름을 구하시오. (단, 축의 허용 전단응력 $\tau_w = 160\text{kg/cm}^2$이고, $\pi = 3$으로 계산한다.) [4점]

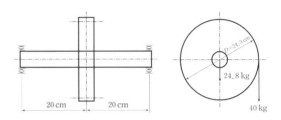

2-1

풀이 과정:

2-2

답: (cm)

03

2007년 기출

전동축이 회전수(N) 1000rpm으로 10마력(HP)을 전달하고 있다. 이 축의 토크(torque, 회전모멘트 : T)는 얼마인지 계산식을 세우고 답을 구하시오. (단, 축 지름 단위는 mm이고, 답란에 토크 단위를 쓰시오.) [3점]

3-1

계산식 :

3-2

토크 :

04

2009년 기출

그림에서 전동기의 동력이 P, 전동축의 토크가 T, 직경이 d, 분당 회전수가 n, 허용 전단응력이 τ_a일 때, 〈보기〉에서 옳게 설명된 것을 모두 고른 것은? (단, 전동축은 비틀림 작용만 고려한다.) [2점]

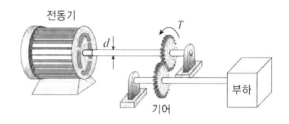

전동기   기어   부하

▶ 보기 ◀

ㄱ. P가 일정할 때, T는 n에 비례한다.
ㄴ. n이 일정할 때, T는 P에 비례한다.
ㄷ. τ_a가 일정할 때, d는 $\sqrt[3]{T}$에 비례한다.
ㄹ. T가 일정할 때, d는 $\sqrt[3]{\tau_a}$에 반비례한다.

① ㄱ, ㄷ   ② ㄴ, ㄷ
③ ㄱ, ㄴ, ㄹ   ④ ㄱ, ㄷ, ㄹ
⑤ ㄴ, ㄷ, ㄹ

05

그림과 같이 지름 $4\mathrm{cm}$인 전동축에 지름 $80\mathrm{cm}$인 풀리를 설치하여 동력을 전달하고자 한다. 이때 벨트의 장력은 $150\mathrm{kg_f}$, $50\mathrm{kg_f}$가 작용한다. 전동축에 대한 다음 물음에 답하시오. (단, 축과 풀리의 무게는 무시하며, 응력 계산과 정에서 π는 그대로 두거나 3.14로 계산한 후 소수 첫째 자리에서 반올림한다.) [4점]

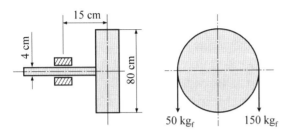

5-1

굽힘모멘트(M)를 계산하시오

답: $M =$ _____ $(\mathrm{kg_f \cdot cm})$

5-2

비틀림모멘트(T)를 계산하시오.

답: $T =$ $(\mathrm{kg_f \cdot cm})$

5-3

상당 비틀림모멘트(T_e)를 계산하시오.

답: $T_e =$ $(\mathrm{kg_f \cdot cm})$

5-4

최대전단응력($\tau_{\max}$)을 계산하시오.

답: $\tau_{\max} =$ $\left(\mathrm{kg_f / cm^2}\right)$

Chapter 07 베어링

01

2009년 기출

베어링에 대한 설명 중 옳은 것을 〈보기〉에서 모두 고른 것은? [2점]

보기

ㄱ. 저널 베어링에서 베어링의 압력은 저널에 작용하는 하중에 반비례한다.
ㄴ. 미끄럼 베어링은 축과 베어링 사이에 볼 또는 롤러를 넣어 사용한다.
ㄷ. 볼 베어링에서 베어링의 계산수명(회전수)은 베어링 하중의 세제곱에 반비례한다.
ㄹ. 안지름이 100mm인 구름 베어링의 안지름 번호는 20이다.

① ㄱ, ㄴ
② ㄱ, ㄷ
③ ㄴ, ㄷ
④ ㄴ, ㄹ
⑤ ㄷ, ㄹ

02

2012년 기출

미끄럼접촉 레이디얼 베어링(sliding contact radial bearing)과 구름접촉 레이디얼 베어링(rolling contact radial bearing)에 대한 설명으로 옳은 것만을 〈보기〉에서 있는 대로 고른 것은? [2점]

보기

ㄱ. 모두 저하중 고속 정밀측정기의 테이블 직선 이송에 많이 사용한다.
ㄴ. 모두 수직형 드릴링 머신의 구멍뚫기 작업에 걸리는 축 방향 하중을 지지한다.
ㄷ. 구름접촉 레이디얼 베어링의 한계 속도지수는 윤활하는 방식에 따라 달라진다.
ㄹ. 미끄럼접촉 레이디얼 베어링에 작용하는 압력이 커서 유막이 파손되면 경계마찰이 되므로 주의하여야 한다.

① ㄱ, ㄷ
② ㄴ, ㄹ
③ ㄷ, ㄹ
④ ㄱ, ㄴ, ㄷ
⑤ ㄱ, ㄴ, ㄹ

03

2011년 기출

회전속도 $500\mathrm{rpm}$ 으로 회전하는 볼 베어링(수명지수 $r=3$)에 작용하는 베어링 하중이 $100\mathrm{kg_f}$ 이다. 하중계수는 1.4이고 동적 부하용량 $C = 1400\mathrm{kg_f}$ 이라고 할 때, 수명시간의 근사값은? [2점]

① 33000시간
② 38000시간
③ 42000시간
④ 46000시간
⑤ 51000시간

04

2014년 기출

그림에서 축의 회전속도가 $1800\mathrm{rpm}$, 하중 F가 $1000\mathrm{N}$일 때, 레이디얼 볼 베어링 ㉠, ㉡에 가해지는 하중은 몇 N인지 순서대로 쓰시오. 그리고 각 볼 베어링의 계산수명시간이 250000시간이 되도록 하기 위한 볼 베어링 ㉠, ㉡의 동적 부하용량(기본동정격하중)은 몇 N인지 순서대로 쓰시오. (단, 축은 무게가 없는 강체로 가정하고, 볼 베어링의 피로수명지수(r)는 3이다.) [5점]

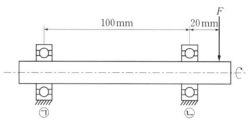

02

05

그림 (가)는 회전속도 N으로 회전하는 축을 지지하는 피벗 (pivot) 저널 베어링을 나타낸 것이다. 그림 (나)는 저널의 접촉면을 나타낸 것이다. 베어링의 안지름 d_1, 바깥지름 d_2, 베어링에 가해지는 축방향 하중 P일 때, 〈조건〉을 고려 하여 베어링 평균압력 $p(\mathrm{kg_f}/\mathrm{mm}^2)$를 구하고, 풀이 과정과 함께 쓰시오. 그리고 베어링 발열계수 $pv(\mathrm{kg_f}/\mathrm{mm}^2 \cdot \mathrm{m/s})$를 구하고, 풀이 과정과 함께 쓰시오. [4점]

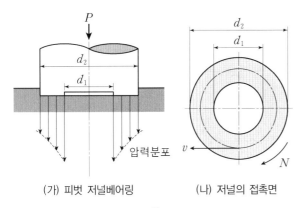

(가) 피벗 저널베어링　　(나) 저널의 접촉면

> **➤ 조건 ◀**
>
> - $N = 3000(\mathrm{rpm})$, $d_1 = 100(\mathrm{mm})$,
> $d_2 = 200(\mathrm{mm})$, $P = 2700(\mathrm{kg_f})$
> - $\pi = 3$으로 계산한다.
> - 저널 베어링의 평균속도(v)는 접촉면의 평균 반지름 에서의 원주속도이다.
> - 주어진 조건 외에는 고려하지 않는다.

01

단식 원추 클러치에서 원추 접촉면의 평균 지름 $D = 500\text{mm}$, 마찰면의 폭 $b = 40\text{mm}$, 원추 접촉면의 단위 직압력 $p = 0.6\text{kg/cm}^2$일 때, 이 클러치의 전달마력을 구하시오. (단, $N = 800\text{rpm}$, $\mu_a = 0.2$, $\pi = 3$으로 계산하고, 계산된 전달마력의 소수점 이하는 버린다.) [4점]

1-1

풀이과정 :

1-2

답 :

02

단일 원판 클러치를 사용하여 회전속도 1600rpm, 동력 1.6kW를 전달하기 위해서 클러치를 축 방향으로 밀어붙이는 최소 힘(N)은? (단, 마찰면의 평균 지름은 200mm, 마찰계수는 0.3이다.) [1.5점]

① $\dfrac{125}{\pi}$ ② $\dfrac{250}{\pi}$

③ $\dfrac{500}{\pi}$ ④ $\dfrac{1000}{\pi}$

⑤ $\dfrac{2000}{\pi}$

03

그림은 하나의 마찰면을 가지는 원판클러치이다. 클러치를 미는 총 힘 P가 $200(\mathrm{kg_f})$일 때, 이 클러치의 전달토크 $(\mathrm{kg_f} \cdot \mathrm{mm})$를 구하시오. (단, 접촉면의 바깥지름 $D_1 = 120(\mathrm{mm})$이고, 안지름 $D_2 = 80(\mathrm{mm})$이며, 접촉면 마찰계수 $\mu = 0.2$이다.) [2점]

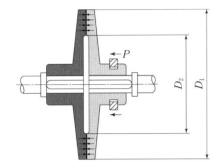

정답 및 해설 p.321

01
2020년 기출

그림은 지름 $D(\text{m})$인 원판 브레이크(disk brake)의 작동을 나타낸 것이다. 레버 ABC의 점 C에서 레버 조작력 F (N)가 수직 방향으로 가해지면 힌지(hinge) 점 A를 통해 수평력이 원판 브레이크에 작용한다. 점 A에서의 수평력은 회전체에 수직으로 작용하는 하중을 만든다. 〈조건〉을 고려하여 레버 조작력 $F(\text{N})$와 제동 토크 $T(\text{N}\cdot\text{m})$를 각각 구하고, 풀이 과정과 함께 쓰시오. [4점]

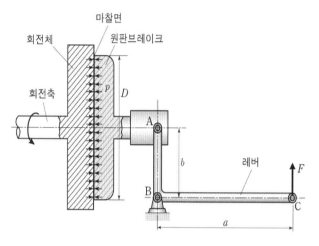

► 조건 ◄

- 레버 치수 a, b의 단위는 m이다.
- 원판 브레이크와 회전체의 접촉에 의해 균일한 압력 $p(\text{N/m}^2)$가 작용하는 마찰면이 형성된다고 가정한다.
- 마찰면의 마찰계수는 μ이고, 마찰면은 원판 브레이크와 동일한 지름 D의 원판형이다.
- 회전체는 회전축에 고정되어 같이 회전하며, 원판 브레이크는 회전하지 않는다.
- 제동 토크 T는 마찰면의 마찰력에 의해 발생하는 토크이다.
- 조작력 F는 p, a, b, D, π를 이용하여 나타내고, 제동 토크 T는 F, a, b, D, μ를 이용하여 나타낸다.
- 주어진 조건 외에는 고려하지 않는다.

02
2006년 기출

그림과 같이 좌회전하고 있는 단식 블록 브레이크가 있다. 브레이크 레버에 수직으로 $F = 40\text{N}$의 힘을 가하면 브레이크 드럼에서 $T = 3200\text{N}\cdot\text{mm}$의 제동 토크가 발생한다. $a = 800\text{mm}$, $b = 210\text{mm}$, $c = 50\text{mm}$, 브레이크 드럼과 블록 사이의 마찰계수가 $\mu = 0.2$일 때 다음 물음에 답하시오. [4점]

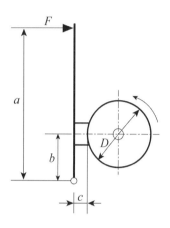

2-1

브레이크 드럼에 발생하는 마찰력(제동력)은 몇 N인가?

2-2

브레이크 드럼의 지름(D)은 몇 mm인가?

2012년 기출

03

블록 브레이크의 드럼축에 $100\text{kN} \cdot \text{mm}$의 토크가 작용하고 있다. 이 장치에서 마찰계수가 0.2일 때 제동하기 위한 강체레버 끝의 최소 힘 $F(\text{N})$은? (단, $a = 800\text{mm}$, $b = 200\text{mm}$, $c = 75\text{mm}$, $d = 250\text{mm}$, $e = 50\text{mm}$, $\beta = 45°$이다.) [2점]

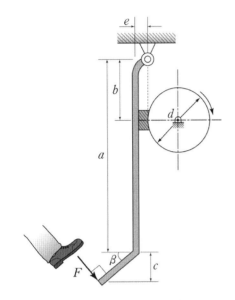

① $200\sqrt{2}$ ② $400\sqrt{2}$

③ $600\sqrt{2}$ ④ $800\sqrt{2}$

⑤ $1000\sqrt{2}$

2014년 기출

04

그림은 드럼 지름이 400mm인 밴드 브레이크 장치를 나타낸 것이다. 레버의 끝단에 힘을 가하여 드럼에 $600\text{N} \cdot \text{m}$의 제동 토크 T가 작용할 때 양측 장력의 합($F_1 + F_2$)은 몇 kN인지 쓰시오. (단, 접촉각이 θ, 마찰계수가 μ일 때, 장력비 $e^{u\theta} = 4$이다.) [2점]

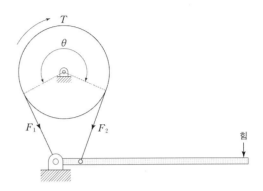

05

그림은 드럼이 시계방향으로 회전하는 단식 블록 브레이크를 나타낸 것이다. 레버(막대)의 끝 부근에 $F = 220(\text{N})$의 힘을 가했을 때, 드럼에 걸리는 제동토크$(\text{N} \cdot \text{mm})$를 구하고, 풀이 과정과 함께 쓰시오. (단, 드럼의 지름 $D = 400$ (mm), 접촉면의 마찰계수 $\mu = 0.4$이고, $a = 400(\text{mm})$, $b = 200(\text{mm})$, $c = 50(\text{mm})$이다.) [4점]

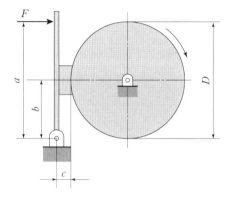

06

그림은 조작력 $F = 100(\text{N})$, 레버 길이 $l = 500(\text{mm})$, 드럼의 지름 $D = 300(\text{mm})$인 단동식 밴드 브레이크 장치를 나타낸 것이다. $a = 100(\text{mm})$일 때, 제동할 수 있는 최대 토크 $T(\text{N} \cdot \text{m})$를 구하고, 풀이 과정과 함께 쓰시오. (단, 긴장측 장력 T_t와 이완측 장력 T_s의 관계는 $T_t / T_s = 5$이며, 주어진 조건 이외에는 고려하지 않는다.) [2점]

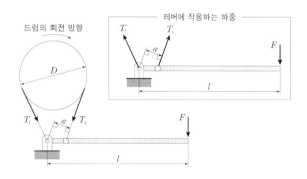

01

강체 봉이 그림과 같이 수평 상태로 매달려 있다. $W = 9\text{N}$ 의 힘이 작용할 때 봉이 기울어지지 않기 위한 스프링 상수 $k_3(\text{kN}/\text{m})$는? (단, 봉과 스프링의 무게는 무시한다.) [2점]

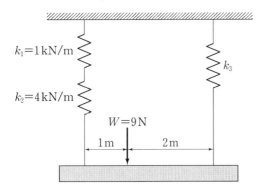

① 0.2

② 0.4

③ 2.5

④ 5.0

⑤ 10.0

01

벨트와 풀리를 사용하는 전동축에서 벨트의 폭이 100mm 일 때, 최대 인장하중이 350kg_f로 작용한다면 벨트의 두께 는 몇 mm이어야 하는지 계산하시오. (단, 벨트의 인장강 도는 $2\text{kgf}/\text{mm}^2$이고, 안전율은 8이다.) [2점]

1-1

풀이과정 :

1-2

두께 :

02

그림은 1겹 가죽 평벨트를 평행걸기하여 동력을 전달하는 벨트 전동장치를 나타낸 것이다. 〈조건〉을 고려하여 벨트 단면의 중심 A(중립면)에서의 벨트속도 $v(\text{m/s})$를 구하고, 풀이 과정과 함께 쓰시오. 그리고 원동풀리에 대한 종동풀 리의 회전속도비 i를 구하고, 풀이 과정과 함께 쓰시오. [4점]

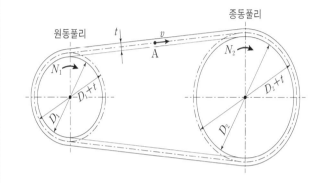

▶ 조건 ◀

- 원동풀리 지름 $D_1 = 245(\text{mm})$, 종동풀리 지름 $D_2 = 495(\text{mm})$, 벨트 두께 $t = 5(\text{mm})$
- 원동풀리 회전속도 $N_1 = 600(\text{rpm})$
- $\pi = 3$으로 계산한다.
- 벨트속도 및 회전속도비를 계산할 때 벨트 두께의 영 향을 고려한다.
- 풀리와 벨트 사이에는 미끄럼이 없고, 벨트 중립면의 길이 변화는 없다고 가정한다.
- 주어진 조건 외에는 고려하지 않는다.

03

그림 (가), (나)는 동력을 전달하고 있는 롤러체인이다. 원동축 스프로킷 휠의 피치원 지름 $D_p = 100(\text{mm})$, 톱니수 $Z = 6$, 회전속도 $n = 1,000(\text{rpm})$일 때, 체인의 최고속도 $v_{\max}(\text{m/s})$와 최저속도 $v_{\min}(\text{m/s})$을 각각 구하고, 풀이 과정과 함께 쓰시오. (단, 스프로킷 휠의 회전속도는 일정하며, $\pi = 3$, $\sqrt{3} = 1.7$로 계산한다.) [4점]

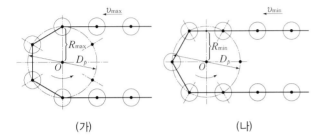

(가)   (나)

01

마찰차의 두축이 서로 평행한 경우 원동축의 동력을 외접하여 종동축으로 전달하려고 한다. 다음 물음에 답하시오. (단, 마찰 계수는 $\mu = 0.2$이다.) [4점]

1-1

원동차의 지름 $D = 160\text{mm}$, 회전수 $N = 800\text{rpm}$, 전동마력 $H = 5PS$이다. 이때 사용한 마찰차의 원주속도 (m/s)를 구하시오. (단, $\pi \doteqdot 3$이다.) [2점]

계산식 :

답 :

1-2

또한 마찰차의 누르는 힘을 구하시오. [2점]

계산식 :

답 :

02

그림에서 원동차 A와 종동차 B의 축간거리가 C가 300mm, 원동차의 회전수 n_A가 600rpm, 종동차의 회전수 n_B가 300rpm일 때, 이 마찰차에서 (가) 원동차 A의 원주속도 (m/s), (나) 최대 전달동력(kW)으로 옳게 묶인 것은? (단, 마찰차의 폭 b는 200mm, 허용접촉압력은 10N/mm, 마찰면의 마찰계수는 0.2이다.) [2.5점]

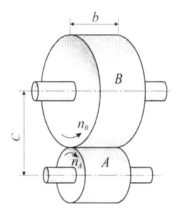

	(가)	(나)
①	π	0.2π
②	π	0.4π
③	π	0.6π
④	2π	0.8π
⑤	2π	1.0π

01   2007년 기출

평치차(스퍼기어)를 사용하여 동력을 전달하려고 한다. 축간 거리(C) 400mm, 원동치차의 모듈(m) 8, 이수(Z) 40개로 하려고 한다. 이때 종동치차의 이수(Z)는 몇 개인지 계산식을 세우고 답을 구하시오. [4점]

1-1

계산식 :

1-2

종동치차의 이수 :

02   2011년 기출

기어의 이[齒]에 사용되는 사이클로이드 치형과 인벌류트 치형을 비교할 때, 인벌류트 치형에 해당하는 것을 〈보기〉에서 모두 고른 것은? [2점]

> ▶ 보기 ◀

ㄱ. 언더컷이 발생한다.

ㄴ. 미끄럼률이 크게 변화한다.

ㄷ. 중심거리가 정확해야 하고, 조립이 어렵다.

ㄹ. 상대적으로 운동이 정숙하고, 소음과 진동이 적다.

① ㄱ, ㄴ   ② ㄱ, ㄷ

③ ㄴ, ㄷ   ④ ㄴ, ㄹ

⑤ ㄷ, ㄹ

03
2014년 기출

스퍼기어를 나타낸 다음 그림에서 이끝 높이가 60mm 일 때, 기어의 잇수를 쓰시오. [2점]

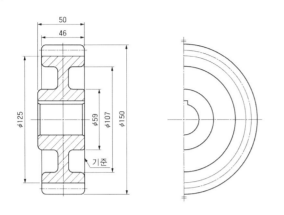

요목표		
기준력	치형	표준
	모듈	6
	입력각	$20°$

04
2017년 기출

두 기어가 맞물린 상태에서 일정한 각속도비를 유지시키기 위해서는 이에 알맞은 치형곡선(tooth profile)이 사용되어야 한다. 그림과 같은 치차 물림기구를 가지면서 다음 내용을 만족하는 치형곡선의 명칭과 (　　) 안에 공통으로 들어갈 용어를 순서대로 쓰시오. [2점]

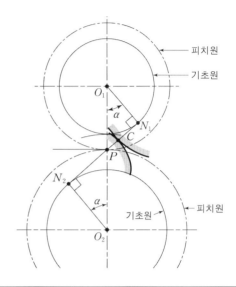

- 곡선 모양 : 원통에 감겨있는 실의 끝을 팽팽히 당기면서 풀어나갈 때 실의 끝이 그리는 곡선
- 피치점 : 두 곡선을 C점에서 서로 접촉시킬 때, 공통접선 $\overline{N_1N_2}$와 중심선 $\overline{O_1O_2}$의 교점 P
- (　　) : 물림 상태에서 값이 일정하다.
- 언더컷 : 이뿌리 부근에서 발생한다.
- 호환성 : (　　)와/과 모듈이 모두 같아야 한다.

05

그림은 2단 복합 기어열(gear train)을 사용한 스핀들 헤드의 개략도이다. 구동 축(drive shaft)이 모터로부터 10 (kW)의 동력과 회전 속도 $N_d = 2,000(\mathrm{rpm})$을 전달받고 있을 때 스핀들축(spindle shaft)에서 출력되는 회전속도 $N_s(\mathrm{rpm})$와 최대 토크 $T_s(\mathrm{kg_f \cdot mm})$를 각각 구하고, 풀이 과정과 함께 쓰시오. (단, 각 기어의 잇수 $Z_1 = 24$, $Z_2 = 36$, $Z_2 = 36$, $Z_3 = 21$, $Z_4 = 28$이고, $\dfrac{102 \times 60 \times 1000}{2\pi}$ $= 974000$으로 계산하며, 그림에서 주어진 동력 전달요소 이외에는 고려하지 않는다.) [4점]

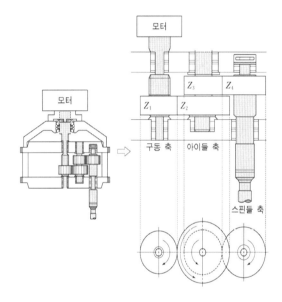

06

그림 (가)는 어떤 기계 시스템의 동력 전달 장치를 나타낸 것이다. 동력은 '모터 → V벨트 전동 장치 → 기어 전동 장치 → 드럼'의 순서로 전달된다. 그림 (가)와 (나)를 보고 물음에 답하시오. (필요에 따라 답안 작성에 사용한 임의 기호는 반드시 설명을 하시오.) [30점]

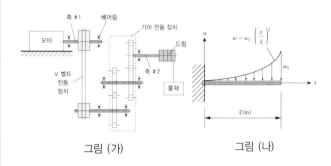

그림 (가)   그림 (나)

6-1

그림 (가)에서 물체의 상승 속도를 변화시키고자 한다. 이 때 필요한 전동 장치에서의 주요 설계 변수들과 상승 속도의 관계를 설명하시오. (단, 모터의 회전수는 일정하다.)

[10점]

6-2

그림 (가)에 사용될 축 #1의 강도에 의한 축지름 설계 방법을 설명하고, 축 #2에 작용하는 하중을 그림 (나)와 같은 분포하중 $w(\mathrm{N/s})$로 모델링하였을 때, 이 축에 발생하는 최대 굽힘 응력과 축지름의 관계를 설명하시오. [20점]

경강에 일정 진폭으로 피로응력이 작용한다고 할 때, 평균응력(σ_m)과 응력비(R)를 최대응력 (σ_{max}) 및 최소응력 (σ_{min})을 이용하여 나타낸 식을 각각 쓰시오. 또한, 평균응력 100MPa, 응력비 0.1일 때 최대응력값과 최소응력값을 구하시오. [4점]

1-1 ───────────

평균응력의 식:

1-2 ───────────

응력비의 식:

1-3 ───────────

최대응력값:

1-4 ───────────

최소응력값:

$30,000\mathrm{kg_f} \cdot \mathrm{mm}$ 의 토크(torque)를 전달하는 중실축에 최대굽힘 모멘트 $40,000\mathrm{kg_f} \cdot \mathrm{mm}$ 가 작용하는 경우에 최대전단응력 이론(Tresca 이론)을 이용하여 중실축 지름을 구하려고 한다. 중실축 지름의 세제곱(d^3)의 근사값은? (단, 축의 재질은 강(steel)이고, 항복강도 $\sigma_Y = 25\mathrm{kg_f}/\mathrm{mm}^2$, 안전율 $S = 4$로 한다.) [2.5점]

① $32\mathrm{cm}^3$ ② $49\mathrm{cm}^3$

③ $62\mathrm{cm}^3$ ④ $71\mathrm{cm}^3$

⑤ $82\mathrm{cm}^3$

03

2013년 기출

그림 (가)는 어떤 기계시스템의 동력전달장치를 나타낸 것이다. 그림을 보고 다음 물음에 답하시오. [30점]

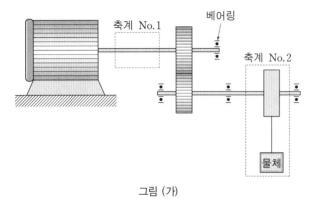

축계 No.1
베어링
축계 No.2
물체

그림 (가)

3-1

그림 (나)는 그림 (가)에서 축계 No.1의 중앙부를 축하중 P, 굽힘모멘트 M과 토크 T를 받는 균질, 균일 단면 봉으로 단순화한 모델이다. 아래의 〈유의 사항〉을 고려하여 중립면 상의 점 A에서 응력성분(σ_x, σ_y, τ_{xy})과 $x-y$ 평면 내의 최대주응력을 구하고, 주응력의 특성 하나를 설명하시오. 그리고 취성재료로 만들어진 봉이 토크 T만 받아 파단이 일어날 때, 파단의 주요 원인을 설명하고, 파단면의 방향과 x축의 이루는 각 θ[°, degree]를 구하시오. (단, 봉의 반지름 r이다.) [15점]

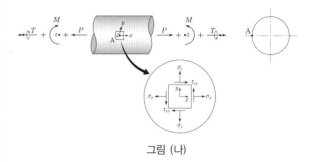

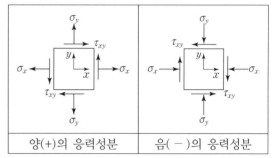

그림 (나)

> **▶ 유의 사항 ◀**
>
> (1) 다음은 응력성분들의 부호규약이다.
>
> | 양(+)의 응력성분 | 음(−)의 응력성분 |
> |---|---|
>
> (2) 각 θ의 부호는 x축에서 반시계 방향을 양(+)의 방향으로 정의하며, 각 θ의 범위는 $-90° < \theta \leq 90°$이다.
> (3) 면의 방향은 면에 수직인 법선의 방향으로 정의한다.
> (4) 응력은 주어진 변수 r, P, T, M으로 나타낸다.
> (5) 모든 풀이 과정을 기술한다.
> (6) 일관단위계를 적용하므로 단위는 고려하지 않는다.

3-2

그림 (가)의 축계 No.2에서 풀리를 축에 고정시키는 데에는 키(key)를 주로 사용한다. 그림 (다)는 축에 조립된 풀리와 축, 키의 형상 및 치수를 나타낸 것이다. 그림 (다)에 사용된 키에 비해 전달력이 작은 키 2가지와 큰 키 1가지를 제시하고, 각각의 특징을 설명하시오. 그리고 풀리로 무게 W의 물체를 $300\mathrm{rpm}$의 일정 속도로 감아올릴 때, 필요한 동력, 키에 발생하는 평균 전단응력, 키의 측면에 발생하는 평균 압축응력을 계산하시오. (단, 아래 〈유의 사항〉을 고려하여 답안을 작성하고, 키의 폭 $b = 12\mathrm{mm}$, 높이 $h = 8\mathrm{mm}$, 길이 $l = 80\mathrm{mm}$, 축의 지름 $d = 50\mathrm{mm}$, 풀리의 지름 $D = 200\mathrm{mm}$, 물체의 무게 $W = 2400\mathrm{N}$, 키의 묻히는 깊이는 높이의 1/2이다.) [15점]

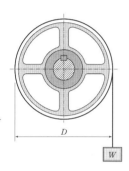 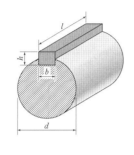

그림 (다)

➤ 유의 사항 ◀

(1) 키의 특징 설명은 간단한 단면 그림과 함께 3행 이하로 기술한다.
(2) 축은 비틀림 작용만 고려하고, 동력 손실은 무시한다.
(3) 계산 항에 대해서는 계산과정 식도 결과와 함께 기술한다.
(4) 계산 결과에 π는 그대로 둔다.
(5) 동력의 단위는 kW, 응력의 단위는 MPa로 나타낸다.

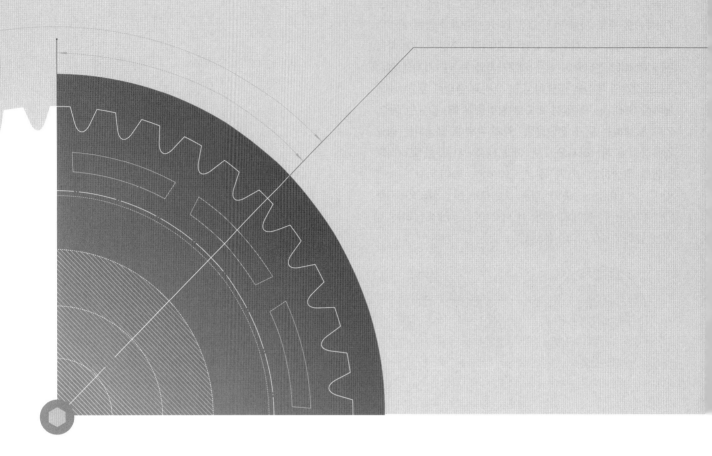

정영식
임용기계
기출문제집

유체역학

01

2020년 기출

다음은 어떤 유체의 특징에 관한 교사와 학생 간의 대화 내용이다. 괄호 안의 ㉠, ㉡에 해당하는 명칭을 순서대로 쓰시오.

[2점]

- 김 교사 : 유체층의 전단응력이 전단변형률의 시간당 변화(rate of shearing strain)에 선형적으로 비례하는 특징을 가진 유체들을 무엇이라고 부릅니까?
- 학생 : (㉠)(이)라고 합니다. 전단변형률의 시간당 변화는 유체의 속도구배(velocity gradient)와도 같습니다.
- 김 교사 : 그러면 선형적으로 비례하는 관계를 나타내는 계수를 무엇이라고 부릅니까?
- 학생 : (㉡)(이)라고 합니다.
- 김 교사 : 내용을 잘 알고 있군요. 이러한 (㉠)의 예로는 물, 공기, 휘발유 등이 있습니다.

유체 정역학

www.pmg.co.kr

01
2012년 기출

단면적이 0.1m^2인 U자형 관에 물이 채워져 있다. 여기에 비중 0.8인 기름을 0.05m^3 넣었을 때, 두 액체 표면의 높이차 $h(\text{m})$는? (단, 기름은 물과 혼합되지 않는 비압축성 유체이다.) [2점]

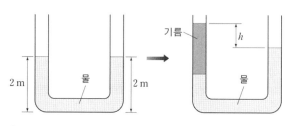

① 0.05

② 0.08

③ 0.1

④ 0.2

⑤ 0.4

02
2012년 기출

그림은 수조를 실은 트럭이 등가속도 a_x로 수평 운행하고 있을 때, 수조 내의 수면이 일정한 각도 θ로 기울어져 있는 모습을 나타낸 것이다. 〈조건〉을 고려하여 수조 바닥면 A점과 B점의 압력차 $P_A - P_B(\text{N}/\text{m}^2)$를 구하고 풀이 과정과 함께 쓰시오. 그리고 수면에 수직인 방향으로 물의 압력차를 발생시키는 가속도 크기 $a(\text{m}/\text{s}^2)$를 구하고 풀이 과정과 함께 쓰시오. [4점]

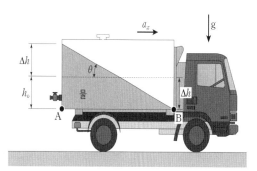

> ▶ 조건 ◀
>
> • 물의 초기높이 $h_0 = 1(\text{m})$
>
> • A, B지점에서 수면의 높이 변화량 $\triangle h = 1(\text{m})$
>
> • $a_x = 5(\text{m}/\text{s}^2)$, 중력가속도 $g = 10(\text{m}/\text{s}^2)$, 물의 밀도 $\rho = 1,000(\text{kg}/\text{m}^3)$
>
> • $\sqrt{5} = 2.2$로 계산한다.
>
> • 물은 각도 θ로 기울어진 후 일정한 형상을 유지하면서 강체처럼 운동한다고 가정한다.
>
> • 주어진 조건 외에는 고려하지 않는다.

03

한 변의 길이가 100mm 인 정육면체 금속 블록이 물속에서의 무게가 50N 이라면 공기 중에서의 무게(N)는? (단, 정지 상태의 물에 의한 부력만 고려하며 물의 밀도는 $1,000\text{kg}/\text{m}^3$ 이고 중력가속도는 $9.8\text{m}/\text{s}^2$ 이다.) [2점]

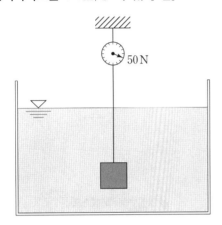

① 40.2   ② 54.9
③ 59.8   ④ 64.7
⑤ 69.6

04

그림과 같이 지름 1.6m 의 원형 관찰창이 수직으로 설치되어 있다. 관찰창의 최상단이 수면보다 1.2m 아래에 있을 때, 수면으로 부터 관찰창에 작용하는 압력의 중심(전압력의 작용점)까지의 수직 거리는? (단, 정지 상태의 물에 의한 압력만 고려하며 대기압은 무시한다.) [2점]

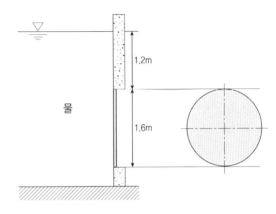

① 2.02m   ② 2.08m
③ 2.14m   ④ 2.20m
⑤ 2.26m

05

2017년 기출

그림과 같이 물탱크의 수직벽에 길이가 $2(\mathrm{m})$, 폭이 $1(\mathrm{m})$ 인 직사각형 수문이 닫혀 있다. 이때 수문에 작용하는 수직력 $F(\mathrm{kN})$과 이 힘이 작용하는 작용점의 위치 $h_r(\mathrm{m})$를 구하고, 풀이 과정과 함께 쓰시오. (단, 물의 비중량 $\gamma = 10(\mathrm{kN/m^3})$으로 가정하며, 수문의 중량과 다른 유체 현상은 모두 무시한다.) [4점]

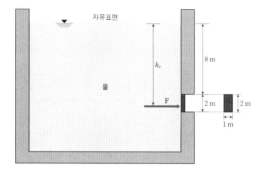

06

2018년 기출

그림과 같이 길이가 $2(\mathrm{m})$이고 폭이 $2(\mathrm{m})$인 덮개 수문의 끝에 힘 F를 가하여 수로를 막고 있다. 수문의 아랫면 $(\mathrm{A}-\mathrm{A})$을 기준으로 수로의 자유표면 높이 h가 $3(\mathrm{m})$일 때, 〈조건〉을 고려하여 수문에 작용하는 압력 $p(\mathrm{N/m^2})$와 정수력 $F_h(\mathrm{N})$를 각각 구하시오. 그리고 수문이 열리지 않게 하기 위한 최소의 힘 $F(\mathrm{N})$를 구하고, 풀이 과정과 함께 쓰시오. [4점]

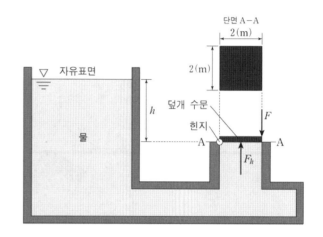

---〉 조건 〈---
- 수문의 무게는 무시한다.
- 대기에 의한 영향과 힌지의 마찰은 무시한다.
- 물의 밀도 ρ는 $1,000(\mathrm{kg/m^3})$, 중력 가속도 g는 $9.8(\mathrm{m/s^2})$이다.

그림은 물탱크의 아래 부분에 수문이 힌지(hinge)로 설치되어 있고, 수문 한 쪽 끝은 탱크 바닥에 놓여 있는 것을 나타낸 것이다. 물탱크 내 압력을 측정하기 위하여 그림과 같이 액주계(manometer)를 사용한다. 점 B에서의 계기압력 p_B가 $18(\text{kPa})$일 때, 〈조건〉을 고려하여 탱크 내 위치 A에서의 계기압력 $p_A(\text{kPa})$와, 물에 의해 수문에 작용하는 힘 $F(\text{kN})$를 각각 구하고, 풀이 과정과 함께 쓰시오. [4점]

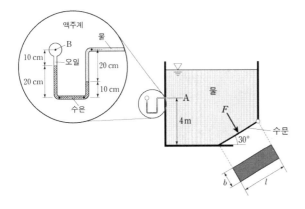

> ▶ 조건 ◀

- 수문의 길이 $l = 4(\text{m})$, 폭 $b = 1(\text{m})$이다.
- 물의 비중량 $w_1 = 10(\text{kN/m}^3)$, 수은의 비중량 $w_2 = 132(\text{kN/m}^3)$, 오일의 비중량 $w_3 = 8(\text{kN/m}^3)$로 가정한다.
- 힘 F는 수문 면에 수직 방향으로 작용한다.
- 대기압에 의한 효과는 무시한다.
- 주어진 조건 외에는 고려하지 않는다.

> **TIP**

❶ 유선의 방정식

$$\frac{dx}{u} = \frac{dy}{v} = \frac{dz}{w}$$

※ 속도 벡터 $V = ui + vj + wk$

※ 미소 단위 벡터 $ds = dxi + dyj + dzk$

❷ 연속방정식

질량유량 $M = \rho_1 A_1 V_1 = \rho_2 A_2 V_2$ (ρ : 밀도)

중량유량 $G = \gamma_1 A_1 V_1 = \gamma_2 A_2 V_2$ (γ : 비중량)

체적유량 $Q = A_1 V_1 = A_2 V_2$ (A : 단면적, V : 유속)

❸ Bernoulli equation

$$\frac{P}{r} + \frac{V^2}{2g} + z = C = H \rightarrow \text{유체역학의 에너지 보존의 법칙}$$

$$\downarrow \qquad \downarrow \qquad \downarrow \qquad\qquad \downarrow$$

압력수두 속도수두 위치수두　　　전수두

※ 모든 단면에서 압력수두, 속도수두, 위치수두의 합은 항상 일정하다.

❹ B·E 의 적용

① 토리첼리효과에서 아주 큰 수조에서 높이 h 지점에서의 출구속도 $V_2 = \sqrt{2gh}$

② Pitot관을 이용한 유속 측정 $V = \sqrt{2g\triangle h}$ ($\triangle h$: 액주계의 눈금 읽음)

③ Pitot정압관을 이용한 유속 측정

관속 임의의 지점에서의 유속 $V = \sqrt{2gH\left(\dfrac{\gamma_{액} - \gamma_{관}}{\gamma_{관}}\right)}$

(H : 액주계의 눈금읽음, $\gamma_{액}$: 액주계내의 유체의 비중량, $\gamma_{관}$: 관속의 유체의 비중량)

1 용어 설명

(1) 유선 (stream line) : 유체의 운동방향을 지시하는 가상곡선

임의의 유동장 내에서 유체입자가 곡선을 따라 움직인다고 할 때 그 곡선이 갖는 접선과 유체입자가 갖는 속도벡터의 방향이 일치하도록 해석할 때 그 곡선을 유선이라 한다.

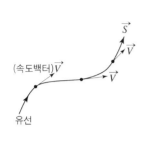

$$\text{속도 벡터} \quad V = u\,i + v\,j + w\,k$$
$$\text{미소 단위 벡터} \quad ds = dx\,i + dy\,j + dz\,k$$
$$V \times ds = 0$$
$$V \times ds = \begin{vmatrix} i & j & k \\ u & v & w \\ dx & dy & dz \end{vmatrix} = (vdz - wdy)i - (udz - wdx)j + k(udy - vdx) = 0$$
$$\therefore \text{유선의 방정식} \quad \frac{dx}{u} = \frac{dy}{v} = \frac{dz}{w}$$

(2) 유관(stream tube) : 유선관

유선으로 둘러싸인 유체의 관

(3) 유적선(path line)

주어진 시간 동안에 유체입자가 유선을 따라 진행한 경로

예 흘러가는 물에 물감을 뿌렸을 때 어느 공간에 나타나는 모양

(4) 유맥선(Streakline)

유동장 내에서 고정된 한 점을 지나는 모든 유체 입자들의 순간체적

2 유체운동의 분류

(1) 정상류(steady flow)

유동장 내에서 임의의 한 점에 있어서 유동조건이 시간에 관계없이 항상 일정한 흐름

$$\frac{ap}{at} = 0, \ \frac{av}{at} = 0, \ \frac{ap}{at} = 0, \ \frac{aT}{at} = 0$$

(2) 비정상류(unsteady flow)

유동장 내에서 임의의 한 점에 있어서 유동조건이 시간에 따라 변하는 흐름

$$\frac{ap}{at} \neq 0, \ \frac{av}{at} \neq 0, \ \frac{ap}{at} \neq 0, \ \frac{aT}{at} = 0$$

(3) 등류 = 등속도 = 균속도 유동(uniform flow)

유동상태에서 거리의 변화에 관계없이 속도가 항상 일정

$$\frac{av}{as} = 0$$

(4) 비등류 = 비등속류 = 비균속도 유동(nonuniform flow)

유동상태에서 거리의 변화에 따라 속도가 달라지는 흐름

$$\frac{av}{as} \neq 0$$

3 연속 방정식(continuity equation)

흐르는 유체에 질량보존의 법칙을 적용하여 얻은 방정식

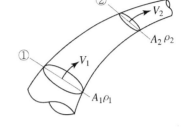

(1) 1차원 연속방정식 $\dfrac{dm}{dt} = 0$

① 질량유량(M) : 단위시간당 흘러간 유체의 질량 $[MT^{-1}]$

$$M = \frac{m}{t} = \frac{\rho V}{t} = \rho A \times \ell \times \frac{1}{t} = \rho A \frac{\ell}{t} = \rho A V$$

$$M = \rho_1 A_1 V_1 = \rho_2 A_2 V_2$$

② 중량유량(G) : 단위시간당 흘러간 유체의 중량 $[FT^{-1}]$

$$G = \frac{W}{t} \frac{r V}{t} = r A \ell \times \frac{1}{t} = r A \frac{\ell}{t} = r A V$$

$$G = \gamma_1 A_1 V_1 = \gamma_2 A_2 V_2$$

③ 체적유량(Q) : 단위시간당 통과하는 유체의 체적 $[L^3 T^{-1}]$

$$Q = \frac{V}{t} = \frac{A\ell}{t} = A \times \frac{\ell}{t} = A V$$

$$Q = A_1 V_1 = A_2 V_2$$

체적유량은 비압축성 유체에만 적용이 가능하다.

$$M = \rho_1 A_1 V_1 = \rho_2 A_2 V_2, \quad G = \gamma_1 A_1 V_1 = \gamma_2 A_2 V_2$$

여기에서 $(\rho_1 = \rho_2, \ \gamma_1 = \gamma_2)$ 같다는 의미는 비압축성 유체이다.

④ 1차원 연속방정식의 미분형

$$M = \rho A V = Const \text{ 양변을 미분하면 } d(\rho A V) = 0$$

양변을 $\rho A V$로 나누면 $\dfrac{d\rho}{\rho} + \dfrac{dA}{A} + \dfrac{d V}{V} = 0 \ \cdots\cdots \ 1차원 \ 연속방정식$

(2) 2, 3차원 연속방정식의 미분형

속도벡터 $V = ui + vj + w\ k$

구배연산자 $\nabla = \dfrac{\partial}{\partial x}i + \dfrac{\partial}{\partial y}j + \dfrac{\partial}{\partial z}k = \text{Gradiant}$

$i \times i = 1,\ i \times j = 0,\ i \times k = 0$

$\nabla \times V = \left(\dfrac{\partial}{\partial x}i + \dfrac{\partial}{\partial y}j + \dfrac{\partial}{\partial z}k \right) \times (u\ i + v\ j + w\ k)$

$\qquad = \left(\dfrac{\partial u}{\partial x} + \dfrac{\partial v}{\partial y} + \dfrac{\partial w}{\partial z} \right)$

$\qquad = \text{Divergence}\ V$

$\qquad = d\ iv \times V$

$\nabla \times V = 0$일 때, 비압축성유동의 연속방정식이된다.

즉, $\nabla \times V = 0 = \left(\dfrac{\partial u}{\partial x} + \dfrac{\partial v}{\partial y} + \dfrac{\partial w}{\partial z} \right)$ ……3차원, 정상류, 비압축성 유동의 연속방정식

$\quad \nabla \times V = 0 = \left(\dfrac{\partial u}{\partial x} + \dfrac{\partial v}{\partial y} \right)$ ……2차원, 정상류, 비압축성 유동의 연속방정식

---

(3) 회전운동과 비회전운동의 구분

$\nabla \times V = curl\ V = (\text{와도})\sum$ 라 한다.

$(\text{와도})\sum = \nabla \times V = \begin{vmatrix} i & j & k \\ \dfrac{\partial}{\partial x} & \dfrac{\partial}{\partial y} & \dfrac{\partial}{\partial z} \\ u & v & w \end{vmatrix} = \left[\dfrac{\partial w}{\partial y} - \dfrac{\partial v}{\partial z} \right]i - \left[\dfrac{\partial w}{\partial x} - \dfrac{\partial u}{\partial z} \right]j + \left[\dfrac{\partial v}{\partial x} - \dfrac{\partial u}{\partial y} \right]k$

---

① 회전운동 : $curl\ V \neq 0$

② 비회전운동 : $curl\ V = 0$

속도벡터 $v - (x^2 + y^2)i + (2xy)j + (-4xz)k$가 회전운동인지 비회전운동인지를 확인하고 회전운동이라면 점 $(2,\ 3,\ 4)$에서의 각속도를 구하여라.

모범답안

$\nabla \times V = curl,\ V = (\text{와도})\sum$ 라 한다.

회전운동 : $curl\ V \neq 0$

비회전운동 : $curl\ V = 0$

$(\text{와도})\sum = \nabla \times V = \begin{vmatrix} i & j & k \\ \dfrac{\partial}{\partial x} & \dfrac{\partial}{\partial y} & \dfrac{\partial}{\partial z} \\ u & v & w \end{vmatrix} = \left[\dfrac{\partial w}{\partial y} - \dfrac{\partial v}{\partial z} \right]i - \left[\dfrac{\partial w}{\partial x} - \dfrac{\partial u}{\partial z} \right]j + \left[\dfrac{\partial v}{\partial x} - \dfrac{\partial u}{\partial y} \right]k = (4z)j$

$\nabla \times V = curl,\ V = (\text{와도})\sum = (4z)j$가 0이 아니므로 회전운동이다.

각속도 $\omega = \dfrac{1}{2}\sum = \dfrac{1}{2}(4 \times 4)j = 8j$ (점 2, 3, 4)는 y를 중심으로 각속도 8이다.

---

4 오일러의 운동방정식(Euler equation)

오일러 방정식의 유도 가정 조건은 다음과 같다.

(1) 유체입자가 유선을 따라 움직인다.

(2) 유체는 마찰이 없다. = 비점성이다.

(3) 정상류이다.

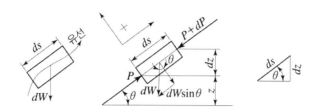

$\sum F_s = dma_s$ 식 이용

미소질량 $dm = \rho dAds$, 미소중량 $dW = rdAds$

$\sum Fs = (P \times dA) - (P+dp)dA - dw\sin\theta$ ······ ①

$dm \ a_s = dm \times \dfrac{dV}{dt} = dm \times \dfrac{dV}{ds} \times \dfrac{ds}{dt} = dm \dfrac{dV}{ds} V$

$\qquad = \rho dAds \times \dfrac{dV}{ds} \times V = \rho dAdV \times V$ ······ ②

① = ② $-dpdA - rdAds\sin\theta = \rho dAdV \times V$

$-dp - rds \ \dfrac{dz}{ds} = \rho VdV$

$\rho VdV + dp + rdz = 0 \ \leftarrow \times \dfrac{1}{r}$

$\dfrac{dp}{r} + \dfrac{V}{g}dV + dz = 0 \ \rightarrow$ Euler equation

오릴러 방정식을 적분하면, $\rightarrow$ Bernoulli equation ≒ B·E

$\displaystyle\int \dfrac{dp}{r} + \dfrac{V^2}{2g} + z = \ \leftarrow$ 가정조건 $\gamma = $ const 즉, 비압축성이다.

$\dfrac{P}{r} + \dfrac{V^2}{2g} + z = C = $ B·E(Bernoulli equation)

5 베르누이 방정식(Bernoulli equation) : 에너지보존의 법칙을 유체유동에 적용시킨 방적식

베르누이 방정식 유도 가정 조건은 다음과 같다.

⑴ 유체 입자가 유선을 따라 움직인다.

⑵ 유체는 마찰이 없다

⑶ 정상류이다.

⑷ 비압축성 유동이다.

$$\frac{P}{r} + \frac{V^2}{2g} + z = C = H \rightarrow \text{유체역학의 에너지 보존의 법칙}$$

압력수두 속도수두 위치수두 전수두

※ 모든 단면에서 압력수두, 속도수두, 위치수두의 합은 항상 일정하다.

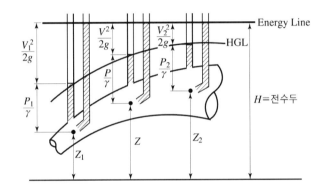

- E.L(Energy Line) = 전수두선 = 에너지선
- H.G.L(Hydraulic Grade Line) = 수력구배선 = 압력수두+속도수두

$$\text{E.L} = \frac{P}{r} + z + \frac{V^2}{2g} \rightarrow \text{E.L} = \text{H.G.L} + \frac{V^2}{2g}$$

- 수력구배선은 에너지선보다 항상 속도 수두만큼 아래에 있다.

$$\frac{P_1}{r} + \frac{V_1^2}{2g} + z_1 = \frac{P_2}{r} + \frac{V_2^2}{2g} + z_2$$

- 수정 B.E → 손실이 있을 때

$$\frac{P_1}{r} + \frac{V_1^2}{2g} + z_1 + H_p = \frac{P_2}{r} + \frac{V_2^2}{2g} + z_2 + H_f + H_t$$

펌프양정 손실수두 터빈양정

⑥ B · E의 적용

(1) 토리첼리의 정리(Torricelli's theorem)

①과 ②지점을 B·E 적용시키면

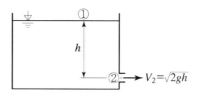

$$출구속도 \quad V_2 = \sqrt{2gh}$$

(2) 피토우트 관(Pitot tube) : 동압을 측정하는 속도계측기기

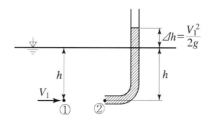

- 정압 = $P_1 P_2 = Ps$ = 총압 = 전압 = 정체점압력
- $V_1 V_2 \fallingdotseq 0$
- $Z_1 = Z_2$: ①과 ②의 위치수두는 같다.
- B·E 적용 → $P_1 = rh P_2 = rh + r\Delta h$
- ①지점의 유속 $V_1 = \sqrt{2g\,\Delta h}$
- $P_2 = P_s = rh + r\Delta h = P_1 + \dfrac{rV_1^2}{2g}$ = 정지압 + 동압

(3) 피토우트 정압관 : 관속임의의 지점의 유속측정

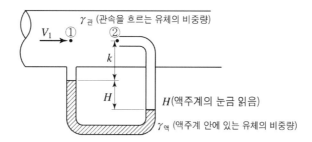

$$관속 \ 임의의 \ 지점에서의 \ 유속 \quad V = \sqrt{2gH\left(\dfrac{\gamma_{액} - \gamma_{관}}{\gamma_{관}}\right)}$$

(4) 벤츄리관(Venturi tube) : 유체의 유량을 측정

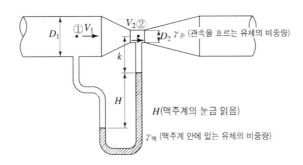

①과 ②지점에서 B.E 적용

$$\frac{P_1}{r} + \frac{V_1^2}{2g} + Z_1 = \frac{P_2}{r} + \frac{V_2^2}{2g} + Z_2$$

①과 ②지점에서 → 압력평형식 적용

①과 ②지점에서 연속방정식 적용 $Q = A_1 V_1 = A_2 V_2$

속도 $V_2 = \dfrac{1}{\sqrt{1 - \left(\dfrac{D_2}{D_1}\right)^4}} \sqrt{2gH\left(\dfrac{r_o}{r} - 1\right)}$ (r : 관속의 유체의 비중량, r_0: 액주계 안의 유체의 비중량)

유량 $Q = A_2 V_2$

7 동력(Power)

$H = \dfrac{W}{t} = \dfrac{F \times s}{t} = F \times V = (P \times A) \times V$ (전두수 $H = \dfrac{P_1}{r} + \dfrac{V_1^2}{2g} + Z(\mathrm{m})$)

$H = P \times Q = \gamma HQ$ (γ : 비중량($\mathrm{kg_f/m^3}$), Q : 유량($\mathrm{m^3/s}$))

$H_{ps} = \dfrac{\gamma HQ}{75}$, $H_{kw} = \dfrac{\gamma HQ}{102}$

04 운동량 정리

www.pmg.co.kr

01

그림과 같이 유체가 수평으로 분출하여 경사판에 충돌할 때, 분류가 판에 작용하는 힘(F)과 충돌한 후 생기는 위쪽과 아래쪽의 유량 Q_1과 Q_2를 구하시오. (단, 분류와 날개 표면 사이의 마찰력은 무시함, 유체유동은 정상류로 $V = V_1 = V_2$ 이다.) [5점]

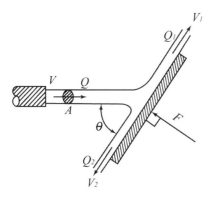

(V : 속도, Q : 유량, F : 힘, A : 단면적, θ : 판 경사각)

1-1

힘(F) :

1-2

유량 Q_1과 Q_2

풀이 과정 :

답 :

02

그림과 같이 큰 피스톤에 연결된 180° 날개(vane)에 노즐로부터 속도 V로 물을 분사하면 운동량의 변화로 인하여 힘이 발생한다. 이때 평형을 유지하기 위하여 레버의 상단 A에 요구되는 힘 F_A는? (단, ρ는 물의 밀도, V는 분사속도, A_0는 단면적을 나타내며, 유체는 비압축성이고, 각 요소에서 마찰은 없다고 가정한다.) [2점]

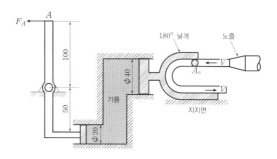

① $\dfrac{1}{4}\rho A_0 V^2$ ② $\dfrac{1}{2}\rho A_0 V^2$

③ $\rho A_0 V^2$ ④ $2\rho A_0 V^2$

⑤ $4\rho A_0 V^2$

03

2011년 기출

그림과 같이 노즐에서 수평으로 분사된 단면적(A) $0.01\mathrm{m}^2$, 속도(V) $10\mathrm{m/s}$인 물제트가 수조의 구멍($\phi200\mathrm{mm}$)을 막고 있는 평판에 수직으로 부딪힌다. 이때 물제트에 의한 힘과 수조의 수압에 의한 힘이 수평 방향으로 힘의 평형을 이루는 구멍 중심까지의 깊이(H)를 구한 근사값은? (단, 정지 상태의 물에 의한 압력만 고려하며 대기압과 평판의 질량은 무시하고, 물의 밀도는 $1,000\mathrm{kg/m}^3$이고, 중력가속도는 $9.8\mathrm{m/s}^2$이다.) [2점]

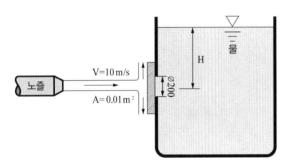

① 3.05m

② 3.25m

③ 3.45m

④ 3.65m

⑤ 3.85m

05 베르누이방정식 및 응용

www.pmg.co.kr

01 ──────────── 2004년 기출

다음 그림은 해발 1520m 의 한 지역에 설치된 증기 보일러이다. 이때의 대기압은 $735.5\text{mmHg}(\text{abs})$이고, 중력 가속도는 $8\text{m}/\text{s}^2$, 증기의 비중량은 $2\text{kg}_\text{f}/\text{m}^3$이다. 물음에 답하시오. (단, 관의 마찰 저항은 무시한다.) [5점]

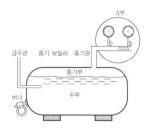

1-1 ────────────

압력계 $P_1(3.5\text{kg}_\text{f}/\text{cm}^2 = 35\text{mAq})$을 기준으로 절대 압력을 구하시오. [2점]

계산식 :

답 : $(\text{kg}_\text{f}/\text{cm}^2)$

1-2 ────────────

(가) 부에서 관내를 흐르는 증기의 평균 유속을 구하시오.
$(P_2 = 4\text{kg}_\text{f}/\text{cm}^2 = 40\text{mAq})$ [3점]

계산식 :

답 : (m/s)

02 ──────────── 2002년 기출

아래 그림과 같은 형상과 치수를 갖는 관속으로 $Q\text{m}^3/\text{sec}$ 의 물이 흐르고 있을 때, 다음 질문에 답하시오. (단, 수은의 비중은 13.5이고, 물의 비중은 1.0이며, 물의 비중량은 $1000\text{kg}_\text{f}/\text{m}^3$이다.) [5점]

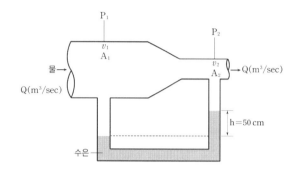

2-1 ────────────

압력차 $(P_1 - P_2)$는 몇 $\text{kg}_\text{f}/\text{cm}^2$인지 구하시오. [2점]

계산식 :

답 :

2-2 ────────────

통과 물을 3배로 증가 시키면 액주계의 높이는 어떻게 변하는지 구하시오. [3점]

계산식 :

답 :

03

2021년 기출

그림은 물의 높이 차가 h인 탱크 내부에 압력 P_1을 가하여 단면적 A_2인 노즐을 통해 대기로 물을 분출시키는 모습을 나타낸 것이다. 〈조건〉을 고려하여 노즐을 통해 분출되는 물의 속도 $V_2(\mathrm{m/s})$와 체적유량 $Q(\mathrm{m^3/s})$를 각각 구하고, 풀이 과정과 함께 쓰시오. [4점]

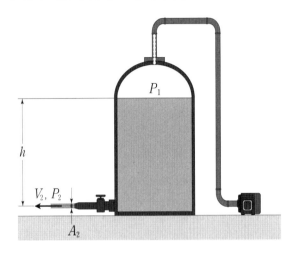

> ➤ **조건** ◄

- $h = 1(\mathrm{m})$, $P_1 = 108(\mathrm{kPa})$,
  대기압 $P_2 = 100(\mathrm{kPa})$, $A_2 = 0.01(\mathrm{m^2})$
- 물의 밀도 $\rho = 1,000(\mathrm{kg/m^3})$,
  중력가속도 $g = 10(\mathrm{m/s^2})$
- 탱크는 충분히 커서 h는 변하지 않는다고 가정한다.
- 물의 흐름은 정상상태, 비압축성, 비점성으로 가정하고, 밸브에 의한 마찰 손실은 무시한다.
- 주어진 조건 외에는 고려하지 않는다.

04

2003년 기출

직경 $d = 0.1\mathrm{m}$의 물 줄기가 그림과 같은 직경 $D = 2\mathrm{m}$인 탱크로부터 일정하게 흘러나올 때, 탱크 속의 물 깊이가 $h = 3\mathrm{m}$로 유지되도록 급수관을 통해 공급해야 할 유량 Q를 구하시오. (단, $\pi = 3$, 중력 가속도 $g = 10\mathrm{m/s^2}$로 하고, 유량 계산 과정과 최종 결과값은 소수점 이하 셋째 자리에서 반올림 할 것.) [5점]

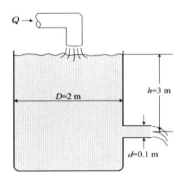

4-1

풀이과정:

4-2

답 : $(\mathrm{m^3/sec})$

05

아래 그림과 같이 물이 흐르고 있는 관이 있다. 관의 내경은 10cm 이고 대기압은 $1\text{kg}_f/\text{cm}^2\text{abs}$, 물의 비중량은 $1000\text{kg}_f/\text{m}^3$ 이며, C점의 압력은 $0.2\text{kg}_f/\text{cm}^2\text{abs}$일 경우, 다음을 구하시오. (관로 손실은 무시함, 편의상 $\pi = 3.0$, 중력가속도 $g = 10\text{m}/\text{sec}^2$으로 한다.) [4점]

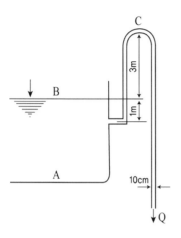

5-1

물의 유출 속도(m/sec) :

5-2

유량(m^3/min) :

06

그림과 같이 단면적이 변하는 수평관 내부를 유체가 가득 차서 흐르고 있다. 단면 1에서의 압력은 P_1, 지름은 D_1이고, 단면 2에서의 압력은 P_2, 지름은 D_2이다. $D_1 = 2D_2$일 때, 단면 1에서의 유속(V_1)은? (단, 유체의 밀도는 $1,000\text{kg}/\text{m}^3$, $P_1 - P_2 = 30\text{kPa}$이며, 이상 유체의 1차원 흐름이라고 가정한다.) [2점]

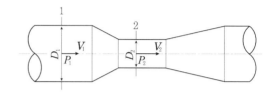

① $2\text{m}/\text{s}$ ② $3\text{m}/\text{s}$

③ $4\text{m}/\text{s}$ ④ $5\text{m}/\text{s}$

⑤ $6\text{m}/\text{s}$

07

개방된 수조에 물이 들어 있고 수조 하부에 단면적이 변하는 배수관이 연결되어 물이 흐르고 있다. 수조에 수면에서 배수구 중심까지의 깊이 H가 8m일 때, 배수관 출구지름 D_o의 2배가 되는 지름 D_x 지점의 내부압력(Pa)은? (단, 배수구는 수조 크기에 비하여 매우 작고, 배수관에서의 모든 손실과 대기압은 무시한다. 물의 밀도는 $\rho(\mathrm{kg/m^3})$, 중력가속도는 $g(\mathrm{m/s^2})$이다.) [2.5점]

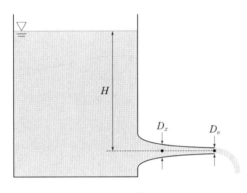

① $4.5\rho g$ ② $6.0\rho g$

③ $7.5\rho g$ ④ $10.5\rho g$

⑤ $15.0\rho g$

08

그림과 같이 물탱크의 배수간(단면적: $0.25\mathrm{m^2}$)에 $0.5\mathrm{m^3/s}$의 물이 흐르고 있다. 점 A에서 압력의 근사값은? (단, 물의 밀도는 $1,000\mathrm{kg/m^3}$, 중력가속도는 $9.8\mathrm{m/s^2}$이며, 대기압은 무시하고, 손실수두는 고려하지 않는다. 또한, 물탱크의 직경은 배수관의 직경에 비하여 매우 크다.) [2점]

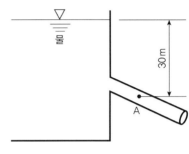

① $282\mathrm{kPa}$ ② $292\mathrm{kPa}$

③ $297\mathrm{kPa}$ ④ $300\mathrm{kPa}$

⑤ $307\mathrm{kPa}$

09

그림과 같이 개방된 물탱크의 바닥에 있는 노즐에서 물이 흐를 때, 노즐 출구에서 h만큼 떨어진 ㉠위치에서의 물줄기 직경을 식으로 쓰시오. (단, 노즐 직경 d는 물탱크 직경 및 물높이 H에 비해 매우 작으며, 모든 손실과 대기압은 무시한다. 물의 밀도는 ρ, 중력가속도는 g이다.) [2점]

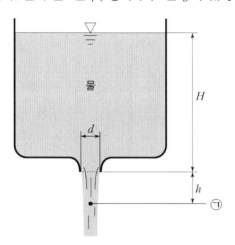

10

그림과 같이 탱크에 물(비중 1)과 기름(비중 0.5)이 채워져 있고, 아래 관을 통하여 물이 흐르고 있다. 이때 관에 흐르는 최대유속 $v(\mathrm{m/s})$를 구하시오. (단, 관 직경은 탱크 직경 및 물높이에 비하여 매우 작다. 흐름은 정상유동이고 점성, 대기압, 손실수두는 고려하지 않으며, 중력가속도는 $g = 9.8(\mathrm{m/s^2})$ 이다.) [2점]

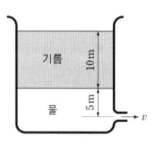

그림과 같이 단면이 작아지는 원형 관을 통하여 공기가 흐르고 있을 때, A지점과 B지점 사이의 압력차를 측정하고자 밀도 ρ_f인 액체가 들어 있는 경사 마노메타를 설치하였다. 〈조건〉을 고려하여 B지점에서의 속도 $v_B(\mathrm{m/s})$, A지점과 B지점 사이의 압력차 $P_A - P_B(\mathrm{Pa})$를 각각 구하고, 풀이 과정과 함께 쓰시오. [4점]

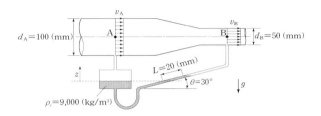

▶ 조건 ◀

- $d_A = 100(\mathrm{mm})$, $d_B = 50(\mathrm{mm})$, $v_A = 10(\mathrm{m/s})$이다.
- $\rho_f = 9,000(\mathrm{kg/m^3})$, $\theta = 30°$, $L = 20(\mathrm{mm})$이며, 중력가속도 $g = 10(\mathrm{m/s^2})$으로 계산한다.
- 공기의 압축성과 점성, 마노메타 안의 액체 표면장력은 고려하지 않는다.
- 제시된 조건 이외에는 고려하지 않는다.

그림은 U자형 사이펀(siphon) 관을 통해 수조 A에서 수조 B로 물이 이동하고 있는 모습을 나타내고 있다. 〈조건〉을 고려하여, 그림과 같이 토출구에서 유출되는 순간에 물의 유속 $V(\mathrm{m/s})$를 구하고, 풀이 과정과 함께 쓰시오. 그리고 이때, 토출구에서 유출되는 물에 의한 힘 $F(\mathrm{N})$를 구하고, 풀이 과정과 함께 쓰시오. [4점]

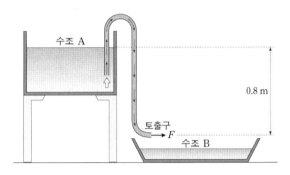

▶ 조건 ◀

- 중력 가속도 $g = 10(\mathrm{m/s^2})$, 물의 밀도 $\rho = 1,000(\mathrm{kg/m^3})$, 관의 단면적 $S = 0.1(\mathrm{m^2})$이다.
- 물은 비압축성(incompressible)이고, 유동은 정상 상태(steady state)이며, 관의 내부 마찰은 무시한다.
- 대기압에 의한 효과는 무시한다.
- 수조 A는 충분히 크기 때문에 수면의 높이 변화는 무시한다.
- 주어진 조건 외에는 고려하지 않는다.

ME
MO

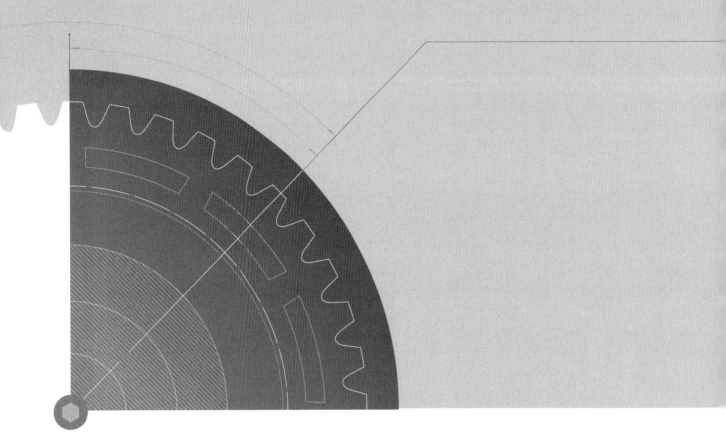

정영식
임용기계
기출문제집

PART

04

열역학

TIP

❶ **열역학 0법칙(온도평형의 법칙, 열적평형의 법칙)**

① 열량의 변화 $\triangle Q = m C \triangle T$ (m : 질량, C: 비열, $\triangle T$: 온도의 변화)

※ 열량의 단위 $1\text{kcal} = 3.968\text{btu} = 4.18673\text{KJ} = 427\text{kg}_f \cdot \text{m}$

② 두물체의 혼합후의 평균온도 $T_m = \dfrac{m_1 C_1 T_1 + m_2 C_2 T_2}{m_1 C_1 + m_2 C_2}$ (m : 질량, C: 비열, T: 온도)

❷

$$\frac{9}{5}t\,℃+32 \quad \overset{+273}{\longrightarrow} \quad ℃ \to ℉ \to ℉ \to ℉$$

| ℃ : 섭씨온도 |
| ˚K : 섭씨온도의 절대온도 |
| ˚F : 화씨온도 |
| ˚R : 화씨온도의 절대온도 |

❸ $\delta Q = dU + \delta W$ (δQ: 열량의 변화, dU : 내부에너지의 변화, δW : 일량의 변화)

❹ **열기관의 효율**

$$\eta = \frac{output}{input} = \frac{\text{단위시간당 얻어진정미일량}}{\text{단위시간당 공급된연소열량}} = \frac{\text{동력}}{\text{연료의 저위발열량} \times \text{연료소비율}} = \frac{H}{Q_L \times f}\ (\times 100\%)$$

▮① 열역학의 정의와 목적

열역학(熱力學 : thermodynamic)은 열과 일의 관계 및, 열과 일에 관계를 갖는 물질의 성질을 다루는 과학이라 정의 할 수 있다. 열에너지를 효율적으로 기계적 에너지로 변환하는 방법을 연구하는 학문으로써 열이 일로 변환 되는 과정 및 이 과정이 반복되는 주기 즉, 사이클을 통해 열에너지를 효율적으로 이용할 수 있다. 열역학을 공부하는 궁극적인 목표는 열에너지를 기계적 에너지로 변화하는데 보다 효율적이고 경제적으로 변환하기 위함 이다.

▮② 열역학의 접근 방법

열역학은 다루는 방법에 있어 크게 두 가지 관점으로 나눌 수 있다. 미시적 관점에서 해석하는 통계열역학 (統計熱力學 : statistical thermodynamics)과 거시적 관점에서 해석하는 고전열역학(古典熱力學 : classical thermodynamics) 또는 공업열역학(工業熱力學 : engineering thermodynamics)이 그것이다. 미시적 관점에서는 분자 하나 하나 의 운동을 통계적인 방법으로 집합적 분석을 한다. 거시적 관점에서는 개별적인 분자들의 상호 작용보다는 전체 에 걸쳐서 일어나는 평균 효과에 대해서만 관심을 가지고 해석한다. 우리들이 살아가는 데서 흔히 사용되는 기준 척도(尺度 : scale)도 거시적인 관점을 택하고 있다. 즉, 길이는 미터로 측정하고 시간은 초를 기준으로 한다. 이러한 측정치는 분자들의 거동에 대해 비교하여 보면 매우 큰 간격이다. 따라서 거시적이란 용어가 성립하며 우리가 어렸을 적부터 친숙히 사용해 온 이런 방법을 통해 열역학을 다루는 것이 편리하다. 온도에 대한 척도도 거시적인 효과의 하나이다. 그러나 어떤 현상을 설명하는 데에는 거시적 관점으로는 불충분한 경우도 있으므로 이럴 때에는 반드시 미시적 관점으로 해결하여야 한다는 것도 아울러 알아두어야 한다. 본 교재에서는 거시적 관점에 대해서만 다루기로 한다.

❸ 열과 에너지

19C 초까지만 해도 사람들은 열이란 열소(熱素)라고 하는 작은 알갱이에 의하여 전달되는 것으로 생각하였다. 그래서 열소를 질량이 없는 유체로 생각하여 열의 이동이나 열의 혼합에 대한 설명으로 사용했다. 그러나 마찰로 인한 열의 발생은 설명할 수 없었다. 그러다가 주울(James Prescott Joule : 1818~1889)이 비로소 열도 기계적인 일과 마찬가지로 일종의 에너지임을 밝혀냈다. 주울은 열과 일을 본질적으로 같은 에너지로 규정짓고 일과 열의 단위를 동등하게 변환시키는 발상의 대전환을 이룩하였다.

❹ 열역학의 용어

(1) 동작물질

동작물질(動作物質 : working substance)이란 작업유체라고도 하며 에너지를 저장하거나 운반하는 물질이다. 예를 들면 자동차 엔진에서는 연료와 공기의 혼합기, 증기 터빈에서는 증기, 냉동 사이클에서는 냉매가 곧 동작물질이다.

(2) 계, 주위, 경계

동작물질은 혼자서 존재할 수 없다. 반드시 그 제한이 되는 구역이 있어야만 한다. 이것은 곧 계(係 : system)의 개념을 낳게 한다. 열역학에서 계란 어떤 물질의 모임 또는 공간적으로 한정된 구획으로 정의된다. 계가 아닌 모든 것을 주위(周圍 : surroundings)라 하며 계와 주위를 구분 짓는 한계를 경계(境界 : boundary)라 한다. 계에는 다음과 같이 밀폐계, 개방계, 고립계가 있다.

① 밀폐계(密閉係 : closed system)

계 내의 동작물질이 계의 경계를 통하여 주위로 이동할 수는 없으나 열이나 일등 에너지의 이동은 존재하는 계로서 비유동계(非流動係 : nonflow system)라고도 한다. 피스톤 – 실린더 내의 공간은 밀폐계의 예이다.

② 개방계(開放係 : open system)

동작물질이 계의 경계를 통하여 주위로 이동하고 열이나 일등 에너지의 이동이 있는 계이다. 유동계(流動係 : flow system)라고도 한다. 주로 펌프, 터빈이 있다.

③ 고립계(孤立係 : isolated system)

계의 경계를 통해서 물질이나 에너지의 이동이 전혀 없는 계이다. 주위와 아무런 상호작용을 하지 않으며 절연계(絶緣係)라고도 한다.

❺ 상태량

상태량(狀態量 : property)이란 관측이 가능한 값으로서 물질의 상태(state)를 규정하는 량을 말한다. 상태량은 성질이라고도 하며 계의 상태만으로 정하여지는 것으로서 그 상태로 되는 데까지의 과정(process)이나 경로(path)에는 무관하다. 따라서 상태량은 점함수(point function)이다. 이와는 달리 열이나 일등의 에너지는 상태량이 아니며 과정이나 경로에 따라 값이 결정되므로 경로함수 또는 도정함수(path function)라 한다.

(1) **강도성 상태량(强度性 狀態量 : intensive property)**

물질이 가지는 질량의 크기에 관계없는 상태량으로 온도(T), 압력(P)등이 표적이다(= 나누어도 변화가 없는 상태량).

(2) **종량성 상태량(從良性 狀態量 : extensive property)**

물질의 질량에 따라서 값이 변하는 상태량이다. 체적(V), 내부에너지(U), 엔탈피(H), 엔트로피(S)등이 있다 (= 나누면 변화가 있는 상태량).

(3) **비상태량(比狀態量 : specific property)**

물질의 종량성 상태량을 질량으로 나눈 값이다. 즉, 단위 질량당의 종량성 상태량을 비상태량이라 한다. 비상태량은 물질의 량에 따라 결정되지 않는다는 점에서 강도성 상태량과 같이 취급할 수는 있으나 엄밀한 의미에서는 강도성 상태량이 아니며 단지 比를 나타내는 비상태량일 뿐이다.

$$\text{비체적 } v = \frac{V}{m}, \text{ 비엔탈피 } h = \frac{H}{m}, \text{ 비 엔트로피 } s = \frac{S}{m}$$

6 평형상태

평형상태(平衡狀態 : equilibrium state)란 계의 상태가 시간적으로 불변이고 어떠한 유동상태도 일어나지 않을 때의 상태를 의미한다. 보통 밀폐계에서 평형상태가 되기 위하여서는 계와 주위의 강도성 상태량의 차이가 없어야 한다. 즉, 계와 주위의 온도가 같을 때에는 열평형(熱平衡 : thermal equilibrium)이 되었다고 하고, 힘 또는 압력이 같을 때에는 역학적 평형(力學的 平衡 : mechanical equilibrium)이 되었다고 한다. 또 화학적 조성이 같을 때에는 화학적 평형(化學的 平衡 : chemical equilibrium)이 되었다고 한다. 이 세 가지가 모두 만족되었을 때 우리는 열역학적 평형상태(thermodynamic equilibrium)라고 한다.

7 과정과 사이클

과정(過程 : process)이란 계의 상태가 변하는 것을 나타내는 말이다. 과정은 단지 계의 상태가 변화되었음을 말하는 것으로서 초기상태인 1에서 나중상태인 2로 변화되었음을 나타낸다. 그러나 경로(經路 : path)는 상태 1에서 상태 2로 진행하는 어느 특정한 과정을 의미한다. 따라서 한 상태에서 다른 상태로 가는 과정은 수많은 경로를 설정할 수 있다.

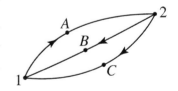

열역학에서 사이클(循環 : cycle)이라 함은 계가 어느 과정을 겪은 다음 다시 최초의 상태로 되돌아가기까지의 과정을 말한다. 사이클을 이루는 과정이 어느 경로를 택하느냐에 따라 사이클은 달라지게 된다. 그림에서 보는 바와 같이 1 - A - 2 - B - 1과 1 - A - 2 - C - 1은 다른 사이클임을 알 수 있다.

8 단위

구분	단위	길이	질량	시간	힘	일	동력	비고
절대 단위	M, K, S	m	kg	sec	$1N = 1kgm/s^2$	$1J = 1N \cdot m$	$1W = 1J/sec$	$1kW = 102kg_f \cdot m/s$
	C, G, S	cm	g	sec	dyne	erg	W, kW	
공학 단위	중력 단위	m cm	kgs^2m	sec	kg_f	$kg_f \cdot m$	Hps	$1ps = 75kg_f \cdot m/s$

배수	접두어 약호	배수	접두어 약호
$10^9 = 1000000000$	giga(G)	$10^{-1} = 0.1$	deci(d)
$10^6 = 1000000$	mega(M)	$10^{-2} = 0.01$	centi(c)
$10^3 = 1000$	kilo(k)	$10^{-3} = 0.001$	milli(m)
$10^2 = 100$	hecto(h)	$10^{-6} = 0.000001$	micro(μ)
$10^1 = 10$	deca(D)	$10^{-9} = 0.000000001$	nano(n)

9 비체적, 밀도, 비중량

(1) 비체적(V)

비체적(比體積: specific volume)은 비상태량으로서 체적(V)을 질량(m)으로 나눈 값이다. 즉, 단위질량당 그 물질이 차지하는 체적을 말한다.

$$v = \frac{V}{m} \, (\text{m}^3/\text{kg})$$

(2) 밀도(ρ)

밀도(密度: density)는 질량을 체적으로 나눈 값으로 비체적의 역수이다.

$$\rho = \frac{m}{V} = \frac{1}{v} \, (\text{kg}/\text{m}^3)$$

(3) 비중량 (γ)

비중량(比重量: specific weight)은 중량(W)을 체적으로 나눈 값이다. 즉, 단위체적당 중량이다.

$$\gamma = \frac{W}{V} = \rho g \, (\text{N}/\text{m}^3, \ \text{kg}_f/\text{m}^3)$$

⑩ 압력

(1) 압력 : 단위면적당 작용하는 힘 $P = \dfrac{F}{A}$

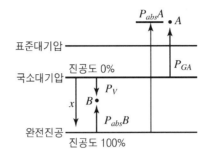

① 표준대기압 $1\text{atm} = 760\text{mmHg} = 1.0332\text{kg/cm}^2 = 10.332\text{mAg} = 1.0135\text{bar} = 101325\text{Pa}$

② 국소대기압 = 게이지압 Zero = 진공도 Zero

③ 절대압 시작 = 완전진공상태 = 진공도 100%

④ 압력의 관계

$$P_{abs} = P_O + P_G = P_O - P_V = P_O + xP_O = P_O(1-x)$$

(P_G : 게이지 압 = 정압, P_V : 진공압 = 부압, P_{abs} : 절대압, P_O : 국소대기압, x : 진공도)

(2) 공학기압(ata)

압력의 단위로서 사용하는 $1\text{kg}_\text{f}/\text{cm}^2$ 을 1공학기압이라 하며 1ata 또는 1at로 표시한다. 공학기압은 기술현장에서 많이 사용한다.

$$1\text{ata} = 1\text{at} = 1\text{kg}_\text{f}/\text{cm}^2$$

⑪ 열역학 제0법칙

열역학 제0법칙(zeroth law of thermodynamics)은 두 물체가 제3의 물체와 더불어 열평형 상태에 놓여 있다면 두 물체가 서로 열평형이 되며 같은 온도를 갖는다는 것이다. 그림은 제0법칙을 설명하는 것이다. 이 경우 제3의 물체는 온도계이다. 열역학 제0법칙의 결과로부터 온도계는 두 물체를 직접 접촉시키지 않고도 이들의 온도를 측정하는데 이용될 수 있다. 열평형 상태에 있는 두 물체의 온도가 서로 같다고 하는 열역학 제0법칙은 열역학 제1법칙보다 늦게 확인되었으나 가장 기본적인 원리이므로 0법칙이라 명명되었다.

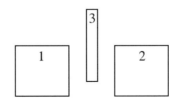

12 온도계(TEMPERATURE SCALE)

⑴ 섭씨온도(Celsius degree)

1atm 하에서 물의 3중점을 0℃, 물의 비등점을 100℃로 하여 구간을 100등분한 것

⑵ 화씨온도(Fahrenheit degree)

1atm 하에서 물의 3중점을 32℉, 물의 비등점을 212℉로 하여 구간을 180등분한 것

⑶ 켈빈온도(Kelvin degree)

절대 0도를 0K로 하고 물의 3중점을 273.15K로 한 것으로 눈금 간격은 섭씨온도와 같다.

⑷ 랭킨온도(Rankine degree)

절대 0도를 0°R로 하고 1K = 1.8°R로 한 것으로 눈금 간격은 화씨온도와 같다.

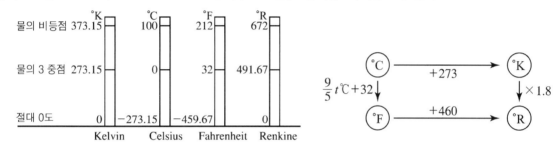

13 에너지 — 열과 일(ENERGY — HEAT AND WORK)

에너지란 물리학적으로 표현하여 일로 환산되어질 수 있는 모든 량의 총칭이다. 따라서 일은 물론이고 열이나 빛 또는 전자기(電磁氣)적 작용에 관계되는 물리량도 포함된다.

열역학에서 특히 중요하게 다루는 에너지로는 기계적 에너지와 화학적 에너지가 있다. 기계적 에너지로는 운동에너지와 위치에너지 그리고 탄성에너지를 들 수 있고 화학에너지로는 열에너지와 그 밖의 포텐셜 에너지를 들 수 있다. 이 중 본 교재에서는 운동에너지와 위치에너지 그리고 열에너지에 대해서만 고찰하기로 한다. 열역학적 에너지 보존의 법칙인 제1법칙은 Chapter 3에서 다루기로 하고 이 장에서는 열과 일의 간단한 수식적 사항인 에너지의 표현방법에 대해서만 알아보기로 한다.

14 열량(quantity of heat)

고온의 물체와 저온의 물체가 서로 접촉되면 두 물체의 온도차는 적어지고 끝내는 같은 온도 즉, 열평형에 도달한다. 이때 고온물체는 열을 잃고 저온물체는 열을 얻게 된다. 이처럼 열은 양 물체 사이를 이동하는 에너지의 한 형태로서 반드시 온도차에 의하여 이동하는 것이 그 특징이다. 따라서 열이란 명칭은 이동 과정 중인 에너지에 대해서만 쓰여진다.

물체가 보유하는 에너지를 관용적으로 열량(熱量 : quantity of heat)이라 한다. 크기와 재질이 같은 물체에서 온도가 높은 것이 분명 열량이 많다.

15 열량의 단위

열량의 단위는 SI단위로 주울(J), 킬로주울(kJ)이다. 그러나 관용적으로 많이 사용하는 단위로 칼로리(cal), 킬로칼로리(kcal)가 있다.

(1) 1kal

표준대기압 하에서 순수한 물 $1l$(1kg)를 1℃만큼 상승시키는데 필요한 열량

(2) 1But(British thermal unit)

물 1파운드(lb)를 1℉ 높이는데 필요한 열량

(3) 1Chu(Centigrade heat unit)

물 1파운드(lb)를 1℃ 높이는데 필요한 열량

$$1kacl = 3.968Btu = 4.18673kJ = 427kg_f \cdot m$$

16 비열(specific heat)

(1) 정의

질량 m kg인 물체에 δQ kcal 의 열이 이동하여 그 물체의 온도가 dT℃만큼 변화되었다면 다음과 같은 관계식을 얻을 수 있다.

$$\delta Q = m C dT, \ \delta q = \frac{\delta Q}{m} = C \ dT$$

여기서 비례상수 C는 물질에 따라 정해지는 값으로 이것을 그 물질의 비열(比熱: specific heat)이라 한다. 즉, 비열이란 단위 질량의 물체의 온도를 단위 온도차만큼 변화시키는 데 필요한 열량으로 정의된다.

$$C = \frac{\delta Q}{m \triangle T} = \frac{\delta q}{\triangle T} \ (\text{kcal/kgC, kJ/kgC})$$

(2) 평균비열 C_m

비열은 온도의 함수이다. 즉 비열은 온도에 따라 변한다.

$$C_m \times (T_2 - T_1) = \int_1^2 C dT$$

평균비열 $C_m = \dfrac{1}{T_2 - T_1} \int_1^2 C dT$

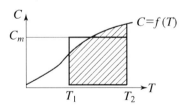

17 일(work)과 열의 관계

(1) 정의

일이란 에너지의 표현중 대표적인 것이다. 일은 물리적으로 스칼라량이며 보통 W로 표기한다. 어떤 물체가 힘 F로 변위 r만큼 이동하였다면 이때 이 물체는 일을 한 것이 되며 그 크기는

$$W = F \times r = \text{힘} \times \text{변위}, \quad 1\text{J} = 1\text{N} \cdot \text{m}, \quad 1\text{kg} \cdot \text{m} = 9.8\text{N} \cdot \text{m} = 9.8\text{J}$$

일은 열과 마찬가지로 에너지이며 열역학적인 상태량이 아니고 과정에 의존하는 도정함수(path function)이다. 열역학 제1법칙은 열과 일이 본질적으로 같은 에너지라는 점을 나타내는 에너지 보존의 법칙을 말한다.

$$1\text{kcal} = 4.18673\text{kJ} = 427\text{kg}_f \cdot \text{m}$$

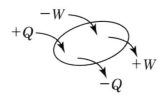

열역학에서는 열과 일의 부호를 다음과 같이 규약한다. 즉, 계가 주위로부터 받은 열량은 正(+)의 값으로, 계가 주위로 방출한 열량은 負(−)의 값으로 정한다. 또한 계가 주위로 행한 일량은 正(+), 계가 주위로부터 받는 일량은 負(−)로 정한다. 열량과 일량의 부호규약은 계와 주위의 상관관계에 따라 서로 반대부호가 됨을 주의하여야 한다.

(2) 평균온도 T_m

질량이 m_1, m_2인 두 물질의 비열(평균비열)이 C_1, C_2라하고 온도가 T_1, $T_2 (T_1 > T_2)$일 경우 이 두 물질을 혼합하여 열평형에 달하였을 때의 온도 T_m은 물질 1이 잃은 열량과 물질 2가 얻은 열량이 크기가 같으므로

$$m_1 C_1 (T_1 - T_m) = m_2 C_2 (T_m - T_2)$$

$$\therefore \text{평균온도} \quad T_m = \frac{m_1 C_1 T_1 + m_2 C_2 T_2}{m_1 C_1 + m_2 C_2}$$

이 된다. 일반적으로 n종류의 물질을 서로 섞었을 때도 그 열평형온도 T_m을 구하는 식은 위의 경우와 마찬가지의 방법으로 정리하면 다음과 같은 식을 얻을 수 있다.

$$T_m = \frac{m_1 C_1 T_1 + m_2 C_2 T_2 + \ldots + m_n C_n T_n}{m_1 C_1 + m_2 C_2 + \ldots + m_n C_n} = \frac{\sum M_i C_i T_i}{\sum m_i C_i}$$

기체상태에 있는 물질은 그 상태의 조건에 따라 비열이 달라지게 되는데 체적이 일정하게 유지되며 열 이동이 이루어질 때의 비열인 정적비열 C_v와 압력이 일정하게 유지되며 열 이동이 이루어질 때의 비열인 정압비열 C_p로 구분하여 살펴야 한다.

18 동력(power)

동력(動力)은 공률(工率)이라고도 하며 단위 시간당의 일량으로 정의한다. 일이 스칼라량이므로 동력 또한 스칼라량이다. 동력을 H라 할 때

$$H = T \cdot T\omega = F \cdot Tv \; (T : \text{토오크(torque)}, \; \omega = \text{각속도}, \; F : \text{힘}, \; v : \text{속도})$$

동력의 단위는 SI단위로 와트(w), 킬로와트(kw)이며 관용단위로 마력(PS)이 있다.

$$1\text{W} = 1\text{J/s} \qquad 1\text{kW} = 1000\text{W} = 1\text{kJ/s} \qquad 1\text{kW} = 102\text{kg}_f \cdot \text{m/s} \qquad 1\text{PS} = 75\text{kg}_f \cdot \text{m/s}$$

동력 × 시간은 분명 에너지가 된다. 따라서

$$1\text{kwh} = 860\text{kcal} \qquad 1\text{PSh} = 632.2\text{kcal}$$

19 효율(heat efficiency)

어떤 연료를 태워 얻은 열량으로 다른 기계적 에너지로 변환시킬 때 그 공급된 에너지와 얻을 수 있는 에너지와의 차가 존재하게 된다. 즉, 공급되는 연소열량(input) = 얻는 정미일량(output)이 되며 보통 input > output 이다. 이러한 비를 효율이라 할 때

$$\text{효율}(\eta) = \frac{output}{input} = \frac{\text{단위시간당 얻어진 정미일량}}{\text{단위시간당 공급된 연소열량}} = \frac{\text{동력}}{\text{연료의 저위발열량} \times \text{연료소비율}} = \frac{H}{Q_L \times f} \, (\times 100\%)$$

효율은 무차원량이므로 단위가 없으며 그 값은 항상 1보다 작다.

$q = \triangle u + w$을 미분 값으로 취하면 $\delta q = du + \delta w$이 되고 계의 전 에너지 변화는 $\delta Q = dU + \delta W$이다. 이 식을 밀폐계에서의 열역학 제1법칙이라 한다.

Chapter 02 이상기체의 상태변화

01

이상기체 1mol 이 $T_1(\mathrm{K})$, $P_1(\mathrm{atm})$의 상태에 있다. 이상기체의 정용열용량(정적비열)과 정압열용량(정압비열)을 각각 $C_v(\mathrm{J/molK})$ 및 $C_p(\mathrm{J/molK})$로 나타낼 때, 다음 물음에 답하시오. [6점]

1-1

등온가역적으로 압력이 $P_1(\mathrm{atm})$에서 $P_2(\mathrm{atm})$로 변화하였을 때, 한 일의 양을 구하시오. [2점]

풀이과정 :

답 :

1-2

등온가역적으로 압력이 $P_1(\mathrm{atm})$에서 $P_2(\mathrm{atm})$로 변화하였을 때, 엔탈피 변화값($\triangle H$)을 구하시오. [2점]

풀이과정 :

답 :

1-3

일정한 부피 하에서 가역적으로 온도가 $T_1(\mathrm{K})$에서 $T_2(\mathrm{K})$로 변화했을 때, 내부 에너지 변화값($\triangle U$)을 구하시오. [2점]

풀이과정 :

답 :

02

T_1의 온도에서 이상기체 1mol 부피 V_1에서 V_2로 가역 팽창하였다. 다음 물음에 답하시오. [6점]

2-1

엔트로피 변화량 ($\triangle S$)을 계산하시오. [2점]

풀이과정 :

답 :

2-2

엔탈피 변화량($\triangle H$)을 계산하시오. [2점]

풀이과정 :

답 :

2-3

이때 한 일과 동일한 일을 T_1, V_1에서 가역 단열적으로 팽창한 경우 최종온도(T_2)를 계산하시오. [2점]

풀이과정 :

답 :

03

2009년 기출

온도 $298\mathrm{K}$에서 마찰이 없는 실린더 내외 이상기체 1몰이 부피 $0.3\mathrm{m}^3$에서 가역 등온 팽창하여 부피 $0.5\mathrm{m}^3$로 증가하였다. 이 기체의 엔트로피 변화량($\triangle S$)과 엔탈피 변화량($\triangle H$)은? (단, R은 기체상수이다.) [2점]

① $\Delta S = R\ln\frac{0.5}{0.3},\ \Delta H = 0$

② $\Delta S = R\ln\frac{0.5}{0.3},\ \Delta H = 298R\ln\frac{0.5}{0.3}$

③ $\Delta S = 0,\ \Delta H = 0$

④ $\Delta S = -R\ln\frac{0.5}{0.3},\ \Delta H = 0$

⑤ $\Delta S = 0,\ \Delta H = 298R\ln\frac{0.5}{0.3}$

04

2010년 기출

초기 상태에서 압력이 $5\mathrm{bar}$, 체적이 $2\mathrm{m}^3$인 일정량의 이상기체가 일정한 온도 하에서 서서히 팽창하여 체적이 $16\mathrm{m}^3$가 되었다. 팽창 과정에서 (가) 외부에 한 일(MJ), (나) 외부로부터 받은 열량(MJ)이 옳게 묶인 것은? [1.5점]

	(가)	(나)
①	$3\ln2$	$3\ln2$
②	$3\ln2$	$30\ln2$
③	$30\ln2$	$3\ln2$
④	$30\ln2$	$15\ln2$
⑤	$30\ln2$	$30\ln2$

05

2012년 기출

마찰이 없는 피스톤 – 실린더 기구 내의 이상기체가 팽창하여 체적이 처음의 2배가 되었다. 이때 정압과정으로 발생한 일(W_1)과 등온과정으로 발생한 일(W_2)의 비$\left(\frac{W_1}{W_2}\right)$는? [2점]

① $\frac{1}{2}$

② 2

③ $\ln 2$

④ $2\ln 2$

⑤ $\frac{1}{\ln 2}$

06

그림 (가)는 온도 T_1이 27(℃)이고 압력 p_1이 300(kPa)인 공기가 들어 있는 철제 용기를 나타낸 것이다. 그림 (나)와 같이 이 용기가 가열된 후, 용기 내부의 압력 p_2는 330 (kPa)이다. 〈조건〉을 고려하여 가열된 후 용기 내부의 온도 T_2(℃)를 구하는 식과 계산 값을 쓰시오. [2점]

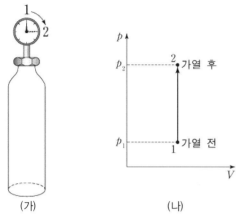

(가)　　　　　(나)

> ➤ 조건 ◀
> • 용기 내부는 체적 V가 변하지 않는 밀폐계이다.
> • 용기 내부의 공기는 이상 기체이다.
> • 압력은 절대압력으로 측정된 값이다.
> • 온도 0(℃)는 273(K)이다.

07

그림은 경로 A를 따라 팽창하는 이상 기체와 경로 B를 따라 팽창하는 이상 기체의 $P-V$(압력 − 부피) 선도를 나타낸 것이다. 〈조건〉을 고려하여 이상 기체의 압력 P_f(bar)와 부피 V_f(m³)를 각각 구하고, 풀이 과정과 함께 쓰시오. [4점]

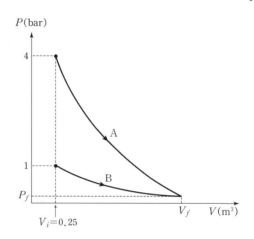

> ➤ 조건 ◀
> • 경로 A를 따라 이상 기체는 부피 V_i에서 V_f까지 가역단열 팽창(reversible adiabatic expansion)한다.
> • 경로 B를 따라 이상 기체는 부피 V_i에서 V_f까지 가역등온 팽창(reversible isothermal expansion)한다.
> • 이상 기체의 정적몰비열(molar specific heat at constant volume) C_V와 정압몰비열(molar specific heat at constant pressure) C_P는 각각 $C_V = \dfrac{3}{2}R$, $C_P = \dfrac{5}{2}R$ 로 계산한다.
> • R은 기체 상수(molar gas constant)이다.

08

그림과 같은 압력 용기와 용기 내의 이상기체의 상태 변화에 관한 다음 물음에 답하시오. [25점]

8-1

이음매가 없는 얇은 두께의 강관을 사용하여 안지름이 D이고 내부 최고압력(사용압력)이 P인 원통형 압력 용기를 설계하고자 한다. 압력(P)에 의해 원통의 관에서 발생하는 원주 방향과 축 방향의 응력을 구한 후, 관의 강도에 의한 관 두께(t) 설계 방법을 설명하시오(최종적으로 두께 t를 구할 것). (단, 원주 방향과 축 방향의 응력이 관 두께 전체에 균일하게 분포한다고 가정하며, 관의 인장강도는 σ, 안전율은 S이고, 용기 외부 압력은 고려하지 않는다.) [12점]

8-2

밀폐된 압력 용기 내에 비열비(k)가 일정한 이상기체가 들어 있다. 초기 상태에서 기체의 절대온도는 T_1, 압력은 P_1, 체적은 V_1이고, 기체가 서서히 냉각되어 최종 상태에서 압력이 $\epsilon \times P_1$이 되었다. 체적이 일정하다고 가정할 때, 기체의 엔탈피 변화량($H_2 - H_1$), 기체가 방출한 열량의 크기, 기체의 엔트로피 변화량($S_2 - S_1$)을 구하여 T_1, P_1, V_1, ϵ, k를 사용하여 나타내시오. (단, 비열비 $k = C_p/C_v$ (C_p : 정압비열, C_v : 정적비열)이며, H_1, S_1은 각각 초기 상태의 엔탈피, 엔트로피, H_2, S_2는 각각 최종 상태의 엔탈피, 엔트로피를 나타낸다.) [13점]

> ▶ 유의 사항 ◀
> • 결과를 구하는 과정을 자세히 기술할 것
> • 임의로 사용한 기호는 설명할 것

03 열역학 제1법칙(엔탈피)

www.pmg.co.kr

01

2017년 기출

그림 (가)와 같이 피스톤 − 실린더 용기의 내부 기체를 가열하였다. 그림 (나)와 같이 기체 체적은 $V_1 = 0.1(\text{m}^3)$에서 $V_2 = 0.3(\text{m}^3)$으로 증가하였고, 압력은 $P_1 = 2(\text{MPa})$에서 $P_2 = 1(\text{MPa})$로 감소하였다고 가정할 때, 기체가 피스톤에 행한 일(kJ)의 값을 구하시오. (단, 마찰과 중력의 에너지 손실은 무시한다.) [2점]

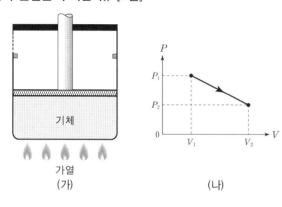

기체

가열
(가)   (나)

02

2016년 기출

그림과 같이 밀폐계인 실린더 내부에서 기체의 압력 P는 일정하게 유지되면서, 실린더의 체적은 $V_1 = 0.3(\text{m}^3)$에서 $V_2 = 0.6(\text{m}^3)$으로 팽창하였다. 실린더 안의 내부에너지가 $40(\text{kJ})$만큼 증가하였다면, 이 과정 동안에 한 일(kJ)과 가해진 총 열량(kJ)을 각각 구하고, 풀이 과정과 함께 쓰시오. (단, 기체의 압력 $P = 2(\text{MPa})$이며, 기체는 비유동과정의 정압변화이며, 모든 마찰과 중력은 무시한다.) [4점]

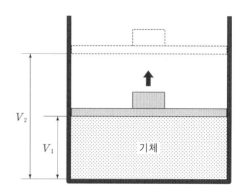

기체

03

그림과 같이 내부 반지름 $R_1 = 0.1(\mathrm{m})$ 3인 밀폐된 구에 압력 $P_1 = 100(\mathrm{kPa})$인 이상 기체가 들어 있다. 이 기체가 가열되어 내부 반지름 $R_2 = 0.2(\mathrm{m})$가 될 때까지 등온 과정으로 팽창하였다. 〈조건〉을 고려하여 팽창 후의 기체 압력 $P_2(\mathrm{kPa})$와 이 과정에 의해 기체가 행한 일 $W(\mathrm{J})$를 각각 구하고, 풀이 과정과 함께 쓰시오. [4점]

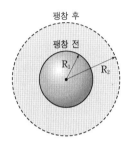
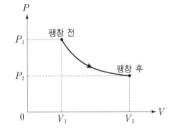

> ➤ **조건** ◀
>
> • 기체는 준평형 과정(quasi − equilibrium process)으로 팽창하며, 과정 중에 구 모양을 유지한다.
> • 압력은 절대 압력 값이다.
> • $\pi = 3$, $\ln 8 = 2$로 계산하며, 제시된 조건 이외에는 고려하지 않는다.

01

열역학 상태량인 엔탈피와 엔트로피에 대한 설명으로 옳은 것만을 〈보기〉에서 있는 대로 고른 것은? [1.5점]

> 보기 ◀

ㄱ. 실제과정에서 엔트로피는 비보존적 상태량이다.
ㄴ. 교축과정(throttling process)에서 엔탈피는 증가한다.
ㄷ. 가역 단열과정(adiabatic process)에서 엔트로피는 항상 일정하다.
ㄹ. 엔탈피는 내부에너지(internal energy)와 유동일의 합으로 정의된다.

① ㄱ, ㄴ
② ㄱ, ㄷ
③ ㄴ, ㄹ
④ ㄱ, ㄷ, ㄹ
⑤ ㄴ, ㄷ, ㄹ

02

열역학 제2법칙에 해당하는 설명을 〈보기〉에서 모두 고른 것은? [2점]

> 보기 ◀

ㄱ. 열과 일은 모두 에너지이며 열과 일은 상호 전환이 가능하다.
ㄴ. 외부에서 일이 가해지지 않으면 열은 저온에서 고온으로 흐를 수 없다.
ㄷ. 효율 100%의 열기관을 만들기가 불가능하다는 것을 의미하는 법칙이다.
ㄹ. 밀폐계가 임의의 사이클을 이룰 때 열전달의 총합은 이루어진 일의 총합과 같다.

① ㄱ, ㄴ
② ㄱ, ㄹ
③ ㄴ, ㄷ
④ ㄴ, ㄹ
⑤ ㄷ, ㄹ

❶ $v_x = v' + x(v'' - v')$ (v_x : 습증기의 상태량, v' : 포화수의 상태량, v'' : 포화증기의 상태량, 건도 $x = \dfrac{증기의\ 중량}{전체중량}$)

❷ 정압 하에서의 증기의 상태변화

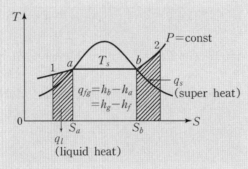

T_s(Saturated temperature) : 포화온도

q_l(lipuid heat or sensible heat) : 액체열, 감열, 현열

q_{fg}(latent heat) : 증발잠열

q_s(super heat) : 과열

❸ 증발잠열

$r = h'' - h' = u'' - u' + P(v'' - v')$ (h'' : 포화증기의 엔탈피, h' : 포화수의 엔탈피, v'' : 포화증기의 비체적, v' : 포화수의 비체적)

■1 순수물질(Pure substance)

원자가 모여 분자를 이루면 분자는 일단 안정된 구조를 가지며 여간해서는 다시 원자로 분해되지 않는다. 어느 온도 및 압력의 범위에서 분자의 상태는 액체 또는 기체로 존재하게 된다. 보통 단일성분으로 되어있는 물질은 혼합물이 아니며 또한 화학적으로 안정되어 있을 때 이를 순수물질로 본다.

예를 들어서 물은 상온에서 액체로 존재하며 이를 동일한 압력 하에서 가열하면 수증기가 된다. 그러나 물이 가지는 화학적 평형은 지속되어서 항상 H_2O의 상태로 된다. 따라서 물은 순수물질이다.

보통 액화나 기화가 용이하여 cycle의 동작물질로 삼을 때 액화 및 기화를 되풀이 반복하는 순수물질을 증기(蒸氣 : vapor)라 하고, 내연기관의 연소가스처럼 액화나 기화가 쉽게 일어나지 않는 물질(순수물질이 아니더라도 좋다)을 가스(gas)라 하며 증기와 뚜렷이 구별한다. 일반적으로 증기는 순수물질로 취급하며 상온에서 액체의 상태로 존재할 수 있는 물질이 기화된 것을 지칭한다.

■2 포화액체, 포화증기, 포화온도 및 잠열

포화란 어느 한 물질의 액상(액체상태)과 기상(기체상태)이 평형이 되어서 공존하는 상태를 말하며 순수물질인 경우에는 포화액체와 포화증기는 항상 공존하게 된다. 만일 압력이 일정하게 유지된다면 兩相의 비율은 변화하여도 온도는 일정하다. 적정 온도가 되어서는 더 이상 온도가 올라가지 않고 일정해지며 증발이 시작된다. 이때 증발이 시작되기 직전의 액체상태를 포화액이라고 하며 이때까지 공급된 열량을 감열 또는 현열(感熱, 顯熱 : sensible heat)이라고 한다. 증발이 시작되면 온도는 변화하지 않으나 포화액체로부터 포화증기로 변화하는데 공급되는 열량을 잠열(潛熱 : latent heat)이라 한다. 잠열은 보통 r로 표시하며 엔탈피의 차로 나타내어진다.

즉, 증발잠열 = 포화증기의 比엔탈피 - 포화액체의 比엔탈피

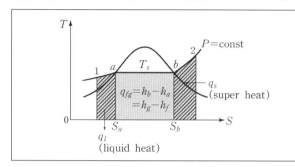

T_s(Saturated temperature) : 포화온도

q_l(lipuid heat or sensible heat) : 액체열, 감열, 현열

q_{fg}(latent heat) : 증발잠열

q_s(super heat) : 과열

포화액과 포화증기가 공존하는 온도를 포화온도라 하며 압력에 따라 그 값은 변하지만 일단 압력이 주어지면 바로 그 압력에 대한 포화온도는 항상 일정하다. 예를 들면 물은 대기압 하에서 100℃의 포화온도는 항상 일정하다. 예를 들면 물은 대기압 하에서 100℃의 포화온도를 가진다.

포화증기에서 1kg의 포화액을 등압하에서 건포화 증기가 될 때까지 가열하는데 필요한 열량, 즉 증발잠열 r은

$$\delta q = du + pdv \ \text{또는} \ \delta q = dh + vdp \text{에서} \ r = \int \delta q = u'' - u' + p(v'' - v') = h'' - h'$$

이때 첨자 $'$는 포화액에서 포화증기로 변환될 때의 상태 즉, 위의 그림에서 a점을 의미하며 첨자 $''$는 포화증기에서 과열증기로 변환될 때 즉, 위의 그림에서 b점을 의미한다.

또한 '$u'' - u' = \rho$: 내부증발열', '$v'' - v' = \psi$: 외부증발열'로 표시할 때 $r = \rho + \psi$이다.

3 증기의 건도

포화액체와 포화증기의 혼합물 中에서 액체의 중량을 G_l, 증기의 중량을 G_g라 하고 포화액체의 비체적을 v', 포화증기의 비체적을 v''라 할 때, 혼합물의 평균적인 비체적 v는 $(G_l + G_g)v = G_l v' + G_g v''$에서

$$v = \frac{G_l}{(G_l + G_g)}v' + \frac{G_g}{(G_l + G_g)}v'' \text{이다.}$$

여기서 증기의 건도(dryness fraction) 또는 질(quality)을 x라 하면 $x = \dfrac{G_g}{G_l + G_g}$로 정의되고 식은 다음과 같이 표현되어진다.

$$v = (1-x)v' + xv'' \ \ (\because x = \frac{G_l}{G_l + G_g} = \frac{G_l + G_g - G_g}{G_l + G_g} \text{이므로})$$
$$\therefore \ v = v' + x(v'' - v')$$

보일러 등의 증기발생장치로부터 나오는 포화증기 속에는 미세한 비말형(飛沫形)의 포화수가 함유되어 있는데 이와 같은 증기를 습증기(wet steam)라 하고 건도(질)로서 그 정도를 표시한다. 이에 대하여 포화수를 전혀 포함하지 않는 포화증기를 건포화증기(dry saturated steam)라 한다. 따라서 포화액의 상태(a 또는 $'$)에서는 건도 $x = 0$이고 포화증기상태(b 또는 $''$)에서는 건도 $x = 1$이 된다.

일반적으로 氣ㆍ液 혼합증기의 比상태량은 $v = v' + x(v'' - v')$, $u = u' + x(u'' - u')$, $h = h' + x(h'' - h')$, $S = S' + x(S'' - S')$로 된다.

④ 임계점(critical point)

포화증기에서 압력을 높이면 증발잠열이 작아지고 결국에는 0이 되는 곳이 있다. 즉 액상과 기상과의 사이에 엔탈피의 변화가 없어지고 이와 동기에 비체적의 변화도 없어진다. 액상과 기상과의 사이에 확실한 구별이 없어 짐을 의미한다. 이러한 한계상태를 임계점이라고 하며 임계점에서의 압력을 임계압력, 온도를 임계온도라 한다. 보통 물질은 액화의 조건은 임계압력 이상의 압력을 가하고 임계온도 이하로 온도를 낮출 때 일어난다. 따라서 기화의 조건(보통 증발)은 임계압력 이하의 압력 하에서 임계온도 이상으로 열량을 공급할 때 일어난다.

증기에서 건도 x가 이 상태에서 계속 열을 가하면 건도는 증가하여 $x = 1$인 상태(건포화증기)가 된다. 이때 더욱 열을 가하면 온도가 상승하며 포화온도 이상으로 증가하게 된다. 이러한 증기를 과열증기라 한다. 과열증기의 상태는 압력과 온도 여하에 따라 다르며 어떤 상태에서의 과열증기와 포화온도의 차를 과열도라 한다. 증기는 이상기체가 아니기 때문에 $Pv = RT$를 만족하지 못하지만 과열도가 커짐에 따라 이상기체의 성질에 가까워진다. 보통 임계점 이상에서 거의 완전가스(이상기체)라 볼 수 있다.

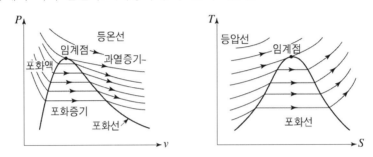

※ 선도에서 습포화증기 영역에서는 등온선과 등압선이 일치한다.

⑤ 증기표와 증기선도

어느물질의 액상으로부터 기상에 걸친 상태량 사이의 함수관계를 수치로 나타낸 것을 증기표라고 한다. 증기표는 v만이 아니고 h나 S도 함께 기재되어 있어서 계산하지 않고도 쉽게 알 수 있다.

증기표의 종류로는 포화증기표와 압축액체, 과열증기표로 나누어진다. 물의 포화증기표는 압력을 변수로 취한 것과 온도를 변수로 취한 것이 있고 각 상태량의 값에서 포화수는 v', h', u', S'로 포화증기는 v'', h'', u'', S'' 등으로 표시한다.

증기표에서는 3중점의 물의 상태 즉 $0.01\,°\mathrm{C}$, $0.001\mathrm{m}^3/\mathrm{kg}$인 포화수의 상태를 기준으로 그 상태량을 표시한다. 액체·증기계의 상태량의 변화과정을 간단한 선도로 표시한 것이 증기선도이다. 증기선도로서는 $p-v$ 선도, $T-S$ 선도 및 $h-S$ 선도(몰리에르 선도), $p-h$ 선도(냉매선도) 등이 쓰이고 있다.

⑥ 증기의 상태변화

(1) 정적변화

① 상태변화

$$v = v_1 = v_2 = c$$

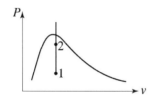 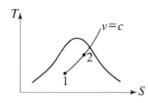 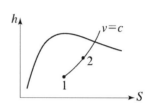

등적변화 후의 건도가 x_1에서 x_2로 될 때(습증기 구역 內에서 변화)

$$v_1 = v_1' + x_1(v_1'' - v_1')$$

$$v_2 = v_2' + x_2(v_2'' - v_2')$$

$v_1 = v_2$이므로

$$v_1' + x_1(v_1'' - v_1') = v_2' + x_2(v_2'' - v_2')$$

$$x_2 = \frac{v_1' - v_2'}{v_2'' - v_2'} + x_1 \frac{v_1'' - v_1'}{v_2'' - v_2'} \fallingdotseq x_1 \frac{v_1'' - v_1'}{v_2'' - v_2'}$$

② 열량

$$\delta q = du + Pdv$$
$$_1q_2 = u_2 - u_1$$
$$u_2 = u_2' + x(u_2'' - u_2')$$
$$u_1 = u_1' + x(u_1'' - u_1')$$
$$\delta q = dh + vdp$$
$$_1q_2 = h_2 - h_1 - v(P_2 - P_1)$$
$$h_2 = h_2' + x(h_2'' - h_2')$$
$$h_1 = h_1' + x(h_1'' - h_1')$$

③ 절대일

$$\delta w = Pdv, \ _1w_2 = 0$$

④ 공업일

$$\delta w_t = -vdp, \ w_P = -v(P_2 - P_1)$$

(2) 정압변화

① 상태변화

$$P = P_1 = P_2 = c, \ dP = 0$$

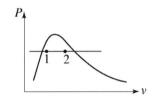 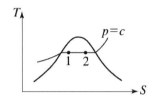 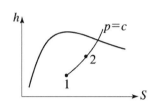

습증기 영역에서는 등압변화와 등온변화가 일치한다.

② 열량

$$\delta q = du + Pdv$$
$$_1q_2 = u_2 - u_1 + P(v_2 - v_1) = h_2 - h_1 = r(x_2 - x_1)$$
$$h_2 = h_2{}' + x_2(h_2{}'' - h_2{}')$$
$$h_1 = h_1{}' + x_1(h_1{}'' - h_1{}')$$
$$h_1{}' = h_2{}'$$
$$h_1{}'' = h_2{}''$$

③ 내부에너지 변화

$$\int_1^2 = u_2 - u_1 = (x_2 - x_1)\rho$$
$$u_2 = u_2{}' + x_2(u_2{}'' - u_2{}')$$
$$u_1 = u_1{}' + x_1(u_1{}'' - u_1{}')$$
$$\rho = u_1{}'' - u_1{}' = u_2{}'' - u_2{}'$$
$$u_1{}' = u_2{}'$$
$$u_1{}'' = u_2{}''$$

④ 절대일

$$_1w_2 = P(v_2 - v_1) = P(x_2 - x_1)(v'' - v')$$
$$v_2 = v_2{}' + x_2(v_2{}'' - v_2{}')$$
$$v_1 = v_1{}' + x_1(v_1{}'' - v_1{}')$$
$$v_1{}' = v_2{}'$$
$$v_1{}'' = v_2{}''$$

⑤ 공업일

$$\delta w_t = -v\,dp = 0, \ w_t = 0$$

(3) 등온변화

① 상태변화

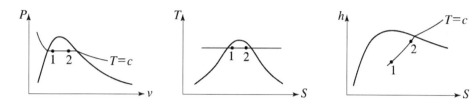

② 열량

$$_1q_2 = T(S_2 - S_1) = T(x_2 - x_1)(S'' - S') = r(x_2 - x_1)$$

$$\left(\because S'' - S' = \frac{r}{T}\right)$$

$$S_2 = S_2' + x(S_2'' - S_2')$$

$$S_1 = S_1' + x(S_1'' - S_1')$$

③ 절대일

$$_1w_2 = \int_1^2 \delta q - \int_1^2 du = {_1q_2} - (u_2 - u_1) = (x_2 - x_1)r - (x_2 - x_1)\rho = (x_2 - x_1)\psi = P(x_2 - x_1)(v'' - v')$$

$$u_2 = u_2' + x_2(u_2'' - u_2')$$

$$u_1 = u_1' + x_1(u_1'' - u_1')$$

$$\rho = u'' - u'$$

$$\psi = P(v'' - v')$$

$$r = h'' - h'$$

④ 공업일

$$w_t = \int_1^2 \delta q - \int_1^2 dh = {_1q_2} - (h_2 - h_1)$$

(4) 단열변화

① 상태변화

$$\delta q = 0, \ _1q_2 = 0$$

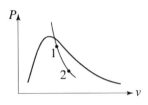 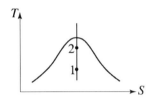 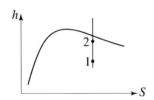

변화 후의 건조도

$$S_1 = S_1{}' + x_1(S_1{}'' - S_1{}')$$

$$S_2 = S_2{}' + x_2(S_2{}'' - S_2{}')$$

$$\delta q = 0 \ 이므로 \ dS = \frac{\delta q}{T} = 0$$

$$\therefore \ S_2 = S_1$$

$$S_1{}' + x_1(S_1{}'' - S_1{}') = S_2{}' + x_2(S_2{}'' - S_2{}')$$

$$x_2 = \frac{S_1{}' - S_2{}'}{S_2{}'' - S_2{}'} + x_1 \frac{S_1{}'' - S_1{}'}{S_2{}'' - S_2{}'}$$

② 열량

$$_1q_2 = 0$$

③ 절대일

$$_1w_2 = -(u_2 - u_1)$$

④ 공업일

$$w_t = -(h_2 - h_1)$$

(5) **교축변화(등엔탈피 변화)**

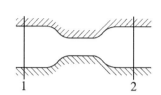 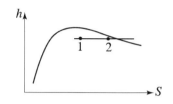 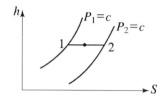

① 정상류 에너지식

$$\dot{Q} = \dot{m}\left[(h_2 - h_1) + \frac{1}{2}(c_2^2 - c_1^2) + g(z_2 - z_1)\right] + \dot{W}$$
$$\therefore\ h_2 = h_1$$

교축변화 시 압력강화가 발생한다.

② **교축열량계** : 교축과정을 이용하여 건도를 측정한다.

$$h_2 = h_1$$
$$h_1 = h_1{}' + x_1(h_1{}'' - h_1{}')$$
$$h_2 = h_2{}' + x_2(h_2{}'' - h_2{}')$$
$$\therefore\ h_1 = h_2{}' + x_2(h_2{}'' - h_2{}') = h_2{}' + x_2 r_2$$
$$h_2 = h_1{}' + x_1(h_1{}'' - h_1{}') = h_1{}' + x_1 r_1$$
$$\therefore\ x_2 = \frac{h_1 - h_2{}'}{r_2}$$
$$\therefore\ x_1 = \frac{h_2 - h_1{}'}{r_1}$$

01

이상 기체 $1mol$로 Carnot 동력 사이클을 수행하는데, 1회 사이클 당 고온 측 열저장체로부터 $94.3J$의 열을 공급 받으며 이 사이클의 효율은 40%이다. 이 사이클 과정 중 가역등온팽창이 끝났을 때 압력은 $0.41atm$, 체적은 $100l$였다. 다음 물음에 답하시오. [5점]

1-1

가역등온팽창이 끝났을 때, 내부에너지 변화량($\triangle U$)을 계산하시오. [1점]

풀이과정 :

답 :

1-2

가역단열팽창이 끝났을 때의 온도를 계산하시오. [2점]

풀이과정 :

답 :

1-3

1회 사이클이 끝났을 때, 이 계가 외부에 한 일의 양을 계산하시오. (단위는 J로 표시하시오.) [2점]

풀이과정 :

답 :

02

실린더 안지름과 행정이 각각 $90mm$이고, 연소실 체적이 $71.5cc$인 4행정 1실린더 가솔린 엔진의 압축비를 구하시오. (단, 소수점 1자리 미만은 버리시오.) [2점]

2-1

풀이과정 :

2-2

답 :

03 2006년 기출

높은 열원의 온도를 T_H, 낮은 열원의 온도를 T_L이라 하고, 이 두 열원 사이에서 가역적으로 작동하는 엔진(동력 사이클)이 있다. 이 엔진의 효율은 80%이다. $T_H = 2000K$ 일 때 받은 에너지는 Q_H이며 순환과정을 거쳐 한 일은 250kJ 이다. Q_H와 T_L을 구하고 낮은 열원에 방출한 에너지 Q_L을 구하시오. [3점]

04 2007년 기출

카르노 열기관에서 사이클마다 $213.5 \mathrm{kg_f \cdot m}$ 의 일을 하기 위하여 열량이 $1\mathrm{kcal}$가 공급된다. 저열원의 온도가 $27°\mathrm{C}$ 이면 고열원의 온도는 몇 도 ($°\mathrm{C}$)인지 계산식을 세우고 답을 구하시오. (단, 열의 일당량은 $1\mathrm{kcal} = 427\mathrm{kg_f \cdot m}$로 함)

[3점]

05

내연기관의 오토, 디젤, 사바테 사이클의 열효율을 비교한 것으로 옳은 것을 〈보기〉에서 모두 고른 것은? (단, 실린더 체적은 모두 동일하다.) [1.5점]

> **보기** ◀

ㄱ. 실용 기관에서는 오토 사이클을 사용하는 기관의 열효율이 가장 높다.

ㄴ. 이론 사이클에서는 압축비가 높아지면 오토, 디젤, 사바테 사이클 모두 열효율이 높아진다.

ㄷ. 이론 사이클에서는 초기온도, 초기압력, 공급열량 및 압축비가 같을 때, 오토 사이클의 열효율이 가장 높다.

ㄹ. 이론 사이클에서는 초기온도, 초기압력, 공급열량 및 최고압력이 같을 때, 사바테 사이클의 열효율이 가장 높다.

① ㄱ, ㄴ   ② ㄱ, ㄹ
③ ㄴ, ㄷ   ④ ㄴ, ㄹ
⑤ ㄷ, ㄹ

06

공기표준 사이클(air − standard cycle)인 단기통 기관의 $P-V$ 선도이다. 설명으로 옳은 것만을 〈보기〉에서 있는 대로 고른 것은? [2점]

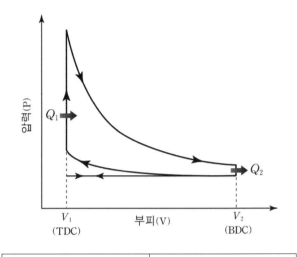

Q_1 : 공급열	Q_2 : 방출열

> **보기** ◀

ㄱ. 배기량은 $V_2 - V_1$ 이다.

ㄴ. 압축비(ϵ)는 $1 + \dfrac{V_2}{V_1}$ 이다.

ㄷ. 디젤 기관(CI engine)의 이론 사이클이다.

ㄹ. 이론 열효율은 $1 - \dfrac{Q_2}{Q_1}$ 이므로, $1 - \dfrac{1}{\epsilon^{k-1}}$ 로 표시할 수 있다. (난, $k = \dfrac{C_p}{C_v}$ 이며, C_p 는 정압비열, C_v 는 정적비열이다.)

① ㄱ, ㄴ   ② ㄱ, ㄹ
③ ㄴ, ㄷ   ④ ㄱ, ㄷ, ㄹ
⑤ ㄴ, ㄷ, ㄹ

07

다음은 이상적인 디젤 엔진 사이클의 $T-s$ 선도를 나타낸 것이다. 〈조건〉을 고려하여 등엔트로피 과정 시작단계인 상태 1에서의 체적 $V_1(\mathrm{cm}^3)$과 정압과정 2 – 3 사이에 유입되는 열전달량 $q_{\mathrm{in}}(\mathrm{kJ})$을 각각 구하고, 풀이 과정과 함께 쓰시오. [4점]

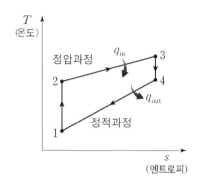

▶ 조건 ◀

- 기체 질량 $m = 0.001(\mathrm{kg})$, $T_1 = 300(\mathrm{K})$, $P_1 = 100(\mathrm{kPa})$, $T_2 = 990(\mathrm{K})$, $T_3 = 1{,}500(\mathrm{K})$
- 기체상수 $R = 0.287(\mathrm{kJ}/(\mathrm{kg \cdot K}))$, 정압비열 $C_p = 1(\mathrm{kJ}/(\mathrm{kg \cdot K}))$
- 엔진은 이상기체로 작동된다고 가정한다.

---

01 _____ 2009년 기출

냉동 사이클과 카르노 사이클(Carnot cycle)에 관한 설명에서 (가)와 (나)에 들어갈 알맞은 식은? [2점]

> • 냉동기가 저온체로부터 열량 Q_2를 흡수하여 고온체로 열량 Q_1을 방출할 때 성적계수(성능계수)는 (가)이다.
> • 고온 T_1 상태에서 유체를 등온 팽창시키고 저온 T_2 상태에서 유체를 등온 압축하는 카르노 사이클 기관의 열효율은 (나)이다. (단, T_1, T_2는 절대온도이다.)

(가)   (나)

① $\dfrac{Q_2}{Q_1 - Q_2}$ $\dfrac{T_1 - T_2}{T_1}$

② $\dfrac{Q_2}{Q_1 - Q_2}$ $\dfrac{T_2}{T_1 - T_2}$

③ $\dfrac{Q_2}{Q_2 - Q_1}$ $\dfrac{T_1 - T_2}{T_2}$

④ $\dfrac{Q_1 - Q_2}{Q_1}$ $\dfrac{T_2}{T_1 - T_2}$

⑤ $\dfrac{Q_1 - Q_2}{Q_1}$ $\dfrac{T_1 - T_2}{T_1}$

02 _____ 2014년 기출

그림 (가)는 자동차 냉방시스템의 개략도이고, 그림 (나)는 그림 (가)의 각 장치에서 일어나는 냉매의 이상적인 상태변화를 몰리에르 선도($P-h$ 선도)에 나타낸 것이다. ㉠, ㉡에 해당하는 장치는 무엇인지 순서대로 쓰시오. [2점]

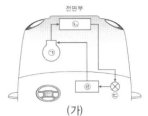

(가)

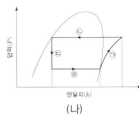

(나)

03

2015년 기출

그림은 표준 증기 압축 냉동 사이클의 과정을 몰리에르 선도(Mollier diagram)에 나타낸 것이다. 압축기의 압축일량이 11kcal/kg일 때, 응축기의 방출열량(kcal/kg)과 증발기의 흡수열량(kcal/kg)을 계산하여 순서대로 쓰시오. (단, P는 압력, h는 엔탈피이며, 배관 내의 모든 손실은 무시한다.) [2점]

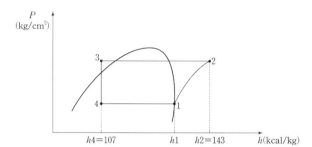

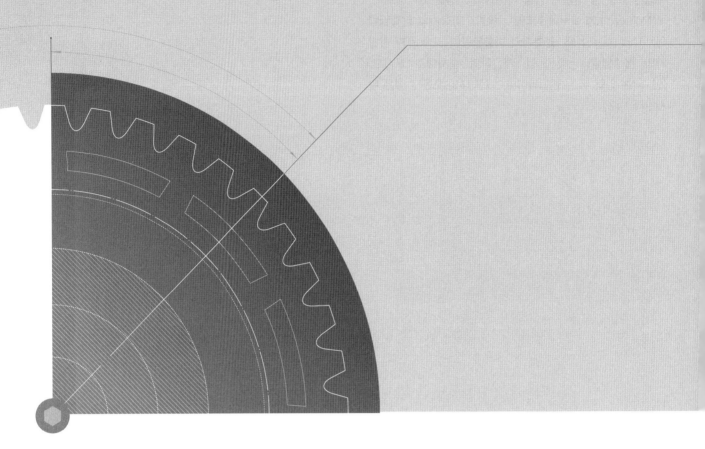

정영식
임용기계
기출문제집

자동차공학

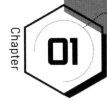
자동차의 분류, 제원, 구조

www.pmg.co.kr

01

다음은 자동차 제원 중 치수에 대한 설명이다. (　) 안에 공통으로 들어갈 용어를 쓰시오. [2점]

> • (　)은/는 좌우 타이어 접지면의 중심 간 수평거리를 말한다.
> • 복륜인 경우, (　)은/는 복륜 타이어 중심 간 거리이다.

02

그림은 화물차의 중량 제원의 일부를 나타낸 것이다. 승차 정원이 2명일 때, 차량 공차중량 $W_e(\mathrm{kg_f})$와 차량 총중량 $W_t(\mathrm{kg_f})$를 각각 구하고, 순서대로 쓰시오. (단, 차축의 형식은 1차축식이다. 지정된 것 이외의 중량은 무시하며, 1인당 표준체중은 $65(\mathrm{kg_f})$로 계산한다.) [2점]

> • 공차시 앞차축 전체 중량 $W_f = 800(\mathrm{kg_f})$
> • 공차시 뒤차축 전체 중량 $W_r = 800(\mathrm{kg_f})$
> • 최대 적재물 중량 $W_m = 1,000(\mathrm{kg_f})$

W_m : 최대 적재물 중량
W_p : 승차정원 중량

01 ────────────────── 2003년 기출

다음 그림은 4행정 사이클 엔진의 밸브 타이밍 선도를 나타낸 것이다. 물음에 답하시오. [4점]

1-1 ──────────────────────────•

(가) 부분의 밸브 오버랩(valve overlap)에 대한 의미를 간단히 쓰시오. [2점]

1-2 ──────────────────────────•

밸브 오버랩을 두는 이유를 2가지만 쓰시오. [2점]
①

②

02 ────────────────── 2006년 기출

아래에 나타난 가솔린 기관의 기화기 구조에서 다음 질문에 답하시오. [4점]

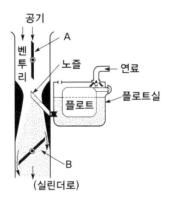

2-1 ──────────────────────────•

A와 B 부품의 명칭은?

A :

B :

2-2 ──────────────────────────•

A와 B 부품의 주된 기능은?

A :

B :

03

디젤 기관에서 연료의 연소 4단계 과정을 순서에 따라 쓰시오.

[4점]

① :

② :

③ :

④ :

04

가솔린 기관과 비교할 때, 디젤 기관이 가지는 일반적인 특징을 〈보기〉에서 모두 고른 것은? [1.5점]

> ▶ 보기 ◀

ㄱ. 기관 작동 시 정숙하고 진동이 적다.

ㄴ. 압축비가 높다.

ㄷ. 노킹(knocking)이 발생하기 쉽다.

ㄹ. 사용 연료의 범위가 넓고 대출력의 기관을 만드는 것이 용이하다.

ㅁ. 시동이 용이하고 고속회전을 얻기 쉽다.

① ㄱ, ㄷ   ② ㄱ, ㅁ
③ ㄴ, ㄹ   ④ ㄴ, ㅁ
⑤ ㄷ, ㄹ

05

2009년 기출

4행정 6실린더 기관에서 각 실린더의 피스톤 면적이 0.5m^2, 피스톤 행정이 1.5m, 크랭크축 회전수가 200rpm 이다. 6개의 실린더 중 4개의 도시 평균유효압력이 0.5MPa, 2개의 도시 평균 유효압력은 0.6MPa 이다. 이 기관의 도시(지시) 출력(kW)은? [2점]

① 625
② 750
③ 3750
④ 4000
⑤ 8000

06

2013년 기출

자동차 기관에 대한 설명으로 옳은 것만을 〈보기〉에서 있는 대로 고른 것은? [2점]

> **보기**
>
> ㄱ. 디젤 기관에서 노크는 착화지연 기간이 짧을 때 발생한다.
> ㄴ. 가솔린 기관의 연소실 형식에는 직접분사실식, 예연소실식, 와류실식이 있다.
> ㄷ. 배기가스 재순환(EGR, exhaust gas recirculation) 장치는 배기가스 중의 NO_x를 감소시키는 역할을 한다.

① ㄱ
② ㄷ
③ ㄱ, ㄴ
④ ㄴ, ㄷ
⑤ ㄱ, ㄴ, ㄷ

PART 05

07 2015년 기출

그림 (가)는 V6 가솔린 엔진의 실린더 배열을, (나)는 실린더 크기를 보여준다. 행정(S) 10cm, 실린더 안지름(D)으로 계산된 면적이 48cm^2, 연소실 체적(V_c)이 60cc일 때, 압축비(ϵ)와 엔진의 총 배기량(cc)을 풀이 과정과 함께 구하시오. (단, 〈보기〉에서 제시된 기호들을 사용한다.) [5점]

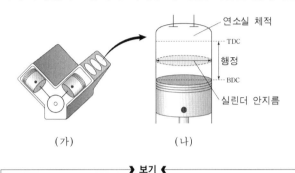

(가)   (나)

──────► 보기 ◄──────

V_s : 행정 체적	V_c : 연소실 체적
V : 실린더 체적	S : 행정
ϵ : 압축비	D : 실린더 안지름
N : 기통 수	V_T : 총 배기량

08 2018년 기출

그림은 직렬형 6기통 4행정 가솔린 엔진과 실린더의 개략도이다. 총배기량이 $3,000(\text{cc})$인 엔진을 압축비 $\epsilon = 11$로 설계하고자 할 때, 실린더 행정 $s(\text{cm})$와 1개 실린더의 연소실 체적 $V_c(\text{cc})$를 각각 구하시오. 그리고 동일 온도와 압력 조건에서 1사이클당 1개 실린더에 흡입된 공기의 체적 V_i가 $450(\text{cc})$일 때 체적효율 $\eta_V(\%)$를 구하고, 풀이 과정과 함께 쓰시오. (단, 실린더 내부 지름 D에 의한 단면적은 $50(\text{cm}^2)$이고, 실린더의 내부 마찰과 기체 변화의 영향은 고려하지 않는다.) [4점]

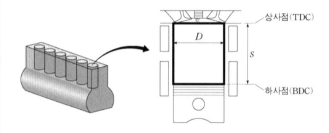

09

다음은 어떤 가솔린 엔진 제원의 일부와 1개 실린더의 단면 개략도이다. 괄호 안의 ㉠에 해당하는 명칭을 쓰고, 〈조건〉을 고려하여 ㉡을 구하시오. [2점]

항목	제원
엔진 형식	…
실린더 수 (기통 수)	4
내경 $d(\text{mm}) \times ($ ㉠ $) s(\text{mm})$	80×80
배기량(cc)	…
압축비	(㉡)
최대 출력	…
최대 토크	…

… (하략) …

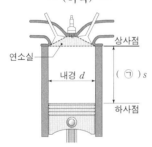

→ **조건** ←

- 실린더당 연소실 체적은 $50(\text{cc})$이고, $\dfrac{\pi \times 8^2}{4} = 50$ 으로 계산한다.
- 제시된 조건 이외에는 고려하지 않는다.

10

다음은 자동차의 4행정 내연기관에 나타나는 이상 현상을 설명한 것이다. ( ) 안에 공통으로 들어갈 현상의 명칭을 쓰시오. [2점]

엔진이 고속회전하면 캠에 의한 강제 진동과 밸브 스프링 자체의 고유 진동이 공진을 일으켜 캠의 작동과는 무관하게 밸브가 작동하는 ( )이/가 발생하게 된다. ( )이/가 일어나면 밸브의 개폐가 부정확하고 밸브 페이스와 밸브 시트 사이의 기밀성을 유지할 수 없게 되어 엔진성능 저하를 초래한다.

01 2010년 기출

자동차 기관용 윤활유에 관한 설명으로 옳은 것을 〈보기〉에서 모두 고른 것은? [2점]

> ▶ 보기 ◀

ㄱ. 윤활유의 온도가 내려가면 점도(점성 계수)가 떨어진다.

ㄴ. 점도 지수가 클수록 온도에 따른 점도(점성 계수)의 변화가 작다.

ㄷ. 윤활유 SAE20과 SAE40 중 여름철에 적당한 것은 SAE20이다.

ㄹ. 점도(점성 계수) $180cP$ (centi poise), 밀도 $900kg/m^3$ 인 오일의 동점도(동점성 계수) $2cSt$ (centi stokes) 이다.

ㅁ. API 분류에 의하면 디젤 기관용 윤활유에는 CA, CB, CC, CD, CE 급 등이 있다.

① ㄱ, ㄷ   ② ㄱ, ㅁ

③ ㄴ, ㄹ   ④ ㄴ, ㅁ

⑤ ㄷ, ㄹ

02 2014년 기출

그림은 가솔린 엔진의 공연비(공기 − 연료 혼합비)와 유해 배출가스와의 관계를 나타낸 것이다. 괄호 안의 ㉠, ㉡에 해당하는 유해 배출가스가 무엇인지 순서대로 쓰시오. [2점]

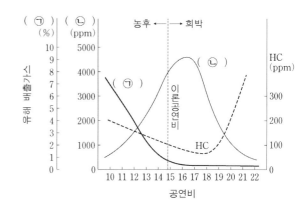

03
2016년 기출

다음은 자동차의 배출가스(emission gas)에 대한 설명이다. 이 물질은 가솔린 엔진(gasoline engine)과 디젤 엔진(diesel engine)에서 주로 발생하며, 혼합기 속의 공기에 함유된 질소(N_2)와 산소(O_2)가 연소실 내에 고온 고압의 화염 속을 통과할 때 발생한다. 이 물질의 명칭을 쓰시오. 가솔린 엔진에서 연료를 완전 연소시키는 데 필요한 '공기 : 연료'의 이론 혼합비(공연비, air fuel ratio)는 무게비로 약 15 : 1이라고 가정한다. 이 경우 실린더에 유입된 실제 혼합비가 18 : 1일 때, 공기비(air ratio) λ를 구하고, 풀이 과정과 함께 쓰시오. [4점]

04
2004년 기출

디젤 기관에는 터보차저(turbocharger)와 인터쿨러(intercooler) 방식이 널리 사용된다. 다음 물음에 답하시오. [4점]

4-1

터보차저를 부착하는 목적과 작동 원리에 대하여 쓰시오. [2점]

부착 목적 :

작동 원리 :

4-2

인터쿨러를 사용하는 목적과 설치 위치를 쓰시오. [2점]

사용 목적 :

설치 위치 :

01

2005년 기출

다음을 읽고, 밑줄 친 나머지 1가지의 명칭과 기능을 쓰시오.
[2점]

> 자동차의 앞바퀴 조향장치의 조작을 쉽게 하고, 타이어의 마멸을 감소시키며 조향 핸들에 복원력을 주는 효과적인 주행을 위해서는 앞바퀴 정렬(front wheel alignment)이 필요하다. 그 구성 요소는 주행 중 조향 바퀴에 방향성을 부여하고 조향할 때에 바퀴에 복원력을 주는 캐스터(caster)와 조향 핸들의 조작력을 작게 하며, 앞바퀴의 복원력을 발생시켜 조향 핸들의 직진 복원을 쉽게 하는 킹핀 경사각(kingpin angle), 앞바퀴의 사이드 슬립과 타이어 마멸을 방지하는 <u>토인(toe - in)</u>외 1가지가 더 있다.

1-1

명칭 :

1-2

기능 :

02

2010년 기출

자동차에 사용하는 현가장치(suspension system)에 대한 설명이다. (가)~(다)에 알맞은 것은? [2점]

> 현가장치는 충격을 완화시키는 스프링, 진동을 흡수하는 쇽 업소버, 자동차의 롤링(rolling)을 방지하는 (가) 등으로 구성된다.
> 그림은 승용차의 앞차축에 사용하는 (나) 독립 현가장치이다.
> 그리고 (다) 는 현가장치와 각종 센서, 엑추에이터 및 ECU (electronic control unit)를 결합하여 차의 높이나 차체의 자세를 조정함으로써 주행 안정성과 승차감을 향상시키는 장치이다.

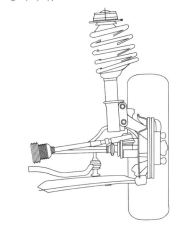

① (가) : 스테빌라이저 바
  (나) : 맥퍼슨형
  (다) : ECS(전자 제어 현가장치)
② (가) : 타이 로드
  (나) : 위시본형
  (다) : ABS(오토 현가장치)
③ (가) : 토션 바
  (나) : 맥퍼슨형
  (다) : ESP(자동화 현가장치)
④ (가) : 스테빌라이저 바
  (나) : 위시본형
  (다) : ESP(자동화 현가장치)
⑤ (가) : 타이 로드
  (나) : 트레일링암형
  (다) : ECS(전자 제어 현가장치)

03

자동차 제동장치에 대한 설명으로 옳은 것을 〈보기〉에서 모두 고른 것은? [2점]

> ▶ 보기 ◀

ㄱ. 유압 브레이크 장치는 마스터실린더, 스태빌라이저, 배력장치, 휠 실린더 등으로 구성되어 있다.

ㄴ. ABS(Anti – lock Brake System)는 기관의 회전수를 검출하여 그 변화에 따라 제동력을 제어하는 방식으로 주행조건에 관계없이 어느 바퀴도 로크(lock)되지 않도록 유압을 제어한다.

ㄷ. TCS(Traction Control System)는 ABS의 기능을 확장시킨 시스템으로 미끄러운 노면에서 발진 또는 가속할 때 바퀴가 헛도는 것(spinning)을 방지하여 자동차가 길이 방향 선상에서 안정을 유지하도록 한다.

ㄹ. VDC(Vehicle Dynamic Control) 또는 ESP(Electronic Stability Program)는 각 바퀴를 개별적으로 제동하여 차체의 길이 방향 및 옆 방향 안정성을 확보할 수 있어 자동차가 경로를 벗어나 옆으로 미끄러지는 것을 방지한다.

① ㄱ, ㄴ   ② ㄱ, ㄷ
③ ㄴ, ㄷ   ④ ㄴ, ㄹ
⑤ ㄷ, ㄹ

04

일반 승용 자동차의 조향장치(steering system)에 사용되는 애커만 장토식(Ackermann Jantaud type) 조향 기구를 개략적으로 나타내었다. 이에 대한 설명으로 옳은 것을 〈보기〉에서 모두 고른 것은? [2점]

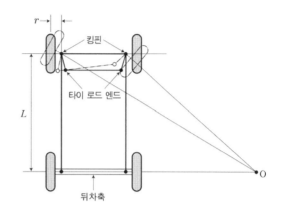

L : 휠베이스(wheel base)
r : 킹핀 중심선에서 타이어 중심선까지의 거리

> ▶ 보기 ◀

ㄱ. 안쪽 바퀴와 바깥쪽 바퀴의 조향각 차이에 의해, 선회할 때 토-인(toe-in) 된다.

ㄴ. 조향각을 최대로 하여 선회할 때, 안쪽 앞바퀴의 조향각이 θ이면 최소 회전 반지름은 $\dfrac{L}{\sin\theta}+r$이다.

ㄷ. 직진 상태에서 킹핀(kingpin)과 타이 로드 엔드(tie-rod end) 중심을 잇는 선의 연장선은 뒤차축의 중심점에서 만난다.

ㄹ. 선회하는 안쪽 바퀴의 조향각은 바깥쪽 바퀴의 조향각보다 크며, 각각의 바퀴가 O점을 중심으로 하는 동심원을 그리면서 선회한다.

① ㄱ, ㄴ   ② ㄱ, ㄷ
③ ㄴ, ㄷ   ④ ㄴ, ㄹ
⑤ ㄷ, ㄹ

05 2017년 기출

그림은 자동차의 애커먼 장토식(Ackerman - Jeantaud type) 조향장치를 나타낸 개략도이다. 이 자동차의 축거 (L)가 $2.6(m)$이며 핸들을 오른쪽으로 완전히 꺾었을 때 왼쪽 바퀴의 각도 (α)가 $30°$이고, 바퀴의 접지면 중심과 킹핀과의 거리(r)가 $20(cm)$일 때, 최소 회전 반경을 구하고, 풀이 과정과 함께 쓰시오. (단, 바퀴의 슬립은 무시한다.) [4점]

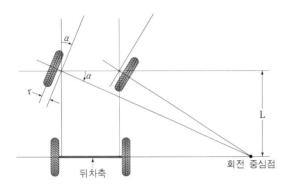

06 2019년 기출

다음은 자동차의 주행 저항에 관한 설명의 일부이다. 괄호 안의 ㉠에 해당하는 용어를 쓰고, ㉡에 해당하는 값을 구하시오. [2점]

- 주행 저항이란 자동차가 도로 위를 주행할 때 주행 방향에 대하여 저항하는 모든 힘의 합을 말한다.
- 주행 저항을 발생 원인별로 분류하면 (㉠), 구름 저항(전동 저항, rolling resistance), 공기 저항, 가속 저항 등으로 나눌 수 있다.
- 이 중에서 (㉠)은/는 자동차가 비탈길을 올라갈 때 중력에 의해 주행 반대 방향으로 자동차 무게의 분력이 가해져 자동차의 전진을 방해하는 저항을 말한다.
- 그림과 같이 총 중량 $W = 1,000(kg_f)$인 자동차가 수평한 도로 면을 미끄럼 없이 일정한 속도로 주행할 때 구름 저항을 계산하면 (㉡)(kg_f)이다. (단, 구름 저항계수 $\mu = 0.02$이며, 제시된 조건 이외에는 고려하지 않는다.)

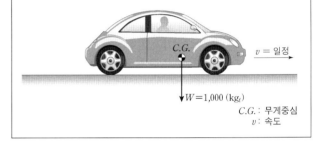

$W = 1,000 (kg_f)$

$C.G.$: 무게중심
v : 속도

07

다음은 자동차 제동 이론과 제동장치에 관한 설명이다. 괄호 안의 ㉠, ㉡에 해당하는 용어를 순서대로 쓰시오. [2점]

- 제동 이론에서 차량속도와 바퀴속도(바퀴의 외주속도)의 차이를 차량속도로 나누어 백분율로 표시한 것을 (㉠)(이)라 한다.

$$(㉠) = \frac{차량속도 - 바퀴속도}{차량속도} \times 100(\%)$$

- 급제동으로 인해 차량 자세가 흐트러지고 조향이 어렵게 되는 경우, 바퀴의 회전속도를 감지하여 브레이크의 잠김과 풀림을 반복함으로써 바퀴의 제동력을 실시간 제어해 주는 장치를 (㉡)(이)라 한다.

01 ⌐⟍⟍⟍⟍⟍⟍⟍⟍⟍⟍⟍⟍⟍⟍ 2013년 기출

자동차 섀시(chassis)에 관련된 설명으로 옳은 것을 〈보기〉
에서 모두 고른 것은? [2점]

> ▶ 보기 ◀

ㄱ. 디스크 브레이크(disk brake)는 자기작동작용(self energizing action)에 의하여 큰 제동력을 얻을 수 있다.

ㄴ. 자동변속기 차량에서 유체식 토크 컨버터(torque converter)는 출력 측의 회전력을 증가시키는 기능이 있다.

ㄷ. 앞바퀴 정렬에서 캠버(camber)는 자동차 앞바퀴를 위에서 볼 때, 좌우 타이어 앞쪽 간격이 뒤쪽보다 좁게 되어 있는 것이다.

ㄹ. FR(front engine rear drive)자동차의 종감속 기어에 하이포이드 기어(hypoid gear)를 사용하면 스파이럴 베벨 기어(spiral bevel gear)에 비하여 자동차 무게중심을 낮추어 안정성이 향상된다.

① ㄱ, ㄴ　　　　② ㄱ, ㄹ
③ ㄴ, ㄷ　　　　④ ㄴ, ㄹ
⑤ ㄷ, ㄹ

02 ⌐⟍⟍⟍⟍⟍⟍⟍⟍⟍⟍⟍⟍⟍⟍ 2015년 기출

그림은 승용 자동차용 타이어의 사이즈 표시를 나타낸 것이다. ( ) 안에 들어갈 편평비(aspect ratio)값을 계산하여 쓰시오. [2점]

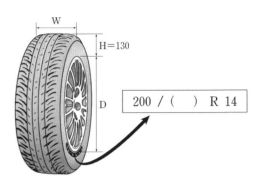

W : 타이어 폭(mm)	
H : 타이어 높이(mm)	
D : 림의 직경(inch)	

06 전기장치, 전기자동차의 구조 및 특징

www.pmg.co.kr

01

다음을 읽고, ①과 ②의 명칭과 기능을 쓰시오. [4점]

전자 제어 유닛(electronic control unit)은 엔진의 운전 조건에 알맞은 혼합기를 만들기 위해 운전 상태에 대한 신호를 각종 센서로부터 받는다. 그러면 이 유닛은 인젝터에 통전되는 시간을 연산하여 출력 신호를 내 보내서 최적의 공연비 상태를 유지할 수 있도록 연료 분사량을 제어한다. 이 일련의 장치를 전자 제어 연료 분사 장치(electronic control fuel injection system)라 하고, 그 주요 계통도의 일례는 아래와 같다.

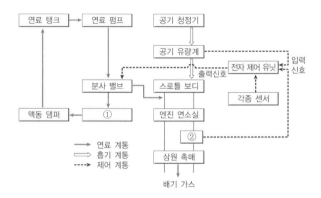

1-1

①의 명칭과 기능

명칭 :

기능 :

1-2

②의 명칭과 기능

명칭 :

기능 :

02

전자제어엔진에서 흡입 공기량을 검출하는 방식에 대한 설명으로 옳은 것을 〈보기〉에서 모두 고른 것은? [2.5점]

▶ 보기 ◀

ㄱ. 열선식(hot wire type)은 흡입되는 공기 중에 놓인 발열체의 온도변화가 공기 유속에 반비례하는 원리를 이용하는 방식이다.

ㄴ. 베인식(vane type)은 흡기 통로에 놓인 메저링 플레이트(measuring plate)의 회전량을 포텐시오미터(potentiometer)를 통해 전기적으로 검출하는 방식이다.

ㄷ. 칼만 와류식(Karman vortex type)은 공기 흡입통로에 설치한 삼각기둥을 기점으로 그 하류에 발생하는 와류의 수가 유속에 거의 비례한다는 성질을 이용하는 방식이다.

ㄹ. MAP 센서식(Manifold Absolute Pressure sensor type)중에서 스피드 덴시티(speed density) 방식은 기관 회전수와 흡기다기관의 체적으로 1사이클 당 기관에 흡입되는 공기량을 추정하는 방식이다.

① ㄱ, ㄴ　　　　② ㄱ, ㄹ
③ ㄴ, ㄷ　　　　④ ㄴ, ㄹ
⑤ ㄷ, ㄹ

그림 (가)는 하이브리드 자동차의 엔진과 모터의 구동방식을 나타낸 것이다. 그림 (나)와 같이 엔진 축 ①과 모터 축 ②가 각각 분당 회전수 2,000(rpm)으로 동일한 방향으로 동시에 구동할 때, 〈조건〉을 고려하여 변속기 축 ③의 분당 회전수 N(rpm)을 구하고, 풀이 과정과 함께 쓰시오. 이때 변속기 축 ③의 토크는 엔진 축 ①에 걸리는 토크의 몇 배가 되는지 구하고, 풀이 과정과 함께 쓰시오. [4점]

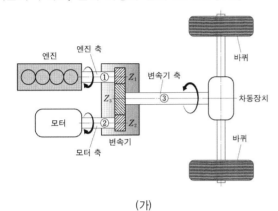

(가)

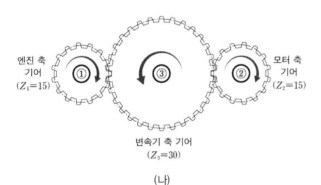

(나)

> **▶ 조건 ◀**

- 엔진 축 기어 잇수 : $Z_1 = 15$
- 모터 축 기어 잇수 : $Z_2 = 15$
- 변속기 축 기어 잇수 : $Z_3 = 30$
- 엔진 축과 모터 축은 분당 회전수 2,000(rpm)으로 동시에 구동되며, 이때 엔진 출력은 모터 출력의 2배이다.
- 기어는 그림 (나)와 같이 맞물려 있고, 마찰 손실은 없다고 가정한다.
- 주어진 조건 외에는 고려하지 않는다.

MEMO

정영식
임용기계
기출문제집

06

기계제도

01

2006년 기출

도면에 나타나는 그림은 실물치수와 (가) 일정한 비율로 일치하거나 (나) 일치하지 않게 그리는데, 이것을 '척도'라 한다. (가), (나)에 해당하는 척도를 설명하고, 도면에 우선적으로 기입하는 척도를 각각 1개씩 예로 드시오. [2점]

(가) :

(나) :

02

2009년 기출

기계제도의 치수기입에 대한 설명으로 옳은 것을 〈보기〉에서 모두 고른 것은? [1.5점]

> ▶ 보기 ◀
>
> ㄱ. 치수선과 치수 보조선은 가는 실선을 사용한다.
> ㄴ. 구의 지름은 치수 수치 앞에 D기호를 붙인다.
> ㄷ. 60° 모따기는 치수 수치 앞에 C기호를 붙인다.
> ㄹ. 길이의 치수 수치는 원칙적으로 밀리미터 단위로 기입하고, mm는 생략한다.

① ㄱ, ㄴ   ② ㄱ, ㄷ
③ ㄱ, ㄹ   ④ ㄴ, ㄷ
⑤ ㄷ, ㄹ

02 표면거칠기와 공차

www.pmg.co.kr

01

아래 도면은 기계에 사용되는 부품이다. 다음 물음에 답하시오. [5점]

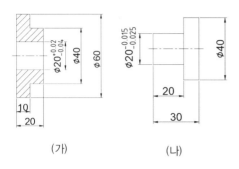

(가)   (나)

1-1

부품 (가)의 최대허용한계치수를 구하시오. [1점]

1-2

부품 (나)의 최소허용한계치수를 구하시오. [1점]

1-3

부품 (가)와 (나)를 끼워 맞춤 하였을 때, 다음을 구하시오. [3점]

· 최대공차의 범위 :

· 최소공차의 범위 :

· 끼워 맞춤의 상태 판별 :

02

기계설계 도면에서 끼워 맞춤 치수공차 값이 '$\phi50H7/g6$' 으로 표시되어 있다. 표시된 치수공차 값에서 끼워 맞춤의 종류와 H7의 의미를 각각 쓰시오. [2점]

(가) 끼워 맞춤의 종류:

(나) H7 :

03

2011년 기출

그림은 기계 도면의 일부이다. 그림에 대한 설명으로 옳은 것을 〈보기〉에서 모두 고른 것은? (단, 상용하는 끼워 맞춤 축과 구멍의 치수허용차는 〈표 1〉, 〈표 2〉와 같다.) [2점]

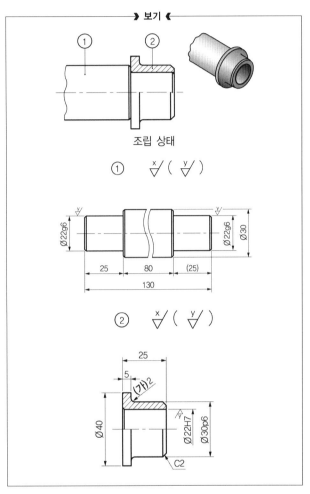

〈표 1〉 상용하는 끼워 맞춤 축의 치수허용차

(단위: μm)

축의 치수의 구분	g6	h6	p6
18mm 초과	− 7	0	+35
30mm 이하	− 20	− 13	+22

〈표 2〉 상용하는 끼워 맞춤 구멍의 치수허용차

(단위: μm)

구멍의 치수의 구분	G7	H7	P7
18mm 초과	+28	+21	− 14
30mm 이하	+7	0	− 35

▶ 보기 ◀

ㄱ. 부품 ①은 회전 단면도로 그렸다.

ㄴ. 부품 ②는 한쪽 단면도로 그렸다.

ㄷ. 부품 ①과 부품 ②의 조립은 헐거운 끼워 맞춤이다.

ㄹ. 부품 ①과 부품 ② 조립 부분의 최대 틈새는 21μm 이다.

ㅁ. 부품 ②의 (가)에 기입하여야 할 알맞은 기호는 'SR' 이다.

① ㄱ, ㄴ   ② ㄱ, ㄹ
③ ㄴ, ㄷ   ④ ㄷ, ㅁ
⑤ ㄹ, ㅁ

04

다음은 한국산업표준(KS B0401)에 따른 가공물의 치수용어에 대한 설명이다. 괄호 안의 ㉠, ㉡에 해당하는 용어를 순서대로 쓰시오. [2점]

▶ 보기 ◀

- (㉠)은/는 최대허용치수와 최소허용치수의 차이, 즉 위 치수허용차와 아래 치수허용차의 차이로서 치수에 대한 범위를 나타낸다.

- 그림에서 틈새는 구멍이 크고 축이 작아서 헐겁게 끼워 맞추어 질 때 그 치수차(틈)이다. (㉡)은/는 구멍이 작고 축이 커서 억지로 끼워 맞추어질 때 그 치수차(간섭)이다.

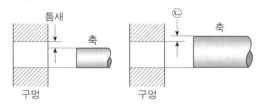

05

그림은 두 축으로 구성된 부품의 치수와 형상정밀도를 나타낸 도면의 일부이다. 그림의 부품에서 ∅50 축에 대한 최대허용치수와 직각도를 쓰시오. [2점]

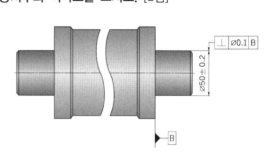

06

그림 (가)는 헐거운 끼워 맞춤으로 조립하였을 때의 구멍과 축의 치수 기입 방법을 나타낸 것이다. 구멍과 축 간의 최소 틈새가 0.012(mm)이고 최대틈새가 0.069(mm)이다. 축의 치수를 그림 (나)와 같이 표시할 때 위치수허용차 ㉠과 아래치수허용차 ㉡에 해당하는 값을 순서대로 쓰시오. (단, 구멍의 치수는 $\phi 100^{+0.035}_{0}$(mm)로 표시된다.) [2점]

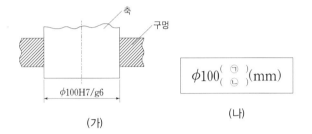

$$\phi 100 \binom{(\;㉠\;)}{(\;㉡\;)} (mm)$$

(가) (나)

07

도면에 대한 설명으로 옳은 것을 〈보기〉에서 모두 고른 것은? [2점]

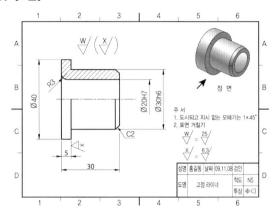

▶ 보기 ◀

ㄱ. 진원도 공차를 적용한 곳이 있다.

ㄴ. 축기준 공차를 적용한 곳이 있다.

ㄷ. 주서의 $\overset{W}{\bigtriangledown} = \overset{25}{\bigtriangledown}$ 에서 숫자 25는 허용할 수 있는 최대 높이 거칠기(R_{max}) 값이 $25\mu m$ 임을 의미한다.

① ㄱ ② ㄴ
③ ㄱ, ㄷ ④ ㄴ, ㄷ
⑤ ㄱ, ㄴ, ㄷ

08

아래 그림은 어떤 기계의 부품도이다. 도면을 보고 다음 물음에 답하시오. [6점]

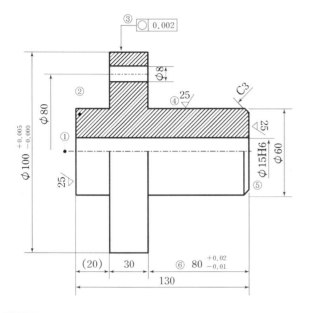

8-1

선 ①의 용도 2가지만 쓰시오. [1점]

8-2

②에 표시된 해칭선의 단면도법 명칭을 쓰시오. [1점]

8-3

③에 제시된 기하공차의 명칭을 쓰시오. [1점]

8-4

④에 표시된 기호의 명칭을 쓰시오. [1점]

8-5

⑤에 표시된 H6의 의미를 쓰시오. [1점]

8-6

⑥에 제시된 공차값을 쓰시오. [1점]

09

2003년 기출

아래 그림은 어떤 기계의 부품도이다. 도면을 보고 물음에 답하시오. [6점]

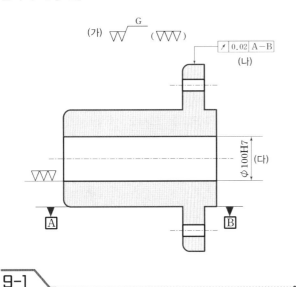

9-1

(가)의 기호가 의미하는 가공방법을 쓰시오. [2점]

9-2

(나)에 표시된 기하공차의 명칭을 쓰시오. [1점]

9-3

(다)에 표시된 ø100H7에 대하여 아래에 주어진 IT 기본공차값을 참고하여 다음 값을 구하시오. [3점]

(단위 μ : 0.001mm)

치수		IT4	IT5	IT6	IT7	IT8	IT 9
초과	이하	기본공차의 수치					
50	80	8	13	19	30	46	74
80	120	10	15	22	35	54	87
120	180	12	18	25	40	63	100

① 치수차를 부가한 공차값을 구하시오.

② 위치수허용공차를 구하시오.

③ 아래치수허용공차를 구하시오.

도면해독 및 기계요소제도

01

2005년 기출

다음 도면은 기어의 부품도이다. 제시된 자료를 참조하여 물음에 답하시오. [4점]

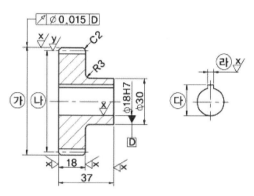

기어 요목표	
기어 치형	표준
공구	치형	보통이
	모듈	2
	압력각	20°
잇수	33
피치원 지름	
전체 이높이	4.5
다듬질 방법	호브 절삭
정밀도	KSB1405, 5급

1-1

㉮와 ㉯의 치수를 기입하시오. [2점]

풀이과정	답
㉮ 바깥 지름(D′)=	
㉯ 피치원 지름(D)=	

1-2

아래 제시된 '묻힘 키'의 KS 규격을 참조하여 ㉰와 ㉱의 키 홈부 치수 및 치수 공차를 기입하시오. (적용하는 축지름을 참조하시오.) [2점]

㉰	㉱

묻힘 키(평행키)	KS B 1311 − 84, JIS 1301 − 1976

키의 호칭 치수 b×h	키의 치수								키 홈의 치수									참고
	b		h		C	l	b_1 b_2 기준 치수	정밀급		보통급		r_1, r_2	t_1의 기준 치수	t_2의 기준 치수	$t_1,$ t_2 허용차	적용하는 축지름 d
	기준 치수	허용차 h9	기준 치수	허용차				b_1, b_2 허용차 P9	b_1 허용차 N9	b_2 허용차 Js9						
2×2	2	0 − 0.025	2	0 − 0.025	0.16 ~ 0.25	6~20	2	0.006 − 0.031	0.004 − 0.029	±0.012 5	0.08 ~ 0.16	1.2	1.0		6~8
3×3	3		3			6~36	3					1.8	1.4		8~10
4×4	4		4	h9	0.25 ~ 0.40	8~45	4	0.012 − 0.042	0 − 0.030	±0.015 0	0.16 ~ 0.25	2.5	1.8	+0.10	10~12
5×5	5	0 − 0.030	5	0 − 0.030		10~56	5					3.0	2.3		12~17
6×6	6		6			14~70	6					3.5	2.8		17~22

02 2005년 기출

다음 도면은 동력전달장치의 조립도이다. 부품 번호의 품명을 쓰시오. [2점]

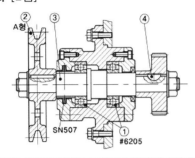

품번	품명
①	
②	
③	
④	

03 2012년 기출

부품 A와 B를 드릴링과 태핑 작업 후에 4개의 볼트를 사용하여 결합할 때 볼트 체결부에 대한 상세 단면도를 작성하고자 한다. (가)~(라) 영역 내부에 그려 넣을 실선의 종류에 대한 설명으로 옳은 것을 〈보기〉에서 모두 고른 것은? [2.5점]

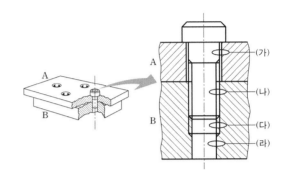

→ 보기 ←

ㄱ. (가)는 결합을 위한 여유 간극을 도시한 것으로 두 개의 선을 굵은 실선으로 표시한다.

ㄴ. (나)는 나사 결합 된 상태로 중심선으로부터 가까운 내측은 가는 실선, 외측은 굵은 실선으로 표시한다.

ㄷ. (다)는 탭 가공된 상태로 중심선으로부터 가까운 내측은 가는 실선, 외측은 굵은 실선으로 표시한다.

ㄹ. (라)는 드릴 가공된 상태로 가는 실선으로 표시한다.

① ㄱ, ㄴ   ② ㄱ, ㄹ

③ ㄴ, ㄷ   ④ ㄴ, ㄹ

⑤ ㄷ, ㄹ

04

그림은 동력전달장치의 단면이다. 이 장치에 적용된 기계요소에 대한 설명으로 옳은 것을 〈보기〉에서 모두 고른 것은? [2점]

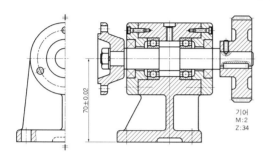

기어
M:2
Z:34

70±0.02

> **보기**

ㄱ. **기어** : 기어의 피치원 지름은 68mm이다.

ㄴ. **베어링** : 급유가 필요하지 않은 오일리스 베어링을 사용하였다.

ㄷ. **커플링** : 두 축이 동일 선상에 있으므로 플렉시블 (flexible) 커플링을 사용하였다.

ㄹ. **키** : 축의 토크를 기어에 전달하는 요소로 전단응력과 압축응력 값을 구하여 선정하였다.

① ㄱ, ㄴ   ② ㄱ, ㄹ
③ ㄴ, ㄷ   ④ ㄴ, ㄹ
⑤ ㄷ, ㄹ

05

다음은 기계 부품을 제작하기 위한 부품도의 일부이다. 도면의 내용으로 옳은 것을 〈보기〉에서 모두 고른 것은? [2점]

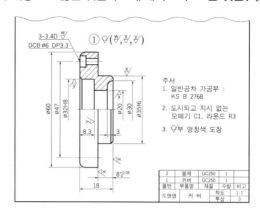

주서
1. 일반공차 가공부 : KS B 2768
2. 도시되고 지시 없는 모떼기 C1, 라운드 R3
3. ▽부 명청색 도장

2	몸체	GC250	1	
1	커버	GC250	1	
품번	부품명	재질	수량	비고
도면명	커 버		척도	1:1
			투상	3

> **보기**

ㄱ. 전단면도법으로 투상하였다.

ㄴ. 허용한계치수를 기입한 부위가 있다.

ㄷ. 구멍 기준 끼워 맞춤 치수기입 부위가 두 곳이 있다.

ㄹ. 제거 가공을 하지 않는 부위에는 도장이 필요하다.

① ㄱ, ㄴ   ② ㄱ, ㄹ
③ ㄴ, ㄷ   ④ ㄴ, ㄹ
⑤ ㄷ, ㄹ

PART
06

06

다음 (가)와 (나)는 서로 다른 이음 형상으로 연강판을 피복 아크용접하는 것에 대한 설명이다. 괄호 안의 ㉠, ㉡에 해당하는 용접부 이음 형상과 용접 기호를 순서대로 쓰시오. (단, 용접 기호는 KS B 0052 규격을 따른다.) [2점]

(가)

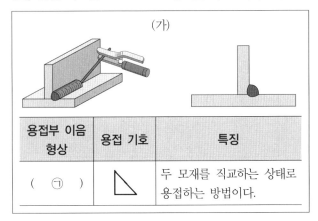

용접부 이음 형상	용접 기호	특징
(㉠)	◺	두 모재를 직교하는 상태로 용접하는 방법이다.

(나)

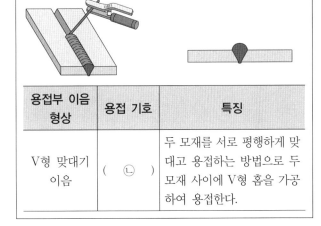

용접부 이음 형상	용접 기호	특징
V형 맞대기 이음	(㉡)	두 모재를 서로 평행하게 맞대고 용접하는 방법으로 두 모재 사이에 V형 홈을 가공하여 용접한다.

07

도면에 표시된 용접 기호를 보고 물음에 답하시오. [4점]

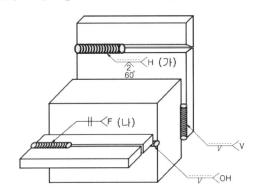

7-1

다음 기호에 대한 용접 방법을 간단히 설명하시오. [2점]

• V :

• OH :

7-2

(가), (나)에 표시된 용접 기호를 설명하시오. [2점]

• (가)의 설명 :

• (나)의 설명 :

08

그림은 어떤 부품 도면의 일부를 나타낸 것이다. 도면의 선 치수(길이 치수)에 대한 일반 공차가 〈조건〉을 따를 때 밑 줄 친 치수 ㉠의 치수 공차 (mm)와 도면에 표기된 부품의 구멍 개수를 순서대로 쓰시오. [2점]

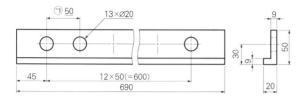

▶ 조건 ◀

일반 공차는 한국산업표준(KS B ISO 2768 − m)에 규정 된 다음 허용 편차를 따른다.

(단위: mm)

기본 크기 범위	허용 편차
0.5에서 3이하	± 0.1
3 초과 6 이하	± 0.1
6 초과 30 이하	± 0.2
30 초과 120 이하	± 0.3
120 초과 400 이하	± 0.5
…(하략)…	

Chapter 04 컴퓨터응용제도

01 2006년 기출

CAD/CAM에서 일반적으로 사용하는 3차원 모델링에는 와이어 프레임 모델링(wire frame modeling)을 포함하여 3가지의 기본적인 형상 모델링이 있다. 나머지 2가지의 명칭을 쓰시오. [2점]

02 2007년 기출

CAD 작업에서 3각 투상도를 작성할 때, 선분을 그리는 좌표 방식 3가지를 쓰시오. [2점]

①: (방식)

②: (방식)

③: (방식)

MEMO

MEMO

정영식
임용기계
기출문제집

07

공·유압기기 및 유체기계

01
2006년 기출

펌프에서 일어나는 다음 현상을 간략하게 설명하시오. [2점]

1-1

공동현상(cavitation):

1-2

맥동(surging):

02
2008년 기출

펌프의 동력은 수동력과 축동력으로 나타낸다. 펌프의 총 양정(H)과 공급수량(Q)을 90m와 $3\text{m}^3/\text{min}$로 하기 위해서는 몇 kW의 축동력(P)이 필요한지 풀이 과정을 1줄 이내로 쓰고, 답은 소수점 둘째 자리에서 반올림하여 쓰시오. (단, 물의 비중량(γ)은 $1,000\text{kg}_\text{f}/\text{m}^3$, 이 펌프의 효율($\eta$)은 75%이다.) [3점]

2-1

풀이 과정:

2-2

답:

03

2021년 기출

다음은 펌프에 대한 설명이다. 괄호 안의 ㉠, ㉡에 해당하는 명칭을 순서대로 쓰시오. [2점]

- 회전식 동역학적 펌프는, 유체가 임펠러를 통화할 때 회전축에 대한 유동 방향에 따라 (㉠)형, 축류형, 혼류형으로 분류된다. 이 중에서 효율이 더 높은 펌프 형식을 선정하기 위하여 (㉡)와/과 같은 무차원 파라미터를 활용할 수 있다.
- (㉡)은/는 용량계수(C_Q)와 수두계수(C_H)에서 직경을 소거하여 얻어지는데, 펌프의 최고 효율점에서 정의되는 것이 일반적이다.
- 회전식 동역학적 펌프의 형식 중에서 저용량, 고수두 특성을 갖는 (㉠)형 펌프는 고용량, 저수두 특성을 갖는 축류형 펌프보다 더 작은 (㉡)을/를 갖는다.

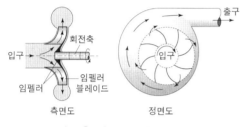

입구

회전축

임펠러

임펠러
블레이드

출구

입구

측면도

정면도

(㉠)형 펌프의 개략도

02 액추에이터의 종류 및 제어

www.pmg.co.kr

01

다음 글을 읽고, 복동 실린더의 출력 F_1과 F_2를 구하시오. [2점]

그림과 같은 복동 실린더 안지름이 $d_1 = 50\text{mm}$, 실린더 로드의 지름이 $d_2 = 20\text{mm}$이고, 압축 공기에 의해 실린더가 전진할 때의 출력을 F_1, 실린더가 후진할 때의 출력을 F_2라 한다. 공기 압축기(air compressor)에서 공급되는 압축 공기의 압력은 $P = 5\text{kg}_\text{f}/\text{cm}^2$이고, 실린더의 출력 효율 $\eta = 60\%$이다. 단, 소수점 이하는 버리시오.

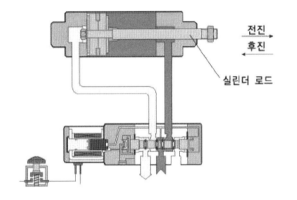

전진
후진

실린더 로드

출력	풀이 과정	답
F_1		
F_2		

02

유압 시스템에서 일을 하는 액추에이터(actuator, 작동기)의 종류 2가지와 순간적인 압력 변동 및 맥동을 흡수하여 일정한 압력을 유지해 주는 기기의 명칭을 기술하시오. [3점]

03

그림 (가)는 실린더로 공급되는 공기의 양을 조절하여 피스톤의 속도를 조절하는 회로를 나타낸 것이다. 그림 (가)와 동일한 동작을 하도록 그림 (나)의 ㉠에 들어갈 밸브의 기호를 그리시오. [2점]

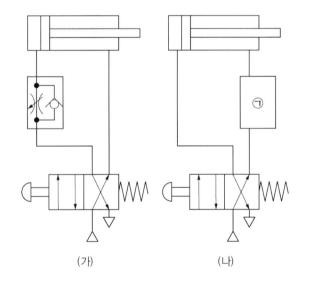

(가)   (나)

04

아래에 표시된 회로의 명칭과 기능을 설명하시오. [4점]

4-1

회로의 명칭 :

4-2

회로의 기능 :

05

실린더와 연결된 유량조절밸브에 의하여 제어되는 속도 제어 회로 명칭 3가지를 쓰시오. [3점]

① :

② :

③ :

06

그림은 공압 제어회로이다. (가)~(다)에 들어갈 내용으로 옳은 것은? [2점]

시동 스위치(1.2)를 작동시키면 실린더(1.0)는 전진 운동을 하게 된다. 실린더의 전진 운동이 완료되어 리밋스위치(1.3)가 작동되면 실린더(1.0)는 ___(가)___ 을 한다.
이때 방향 제어 밸브(1.1)는 스위칭 상태를 유지하여 실린더는 ___(가)___ 을 계속하고, 리밋 스위치(1.4)가 다시 작동되어 ___(나)___ 이 다시 시작된다.
만일 시동 스위치 (1.2)를 계속 ON 상태에 두면 실린더는 ___(다)___ 을 반복한다.

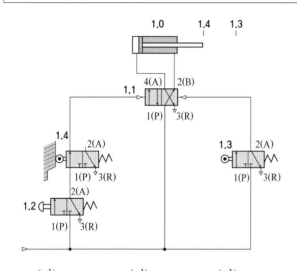

	(가)	(나)	(다)
①	후진 운동	후진 운동	왕복 운동
②	전진 운동	전진 운동	왕복 운동
③	후진 운동	전진 운동	전진 운동
④	후진 운동	전진 운동	왕복 운동
⑤	전진 운동	후진 운동	후진 운동

07

그림의 공압 제어 회로에 대한 설명으로 옳은 것을 〈보기〉에서 모두 고른 것은? [2.5점]

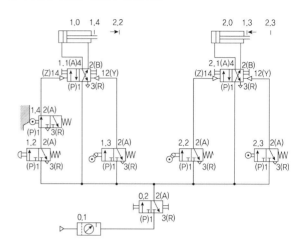

> ▶ 보기 ◀

ㄱ. 캐스케이드 제어 방법으로 신호의 간섭을 배제하였다.
ㄴ. 1.0 실린더의 전진운동 완료 전에 제어회로의 다음 동작이 일어난다.
ㄷ. 1.3 리밋 스위치는 2.0 실린더가 전진운동할 때에는 작동 하지 않고 후진운동할 때에만 작동한다.
ㄹ. 시동 스위치(1.2)를 누르면 1.0 실린더의 전진운동, 2.0 실린더의 전진운동, 1.0 실린더의 후진운동, 2.0 실린더의 후진운동의 순서로 이루어진다.

① ㄱ, ㄴ   ② ㄱ, ㄹ
③ ㄴ, ㄷ   ④ ㄴ, ㄹ
⑤ ㄷ, ㄹ

08

그림은 전기 - 공압 구성도와 시퀀스 회로도를 나타낸 것이다. 이때 동작 설명으로 옳은 것은? (단, 초기에 실린더는 후진 상태에 있다.) [1.5점]

입력 신호		출력 신호	
S_1	푸시버튼 스위치 1	Y_1	솔레노이드 코일
S_2	푸시버튼 스위치 2	K_1	전자계전기(relay)

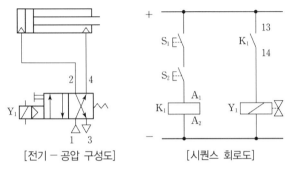

[전기 - 공압 구성도]　　　[시퀀스 회로도]

① 푸시버튼 스위치 1(S_1)을 ON하면 실린더는 전진한다.

② 전자계전기(K_1) 코일에 전원이 공급되면 실린더는 후진한다.

③ 솔레노이드 코일 (Y_1)에 전원이 공급되면 실린더는 후진한다.

④ 실린더가 전진 중일 때 푸시버튼 스위치 1(S_1)을 OFF하여도 실린더는 전진한다.

⑤ 푸시버튼 스위치 1(S_1)과 푸시버튼 스위치 2(S_2)를 모두 ON하여야 실린더는 전진한다.

09

다음 그림은 전기 - 공압 시퀀스 제어 회로도이다. 푸시버튼 스위치 PB1을 눌렀을 때, 실린더는 $A^+ \to B^+ \to B^- \to A^-$ 의 순으로 동작한다 (+는 전진 운동, - 는 후진 운동). 전기 - 공압 시퀀스 제어 회로도의 변위 - 단계 선도를 작성하시오. [2점]

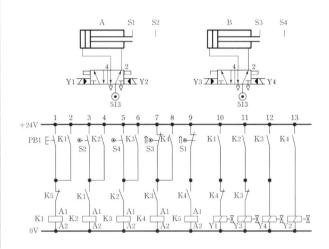

• 변위 - 단계 선도

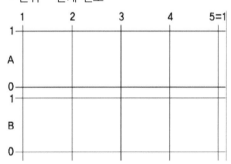

정영식
임용기계
기출문제집

08

전기·자동제어

Chapter 01 전기 · 전자 기초 및 센서

www.pmg.co.kr

01

그림의 회로에서 전류 I_1(A), I_2(A)를 각각 구하고, 풀이 과정과 함께 쓰시오. (단, V_1, V_2는 전지 전압이며, R_1, R_2, R_3은 저항이고, 전지의 내부 저항과 도선의 저항은 무시한다.) [4점]

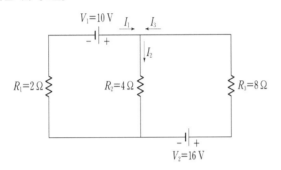

02

그림은 전하를 충전 및 방전하는 기능을 갖는 커패시터 (capacitor, 콘덴서) 4개를 직렬과 병렬로 혼합 연결한 것을 나타낸 것이다. 전체 합성 정전용량이 1.2(μF)일 때, 커패시터 C_4의 정전용량 (μF)을 구하시오. (단, 커패시터 C_1, C_2, C_3의 정전용량은 순서대로 3(μF), 6(μF), 1 (μF)이다.) [2점]

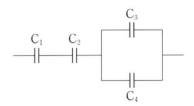

03

2008년 기출

다음은 $R-L-C$ 직렬 연결된 교류회로를 나타낸 그림이다. 다음 물음에 답하시오. (단, 교류전원의 주파수는 f (Hz)이다.) [2점]

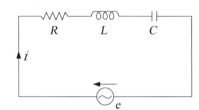

3-1

유도리액턴스(X_L)와 용량리액턴스(X_C)를 구하는 식을 쓰시오.

• $X_L =$

• $X_C =$

3-2

임피던스(Z)를 구하는 식을 쓰시오.

• $Z =$

3-3

직렬공진이 생기는 경우 공진주파수(f_0)를 구하는 식을 쓰시오.

• $f_0 =$

04

2009년 기출

전동기에 관한 설명 중 옳은 것을 〈보기〉에서 모두 고른 것은? [2점]

> **보기**
>
> ㄱ. 직류전동기는 전기자권선 공급전압의 극성을 반대로 연결하여 역회전시킬 수 있다.
>
> ㄴ. 직류 분권전동기는 무부하 또는 경부하 상태인 경우 회전수가 대단히 높으므로 무부하 운전이나 벨트 연결 운전은 피해야 한다.
>
> ㄷ. 삼상 유도전동기는 두 상의 결선을 바꿔서 역회전시킬 수 있다.
>
> ㄹ. 유도전동기의 전원 주파수를 증가시키면 속도는 감소한다.
>
> ㅁ. 유도전동기의 극수(pole number)를 감소시키면 속도는 증가한다.

① ㄱ, ㄴ, ㄷ   ② ㄱ, ㄷ, ㅁ
③ ㄱ, ㄹ, ㅁ   ④ ㄴ, ㄷ, ㄹ
⑤ ㄴ, ㄹ, ㅁ

05

〈보기〉는 센서에 대한 설명이다. (가)~(라)에 들어갈 센서로 알맞은 것은? [2점]

> ▶ 보기 ◀
>
> - _____(가)_____는/은 위치 이동에 비례해서 발생하는 일정량의 디지털 신호를 이용하는 속도 또는 변위 센서이다.
> - _____(나)_____는/은 제백(Seebeck)효과에 의해 발생되는 기전력을 이용하는 온도 센서이다.
> - _____(다)_____는/은 변형이 발생하는 방향으로 저항선을 부착하여 이 선의 저항변화를 이용하는 힘 센서이다.
> - _____(라)_____는/은 빛이 닿으면 저항 값이 감소하는 광전효과를 이용하는 광센서이다.

	(가)	(나)	(다)	(라)
①	CdS셀	열전대	포토다이오드	인코더
②	포토다이오드	로드셀	열전대	CdS셀
③	포토다이오드	CdS셀	로드셀	열전대
④	인코더	CdS셀	로드셀	열전대
⑤	인코더	열전대	로드셀	CdS셀

06

그림 (가)는 '전자석식 회전 센서'의 개략도이고, 그림 (나)는 이 센서를 이용해 동일한 에어 갭(air gap)에서 회전수를 변화시켜 얻은 출력 파형이다. 이에 대한 설명으로 옳지 않은 것은? [2점]

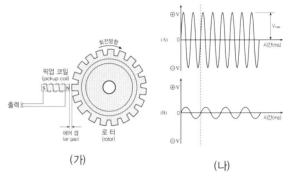

(가)   (나)

① 회전수와 회전각을 측정할 수 있다.
② 유도 기전력 의해 센서의 출력이 발생한다.
③ 출력 파형의 주파수는 로터의 잇수에 반비례한다.
④ 그림 (나)의 (A), (B)의 출력 파형을 비교하면, (A)의 회전 속도가 (B)의 회전 속도보다 빠르다.
⑤ 그림 (가)처럼 로터의 돌출부가 픽업 코일(pickup coil)부와 일치될 때, 파형의 최대 전압(V_{max})을 출력한다.

2021년 기출

다음 식은 $x(t)$와 $y(t)$를 각각 입력과 출력으로 하는 시스템의 운동방정식을 나타낸 것이다.

$$\frac{d^2y(t)}{dt^2} + 6\left[\frac{dy(t)}{dt} - \frac{dx(t)}{dt}\right] + 5[y(t) - x(t)] = 0$$

〈조건〉을 고려하여 입력 $X(s)$, 출력 $Y(s)$로 하는 전달함수 $G(s) = \dfrac{Y(s)}{X(s)}$를 구하고, 풀이 과정과 함께 쓰시오. 그리고 $G(s)$의 극점(pole) 2개를 구하고, 풀이 과정과 함께 쓰시오. [4점]

> **조건**
>
> - t와 s는 각각 시간과 라플라스(Laplace) 변수이며, $X(s)$와 $Y(s)$는 각각 $x(t)$와 $y(t)$의 라플라스 변환이다.
> - $x(t)$와 $y(t)$의 초기조건 $x(0) = 0$, $y(0) = \dfrac{dy}{dt}\big|_{t=0} = 0$이다.

2020년 기출

그림은 귀환제어(feedback control) 시스템을 나타낸 것이다. 라플라스(Laplace) 변환으로 나타낸 입력 $X(s)$에 대한 출력 $Y(s)$의 비 $G(s) = \dfrac{Y(s)}{X(s)}$를 구하고, 풀이 과정과 함께 쓰시오. 그리고 시간 영역에서의 입력 $x(t)$가 단위 계단(unit step) 함수 일 때 출력 $Y(s)$를 구하고, 풀이 과정과 함께 쓰시오. (단, s는 라플라스 변수이며, 단위계단 함수는 시간 $t > 0$에 대하여 $u(t) = 1$로 주어진다.) [4점]

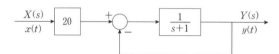

$L(1)$을 구하여라.

정영식
임용기계
기출문제집

〈보기〉는 절삭가공과 관련된 설명이다. 설명 중 옳은 것을 고른 것은? [2점]

> **보기** ◀

ㄱ. 선반가공 시 절삭저항인 주분력, 배분력, 이송분력 중 배분력의 크기가 가장 작다.

ㄴ. 칩의 일부가 공구날에 부착되어 절삭날과 같은 작용을 하는 것을 구성인선이라 한다.

ㄷ. 절삭속도, 절삭깊이, 이송량, 공구각 중 공구수명에 가장 큰 영향을 주는 것은 일반적으로 이송량이다.

ㄹ. 공구 경사면의 마멸깊이와 여유면의 마멸폭은 공구 수명의 판정기준으로 사용될 수 있다.

ㅁ. 선삭용 황삭 바이트의 각 중에서 여유각이 칩 형태에 가장 큰 영향을 미친다.

① ㄱ, ㄴ   ② ㄱ, ㄷ
③ ㄴ, ㄹ   ④ ㄷ, ㅁ
⑤ ㄹ, ㅁ

그림 (가)~(라)는 선반가공에서 칩의 생성과정을 간략하게 도식화한 것이다. 생성된 칩의 명칭이 맞게 짝지어진 것은? [2점]

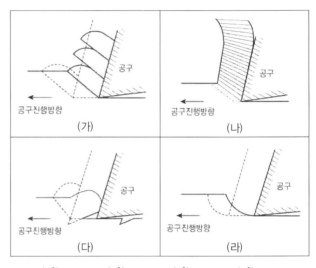

	(가)	(나)	(다)	(라)
①	전단형칩	열단형칩	유동형칩	균열형칩
②	전단형칩	유동형칩	열단형칩	균열형칩
③	열단형칩	유동형칩	균열형칩	전단형칩
④	열단형칩	전단형칩	균열형칩	유동형칩
⑤	열단형칩	전단형칩	유동형칩	균열형칩

03

범용 공작기계를 사용하여 환봉($\phi 45 \times 55$)으로 그림과 같은 손잡이 캡을 가공하려 한다. 사용하는 공작기계, 작업 공구 및 작업 방법으로 옳은 것을 〈보기〉에서 고른 것은? (척도 : NS, 단위 : mm) [2점]

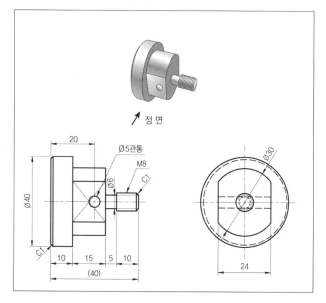

▶ 보기 ◀

ㄱ. $\phi 5$ 관통은 밀링이나 드릴링 머신에서 드릴로 가공한다.
ㄴ. 가는 실선으로 그려진 평면부는 밀링 머신으로 가공한다.
ㄷ. $\phi 6 \times 5$ 가공은 선반에서 외경 황삭 바이트로 가공한다.
ㄹ. M8 나사 작업은 선반의 척에 공작물을 고정시키고 탭으로 가공한다.

① ㄱ, ㄴ   ② ㄱ, ㄷ
③ ㄴ, ㄷ   ④ ㄴ, ㄹ
⑤ ㄷ, ㄹ

04

절삭공구의 형상과 각도는 칩의 형태와 가공면, 절삭저항, 공구수명 등을 좌우하는 중요한 변수이다. 다음 그림은 바이트의 외형과 평면도를 나타낸 것이다.

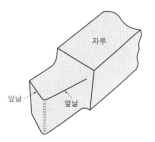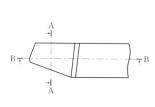

그림의 단면 A-A와 단면 B-B를 도시하여 바이트 주요각의 명칭을 나타내고, 연강의 절삭에서 생성되는 칩의 형태별로 경사각과 절삭 깊이의 조건을 설명하시오. 그리고 절삭가공에서 열의 발생 원인 3가지와 그에 따른 발생열의 크기를 비교하여 설명하고, 고온절삭의 장점과 단점을 서술하시오. [15점]

05

기계공작에 사용하는 여러 가지 공구 재료 중 주요 성분은 WC이며, Ti, Ta 등의 분말을 Co 또는 Ni 분말과 혼합하여 프레스로 성형한 다음 약 $1400\,°C$ 이상의 고온에서 소결 성형한 공구 재료의 ① 장점과 ② 사용 형식 및 고정 방법을 쓰시오. [3점]

5-1

장점 :

5-2

사용 형식 및 고정 방법 :

06

(   ) 안에 공통으로 들어갈 내용을 쓰시오. [2점]

- 그림은 정상 절삭작업에서 발생하는 온도 분포를 나타낸 것이다. 절삭열의 최대지점은 절삭날에서 조금 떨어진 공구경사면 상에 위치한다. 그 이유는 칩의 전단면에서 발생하는 소성변형 이외에 (   )이/가 추가 요인으로 작용하기 때문이다.
- (   )은/는 공구경사면에서 크레이터(crater) 마모를 촉진 시키는 주요 인자 중 하나이다.

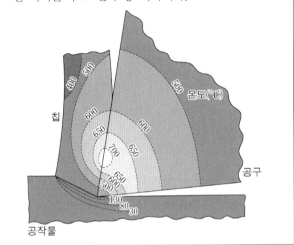

07

그림 (가)와 같은 2차원 절삭 기구에서 공구에 작용하는 절삭력의 주분력 $\vec{F_c}$ 와 배분력 $\vec{F_t}$ 를 공구동력계를 이용하여 측정하였다. 그럼 (나)에게 공구 경사면에 작용하는 수직력 $\vec{N}$ 과 마찰력 $\vec{F}$ 를 구하는 식을 각각 서술하시오. 그리고 이들 결과를 이용하여 마찰계수 μ 값을 구하는 식을 서술하시오. (단, α 는 공구의 상면경사각(rake angle)이고, ϕ 는 전단각(shear angle)이며, $\vec{R}$ 은 $\vec{F_c}$ 와 $\vec{F_t}$ 의 벡터 합이다.)

[4점]

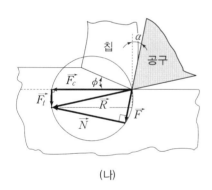

(가)

(나)

08

그림은 원통 형상의 합금강을 외면 선삭하고 있는 작업을 나타낸 것이다. 〈조건〉을 고려하여 소재제거율(MRR) R_m $(\mathrm{mm^3/min})$ 을 구하고, 풀이 과정과 함께 쓰시오. 그리고 비절삭에너지(specific cutting energy)를 U_t 라 할 때, 절삭방향으로 공구에 작용하는 주분력 $F_c(\mathrm{N})$ 를 구하고, 풀이 과정과 함께 쓰시오. [4점]

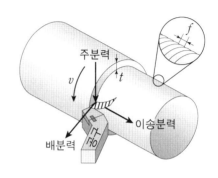

▶ 조건 ◀

- 절삭속도 $v = 100(\mathrm{m/min})$, 1회전당 이송량 $f = 0.5(\mathrm{mm})$, 절삭깊이 $t = 4(\mathrm{mm})$
- 비절삭에너지 $U_t = 3(\mathrm{J/mm^3})$
- 비절삭에너지는 단위 체적의 소재를 절삭하는 데 소요되는 총 에너지를 의미한다.
- 소재제거율은 단위 시간당 제거되는 소재 체적을 의미한다.
- 이송분력과 배분력에 의해 발생하는 절삭에너지는 무시한다.
- 주어진 조건 외에는 고려하지 않는다.

리드 스크루 피치가 8mm 인 범용선반에서 피치 2mm 의 나사를 가공하려고 한다. 〈보기〉의 기호를 사용하여 가공과 관련된 풀이 과정을 쓰고, 주축 측 변환기어(A)와 리드 스크루 측 변환기어(B)의 이수를 쓰시오. [4점]

> ▶ 보기 ◀

p : 가공하려는 나사의 피치

n : 주축의 회전수

L_p : 리드 스크루의 피치

L_n : 리드 스크루의 회전수

(단, 변환기어는 이수 20개로부터 4개 간격으로 24, 28, 32, … 64, 그리고 72, 80, 127개의 것을 각각 1개씩 보유하고 있음)

아래 그림과 같은 공작물을 선반으로 절삭할 경우, 다음을 구하는 식을 쓰시오. [3점]

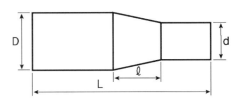

2-1

테이퍼량 :

2-2

심압대의 편위량 :

2-3

복식 공구대를 사용할 때의 회전 각도 :

03

2007년 기출

범용 공작기계인 보통 선반의 크기 표시 방식 중 3가지를 쓰시오. [3점]

①

②

③

04

2010년 기출

선반 가공에서 절삭 조건에 대한 설명으로 옳은 것을 〈보기〉에서 고른 것은? [1.5점]

보기

ㄱ. 절삭 속도가 빨라지면 공구 수명이 길어지고, 절삭 능률도 향상된다.
ㄴ. 공작물의 표면 거칠기는 절삭 속도, 절삭 깊이, 절삭각, 절삭 유제의 사용 여부 등에 따라 달라진다.
ㄷ. 선반 가공에서 이송(이송 속도)과 바이트의 노즈 반지름(nose radius)은 공작물의 표면 거칠기와 절삭력에 영향을 준다.
ㄹ. 공구 경사면에 발생하는 플랭크(flank) 마모의 체적, 가공면과의 마찰에 의해 발생하는 크레이터(crater) 마모의 체적을 공구 수명 판정 기준의 하나로 사용한다.

① ㄱ, ㄴ　　② ㄱ, ㄷ
③ ㄴ, ㄷ　　④ ㄴ, ㄹ
⑤ ㄷ, ㄹ

PART 09

05 ⎯⎯⎯⎯⎯⎯⎯⎯⎯⎯⎯•　　2013년 기출

바깥지름 선삭작업에 대한 설명으로 옳은 것만을 〈보기〉에 서있는 대로 고른 것은? [2점]

> ▶ 보기 ◀
>
> ㄱ. 다이아몬드는 절삭공구 재료로 사용된다.
> ㄴ. 칩 브레이커(chip breaker)는 연속형 칩의 발생을 유도한다.
> ㄷ. 절삭유의 사용 목적은 냉각 작용 및 공구와 칩의 친화력 향상이다.
> ㄹ. 절삭저항은 주분력, 이송분력, 배분력으로 나뉘며, 주분력이 가장 크다.

① ㄱ, ㄴ　　　　　② ㄱ, ㄹ
③ ㄴ, ㄷ　　　　　④ ㄱ, ㄷ, ㄹ
⑤ ㄴ, ㄷ, ㄹ

06 ⎯⎯⎯⎯⎯⎯⎯⎯⎯⎯⎯•　　2013년 기출

범용선반이나 CNC선반을 이용하여 환봉을 그림과 같은 형상으로 정삭가공까지 하고자 한다. 작업 과정에 대한 설명으로 적절한 것을 〈보기〉에서 고른 것은? [2.5점]

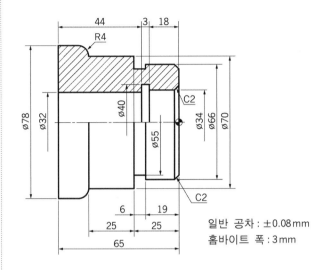

일반 공차 : ±0.08mm
홈바이트 폭 : 3mm

> ▶ 보기 ◀
>
> ㄱ. 관통작업에는 ϕ32 드릴이 필요하다.
> ㄴ. 내경작업에서는 홈 부위를 가장 먼저 가공한다.
> ㄷ. 범용선반으로 R4 부분을 가공하려면 총형공구가 필요하다.
> ㄹ. 외경 홈은 공구형상 및 폭을 고려하여 3회 이상 절삭하도록 한다.

① ㄱ, ㄴ　　　　　② ㄱ, ㄹ
③ ㄴ, ㄷ　　　　　④ ㄴ, ㄹ
⑤ ㄷ, ㄹ

07

그림 (가)는 원통 형상의 공작물을 외면 선삭하여 길이 L (mm), 직경 D(mm)로 제작하는 과정을 나타낸 것이다. 공구수명 T(min)와 절삭속도 V(m/min)가 그림 (나)와 같은 관계를 가질 때, 공구수명식을 쓰시오. 그리고 이 공구수명식과 〈조건〉을 고려하여, T를 L, D, f_r, n, K, π를 이용하여 나타내고, 풀이 과정과 함께 쓰시오. [4점]

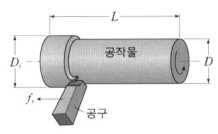

(가) 외면선삭

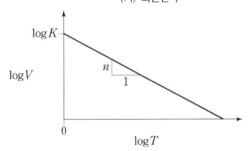

(나) 공구수명과 절삭속도 간의 관계

▶ 조건 ◀

- 이송속도 : f_r(mm/rev)
- 절삭깊이 : $\dfrac{D_i - D}{2}$(mm)(D_i는 절삭 전 초기직경 이다.)
- 분당 주축회전수 : N(rpm)
- n, K : 공구수명식에 사용되는 상수
- 절삭속도 V를 계산할 때 기준이 되는 직경은 공작물의 최종 직경 D를 사용한다.
- 이 공구의 수명은 공구가 공작물을 절삭하는 시간과 동일하다고 가정한다.
- 주어진 조건 외에는 고려하지 않는다.

08

그림 (가)는 기계 제작 과정이다. 이 과정을 참고하여 물음에 답하시오. [30점]

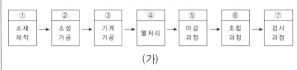

일반적으로 기계의 제작 과정은 가공의 용이성과 제작 경비 절감을 고려하여 기계의 사용 목적에 적합한 구조와 재료를 선택한 후 다음과 같은 공정으로 이루어진다.

① 소재 제작 → ② 소성 가공 → ③ 기계 가공 → ④ 열 처리 → ⑤ 마감 과정 → ⑥ 조립 과정 → ⑦ 검사 과정

(가)

8-1

흥 교사는 기계 실습 시간을 활용하여 3학년 1학기 동안 그림 (가)의 ①~⑦에 해당하는 과정대로 학생들에게 탁상용 바이스를 제작하도록 하였다. 이때 학생들은 스스로 작품 수행 과정을 구성하여 그림 (나)와 같은 자료집을 만들고, 흥 교사는 이를 수행평가 자료로 활용하였다. 이러한 수행평가 방법의 특징과 종류를 설명하시오. [15점]

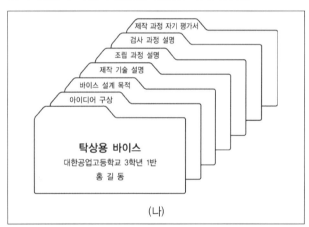

(나)

8-2

그림 (가)의 기계 제작 과정에서 ③, ④번 공정은 제품의 품질에 영향을 주게 된다. 이때 선반 가공에서 바이트의 주요 공구각이 절삭 저항에 미치는 영향, 절삭 조건과 표면 거칠기의 관계를 설명하시오. 그리고 기계 가공 후 탄소강의 내부 응력 제거를 위한 열처리 방법을 설명하시오. [15점]

01 2009년 기출

그림은 밀링머신의 부속장치 중 하나인 분할대의 원리에 관한 설명이다. 〈보기〉의 (가)~(마)에 들어갈 적절한 것으로 바르게 묶인 것은? (단, 그림 (B)에서 F_1과 F_2는 베벨기어이다.) [2.5점]

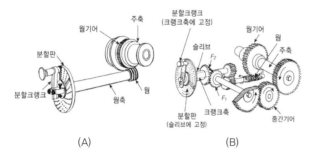

(A)　　　　　　　　(B)

➤ 보기 ◄

• 그림 (A)는 　(가)　 분할법의 원리를 나타낸 것이다.
• 분할크랭크의 40회전이 주축을 1회전 시킨다. 분할하고자 하는 분할수를 N, 1회 분할에 필요한 크랭크의 회전수를 n이라 하면 $n =$ 　(나)　 이다. 웜과 웜기어의 회전비를 $R(=40)$, 분할판의 공수를 H, 1회 분할에 요하는 공수를 h라 하면 $h =$ 　(다)　 이다.
• 그림 (B)는 　(라)　 분할법의 원리를 나타낸 것이다.
• 　(라)　 분할법으로 63분할을 할 때 2개의 변환치차를 사용하고 하나의 치차 잇수가 40이면 나머지 치차 잇수는 　(마)　 이다. (단, 사용 가능한 변환치차 잇수는 24, 28, 32, 40, 44, 48, 56, 64, 72, 86, 100이다.)

	(가)	(나)	(다)	(라)	(마)
①	단식	$\dfrac{20}{N}$	$\dfrac{RH}{N}$	차동	48
②	복식	$\dfrac{20}{N}$	$\dfrac{R}{HN}$	단식	48
③	단식	$\dfrac{40}{N}$	$\dfrac{RH}{N}$	차동	64
④	차동	$\dfrac{40}{N}$	$\dfrac{RH}{N}$	복식	64
⑤	차동	$\dfrac{20}{N}$	$\dfrac{R}{HN}$	단식	86

02 2011년 기출

수평형 밀링 머신의 절삭 방법 및 부속장치에 대한 설명으로 옳지 않은 것은? [2점]

① 하향절삭은 상향절삭에 비하여 커터날의 마모가 적다.
② 하향절삭은 커터의 회전 방향과 공작물의 이송 방향이 같은 절삭 방법이다.
③ 분할대는 밀링 머신의 테이블 위에 설치하고, 이것을 이용하여 기어를 가공할 수 있다.
④ 하향절삭은 상향절삭에 비하여 칩이 절삭날의 진행을 방해하지 않고 절삭이 순조롭다.
⑤ 밀링 바이스는 수평 바이스, 회전 바이스, 만능 바이스 등이 있으며, 테이블 위에 설치하여 공작물을 고정하는 장치이다.

03 2013년 기출

수직밀링머신으로 공작물을 자동 이송 가공하려고 한다. 밀링머신의 공구 및 기계 설정값이 다음과 같을 경우 공구의 파손 방지와 안정된 절삭을 위하여 취해야 할 조치로 옳은 것만을 〈보기〉에서 있는 대로 고른 것은? [1.5점]

- 공구 : 2날 엔드밀(날 1개당 허용 이송량 0.2mm)
- 주축 회전속도 : 80rpm
- 자동 이송속도 : 40mm/min

▶ 보기 ◀

ㄱ. 주축의 회전속도를 높게 한다.
ㄴ. 테이블의 이송을 빠르게 한다.
ㄷ. 날수가 많은 엔드밀로 교체한다.

① ㄱ   ② ㄴ
③ ㄱ, ㄷ   ④ ㄴ, ㄷ
⑤ ㄱ, ㄴ, ㄷ

04 2016년 기출

그림과 같이 수평형 밀링머신에서 플레인 커터(plain cutter)로 〈조건〉과 같이 공작물을 절삭할 때, 테이블의 이송속도 $f(\text{m/min})$를 구하고, 풀이 과정과 함께 쓰시오. (단, $\pi = 3.14$로 계산한다.) [4점]

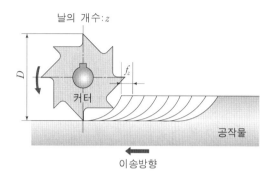

▶ 조건 ◀

- 커터의 지름 $D = 200(\text{mm})$으로 할 것
- 커터의 날의 개수 $z = 8(\text{개})$로 할 것
- 커터의 절삭속도 $v = 157(\text{m/min})$로 할 것
- 한 날당 이송 $f_z = 0.3(\text{mm/tooth})$으로 할 것

05

그림과 같이 수직형 밀링 머신에서 공작물을 엔드밀(end mill)로 〈조건〉과 같이 절삭하고자 한다. 엔드밀의 분당 이송속도 $f_m(\mathrm{mm/min})$과 금속제거율(metal removal rate) MRR$(\mathrm{cm^3/min})$을 각각 구하고, 풀이 과정과 함께 쓰시오.

[4점]

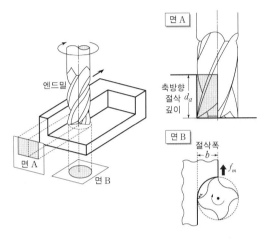

> **➤ 조건 ◄**
>
> - 엔드밀의 지름 $\phi = 20\,(\mathrm{mm})$
> - 엔드밀의 회전 속도 $n = 2000\,(\mathrm{rev/min})$
> - 엔드밀의 날 수 $z = 4$
> - 엔드밀의 날당 이송량 $f_t = 0.5\,(\mathrm{mm/tooth})$
> - 절삭폭 $b = 10\,(\mathrm{mm})$
> - 축방향 절삭 깊이 $d_a = 25\,(\mathrm{mm})$

정답 및 해설 p.377

드릴가공, 보링, 평면가공(셰이퍼, 슬로터, 플레이너) www.pmg.co.kr

01

2011년 기출

절삭공구 및 절삭가공에 대한 설명으로 옳은 것을 〈보기〉에서 모두 고른 것은? [1.5점]

> ▶ 보기 ◀
>
> ㄱ. 일반적으로 표준드릴(연강용)의 선단각은 128°이다.
> ㄴ. 절삭가공 시 공작물의 열전도율이 작을수록 절삭부의 온도는 상승한다.
> ㄷ. 선반가공 시 공구 윗면의 경사면에 마찰이 증가할수록 전단각이 커진다.
> ㄹ. 드릴의 절삭저항을 줄이기 위하여 웹(web)의 일부를 연마하여 치즐 에지(chisel edge)의 길이를 짧게 하는 것을 시닝(thinning)이라 한다.

① ㄱ, ㄴ
② ㄱ, ㄷ
③ ㄴ, ㄷ
④ ㄴ, ㄹ
⑤ ㄷ, ㄹ

01 2010년 기출

연삭, 정밀 가공 및 특수 가공에 대한 설명으로 옳은 것을 〈보기〉에서 모두 고른 것은? [2점]

➤ 보기 ◀

ㄱ. 집광된 에너지를 사용하는 레이저 가공기는 제조 공정에서 용접, 절단에 이용되고 있다.
ㄴ. 호닝(honing)은 혼(hone)을 이용하여 진직도, 진원도 및 표면 거칠기를 향상시키기 위한 정밀 가공 방법이다.
ㄷ. 래핑(lapping)은 연삭숫돌에 눈메움(loading)이나 글레이징(glazing) 현상이 발생했을 때 예리한 입자를 생성하는 작업이다.
ㄹ. 슈퍼 피니싱(super finishing)은 입자가 미세하고 연한 숫돌을 낮은 압력으로 누르면서 진동시켜 공작물의 표면을 정밀하게 가공하는 방법이다.

① ㄱ
② ㄱ, ㄷ
③ ㄱ, ㄴ, ㄹ
④ ㄴ, ㄷ, ㄹ
⑤ ㄱ, ㄴ, ㄷ, ㄹ

02 2011년 기출

정밀입자가공에 대한 설명으로 옳은 것을 〈보기〉에서 모두 고른 것은? [2점]

➤ 보기 ◀

ㄱ. 래핑가공을 이용하여 블록게이지를 다듬질 가공할 수 있다.
ㄴ. 정밀입자가공을 하면 표면정도와 내마모성은 증가하고, 피로한도와 내식성은 감소한다.
ㄷ. 호닝에서 숫돌입자의 운동궤적에 의하여 나타나는 교차각의 크기는 다듬질양에 영향을 미치지 않는다.
ㄹ. 공작물의 정밀가공을 위하여 건식래핑과 습식래핑을 모두 수행하는 경우, 주로 습식래핑 후에 건식래핑을 한다.

① ㄱ, ㄴ
② ㄱ, ㄹ
③ ㄴ, ㄷ
④ ㄴ, ㄹ
⑤ ㄷ, ㄹ

03

다음은 연삭숫돌의 표시법에 따라 서로 다른 연삭숫돌의 라벨을 나타낸 것이다. 연삭숫돌의 성능을 결정하는 5가지 요소(인자, factor)의 개념을 설명하고, 각 요소별로 (가)와 (나)에 표시된 연삭숫돌의 차이점을 2가지씩 들어 설명하고, 이를 바탕으로 연삭숫돌 (가)와 (나)의 용도를 판단하시오. 그리고 (가) 숫돌을 장착한 원통 연삭기로 외경 연삭 가공을 할 때 소요되는 연삭 시간(분, min)을 산출하고자 한다. 이때의 계산 과정을 설명하시오. [25점]

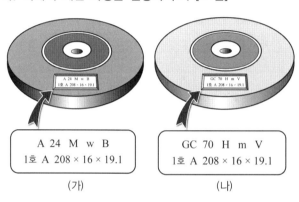

A 24 M w B 1호 A 208 × 16 × 19.1	GC 70 H m V 1호 A 208 × 16 × 19.1
(가)	(나)

04

절삭가공 및 연삭가공에 대한 설명으로 옳은 것을 〈보기〉에서 모두 고른 것은? [2점]

> ▶ 보기 ◀

ㄱ. 취성 재료를 저속으로 절삭가공할 때 연속형칩이 발생한다.
ㄴ. 연삭비(grinding ratio)는 연삭숫돌 마멸 체적에 대한 제거된 재료 체적의 비로 나타낸다.
ㄷ. 구성인선(built-up edge)은 공구 날을 더욱 날카롭게 하여 원활한 절삭가공이 이루어지도록 도와준다.
ㄹ. 드레싱(dressing)은 연삭숫돌에 눈메움(loading)이나 눈무딤(glazing)이 발생하였을 때 날카로운 연마 입자를 발생시키는 작업이다.

① ㄱ, ㄴ   ② ㄱ, ㄷ
③ ㄴ, ㄷ   ④ ㄴ, ㄹ
⑤ ㄷ, ㄹ

05

정밀입자가공에 대한 설명으로 옳은 것만을 〈보기〉에서 있는대로 고른 것은? [2점]

> ▶ 보기 ◀

ㄱ. 보링(boring)가공된 구멍의 표면 정밀도를 높이기 위하여 호닝(honing)작업을 한다.

ㄴ. 래핑(lapping)은 연마입자와 공작물 간의 비접촉에 의한 마무리 작업으로 표면 정밀도가 우수하다.

ㄷ. 초연삭입자(superabrasive)인 큐빅보론질화물(CBN, cubic boron nitride) 연삭숫돌의 입자기호는 'B'로 표기한다.

ㄹ. 통과이송형(through feed) 센터리스연삭(centerless grinding)에서 공작물의 회전과 이송은 조정숫돌에 의하여 이루어진다.

① ㄱ, ㄴ
② ㄱ, ㄷ
③ ㄴ, ㄹ
④ ㄱ, ㄷ, ㄹ
⑤ ㄴ, ㄷ, ㄹ

06

다음은 정밀가공법 중에서 연삭가공을 설명한 것이다. 괄호 안의 ㉠, ㉡, ㉢에 들어갈 명칭을 순서대로 쓰고, ㉢ 현상의 발생 원인을 1가지 서술하시오. [4점]

연삭가공에서 사용하는 연삭숫돌은 그림 (가)와 같이 (㉠), (㉡), 기공의 3가지 구성 요소로 이루어져 있으며, 가공물 재질이나 작업특성을 고려하여 알맞은 연삭숫돌을 선택하는 것이 매우 중요하다. 가끔 연삭숫돌을 잘못 선택하면 그림 (나)와 같이 숫돌표면의 기공에 연삭칩(chip)이 메워진 (㉢) 현상이 발생하여 정상적인 연삭가공이 어려워진다.

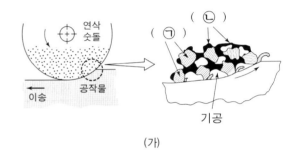

(가)

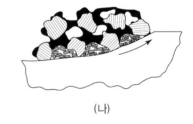

(나)

07

그림 (가), (나)는 테이블 왕복형 바깥지름 연삭기와 가공기구(mechanism)를 나타낸 것이다. 〈조건〉을 고려하여 가공할 때, 사용된 연삭 숫돌의 입자(abrasive) 재질명과 결합제 명칭을 순서대로 쓰시오. 그리고 연삭 조건으로 설정해야 할 연삭 숫돌의 회전속도 $n(\mathrm{rpm})$과 공작물의 회전당 이송량 $S(\mathrm{mm/rev})$를 각각 구하고, 풀이 과정과 함께 쓰시오. [4점]

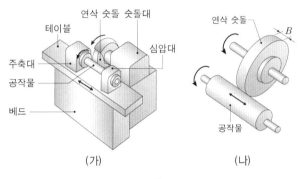

(가)   (나)

▶ 조건 ◀

- 연삭 숫돌은 다음 호칭 기호를 갖는 평형 숫돌을 사용한다.

  | 1호 $-300\times45\times76.2-$ C 36 L 5 V $-30\mathrm{m/sec}$ |

- 숫돌 폭 B에 대하여 회전당 이송량 $S=\dfrac{2}{3}B$로 한다.

- $\pi=3$으로 계산하며, 주어진 조건 이외에는 고려하지 않는다.
- 연삭 숫돌의 회전속도는 분당 회전수로 나타낸다.

08

다음은 정밀가공법 중에서 입자가공을 설명한 것이다.
(   ) 안에 들어갈 용어를 쓰시오. [2점]

그림과 같이 미세한 연마 입자와 공작액을 혼합한 후, 압축공기로 공작물의 표면에 혼합액을 고속으로 분사시켜 다듬질하는 것을 (   )이라 한다.

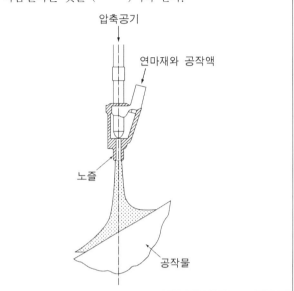

09

다음은 연삭가공에 대한 설명이다. 괄호 안의 ㉠, ㉡에 해당하는 명칭을 순서대로 쓰시오. [2점]

연삭숫돌에 사용되는 (㉠)(으)로는 비트리파이드, 레지노이드, 고무, 금속 등이 있다. (㉠)이/가 너무 강하여 무뎌진 입자가 분리되지 않은 채 작업이 이루어지면 글레이징(glazing) 현상이 발생할 수 있다. 이 경우 숫돌 표면의 무뎌진 입자를 제거하여 예리한 입자를 노출시키는 (㉡) 작업을 수행하여야 한다. (㉡) 작업만으로는 숫돌의 형상(profile)을 충분히 복원시켜주지 못하기 때문에 형상 복원을 위해서 트루잉(truing) 작업을 추가로 실시할 수 있다.

06 주조

01

주조 작업에 이용되고 있는 원형은 여러 가지 형태로 분류된다. 그 중 다음과 같은 원형에 대하여 설명하시오. [4점]

1-1

현형(Solid pattern) [1점] :

1-2

회전형(Sweep pattern) [1점] :

1-3

긁기형 또는 고르개형(Strikle pattern) [1점] :

1-4

부분형(Section Pattern) [1점] :

02

다음은 주물사를 관리하기 위한 여러 가지 시험방법을 제시한 것이다. 각각에 대한 시험명칭을 쓰시오. [4점]

2-1

ㄱ 주물사를 잘 혼합한 후 50g을 채취한다.
ㄴ 이것을 105℃ 부근에서 1~2시간 건조시킨 다음 다시 칭량한다.
ㄷ 그 차를 원 중량에 대한 백분율로 산출한다.

• 답 :　　　　　　　시험

2-2

ㄱ 습태의 경우 50mm의 원통형 강에 주물사를 채운다.
ㄴ 도고기(sand rammer)로 3회 다져 높이 50mm의 원통을 만든다.
ㄷ 이 원통을 시험기에 장치하고 공기를 불어 넣는다.
ㄹ 시험편을 통과하여 배출되는 공기의 양으로 시험한다.

• 답 :　　　　　　　시험

2-3

ㄱ 주물사를 잘 혼합한 후 100g 이상을 채취하여 완전히 건조시킨다.
ㄴ 이 중에서 50g을 칭량하여 3% NaOH 수용액에 넣은 후 잘 젓는다.
ㄷ 부유물을 제거한 다음 건조시켜 다시 칭량한다.
ㄹ 그 차를 원 중량에 대한 백분율로 산출한다.

• 답 :　　　　　　　시험

2-4

ㄱ 주물사에 점토분을 분리시킨 다음 건조시킨다.
ㄴ Ro-Tap식 체기에 체눈이 큰 순서로 쌓는다.
ㄷ 체의 최상부에 시료 전량을 넣고 15분 동안 체질을 한다.
ㄹ 체 위에 잔류한 주물사의 중량을 칭량한다.
ㅁ 이 중량을 시료 전량에 대한 백분율로 산출한다.

• 답 :　　　　　　　시험

03

2004년 기출

주물 작업의 현장에서 공정 중에 발생하는 주물의 결함은 매우 다양하게 나타난다. 다음의 주물 결함을 간단히 설명하시오. [4점]

3-1

Pin hole(핀 홀) :

3-2

Shrinkage cavity(수축 동공) :

3-3

Scab(패임) :

3-4

Hot tear(고온 균열) :

04

2005년 기출

탕구계는 가압 탕구계와 비가압 탕구계로 분류된다. 이들을 구분하는 방법을 설명하고, 적용되는 금속의 종류를 1가지씩만 쓰시오. [3점]

구분	구분 방법	적용 금속
가압 탕구계		
비가압 탕구계		

05

아래의 빈칸에 특수 주형법에 사용되는 재료를 쓰고, 주형 제작 방법을 5줄 이내로 간략히 기술하시오. [4점]

주형법	사용 재료	주형 제작 방법
인베스트먼트 주형법		
CO_2 주형법		

06

일반 주조(casting)과정에서 주조방안에 필요하고, 주형부속품 및 첨가제로 사용되는 (가)~(라)의 역할이나 용도를 1줄 이내로 각각 쓰시오. [4점]

6-1

압탕 :

6-2

채플릿 :

6-3

칠 메탈 :

6-4

접종제 :

07

그림의 T형 사형(sand mold) 단면에서 주물 결함 방지를 위하여 사형을 설계할 경우, 열점(hot spot)의 제거 방법으로 옳은 것을 〈보기〉에서 고른 것은? [2.5점]

> ► 보기 ◄
>
> ㄱ. 외부 칠(chill, 냉금, 냉각쇠)을 설치한다.
> ㄴ. 내부 칠(chill, 냉금, 냉각쇠)을 설치한다.
> ㄷ. 분기부를 넓히고, 모서리를 직각으로 설계한다.
> ㄹ. 플로오프(flow-off)와 임펠러(impeller)를 설치한다.

① ㄱ, ㄴ   ② ㄱ, ㄷ
③ ㄴ, ㄷ   ④ ㄴ, ㄹ
⑤ ㄷ, ㄹ

08

원심 주조법에 관한 설명으로 옳은 것을 〈보기〉에서 고른 것은? [2점]

> ► 보기 ◄
>
> ㄱ. 관이나 원통형 주물을 제조할 경우에 코어가 필요 없다.
> ㄴ. 주물의 조직이 치밀하고 수축공이나 기공이 비교적 적다.
> ㄷ. 주물의 모양에 따라 다르지만, 대부분 탕구나 압탕이 필요 없다.
> ㄹ. 용탕과 개재물의 비중 차이 때문에 개재물의 분리 제거가 어렵다.
> ㅁ. 짧은 원통형이나 환형 제품의 제조에는 수평식이 수직식보다 많이 사용되고 있다.

① ㄱ, ㄴ, ㄷ   ② ㄱ, ㄴ, ㅁ
③ ㄱ, ㄹ, ㅁ   ④ ㄴ, ㄷ, ㄹ
⑤ ㄷ, ㄹ, ㅁ

09

사형주조법과 비교하여 다이캐스팅의 특성에 대한 설명으로 옳지 않은 것은? [1.5점]

① 주물의 표면이 깨끗하고 매끈하다.

② 생산 속도가 빠르며, 대량 생산이 용이하다.

③ 주물의 치수 정밀도가 높기 때문에 주조 후 가공 비용을 절약할 수 있다.

④ 금형에 압력을 주어 주조하는 방법이며, 규모가 큰 주철의 주조에 적합하다.

⑤ 금형이 제품의 품질에 영향을 미치기 때문에 금형의 제작 기술이 중요하며, 금형 비용이 제품의 원가에 큰 영향을 준다.

10

그림에 해당하는 특수주조법의 명칭을 쓰고, (가)의 공정에서 주형이 성형되는 원리와 (나)의 공정에서 (가)의 상자를 뒤집는 이유를 서술하시오. [5점]

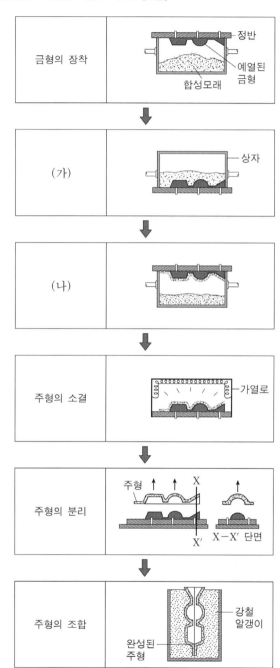

11

다음은 대표적인 다이캐스팅(die casting)용 알루미늄 합금(ALDC 1)에 첨가되어 있는 한 가지 원소에 대한 설명이다. 해당하는 원소를 쓰시오. [2점]

- 용융점을 낮추어 유동성을 향상한다.
- 공정 조성까지 다량 첨가하면 응고 온도 범위가 좁아져 용탕 보급성이 좋아진다.
- 주조성이 향상되어 복잡하고 얇은 주물에 활용된다.

12

생형주형(green sand mold)에 사용하는 주물사 중에서 자연사는 반복 사용 횟수가 증가함에 따라 주물사의 통기도와 강도가 저하하는 현상이 발생한다. 이 현상의 원인을 주물사 원료 측면에서 2가지 서술하시오. [4점]

07 소성가공

www.pmg.co.kr

01 2002년 기출

소성 가공된 재료를 가열하면, 원자상태가 활발해져 정상상태로 돌아간다. 이때 일어나는 현상을 3단계로 구분하고, 각각의 현상의 특징을 간단하게 설명하시오. [6점]

1-1

1단계를 쓰시오. [2점]

• 1단계 명칭 :

• 설명 :

1-2

2단계를 쓰시오. [2점]

• 2단계 명칭 :

• 설명 :

1-3

3단계를 쓰시오. [2점]

• 3단계 명칭 :

• 설명 :

02 2005년 기출

기계 가공은 절삭가공과 비절삭가공으로 분류되고, 비절삭가공은 소성가공, 용접, 주조, 특수가공 등으로 분류한다. 이 중 소성가공에 해당하는 가공법 2개를 쓰고, 설명하시오. [2점]

• (   ) :

• (   ) :

03 〰〰〰〰〰〰〰〰〰〰〰〰〰〰〰

대형 단조품이나 주강품의 조대한(coarse) 결정 조직을 미세화
하거나, 고탄소강을 구상화 풀림(spheroidizing annealing)
하기 전에 행하는 열처리의 명칭을 쓰고, 그 방법을 설명하
시오. [3점]

(   ) :

04 〰〰〰〰〰〰〰〰〰〰〰〰〰〰〰

금속을 소성 변형하는 방법으로 냉간가공(cold working)
과 열간가공(hot working)이 있다. 냉간가공과 열간가공의
차이를 기술하시오. 아울러 냉간가공 후에 실시하는 응력
제거 열처리에 의해 발생하는 조직의 변화 과정에 대해 기
술하시오. [3점]

05 2009년 기출

각종 소성가공 공정에서 나타나는 결함 및 특징에 관한 설명 중 옳지 않은 것은? [2점]

① 셰브런(chevron)균열은 주로 압출제품의 중심부에 생기는 결함의 일종이다.

② 심 결함(seam defect)은 단조가공에서 발생한다.

③ 만네스만(Mannesmann) 압연법은 이음매 없는 강관 제조법의 일종이다.

④ 스피닝(spinning)이란 회전하는 맨드릴, 강체의 공구 또는 롤을 사용하여 제품을 성형하는 방법을 말한다.

⑤ 아이어닝(ironing)은 판재의 두께가 다이와 펀치의 간격보다 클 경우 제품의 두께가 감소하는 효과를 의미한다.

06 2012년 기출

소성가공법 및 적용 예에 대한 설명으로 옳은 것을 〈보기〉에서 모두 고른 것은? [2점]

> ▶ 보기 ◀
>
> ㄱ. 압출(extrusion)은 재료를 금형 안에 넣고 가압하여 다이를 통과시켜 성형하는 방법으로 코이닝(coining)에 이용한다.
>
> ㄴ. 압연(rolling)은 회전하는 롤(roll) 사이로 재료를 통과시켜 두께와 단면적을 작게 하는 방법으로 캔(can) 성형에 이용한다.
>
> ㄷ. 단조(forging)는 해머나 프레스로 재료를 가압하여 원하는 모양을 만드는 방법으로 자동차의 커넥팅 로드(connecting rod)성형에 이용한다.
>
> ㄹ. 인발(drawing)은 금형 출구 측에서 재료를 잡아당겨 단면적을 감소시키고 원하는 단면 형상을 얻는 방법으로 선재(wire)를 만드는 데 이용한다.

① ㄱ, ㄴ   ② ㄴ, ㄷ

③ ㄱ, ㄹ   ④ ㄴ, ㄹ

⑤ ㄷ, ㄹ

07

금속 소성가공에 대한 설명으로 옳은 것을 〈보기〉에서 모두 고른 것은? [2점]

➤ 보기 ◄

ㄱ. 정수압(hydrostatic pressure)은 인장응력 상태에서 연성이 감소되는 원인이 되어 제품의 압출(extrusion)을 어렵게 한다.

ㄴ. Tresca 항복조건은 소재의 최대전단응력이 임계값, 즉 전단항복응력(shear yield stress)에 도달하면 항복이 시작된다는 가설에 바탕을 둔 것이다.

ㄷ. 엘리게이터링(alligatoring)은 스탬핑(stamping) 시 압축응력을 받을 때 소재의 불균일한 변형이나 주조한 잉곳 내부에 존재하는 불순물로 인하여 나타나는 결함이다.

ㄹ. 판재의 소성변형비(plastic strain ratio, r-value)는 일축인장 시험의 균일연신(uniform elongation)범위 내에서 폭방향의 진변형률을 두께방향의 진변형률로 나눈 값이다.

① ㄱ, ㄴ
② ㄱ, ㄷ
③ ㄴ, ㄷ
④ ㄴ, ㄹ
⑤ ㄷ, ㄹ

08

그림 (가)는 금속판재를 회전하는 롤 사이로 통과시켜 얇게 만드는 소성가공법을 나타낸 것이며, 그림 (나)는 이 소성가공법에 의한 제품 불량의 예를 나타낸 것이다. (가) 가공법의 명칭을 쓰고, 압하율(%)을 구하고, 풀이과정과 함께 쓰시오. 그리고 (나) 불량의 명칭을 쓰시오. [4점]

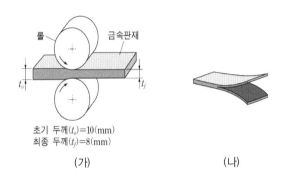

롤   금속판재

t_o t_f

초기 두께(t_o)=10(mm)
최종 두께(t_f)=8(mm)

(가)   (나)

09

다음은 소성가공법에 대한 설명으로, 그림 (가)는 공정의 단계별 개략도이고, (나)는 공정에서 발생하는 현상 중 하나이다. 괄호 안의 ㉠, ㉡에 해당하는 명칭을 순서대로 쓰고, 〈조건〉에 따라 가공할 때 생기는 (나)의 원인과 해결 방안을 각각 1가지씩 순서대로 서술하시오. [4점]

- 그림 (가)와 같이 소재를 2개의 금형 사이에 넣고 압축하여 높이를 감소시키는 체적성형 가공법은 (㉠)(이)다.
- 이 가공법을 이용하여 소재를 가공한 형상이 그림 (나)와 같을 때의 현상을 (㉡)(이)라고 한다.

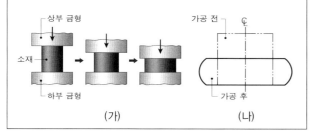

(가)   (나)

➤ 조건 ◀

- 소재는 연성 금속이고, 가공 전 초기 형상은 중실 원통이다.
- 상온에서 냉간가공하며, 금형과 소재의 온도는 동일하다.
- 금형에 소재를 가공하기 위한 가압력을 충분히 부과한다.
- 소재 내부의 결함은 존재하지 않는다.

10

다음은 금속의 소성 변형에 관한 설명이다. 괄호 안의 ㉠, ㉡에 해당하는 용어를 순서대로 쓰고, 알루미늄(Al)과 마그네슘(Mg)이 서로 다른 소성 변형 특성을 갖는 이유를 서술하시오. [5점]

- (㉠) 이동에 의한 소성 변형 과정을 (㉡)(이)라고 한다.
- (㉠)은/는 이동의 용이한 정도가 결정학적인 면에 따라 다르기 때문에 (㉡)면이라고 하는 특정한 면에서 특정한 방향을 따라 우선적으로 이동한다.
- 상온에서 알루미늄은 연성이 크고, 마그네슘은 취성이 강하다.

08 용접

www.pmg.co.kr

01 _____ 2003년 기출

피복 아크 용접을 할 때 사용되는 용접봉 피복제의 주된 역할을 구체적으로 4개만 쓰시오. [4점]

①

②

③

④

02 _____ 2006년 기출

용접에서 사용하는 기호와 용어에 관한 다음 물음에 답하시오.

[3점]

2-1 _____

KS 규정에 따라 표기된 연강용 피복 아크 용접봉에 대한 기호 'E 43 16'에서 '43'은 무엇을 나타내는가?

2-2 _____

아크 용접에서 모재가 녹아 들어간 깊이를 무엇이라고 하는가?

2-3 _____

가스 용접 중에 토치 끝의 팁이 막히거나 흐름이 원활하지 못할 때, 고압의 산소가 아세틸렌 호스 쪽으로 흘러 들어가는 것을 무엇이라고 하는가?

03

아크용접에서 직류역극성(D. C. R. P.)이란 용접봉이 양극 (+)과 음극(−) 중 어떠한 극성을 가지고 있는 경우이며, 박판의 용접에 직류역극성(D. C. R. P.)이 사용되는 이유를 쓰시오. [2점]

① 용접봉의 극 :

② 직류역극성이 사용되는 이유 :

04

직류 피복 아크 용접에서 역극성에 비하여 정극성의 특성으로 옳은 것만을 〈보기〉에서 있는 대로 고른 것은? [2점]

> 보기 ◀

ㄱ. 용접봉이 양극이다.
ㄴ. 모재의 용입이 깊다.
ㄷ. 열은 용접봉보다 공작물 쪽에서 많이 발생한다.

① ㄱ   ② ㄴ
③ ㄱ, ㄷ   ④ ㄴ, ㄷ
⑤ ㄱ, ㄴ, ㄷ

05 2010년 기출

용접에 대한 설명으로 옳은 것을 〈보기〉에서 모두 고른 것은?

[2점]

> ➤ 보기 ◀

ㄱ. 아르곤(Ar)과 헬륨(He)은 불활성 가스 용접에 사용된다.

ㄴ. 가스 용접의 연료로 사용되는 아세틸렌(C_2H_2)은 폭발성이 없으므로 안전하다.

ㄷ. 피복 아크 용접봉에 사용되는 피복제(flux)는 아크를 안정시키고, 공기 중의 불순물 침입을 방지하는 작용을 한다.

ㄹ. 모재 사이의 접촉 저항을 이용하여 용접하는 것을 서브머지드 아크 용접이라 하며, 이 용접법에는 점용접, 프로젝션 용접 등이 있다.

① ㄱ, ㄷ   ② ㄱ, ㄹ
③ ㄴ, ㄷ   ④ ㄴ, ㄹ
⑤ ㄷ, ㄹ

06 2011년 기출

용접에 대한 설명으로 옳은 것을 〈보기〉에서 모두 고른 것은?

[2점]

> ➤ 보기 ◀

ㄱ. 테르밋 용접은 산화철 분말과 텅스텐 분말의 화학반응을 이용한 것이다.

ㄴ. 불활성가스 아크 용접은 용접 후 슬래그 또는 잔류 용제를 제거하기 위한 후처리가 필요 없다.

ㄷ. 직류 아크 용접에서 정극성은 모재를 양극(+)에 연결한 경우로 역극성에 비하여 두꺼운 모재의 용접에 사용한다.

ㄹ. 플라즈마 용접은 고진공의 용기 중에서 텅스텐을 가열하여 얻어지는 열전자를 방출하고 음극과 용접물 사이에서 열전자를 가속시키는 방법을 이용한다.

① ㄱ, ㄴ   ② ㄱ, ㄹ
③ ㄴ, ㄷ   ④ ㄴ, ㄹ
⑤ ㄷ, ㄹ

07

전기 아크 용접작업 후 용접부위를 간략하게 그린 것이다. (가)~(라)에 대한 설명으로 옳은 것을 〈보기〉에서 모두 고른 것은? [2점]

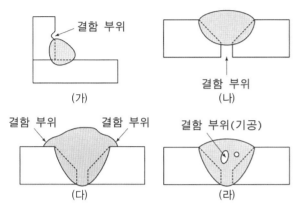

(가)

(나)

(다)

(라)

> ▶ 보기 ◀
>
> ㄱ. (가)는 용접전류가 너무 크거나, 용접속도가 너무 빠를 때 발생한다.
> ㄴ. (나)는 루트 간극이 크거나, 용접속도가 느릴 때 발생한다.
> ㄷ. (다)는 용접전류를 낮추고 용접속도를 느리게 하면 결함을 줄일 수 있다.
> ㄹ. (라)는 건조된 용접봉과 저수소계 용접봉을 사용하면 결함을 줄일 수 있다.

① ㄱ, ㄴ ② ㄱ, ㄹ
③ ㄴ, ㄷ ④ ㄴ, ㄹ
⑤ ㄷ, ㄹ

08

피복 아크 용접법으로 철판을 필렛용접(fillet welding)하였을 때, 그림과 같이 수직 철판의 용접부 ㉠ 부분에 나타난 오목한 형상의 결함은 무엇인지 쓰고, 그 결함의 원인을 3가지만 서술하시오. [5점]

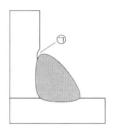

09 ⎯⎯⎯⎯⎯⎯⎯⎯⎯⎯⎯⎯⎯⎯• 2018년 기출

그림은 용접부에 나타날 수 있는 결함의 예를 보인 것이다. 다음 설명에서 괄호 안의 ㉠, ㉡ 각각에 공통으로 해당하는 결함의 명칭을 순서대로 쓰시오. [2점]

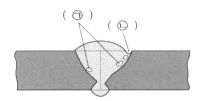

- (㉠)은/는 가스가 용융 상태에서 빠져나가지 못하고 남게 된 내부의 작은 공동부(空洞部)이며 여러 곳에 분산되어 나타난다.
- (㉡)은/는 용접 속도가 너무 빠른 경우에 용착 금속부와 모재부 사이에서 모재보다 낮게 홈이 파여진 것으로, 노치 효과를 생기게 하여 용접부의 강도를 떨어뜨린다.

10 ⎯⎯⎯⎯⎯⎯⎯⎯⎯⎯⎯⎯⎯⎯• 2019년 기출

다음은 불활성 가스 아크 용접의 2가지 방식에 대해 설명한 것이다. 괄호 안의 ㉠에 해당하는 명칭과 괄호 안의 ㉡에 해당하는 비철 금속 재료의 명칭을 순서대로 쓰시오. [2점]

- MIG 용접은 그림 (가)와 같이 연속적으로 공급되는 전극과 모재 사이에서 발생하는 아크열을 이용하는 방식이며 전극이 용가재가 된다.
- (㉠) 용접은 그림 (나)와 같이 고정된 (㉡) 전극과 모재 사이에서 발생하는 아크열을 이용하는 방식이며 용가재를 별도로 공급한다.
- 용극식인 MIG 용접은 후판 용접에 많이 사용되는 반면, 비용극식인 (㉠) 용접은 박판 용접에 주로 사용된다.

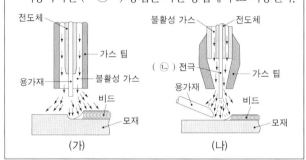

11 2020년 기출

그림 (가)는 용접의 한 종류를 나타낸 것이다. 회전하는 두 롤러 전극 사이에 모재를 겹쳐 놓고 가압하며 전류를 흘려서, 점 용접을 연속적으로 시행하는 방법이다. 이 용접법의 명칭과, 롤러전극이 가져야 할 전기적 특성 1가지를 각각 쓰시오. 그리고 그림 (나)와 같이 시간 $t(\text{s})$에 따라 용접부에 전류 $I(\text{A})$가 흘렀을 때, 〈조건〉을 고려하여 용접부의 총 발열량 $Q(\text{J})$를 구하고, 풀이 과정과 함께 쓰시오. [4점]

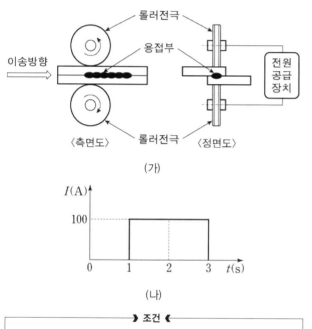

(가)

(나)

> ➤ 조건 ◀
> - 용접은 시간 $t = 1(\text{s})$부터 $t = 3(\text{s})$까지의 구간에서 수행된다.
> - 용접부의 저항은 $R = 1(\Omega)$로 일정하다고 가정한다.
> - 누설 전류는 없다고 가정한다.

12 2021년 기출

그림 (가)는 금속 전극봉에 유기물 또는 무기물 성분의 플럭스로 둘러싸인 용접봉을 사용하는 용접법을 나타낸 것이다. 플럭스가 응고된 것으로 용융금속을 덮어 공기를 차단하는 효과를 내는 ㉠의 명칭과, 이 용접법의 명칭을 순서대로 쓰시오. 그리고 그림 (나)와 같이 모재 양쪽 4곳이 동일하게 용접되었을 때, 〈조건〉을 고려하여 최대 하중 $P(\text{kg}_\text{f})$를 구하고, 풀이 과정과 함께 쓰시오. [4점]

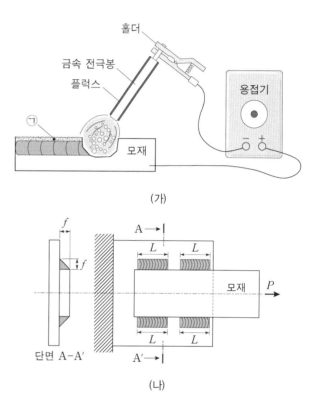

(가)

(나)

> ➤ 조건 ◀
> - 용접부의 허용 전단응력 $\tau_a = 10(\text{kg}_\text{f}/\text{mm}^2)$
> - 용접부 다리 길이 $f = 5\sqrt{2}(\text{mm})$, 용접 길이 $L = 50(\text{mm})$
> - 각 용접부 유효길이는 용접 길이와 동일하다.
> - 용접부 응력은 용접부의 목두께를 기준으로 계산한다.
> - 모든 용접부의 형상과 재료 특성은 동일하고 순수 전단응력만 받는다고 가정한다.
> - 주어진 조건 외에는 고려하지 않는다.

01 2014년 기출

미세 자유연마입자(free abrasives)를 사용하는 초음파가공(ultrasonic machining)으로 〈보기〉의 재료를 가공할 때, 가공성이 가장 우수한 재료가 무엇인지 쓰고, 그 이유를 연마입자와 공작물의 상호작용 중심으로 서술하시오. [5점]

> 보기 ◀

| 납 | 구리 | 유리 |

02 2012년 기출

정밀가공에 대한 설명으로 옳은 것만을 〈보기〉에서 있는 대로 고른 것은? [2점]

> 보기 ◀

ㄱ. 레이저가공은 재료 표면을 녹이거나 증발시켜 원하는 형상을 가공한다.

ㄴ. 와이어 방전가공은 팽팽하게 장력이 걸린 가는 와이어를 가공전극으로 사용한다.

ㄷ. 형조 방전가공은 전도성 전해액 속에서 공작물과 전극 사이에 방전을 발생시켜 금속 재료를 미량씩 용해시킨다.

ㄹ. 초음파가공은 초음파 혼(hone)이 공작물과 직접 접촉된 상태에서 증폭된 진동을 이용하여 공작물을 다듬질하는 가공법이다.

① ㄱ, ㄴ
② ㄱ, ㄹ
③ ㄴ, ㄷ
④ ㄱ, ㄷ, ㄹ
⑤ ㄴ, ㄷ, ㄹ

03

다음은 시안화구리도금에 관한 설명과 그림이다. 괄호 안의 ㉠, ㉡에 해당하는 내용을 순서대로 쓰시오. 그리고 음극에서의 반쪽 반응식을 쓰고, 양극에서 발생하는 현상을 설명하시오. [4점]

- 도금되는 총 면적 $10(dm^2)$에 흐른 전류가 $5(A)$일 때, 전류밀도 값은 (㉠   )(이)다.
- $NaOH$ 또는 KOH를 도금액에 첨가하여 (㉡   )을/를 조절하면 도금액의 전기전도도와 도금층의 균일 전착성을 향상시킬 수 있다.

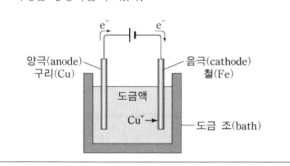

04

다음은 2가지 특수가공법에서 사용되는 가공액에 대한 설명이다. (가), (나)의 가공액을 사용하는 가공법의 명칭을 순서대로 쓰시오. [2점]

(가) ① 전위차가 충분히 높아질 때까지 공구와 공작물 간의 절연 상태를 유지한다.
　　 ② 공구와 공작물의 간극에서 가공칩을 제거한다.
　　 ③ 가공 중 발생하는 열을 냉각한다.

(나) ① 공구와 공작물 간에 전류를 운반하여 공작물에 양극 용해(anodic dissolution)가 발생하게 한다.
　　 ② 공작물의 표면에 불용해 생성물을 만들지 않아야 한다.
　　 ③ 염화나트륨 또는 질산나트륨 등을 포함한 전도성 용액이다.

01

2008년 기출

다음 〈보기〉는 CNC 선반 가공 프로그램의 일부이다. 가공 도면에서 바이트가 A점, B점에 있을 때 주축의 회전수 N_A, N_B를 구하고자 한다. 그 풀이 과정을 4줄 이내로 쓰고, N_A, N_B를 각각 쓰시오. (단, 주축의 회전수는 소수점 이하를 버리고 구한다.) [4점]

> ▶ 보기 ◀

O111

G28 U0.0 W0.0;

G50 X200. Z150. S1500 T0100;

G96 S150 M03;

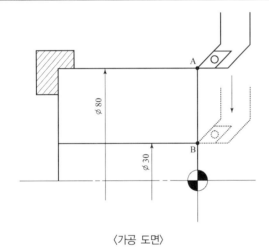

〈가공 도면〉

1-1

풀이 과정:

1-2

답: $N_A =$ _____ (rpm)

$N_B =$ _____ (rpm)

02

2010년 기출

CNC 선반으로 다음 도면과 같은 형상을 가공하려고 NC프로그램을 작성하였다. 프로그램의 내용에 대한 설명으로 옳은 것을 〈보기〉에서 모두 고른 것은? [2.5점]

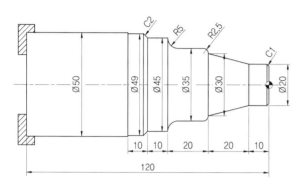

%	
O2009;	
N10	G28 U0.0 W0.0;
N20	T0100;
N30	G50 X200.0 Z200.0 S900;
N40	G96 S80 M03;
N50	G00 X54.0 Z10.0;
N60	G71 U1.0 R0.5;
N70	G71 P80 Q190 U0.5 W0.5 F0.2;
N80	G00 X-2.0;
N90	G01 Z0.0;
N100	X20.0 K-1.0;
N110	Z-10.0;
N120	X30.0 Z-30.0;
N130	G03 X35.0 Z-32.5 R2.5;
N140	G01 Z-45.0;
N150	G02 X45.0 Z-50.0 R5.0;
N160	G01 Z-60.0;
N170	X49.0 K-2.0;
N180	Z-70.0;
N190	X54.0;
N200	G70 P80 Q190 F0.1;
N210	G28 U0.0 W0.0;
N220	M05;
N230	M02;
%	

→ 보기 ←

ㄱ. N10 블록의 G28은 제3원점으로 복귀하라는 의미이다.

ㄴ. N30 블록의 S900은 주축 최고 회전수를 900rpm으로 지정하라는 의미이다.

ㄷ. N40 블록의 S80은 절삭 속도를 80m/min로 일정하게 제어하라는 의미이다.

ㄹ. N70 블록의 G71 코드는 내·외경 황삭가공 사이클이며, N200 블록의 G70은 정삭가공 사이클이다.

① ㄱ, ㄴ   ② ㄴ, ㄷ

③ ㄷ, ㄹ   ④ ㄱ, ㄴ, ㄹ

⑤ ㄴ, ㄷ, ㄹ

03

CNC선반을 이용하여 그림과 같은 형상을 화살표 방향으로 가공하기 위한 공구경로 프로그램의 일부이다. 프로그램 전 개로 볼 때, 〈보기〉에 주어진 지령이 수행되는 순서대로 옳게 배열한 것은? [1.5점]

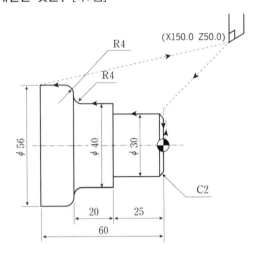

〈프로그램〉

O0001;

N10 G50 X150.0 Z50.0 S2000 T0200;

N20 G96 S160 M03;

N30 G00 X32.0 Z0.0 T0202 M08;

N40 G01 X-1.0 F0.05;

N50 G00 X22.0 Z2.0;

　　　　　… 〈중략〉 …

N120 G01 Z-60.0;

N130 G00 X150.0 Z50.0 T0200 M09;

N140 M05;

N150 M02;

▶ 보기 ◀

ㄱ. G01 X40.0;

ㄴ. G01 X30.0 Z-2.0;

ㄷ. G02 X48.0 W-4.0 R4.0;

ㄹ. G03 X56.0 W-4.0 R4.0;

① ㄱ-ㄴ-ㄹ-ㄷ　　② ㄱ-ㄷ-ㄴ-ㄹ

③ ㄴ-ㄱ-ㄷ-ㄹ　　④ ㄴ-ㄹ-ㄷ-ㄱ

⑤ ㄷ-ㄹ-ㄴ-ㄱ

04

그림은 CNC선반을 이용하여 〈조건〉에 따라 공작물을 화살표 방향으로 다듬질 가공하기 위한 공구경로를 나타낸 것이다. 다음 〈공구경로 프로그램〉에서 괄호 안의 ㉠, ㉡에 들어갈 명령문을 순서대로 쓰시오. 그리고 A점에서 B점까지의 바깥지름을 절삭할 때 소요되는 가공시간 $T_{AB}(\min)$를 구하고, 풀이 과정과 함께 쓰시오. (단, $\pi = 3$으로 계산한다.) [4점]

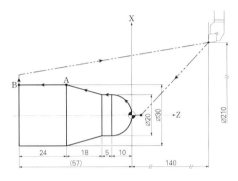

▶ 조건 ◀

- 좌표계 설정, 주축은 최고 $2,500(\mathrm{rpm})$으로 설정, 공구 선정
- 원주 속도 $90(\mathrm{m/min})$ 일정 제어, 주축 정회전
- 가공위치 직전까지 급속이송, 공구 우측 보정, 절삭유 공급
- 공작물에 접근, 이송속도 $0.2(\mathrm{mm/rev})$
- 원호 가공, 이송속도 $0.2(\mathrm{mm/rev})$
- 바깥지름 가공, 이송속도 $0.2(\mathrm{mm/rev})$
- 테이퍼 가공, 이송속도 $0.2(\mathrm{mm/rev})$
- 바깥지름 가공(A점 → B점), 이송속도 $0.2(\mathrm{mm/rev})$
- 공작물에서 공구 떨어짐
- 시작점으로 복귀, 공구 보정 취소, 절삭유 정지
- 주축 정지
- 프로그램 종료

〈공구경로 프로그램〉

N10 G50 X210.0 Z140.0 S2500 T0100;

N20 G96 S90 M03;

N30 G00 G42 X0 Z3.0 T0101 M08;

N40 G99 G01 Z0 F0.2;

N50 G03 (　　㉠　　);

N60 G01 W-5.0;

N70 (　　㉡　　);

N80 W-24.0;

N90 G00 X33.0;

N100 G40 X210.0 Z140.0 T0100 M09;

N110 M05;

N120 M02;

05

도면의 형상을 CNC 밀링에서 반시계 방향으로 외곽 가공하고자 한다. 프로그램을 〈보기〉와 같이 작성한다면 (가)~(마)에 들어갈 적절한 코드로 묶인 것은? (단, 공구직경은 10mm이다.) [2점]

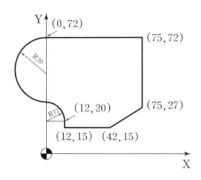

▶ 보기 ◀

```
N10 G80 G40 G49;
N20  (가)  G90 X0.0 Y0.0 Z200.0;
N30  (나)  G00 Z3.0 H01 S800 M03;
N40 G01 Z-5.0 F80;
N50  (다)  X12.0 Y15.0 D02 M08;
N60 X42.0;
N70 X75.0 Y27.0;
N80 Y72.0;
N90 X0.0;
N100 G03 X0.0 Y32.0  (라) ;
N110 G02 X12.0 Y20.0  (마) ;
N120 G01 Y15.0;
N130 Z3.0;
N140 G40 G00 X0.0 Y0.0 M09;
N150 G49 G00 Z200.0 M05;
N160 M02;
```

	(가)	(나)	(다)	(라)	(마)
①	G91	G45	G41	I-20.0	I12.0
②	G92	G43	G42	J-20.0	J-12.0
③	G92	G43	G42	J20.0	J12.0
④	G91	G45	G41	J20.0	I-12.0
⑤	G92	G43	G41	J20.0	I12.0

06

수치제어(NC) 공작기계에 대한 설명으로 옳은 것만을 〈보기〉에서 모두 고른 것은? [2점]

▶ 보기 ◀

ㄱ. NC선반 프로그래밍 시 원호가공에 사용되는 어드레스 I, K의 데이터는 각각 원호 시작점에서 원호 끝점까지의 X, Z축 증분값을 나타낸다.

ㄴ. NC프로그램에서 한 개의 지령단위를 블록(block)이라 하며, 블록은 워드(word)들로 구성되어 있고, 워드는 어드레스(address)와 데이터의 조합으로 구성된다.

ㄷ. NC 서보기구의 제어 방식 중 폐쇄회로(closed loop) 방식은 서보모터 축으로부터 속도를 검출하고, 기계의 테이블에서 위치를 검출하여 피드백(feedback)시키는 방식이다.

ㄹ. 잇수 30개인 서보모터 축 기어와 잇수 60개인 볼스크류 축기어가 맞물려 돌아가고, 볼스크류의 피치는 10mm일 때, 한 지령펄스에 의해 테이블을 0.05mm 이송하기 위한 서보모터의 회전각도는 1.8°이다.

① ㄱ, ㄴ   ② ㄱ, ㄹ

③ ㄴ, ㄷ   ④ ㄱ, ㄷ, ㄹ

⑤ ㄴ, ㄷ, ㄹ

PART
09

07

반폐루프(semi-closed loop) 방식으로 제어되는 공작기계 이송계의 규격을 표에 나타내었다. 테이블 최고 이송속도(mm/min), 이송계분해능(μm)으로 옳은 것은? (단, 서보 모터와 볼 스크루의 기어비는 1:1이다.) [2.5점]

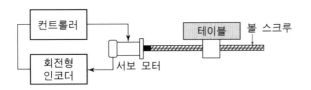

규격	
볼 스크루의 피치	5mm/rev
회전형 인코더의 정밀도	1,000pulse/rev
컨트롤러의 펄스 최고 발생 속도	10,000pulse/s

	테이블 최고 이송속도	이송계 분해능
①	2000	2
②	2000	5
③	3000	5
④	3000	10
⑤	5000	10

08

도면과 같은 제품을 가공할 수 있는 실습장을 조직하는 데 필요한 기계 및 기구로 옳은 것을 〈보기〉에서 모두 고른 것은? [2점]

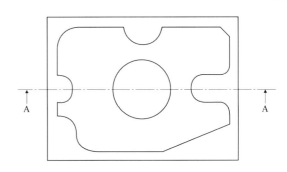

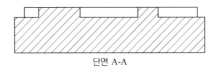

단면 A-A

> 보기 <

ㄱ. 호빙 머신
ㄴ. 머시닝 센터
ㄷ. 드릴 프레스
ㄹ. 압축공기 공급 장치
ㅁ. 콜릿(collet)과 콜릿 척(collet chuck)

① ㄱ, ㄴ, ㄷ   ② ㄱ, ㄷ, ㅁ
③ ㄴ, ㄷ, ㄹ   ④ ㄴ, ㄹ, ㅁ
⑤ ㄷ, ㄹ, ㅁ

09

아래 보기는 CAD/CAM 시스템을 이용하여 마우스 형상을 가공할 때의 공정 순서이다. 다음 물음에 답하시오. [5점]

마우스 도면 → 모델링(modelling) → C/L(cutter/location) 데이터 생성 → 포스트 프로세싱(post processing) → DNC(direct numerical control) 전송 → CNC(computer numerical control) 공작 기계 가공

9-1

모델링 방식을 3가지만 쓰시오. [3점]

①

②

③

9-2

C/L 데이터 생성에 대하여 설명하시오. [1점]

9-3

포스트 프로세싱에 대하여 설명하시오. [1점]

10

다음 글을 읽고 메커트로닉스의 주요 구성요소 중 '기계 가공 및 설계'를 제외한 나머지 3개만 쓰시오. [3점]

메커트로닉스(mechatronics)라는 용어는 기계 공학(mechanics)의 mecha와 전자 공학(electronics)의 tronics를 합성한 언어이고, 기계 공학과 전자 공학의 융합 기술(fusiont echnology)이다. 메커트로닉스는 자동화 시스템을 설계, 제작, 가공, 유지, 보수하기 위하여 기계나 전기·전자·정보에 관한 기술을 융합하여 종합적으로 적용하는 기술 또는 공학으로 정의한다.

- 기계 가공 및 설계(CAD/CAM)
-
-
-

01

2005년 기출

기계 가공 제품의 품질과 생산성 향상을 위해서는 숙련된 기술과 고정밀도를 가진 공작기계를 사용하는 것도 중요하지만, 정밀도가 높고 측정 대상에 적합한 측정기기를 선택하여 측정하는 것도 중요하다. 기계 가공에서 제품 검사에 사용하는 측정기기를 아래에 제시된 측정대상별로 3개씩 쓰시오. 단, 광학기기와 전자식 측정기기는 제외하시오. [2점]

1-1

바깥지름 및 길이 :

1-2

나사 :

02

2007년 기출

〈그림 A〉에서 외측 마이크로미터 구조 중 ⓐ, ⓑ, ⓒ, ⓓ의 명칭과, 〈그림 B〉에서 일반적으로 사용하는 최소 측정값 0.01mm인 마이크로미터의 측정값을 쓰시오. [3점]

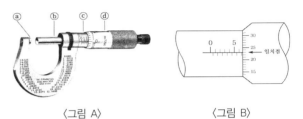

〈그림 A〉   〈그림 B〉

2-1

구조 명칭

ⓐ :

ⓑ :

ⓒ :

ⓓ :

2-2

측정값 :   (mm)

03

2011년 기출

측정에 대한 설명으로 옳은 것만을 〈보기〉에서 모두 고른 것은? [2점]

보기

ㄱ. 나사 마이크로미터 혹은 3침법을 이용하여 나사의 유효지름을 측정할 수 있다.
ㄴ. 정밀측정에서 반복 측정하여 평균값을 구하는 방법으로는 우연오차를 줄일 수 없다.
ㄷ. 정확도(accuracy)란 표준시편에 대한 반복 측정 시 측정값의 산포(흩어짐) 정도를 말한다.
ㄹ. 공기 마이크로미터(air micrometer), 옵티미터(optimeter), 미니미터(minimeter)는 비교측정기이다.

① ㄱ, ㄷ
② ㄱ, ㄹ
③ ㄴ, ㄷ
④ ㄱ, ㄷ, ㄹ
⑤ ㄴ, ㄷ, ㄹ

04

2009년 기출

측정기구에 대한 설명중 틀린 것은? [1.5점]

①	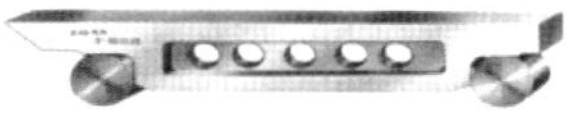 사인바	소형축의 외경 측정
②	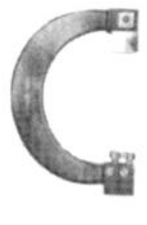 스냅게이지	축의 오차한계 검사
③	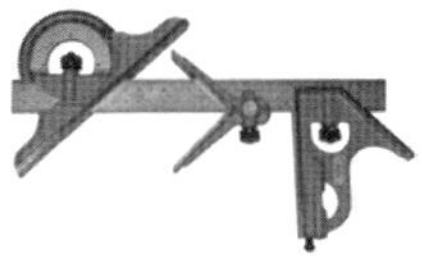 콤비네이션 세트	다양한 각도의 측정
④	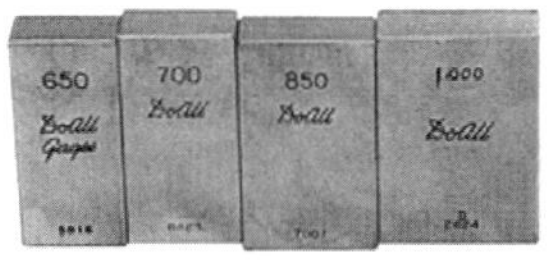 블록게이지	길이 측정의 기준(표준)을 정함
⑤	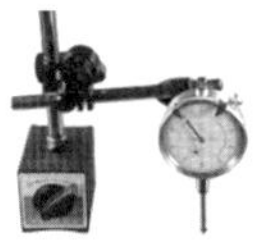 (마그네틱 스탠드와 결합된) 다이얼 게이지	전원도와 원통도의 측정

05 2012년 기출

정밀측정에 대한 설명으로 옳은 것만을 〈보기〉에서 있는 대로 고른 것은? [2점]

> ▶ 보기 ◀

ㄱ. 플러그게이지는 구멍 치수를 검사하는 데 사용되는 한계게이지이다.

ㄴ. 내측 마이크로미터는 아베(Abbe)의 원리에 어긋나 측정 오차를 발생시킨다.

ㄷ. 수십 개의 부품을 샘플링하여 측정한 데이터의 표준편차가 작을수록 정밀도가 높아진다.

ㄹ. V블록 위에 원통 제품을 올려놓고 회전시키면서 다이얼 게이지의 눈금 변화량이 0.1mm라고 할 때 진원도는 0.1mm이다.

① ㄱ, ㄷ   ② ㄴ, ㄹ

③ ㄷ, ㄹ   ④ ㄱ, ㄴ, ㄷ

⑤ ㄱ, ㄴ, ㄹ

06 2013년 기출

기계 가공된 공작물을 측정하는 방법으로 옳은 것만을 〈보기〉에서 있는 대로 고른 것은? [1.5점]

> ▶ 보기 ◀

ㄱ. 링 게이지(ring gage)를 사용하여 구멍 직경을 측정한다.

ㄴ. 블록 게이지(block gage)를 사용하여 가공면의 평면도를 측정한다.

ㄷ. 다이얼 게이지(dial gage)를 이용하여 원통 바깥면의 진원도를 측정한다.

ㄹ. 버니어 캘리퍼스(vernier calipers)를 이용하여 외곽 치수와 구멍 깊이를 측정한다.

① ㄱ, ㄴ   ② ㄴ, ㄹ

③ ㄷ, ㄹ   ④ ㄱ, ㄴ, ㄷ

⑤ ㄱ, ㄷ, ㄹ

07

( ) 안에 공통으로 들어갈 내용을 쓰시오. [2점]

- 촉침(stylus)식 표면측정기(surface profilometer)는 기계 가공된 국부 표면의 기하학적 형상뿐만 아니라 정량화된 다양한 수치 측정값을 제공한다. 대표적인 수치 측정값은 표면의 불규칙한 미세표면요철을 나타내는 표면거칠기(surface roughness)와 표면거칠기에 비해 파장이 긴 물결 모양의 반복적인 표면기복을 나타내는 ( )이/가 있다.
- 연삭작업 이후 공작물의 표면에 ( )이/가 나타나는 원인은 연삭숫돌의 불평형(unbalance), 연삭숫돌 및 공작물의 처짐, 안내면 오차, 연삭기에 가해지는 주기적인 열적·기계적 변동 등이다.

08

그림은 롤러의 중심 간 거리 L이 $200.00(\text{mm})$인 규격의 사인바(sine bar)를 이용하여 피측정물의 각도 α를 측정하는 모습니다. 게이지 블록의 높이 H를 $100.00(\text{mm})$로 하여 오른쪽 롤러를 그림과 같이 높였더니, 피측정물 윗면이 정반과 평행을 이루었다. 피측정물의 각도 $\alpha(°)$를 구하는 식과 계산 값을 쓰시오. [2점]

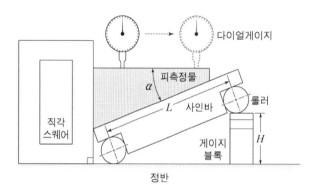

정영식
임용기계
기출문제집

10

기계재료

Chapter 01 재료의 분류 및 시험법

01

2020년 기출

다음은 어떤 기계적 성질을 평가하기 위한 재료 시험(test)에 관한 설명이다. 〈작성 방법〉에 따라 순서대로 서술하시오. [4점]

- 압입(indentation) 방식, 긁기(scratch) 방식, 반발(rebound) 방식(또는 충격 방식)으로 구분된다.
- 널리 사용되는 압입 방식의 표준화된 시험으로는 ㉠ 브리넬(Brinell)시험, ㉡ 로크웰(Rockwell)시험, 비커스(Vickers) 시험 등이 있다.
- ㉢ 시편 준비, 시행 및 결과 확인이 간단하고, 비용이 저렴하다.

작성 방법

- 이 재료 시험의 명칭을 쓸 것
- 밑줄 친 ㉠에서 사용하는 압입자의 형상을 쓸 것
- 밑줄 친 ㉠과 ㉡에서 압입 하중을 가하는 횟수의 차이점을 서술할 것
- 이 재료 시험이 많이 쓰이는 이유를 밑줄 친 ㉢을 제외하고 1가지 서술할 것

02

2008년 기출

경도측정은 재료의 기계적 성질을 알아보기 위한 시험이다. 다음 〈보기〉의 (가)~(라)에 적합한 용어나 설명을 각각 쓰시오. [4점]

보기

- 반발 높이로부터 경도를 구하는 방법을 사용하는 것은 [(가)] 경도시험기이다.
- Rockwell 경도시험기에 걸어주는 기준하중(예비하중)은 [(나)] $(\mathrm{kg_f})$이다.
- Brinell 경도를 구하는 식

$$\mathrm{HB} = \frac{P}{A} = \frac{P}{\pi Dh} = \frac{2P}{\pi D\left(D - \sqrt{D^2 - d^2}\right)}$$ 에서

기호 A는 압입 자국의 표면적(mm^2)을 표시하고, 기호 D는 [(다)] 을(를) 표시하며, 기호 d는 [(라)] 을(를) 표시한다.

03

그림은 표점거리 내의 지름이 $10mm$인 금속 봉재의 '공칭 응력-공칭 변형률 곡선'이다. 탄성구간의 직선 기울기는 이 금속의 어떤 기계적 특성을 나타내며, 곡선 상의 A, B, C 중 어느 점이 극한인장강도(UTS : ultimate tensile strength, 최대인장강도)를 나타내는지 쓰시오. 또한, C점에서의 파단부 지름이 6mm라고 가정할 경우, 이 금속의 단면감소율 (%)을 구하시오. [5점]

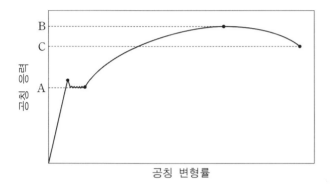

04

그림은 알루미늄 합금의 인장곡선에 대한 설명이다. 이에 대한 설명으로 옳은 것만을 〈보기〉에서 있는 대로 고른 것은?

[2.5점]

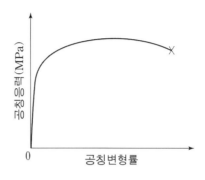

> ▶ 보기 ◀
>
> ㄱ. 항복강도는 경도 값과 상관관계가 없다.
> ㄴ. 최대인장강도에서 진변형률은 공칭변형률보다 작다.
> ㄷ. 넥킹(necking) 시작점에서 진응력은 공칭응력보다 크다.
> ㄹ. 최대 하중에서의 진변형률은 가공경화지수와 상관관계가 없다.

① ㄱ, ㄴ   ② ㄱ, ㄹ
③ ㄴ, ㄷ   ④ ㄱ, ㄷ, ㄹ
⑤ ㄴ, ㄷ, ㄹ

05

2010년 기출

재료 시험에 관련된 설명으로 옳지 않은 것은? [2.5점]

① 경도는 외력에 대한 재료 표면의 단단한 정도를 말한다.

② 크리프 시험(creep test)은 고온에서의 재료 변형에 대한 거동을 알기 위해 실시한다.

③ 인장 시험을 통해 얻어진 비철 재료의 응력-변형률 곡선에서 상항복점과 하항복점이 나타난다.

④ 비커스 경도 시험에서 경도값은 하중에 의해 생긴 압입 자국의 대각선 길이를 참조하여 결정된다.

⑤ 재료의 연신율은 시험편을 파단시킨 후 시험편을 붙여 측정한 표점 거리 l과 시험 전의 표점 거리 l_0의 차이를 l_0로 나눈 값의 백분율이다.

06

2002년 기출

산업 현장에서 생산하는 기계 부품을 채취하여 인장 시험을 하였더니 시험결과는 아래 표와 같았다. 이 결과를 이용하여 다음 물음에 답하시오. [4점]

측정 항목	측정값 (mm)	측정 항목	측정값 (kg_f)
시험편의 지름	10	최대하중	7850
시험 절단부의 지름	8	항복하중	4710
시험편의 원 표점 거리	50	파괴하중	6280
절단 후 표점 거리	58		

6-1

인장강도를 계산하시오. [2점]

• 계산식 :

• 답 :

6-2

연신율을 계산하시오. [2점]

• 계산식 :

• 답 :

07
2016년 기출

철강재료의 가공 방법을 재결정이 일어나는 온도를 기준으로 구분할 경우, 상온에서 가공하는 방법의 명칭을 쓰시오. 또한 이 방법으로 가공한 철강재료의 극한인장강도(UTS : ultimate tensile strength, 최대인장강도)와 연신율 변화를 가공 전과 비교하여 서술하시오. [4점]

08
2017년 기출

그림은 금속의 재료시험 장치 중 한 종류를 나타낸 것이다. 이 재료시험 장치의 명칭을 쓰고, 이 재료시험 장치를 이용해서 구할 수 있는 기계적 성질 1가지를 쓰시오. [2점]

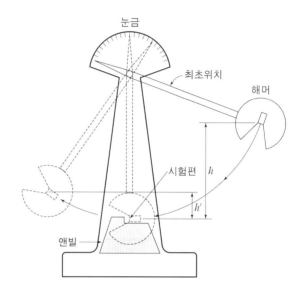

09

2021년 기출

그림은 재료의 기계적 성질을 평가하는 샤르피(Charpy) 충격시험을 나타낸 것이다. 시편이 파단되기 전 해머의 초기 각 $\alpha = 90°$이고, 파단된 후 해머가 올라간 각 $\beta = 60°$일 때, 〈조건〉을 고려하여 시편에 흡수된 에너지 $E(\text{J})$를 구하고, 풀이 과정과 함께 쓰시오. 그리고 시편의 샤르피 충격값 $E_c(\text{J}/\text{cm}^2)$를 구하고, 풀이 과정과 함께 쓰시오. [4점]

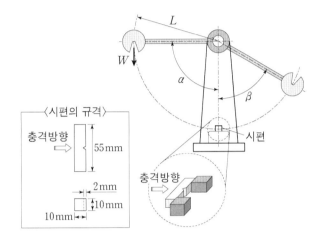

> **➤ 조건 ◀**
> - 해머의 무게 $W = 160(\text{N})$, 암의 길이 $L = 1(\text{m})$
> - 암의 무게는 무시하고, 해머의 무게중심은 해머가 이동하는 궤적상에 있다.
> - 샤르피 충격값은 단위 면적당 에너지 (J/cm^2)로 계산한다.
> - 회전부의 마찰 및 공기저항은 무시하며, 시편에 흡수된 에너지는 모두 시편 파단에 사용된다고 가정한다.
> - 주어진 조건 외에는 고려하지 않는다.

10

2007년 기출

샤르피(Charpy) 충격 시험에서는 철강재의 연성 – 취성 천이온도(ductile–brittle transition temperature)를 측정하기 위하여 극저온에서 상온 이상으로 시험편의 온도를 변화시키면서 충격 시험을 행한다. 이때 충격 흡수 에너지 측정에 의한 연성 – 취성 천이온도 판정 방법과, 파단면 관찰에 의한 연성 – 취성 천이온도 판정 방법에 대하여 각각 설명하시오. [2점]

10-1

충격 흡수 에너지법에 의한 연성–취성 천이온도 판정 방법 :

10-2

파단면 관찰법에 의한 연성–취성 천이온도 판정 방법 :

2019년 기출

11

그림은 어떤 철강 재료를 피로시험하여 얻은 $S-N$ 곡선의 예를 나타낸 것이다. 그래프에 표시된 기계적 성질 S_f의 명칭과 의미를 순서대로 쓰시오. 그리고 피로파괴(fatigue fracture)가 발생하는 하중 조건을 서술하시오. [4점]

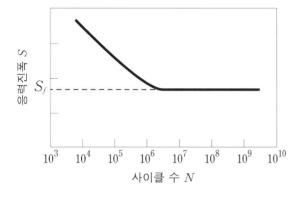

2019년 기출

12

재료의 피로(fatigue)와 관련된 〈보기〉의 설명 중 옳은 것을 고른 것은? [2점]

> **→ 보기 ←**
>
> ㄱ. 기계부품이나 구조물 등을 안전하게 사용하기 위해서는 사용응력이 허용응력보다 커야 한다.
> ㄴ. 강도설계 시 피로강도보다 항복강도를 기준으로 한다.
> ㄷ. 피로 시험기에는 회전굽힘, 인장압축 및 비틀림 피로 시험기 등이 있다.
> ㄹ. 피로한도는 $S-M$ 곡선으로 나타내는데, M은 평균강도를 의미한다.
> ㅁ. 피로강도에 영향을 미치는 인자로는 노치(notch), 치수(size), 표면거칠기(surface roughness) 등이 있다.

① ㄱ, ㄴ   ② ㄱ, ㄹ

③ ㄴ, ㄷ   ④ ㄷ, ㅁ

⑤ ㄹ, ㅁ

13

2015년 기출

다음은 파괴에 대한 설명이다. 괄호 안의 ㉠, ㉡에 해당하는 내용을 순서대로 쓰시오. [2점]

(㉠)은/는 금속재료가 파괴강도보다 낮은 응력을 반복적으로 받아 발생하는 파괴이며, 주로 반복응력을 받는 항공기, 교량 구조물, 기계 부품 등 금속 파괴의 대부분을 차지하고 있다. 이것은 외형적으로 큰 변형을 수반하지 않고 경고 없이 일어나므로 주의를 요하는 파괴이다. 이 파괴의 시험 결과는 일반적으로 (㉡) 곡선으로 나타낸다.

14

2003년 기출

금속 재료는 내력보다 작은 응력이라도 고온에서 장시간 작용하게 되면 소성 변형이 점차 진행된다. 다음 물음에 답하시오. [6점]

14-1

1단계 변형의 명칭을 쓰고, 그 현상을 간단히 설명하시오. [2점]

• 명칭 :

• 현상 :

14-2

2단계 변형의 명칭을 쓰고, 그 현상을 간단히 설명하시오. [2점]

• 명칭 :

• 현상 :

14-3

3단계 변형의 명칭을 쓰고, 그 현상을 간단히 설명하시오. [2점]

• 명칭 :

현상 :

02 철강재료

01

용광로(고로)에서 철광석을 제련할 때, 원광석으로는 주로 적철광(Fe_2O_3)을 사용하고 고체 연료 및 용제(flux)를 번갈아 용광로에 장입한다. 이때 주로 사용하는 고체 연료와 용제를 각각 1가지씩만 쓰시오.

고체 연료는 열풍로를 통하여 예열된 공기로 연소 되면서, 용광로 분위기를 $1600°C$ 정도의 고온으로 유지시킨다. 그리고 일산화탄소(CO) 가스가 생성되어 철광석과의 간접 환원반응에 의해 선철(pig iron)이 제조된다. 이때 철광석과의 간접 환원반응식을 쓰시오. [5점]

02

제철 용광로 조업시, 주요 장입 원료 3가지와 용광로 내에서 이 원료들의 변화와 역할을 각각 하나씩 쓰시오. [4점]

원료명	변화	역할
①		
②		
③		

2018년 기출

그림은 상온에서 철(Fe)이 갖는 결정 구조의 단위정(unit cell)을 나타낸 것이다. 상온에서 철이 갖는 결정 구조의 명칭을 쓰고, 단위정에 속하는 철 원자의 수를 구하고, 풀이 과정과 함께 쓰시오. 그리고 상온에서 이론적인 철의 밀도 $\rho(g/cm^3)$를 구하는 식을 풀이 과정과 함께 쓰시오. (단, a(cm)는 단위정의 모서리 길이, $w(g/mol)$는 철의 원자량, $N_A(mol^{-1})$는 아보가드로의수이다.) [5점]

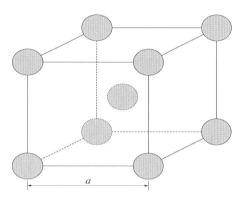

2006년 기출

순철은 동소변태(allotropic transformation)하는 재료이다. 상온 상태의 순철을 $1500°C$ 까지 가열한다고 가정하자. 이 가열에 의해 예상되는 변태점과 변태 전과 후의 조직의 상을 각각 표기하시오. [3점]

05

2013년 기출

순철에 대한 설명으로 옳은 것만을 〈보기〉에서 있는 대로 고른 것은? [2점]

> ▶ 보기 ◀
>
> ㄱ. α-철과 δ-철의 격자상수는 같다.
> ㄴ. 순철의 3가지 동소체는 α-철, γ-철과 δ-철이다.
> ㄷ. 1000°C 순철의 결정구조는 면심입방격자(FCC)이다.
> ㄹ. 큐리(Curie) 점은 α-철에서 γ-철로의 변태온도와 같다.

① ㄱ, ㄴ
② ㄱ, ㄹ
③ ㄴ, ㄷ
④ ㄱ, ㄷ, ㄹ
⑤ ㄴ, ㄷ, ㄹ

06

2014년 기출

그림은 어느 온도 구간에서 관찰되는 순철 격자상수 변화를 나타낸 것이다. A 및 B 온도 구간에 비해 온도 T 부근에서는 길이변화율이 크다. 이러한 순철의 특성을 고려할 때, A 온도 구간에서 원자의 배위수(coordination number)를 쓰시오. [2점]

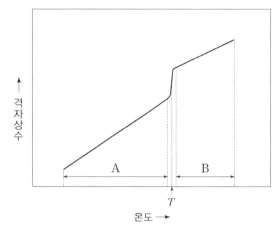

07

그림은 순철(Fe)을 25(℃)에서부터 서서히 가열할 때 온도에 따른 시편의 길이변형률을 나타낸 것이다. 온도 구간 A, C와는 달리 온도 구간 B에서는 길이변형률이 빠르게 감소한다. 이러한 순철의 특성을 고려할 때, 직선 PQ의 기울기가 의미하는 계수의 명칭과 온도 구간 C에서의 결정 구조를 각각 쓰시오. (단, 길이변형률은 '길이변형률'

$$= \frac{\text{시편의 길이변형량} \, \Delta l}{\text{초기 시편의 길이} \, l_o} \text{로 정의된다.})$$

[2점]

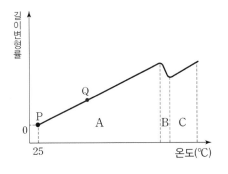

08

아래 그림은 Fe-C 상태도의 일부를 나타낸 것이다. 이 상태도에서 표시된 ①, ②, ③과 같은 탄소 함량의 강을 불림(Normalizing) 열처리를 하였을 때, 나타나는 각각의 조직명을 쓰시오. [4점]

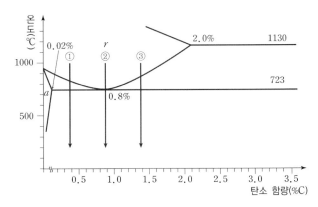

① [1점] :

② [2점] :

③ [1점] :

09

다음은 $Fe-C$ 상태도를 참고하여, 공석온도 $723°C$ 에서 ① 완전 풀림(어닐링)된 0.3wt%C 강 조직 내의 펄라이트 부피 분율과, ② 공석 0.8wt%C 강 펄라이트 조직 내의 페라이트 부피 분율은 각각 얼마인지 백분율(%)로 답하시오.

[2점]

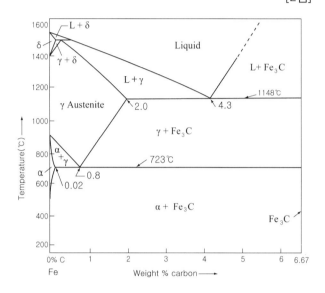

① 펄라이트의 부피 분율 :　　　　　　　　　　(%)

② 페라이트의 부피 분율 :　　　　　　　　　　(%)

10

그림은 $Fe-Fe_3C$ 평형 상태도(equilibrium phase diagram)이다. 다음 설명 중 옳은 것은? [2.5점]

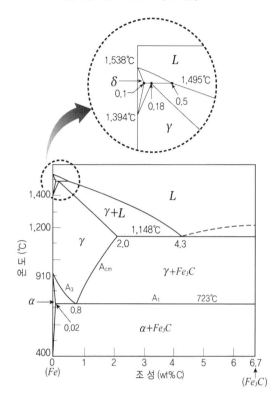

① $\gamma+L$ 영역에서의 자유도는 2이다.

② 순금속 Fe의 온도를 상온으로부터 $1100°C$ 까지 상승시키면, $910°C$ 에서 Fe의 결정 구조가 FCC에서 BCC로 변한다.

③ 0.18wt%C 합금은 $1495°C$ 에서 $\delta+L=\gamma$ 의 포정 반응이 일어나며, 이 반응에서 δ 의 조성은 0.1wt%이다.

④ 0.8wt%C 합금을 γ 영역으로부터 냉각시켜 $723°C$ 에서 공석 반응이 완료 되었을 때, $\alpha:Fe_3C$ 의 중량비는 약 11:89이다.

⑤ 0.4wt%C 합금을 γ 영역으로부터 $\gamma+\alpha$ 영역으로 냉각시키면, A_3 선과 만나는 온도에서 초석(proeutectoid) Fe_3C 가 석출되기 시작한다.

11

다음은 철−철탄화물($\mathrm{Fe-Fe_3C}$)의 상태도이다. $\alpha-\gamma$상 (phase)영역 내의 온도 $\mathrm{T}(\mathrm{°C})$와 조성 f(wt% 탄소)에서 α상과 γ상의 중량비를 각각 구하시오. 그리고 오스테나이트 (γ) 영역으로부터 서랭시켜 평형이 유지될 때 P, Q, R, S점 에서의 현미경 미세조직을 그린 후 상의 명칭을 구분하여 표시하고, 탄소 조성을 고려하여 P점과 Q점, Q점과 R점, R점과 S점에서의 미세조직 차이를 비교 설명하시오. (단, 미세조직 그림에 결함은 나타내지 마시오.) [25점]

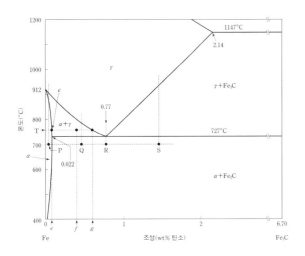

12

그림은 $\mathrm{Fe-Fe_3C}$의 평형 상태도를 나타낸 것이다. A영역의 고용체에서 모원자가 갖는 격자구조 명칭을 쓰시오. 그리고 이격자구조의 격자상수가 a이고 침입형 불순물 원자가 들어갈 수 있는 최대 반경이 r일 때, $\dfrac{r}{a}$값을 구하고, 풀이 과정과 함께 쓰시오. (단, 격자변형은 없다고 가정하고, $\sqrt{2}=1.4$로 계산한다.) [4점]

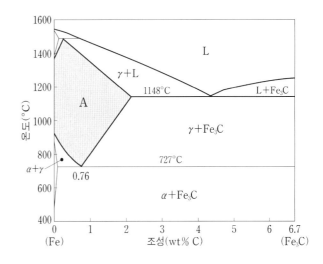

13

2015년 기출

공석 조성의 보통탄소강(공석강)을 $750°C$ 이상의 오스테나이트(γ-Fe) 영역에서 균질화 처리한 후 서서히 냉각시키면, 오스테나이트 상으로부터 공석 변태에 의하여 층상조직(lamellar structure)을 갖는 펄라이트(pearlite) 조직이 생성된다. 이때 층상조직을 구성하는 2가지 종류의 상을 쓰시오. [2점]

14

2007년 기출

탈산도에 따라 강괴를 분류하였다. ①, ②에 해당하는 강괴를 쓰고, 화학적 캡트강 제조 시 리밍 작용(rimming action)을 억제하기 위한 방법을 ③에 쓰시오. [3점]

강피의 분류	탈산	강괴의 성질
림드(rimmed)강	탈산하지 않거나 약간 탈산	• 편석이 많음. 분괴 회수율이 높음. 가공성이 양호함 • 내부에 기포 많음. 수축관 작고 표면 깨끗함
캡트(capped)강	탈산하지 않거나 약간 탈산	• 기계적 캡트강 – 용강 주입 후 뚜껑을 덮어 리밍 작용을 억제함 • 화학적 캡트강 – 용강 주입 후 (③) 처리하여 리밍 작용을 억제함 • 림드강에 비해 중심부 편석이 적음
①	중정도 탈산 (약하게 탈산) 탈산제로서는 Si가 바람직함	• 주형 내에서 C와 O의 반응이 약하게 일어남 • 파이프 양이 적고 강괴 실수율이 좋음
②	Fe－Si, Al 등의 탈산제 사용하여 강제 탈산 (완전 탈산)	• 기초가 거의 없음. 실수율이 낮아서 비싸고, 편석 적음 • 주형 상부에 압탕 틀 설치 또는 하주식 수냉 압탕법 사용함

①

②

③

PART 10

15

2006년 기출

철강 재료 중 주철은 일반 강과 상이한 특성을 지니고 있다. 주철의 특징을 3가지 기술하시오. [3점]

-
-
-

16

2012년 기출

그림은 탄소(C)와 규소(Si)의 함유량에 따른 주철의 조직 관계를 나타낸 마우러(Maurer) 조직도이다. (가)와 (나)영 역에 해당하는 주철의 설명으로 옳은 것을 〈보기〉에서 고른 것은? [2.5점]

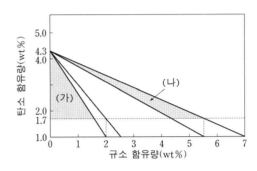

▶ 보기 ◀

ㄱ. (가)는 백주철이고, (나)는 회주철이다.

ㄴ. (가)를 열처리하여 가단주철로 만들 수 있다.

ㄷ. (나)는 (가)보다 브리넬 경도(Brinell hardness) 값 이 크다.

ㄹ. (나)는 압축력보다 인장력이 크게 작용하는 기계 몸 체에 사용한다.

① ㄱ, ㄴ   ② ㄱ, ㄹ

③ ㄴ, ㄷ   ④ ㄴ, ㄹ

⑤ ㄷ, ㄹ

17

다음이 설명하고 있는 재료는? [1.5점]

> • 대표적인 조성은 Fe-36wt%Ni이다.
> • 상온 열팽창계수가 낮아 TV의 섀도 마스크(shadow mask) 등에 사용된다.

① 인바합금(invar alloy)

② 제진합금(damping alloy)

③ 초전도체(superconductor)

④ 초소성합금(super plastic alloy)

⑤ 형상기억합금(shape-memory alloy)

18

다음은 철강에 포함되어 있는 합금원소에 관한 내용이다. ①, ②, ③, ④에 들어갈 적절한 내용을 쓰시오. [4점]

사례	합금 원소	합금원소의 역할	구체적인 기구 (메커니즘)
담금질한 탄소강	①	합금원소 중 마텐자이트(matensite) 강도 증가에 가장 큰 기여	급랭(急冷)으로 인한 격자 내 과포화, 마텐자이트 고용강화(固溶強化)
고속도강	②	500 ~ 600 °C 정도의 고온에서 강도 유지	③
내식용 스테인리 스강	Cr	12% 이상 첨가 시 내식성에 기여	④

① 합금원소 1가지:

② C, Cr, V, Co 이외의 중요한 합금원소 1가지:

③ 구체적인 기구(메커니즘):

④ 구체적인 기구(메커니즘):

PART

10

19

상용 스테인리스강의 미세조직, 조성 및 특징에 관한 설명 중 옳지 않은 것은? [1.5점]

① ferrite계는 Fe－Cr계로 담금질(quenching) 시 약간의 경화를 일으키며, martensite계에 비해 탄소함량이 적다.

② martensite계는 Fe－Cr계를 기본으로 하고 자성을 가지며, 열처리에 의해 경해지는 성질이 있다.

③ austenite계는 Fe－Cr－Ni계로 자성을 가지며, 열처리에 의해 경해지는 성질이 있다.

④ austenite와 ferrite의 혼합계는 Fe－Cr－Ni계로 자성을 가지며, 열처리에 의해 거의 경화되지 않는다.

⑤ 석출경화형계는 Fe－Cr－Ni계로 석출경화를 위해 Cu, Al 및 Ti 등을 첨가한 것이다.

20

표면 경화법과 관련된 설명 중 옳지 않은 것은? [2점]

① 일반적으로 질화처리(nitriding)는 변형이 적은 표면 경화법으로 이용된다.

② 산소아세틸렌 불꽃을 이용하여 강을 가열한 후, 서서히 식히면 표면경화가 잘 이루어진다.

③ 화학적인 표면경화법으로 고체 침탄법 등이 있으며, 강재부품을 경화시킬 때 많이 사용된다.

④ 금속재료 표면에 주철이나 강철의 작은 입자를 고속으로 분사시켜 표면층을 가공경화 시키는 방법을 쇼트피닝(shot peening)이라 한다.

⑤ 금속침투법(metallic cementation)은 금속의 표면경화법 중 하나이다.

21

고탄소강을 담금질(quenching)할 경우, 잔류 오스테나이트(retained aust enite)가 많이 존재할 경우가 발생한다. 이것을 마르텐사이트(martensite)로 변태시키기 위하여 심랭처리(sub-zero treatment)를 행한다. 그 방법과 효과를 설명하시오. [3점]

• 방법 :

• 효과 :

22

냉간 가공한 탄소강을 어느 온도 구간에서 가열하면 냉간 가공에 의해 증가된 경도 및 강도는 점차 저하하고, 연성이 증가한다. 이와 같이 가열에 의해 기계적 성질이 냉간 가공 전과 유사한 상태로 되돌아가는 과정을 두 단계로 구분하고, 각 단계의 명칭과 현상을 서술하시오. [4점]

23

다음은 철강재료를 표면경화 처리하는 목적을 기술한 것이다. 괄호 안의 ㉠, ㉡에 해당하는 내용을 순서대로 쓰고, 강을 표면 경화 처리하는 방법 2가지를 쓰시오. [4점]

> 강 부품의 표면을 경화하여 (㉠), 내식성, 내열성을 부여하게 되고, 소재 내부는 강 고유의 (㉡)을/를 유지하여 파손되지 않도록 한다.

24

강 부품의 표면을 경화하는 방법에는 여러 가지가 있다. 표면경화법 중에서 금속침투법(metallic cementation)의 종류를 3가지만 쓰시오. [3점]

03 비철금속

www.pmg.co.kr

2019년 기출

01

다음은 어떤 원소의 특성과 용도에 관한 설명이다. 〈작성 방법〉에 따라 서술하시오. [4점]

- 금속성 또는 비금속성을 나타내는 동소체(allotrope)들을 가지며, 약 13℃에서 동소 변태(allotropic transformation)한다.
- 납과 혼합되어 합금을 이루며, 이 합금은 ㉠ 땜납(solder)으로 쓰인다.
- 캔(can)을 만드는 데 필요한 재료 중의 하나로서 ㉡ 강판의 표면에 도금된 형태로 사용된다.

▶ 작성 방법 ◀

- 이 원소의 명칭을 제시할 것
- 이 원소와 납의 합금을 밑줄 친 ㉠과 같이 땜납으로 쓸 수 있는 이유를 1가지 서술할 것
- 밑줄 친 ㉡과 같이 강판의 표면에 이 원소를 도금하는 이유를 1가지 서술할 것

2005년 기출

02

비철 재료인 황동은 일반적으로 2가지로 분류된다. 이 2가지 황동을 분류하고, 각 황동의 특징을 설명하시오. [3점]

- 분류 :

- 특징 :

03 2018년 기출

다음은 황동석(chalcopyrite)으로부터 조동(blister copper)을 생산하는 공정에 대한 설명이다. 괄호 안의 ㉠, ㉡에 해당하는 물질을 순서대로 쓰시오. [2점]

- 황동석을 선광하고 제련하여 구리, 황 및 (㉠)이/가 주성분인 매트(matte)를 얻는다.
- 용융 상태인 매트에 (㉡)을/를 불어넣었을 때 발생하는 화학 반응을 이용하여 구리의 순도가 약 98(%)인 조동을 얻는다.

04 2017년 기출

다음은 2024-T 합금에 관한 설명이다. 괄호 안의 ㉠, ㉡에 해당하는 내용을 쓰시오. [2점]

- 이 합금은 미국 알루미늄 협회(AA : Aluminum Association)에서 분류한 가공재 알루미늄 합금이다.
- 이 합금에는 알루미늄 기지(base/matrix)에 (㉠)이/가 가장 많이 첨가되어 있다.
- 이 합금 명칭에 표기한 T가 의미하는 것은 (㉡)이다.

05

마그네슘(Mg)과 알루미늄(Al)에 대한 설명 중 옳은 것만을 〈보기〉에서 있는 대로 고른 것은? [2점]

> **▶ 보기 ◀**
>
> ㄱ. 마그네슘의 밀도는 알루미늄의 밀도보다 높다.
> ㄴ. 마그네슘의 상온 성형성은 알루미늄의 상온 성형성보다 좋지 않다.
> ㄷ. 마그네슘의 결정구조는 조밀육방격자(HCP)이고 알루미늄의 결정구조는 면심입방격자(FCC)이다.

① ㄱ ② ㄴ
③ ㄱ, ㄷ ④ ㄴ, ㄷ
⑤ ㄱ, ㄴ, ㄷ

06

티타늄(Ti) 및 티타늄 합금의 특성에 대한 설명으로 옳은 것을 〈보기〉에서 고른 것은? [2점]

> **▶ 보기 ◀**
>
> ㄱ. 티타늄은 융점이 높지만, 화학적으로 안정하여 용해 및 주조가 용이하다.
> ㄴ. 티타늄은 알루미늄보다 무겁고, 강(steel)보다 강도는 낮기 때문에 비강도가 낮다.
> ㄷ. 티타늄은 상온에서 체심입방격자(BCC)의 상이고, 883°C에서 조밀육방격자(HCP)의 상으로 동소변태한다.
> ㄹ. 티타늄 및 티타늄 합금은 내식성이 우수하고 가볍기 때문에 우주 항공 구조용, 화학 공업용 및 생체 재료로 활용된다.
> ㅁ. Ti-Ni 합금은 대표적인 형상기억 합금이며, 마르텐사이트(martensite) 변태에 의하여 형상기억 특성과 초탄성 특성을 갖는다.

① ㄱ, ㄴ ② ㄱ, ㄹ
③ ㄴ, ㄷ ④ ㄷ, ㅁ
⑤ ㄹ, ㅁ

07

신소재는 신소재 기능 재료와 신소재 구조 재료가 있다. 신소재 기능 재료 중 비정질 재료(amorphous material)의 정의와 특성을 간단히 설명하시오. [2점]

• 정의 :

• 특성 :

08

다음은 비정질금속(amorphous metal)을 설명한 것이다. 괄호 안의 ㉠, ㉡에 해당하는 용어를 순서대로 쓰고, 일반적으로 비정질금속이 고내식성을 갖는 이유를 서술하시오. [4점]

• 장범위(long-range)에 걸친 원자 배열의 (㉠)이/가 없기 때문에 금속유리(metallic glass)로 불리기도 한다.
• 다결정금속(polycrystalline metal)과 차별되는 고강도 또는 고내식성과 같은 독특한 성질을 가지며, 인장강도나 연신율 등이 결정 방향에 따라 좌우되는 성질인 (㉡)을/를 가지지 않는다.

정영식
임용기계
기출문제집

11

2020~2024 기출문제

01

다음은 2가지 특수가공법에서 사용되는 가공액에 대한 설명이다. (가), (나)의 가공액을 사용하는 가공법의 명칭을 순서대로 쓰시오. [2점]

(가) ① 전위차가 충분히 높아질 때까지 공구와 공작물 간의 절연 상태를 유지한다.
② 공구와 공작물의 간극에서 가공칩을 제거한다.
③ 가공 중 발생하는 열을 냉각한다.
(나) ① 공구와 공작물 간에 전류를 운반하여 공작물에 양극 용해(anodic dissolution)가 발생하게 한다.
② 공작물의 표면에 불용해 생성물을 만들지 않아야 한다.
③ 염화나트륨 또는 질산나트륨 등을 포함한 전도성 용액이다.

02

그림은 순철(Fe)을 25(℃)에서부터 서서히 가열할 때 온도에 따른 시편의 길이변형률을 나타낸 것이다. 온도 구간 A, C와는 달리 온도 구간 B에서는 길이변형률이 빠르게 감소한다. 이러한 순철의 특성을 고려할 때, 직선 PQ의 기울기가 의미하는 계수의 명칭과 온도 구간 C에서의 결정 구조를 각각 쓰시오. (단, 길이변형률은 '길이변형률'

$= \dfrac{\text{시편의 길이변형량} \, \Delta l}{\text{초기 시편의 길이} \, l_o}$ 로 정의된다.) [2점]

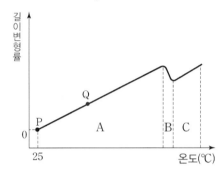

03

다음은 어떤 유체의 특징에 관한 교사와 학생 간의 대화 내용이다. 괄호 안의 ㉠, ㉡에 해당하는 명칭을 순서대로 쓰시오. [2점]

- 김 교사 : 유체층의 전단응력이 전단변형률의 시간당 변화(rate of shearing strain)에 선형적으로 비례하는 특징을 가진 유체들을 무엇이라고 부릅니까?
- 학생 : (㉠)(이)라고 합니다. 전단변형률의 시간당 변화는 유체의 속도구배(velocity gradient)와도 같습니다.
- 김 교사 : 그러면 선형적으로 비례하는 관계를 나타내는 계수를 무엇이라고 부릅니까?
- 학생 : (㉡)(이)라고 합니다.
- 김 교사 : 내용을 잘 알고 있군요. 이러한 (㉠)의 예로는 물, 공기, 휘발유 등이 있습니다.

04

그림과 같이 2개의 강판이 1줄 겹치기 리벳이음으로 체결되어 있다. 강판에 분포하중 $w = 10(\mathrm{kg_f/mm})$이 작용할 때, 〈조건〉을 고려하여 리벳에 발생하는 전단응력 $\tau(\mathrm{kg_f/mm^2})$와 체결 부위에서 강판에 발생하는 최대인장응력 $\sigma(\mathrm{kg_f/mm^2})$를 각각 구하고, 풀이과정과 함께 쓰시오. [4점]

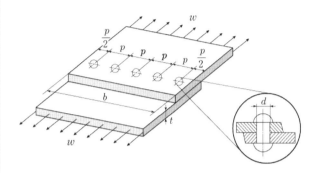

→ 조건 ←

- 강판 폭 $b = 600(\mathrm{mm})$, 강판 두께 $t = 10(\mathrm{mm})$, 리벳 지름 $d = 10(\mathrm{mm})$, 리벳 개수 $n = 5$이다.
- p는 리벳의 피치이고, π는 3으로 계산한다.
- 하중으로 인한 굽힘 효과는 고려하지 않고, 각 리벳에 걸리는 전단응력은 동일하다.
- 두 강판의 폭과 두께는 동일하다.
- 응력분포는 균일하고, 접촉면의 마찰은 무시한다.
- 주어진 조건 외에는 고려하지 않는다.

PART

11

05

그림 (가)는 원통 형상의 공작물을 외면 선삭하여 길이 L (mm), 직경 D(mm)로 제작하는 과정을 나타낸 것이다. 공구수명 T(min)와 절삭속도 V(m/min)가 그림 (나)와 같은 관계를 가질 때, 공구수명식을 쓰시오. 그리고 이 공구수명식과 〈조건〉을 고려하여, T를 L, D, f_r, n, K, π를 이용하여 나타내고, 풀이 과정과 함께 쓰시오. [4점]

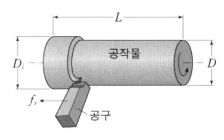

(가) 외면선삭

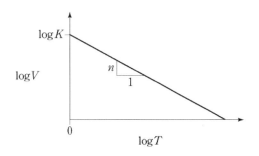

(나) 공구수명과 절삭속도 간의 관계

> ▶ 조건 ◀
- 이송속도 : f_r(mm/rev)
- 절삭깊이 : $\dfrac{D_i - D}{2}$(mm)(D_i는 절삭 전 초기직경이다.)
- 분당 주축회전수 : N(rpm)
- n, K : 공구수명식에 사용되는 상수
- 절삭속도 V를 계산할 때 기준이 되는 직경은 공작물의 최종 직경 D를 사용한다.
- 이 공구의 수명은 공구가 공작물을 절삭하는 시간과 동일하다고 가정한다.
- 주어진 조건 외에는 고려하지 않는다.

06

그림과 같이 길이가 L이고 단면적이 A인 균일한 재질의 원기둥 시편에 길이 방향으로 인장하중 P가 작용하여 길이 변형량 δ가 발생하였다. 〈조건〉을 고려하여 이 시편의 길이 변형률 ϵ과 탄성계수(Young's modulus) E(N/m²)를 각각 구하고, 풀이 과정과 함께 쓰시오. [4점]

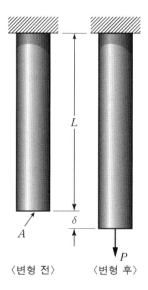

〈변형 전〉   〈변형 후〉

> ▶ 조건 ◀
- 단면적 $A = 3.0 \times 10^{-4}$(m²), 길이 $L = 0.1$(m), 길이변형량 $\delta = 1.0 \times 10^{-4}$(m), 인장하중 $P = 45$ (kN)이다.
- 변형은 비례한도 내에 있고, 자중과 단면적의 변화는 고려하지 않는다.
- 변형률은 공칭변형률(nominal strain) 또는 공학변형률(engineering strain)을 의미한다.
- 인장하중 P는 단면적 A에 수직으로 작용한다.

07

그림은 지름 $D(\mathrm{m})$인 원판 브레이크(disk brake)의 작동을 나타낸 것이다. 레버 ABC의 점 C에서 레버 조작력 F(N)가 수직 방향으로 가해지면 힌지(hinge) 점 A를 통해 수평력이 원판 브레이크에 작용한다. 점 A에서의 수평력은 회전체에 수직으로 작용하는 하중을 만든다. 〈조건〉을 고려하여 레버 조작력 $F(\mathrm{N})$와 제동 토크 $T(\mathrm{N} \cdot \mathrm{m})$를 각각 구하고, 풀이 과정과 함께 쓰시오. [4점]

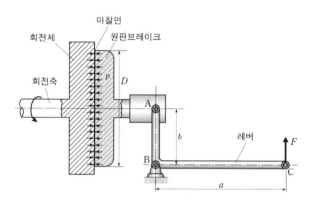

→ 조건 ←

• 레버 치수 a, b의 단위는 m이다.
• 원판 브레이크와 회전체의 접촉에 의해 균일한 압력 $p(\mathrm{N/m^2})$가 작용하는 마찰면이 형성된다고 가정한다.
• 마찰면의 마찰계수는 μ이고, 마찰면은 원판 브레이크와 동일한 지름 D의 원판형이다.
• 회전체는 회전축에 고정되어 같이 회전하며, 원판 브레이크는 회전하지 않는다.
• 제동 토크 T는 마찰면의 마찰력에 의해 발생하는 토크이다.
• 조작력 F는 p, a, b, D, π를 이용하여 나타내고, 제동 토크 T는 F, a, b, D, μ를 이용하여 나타낸다.
• 주어진 조건 외에는 고려하지 않는다.

08

그림 (가)는 하이브리드 자동차의 엔진과 모터의 구동방식을 나타낸 것이다. 그림 (나)와 같이 엔진 축 ①과 모터 축 ②가 각각 분당 회전수 2,000(rpm)으로 동일한 방향으로 동시에 구동할 때, 〈조건〉을 고려하여 변속기 축 ③의 분당 회전수 $N(\mathrm{rpm})$을 구하고, 풀이 과정과 함께 쓰시오. 이때 변속기 축 ③의 토크는 엔진 축 ①에 걸리는 토크의 몇 배가 되는지 구하고, 풀이 과정과 함께 쓰시오. [4점]

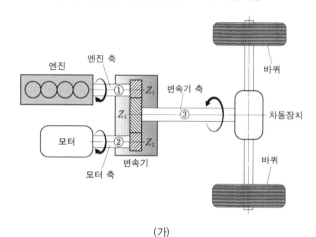

(가)

(나)

→ 조건 ←

• 엔진 축 기어 잇수: $Z_1 = 15$
• 모터 축 기어 잇수: $Z_2 = 15$
• 변속기 축 기어 잇수: $Z_3 = 30$
• 엔진 축과 모터 축은 분당 회전수 2,000(rpm)으로 동시에 구동되며, 이때 엔진 출력은 모터 출력의 2배이다.
• 기어는 그림 (나)와 같이 맞물려 있고, 마찰 손실은 없다고 가정한다.
• 주어진 조건 외에는 고려하지 않는다.

09

그림의 회로에서 전류 $I_1(\mathrm{A})$, $I_2(\mathrm{A})$를 각각 구하고, 풀이 과정과 함께 쓰시오. (단, V_1, V_2는 전지 전압이며, R_1, R_2, R_3은 저항이고, 전지의 내부 저항과 도선의 저항은 무시한다.) [4점]

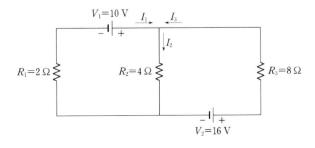

10

다음은 자동차 제동 이론과 제동 장치에 관한 설명이다. 괄호 안의 ㉠, ㉡에 해당하는 용어를 순서대로 쓰시오. [2점]

- 제동 이론에서 차량속도와 바퀴속도(바퀴의 외주속도)의 차이를 차량속도로 나누어 백분율로 표시한 것을 (㉠)(이)라 한다.

  $$(㉠) = \frac{\text{차량속도} - \text{바퀴속도}}{\text{차량속도}} \times 100(\%)$$

- 급제동으로 인해 차량 자세가 흐트러지고 조향이 어렵게 되는 경우, 바퀴의 회전속도를 감지하여 브레이크의 잠김과 풀림을 반복함으로써 바퀴의 제동력을 실시간 제어해 주는 장치를 (㉡) (이)라 한다.

11

그림은 귀환제어(feedback control) 시스템을 나타낸 것이다. 라플라스(Laplace) 변환으로 나타낸 입력 $X(s)$에 대한 출력 $Y(s)$의 비 $G(s) = \dfrac{Y(s)}{X(s)}$ 를 구하고, 풀이 과정과 함께 쓰시오. 그리고 시간 영역에서의 입력 $x(t)$가 단위계단(unit step) 함수일 때 출력 $Y(s)$를 구하고, 풀이 과정과 함께 쓰시오. (단, s는 라플라스 변수이며, 단위계단 함수는 시간 $t > 0$에 대하여 $u(t) = 1$로 주어진다.) [4점]

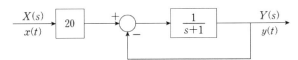

12

그림은 점 B에서 모멘트 $M_0(\text{N} \cdot \text{m})$을 받는 길이 $L(\text{m})$의 단순 지지보(simply supported beam) AB를 나타낸 것이다. 〈조건〉을 고려하여 점 A로부터 x만큼 떨어진 위치에서 보의 처짐(deflection) $y(x)$와 기울기 $a(x) = \dfrac{dy(x)}{dx}$를 각각 x, M_o, E, I, L을 이용하여 나타내고, 풀이 과정과 함께 쓰시오. [4점]

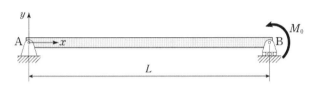

> ➤ 조건 ◀
> • 보는 비례한도 내에서 변형하고, 자중에 의한 영향은 무시한다.
> • 모멘트 $M_o (> 0)$은 반시계방향으로 작용한다.
> • x, $y(x)$의 단위는 m 이다.
> • $I(\text{m}^4)$는 보 단면의 중립축에 대한 단면 2차 모멘트 $E(\text{Pa})$는 탄성계수(Young's modulus)이다.
> • 주어진 조건 외에는 고려하지 않는다.

13

그림은 경로 A를 따라 팽창하는 이상 기체와 경로 B를 따라 팽창하는 이상 기체의 $P-V$(압력 - 부피) 선도를 나타낸 것이다. 〈조건〉을 고려하여 이상 기체의 압력 $P_f(\text{bar})$와 부피 $V_f(\text{m}^3)$를 각각 구하고, 풀이 과정과 함께 쓰시오. [4점]

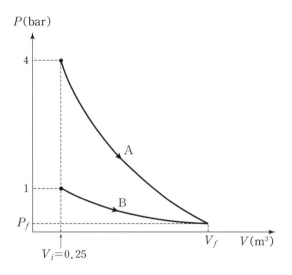

> ➤ 조건 ◀
> • 경로 A를 따라 이상 기체는 부피 V_i에서 V_f까지 가역단열 팽창(reversible adiabatic expansion)한다.
> • 경로 B를 따라 이상 기체는 부피 V_i에서 V_f까지 가역등온 팽창(reversible isothermal expansion)한다.
> • 이상 기체의 정적몰비열(molar specific heat at constant volume) C_V와 정압몰비열(molar specific heat at constant pressure) C_P는 각각 $C_V = \dfrac{3}{2}R$, $C_P = \dfrac{5}{2}R$로 계산한다.
> • R은 기체 상수(molar gas constant)이다.

14

다음은 어떤 기계적 성질을 평가하기 위한 재료 시험(test)에 관한 설명이다. 〈작성 방법〉에 따라 순서대로 서술하시오. [4점]

- 압입(indentation) 방식, 긁기(scratch) 방식, 반발(rebound) 방식(또는 충격 방식)으로 구분된다.
- 널리 사용되는 압입 방식의 표준화된 시험으로는 ㉠ 브리넬(Brinell)시험, ㉡ 로크웰(Rockwell)시험, 비커스(Vickers) 시험 등이 있다.
- ㉢ 시편 준비, 시행 및 결과 확인이 간단하고, 비용이 저렴하다.

▶ 작성 방법 ◀

- 이 재료 시험의 명칭을 쓸 것
- 밑줄 친 ㉠에서 사용하는 압입자의 형상을 쓸 것
- 밑줄 친 ㉠과 ㉡에서 압입 하중을 가하는 횟수의 차이점을 서술할 것
- 이 재료 시험이 많이 쓰이는 이유를 밑줄 친 ㉢을 제외하고 1가지 서술할 것

15

그림은 U자형 사이펀(siphon) 관을 통해 수조 A에서 수조 B로 물이 이동하고 있는 모습을 나타내고 있다. 〈조건〉을 고려하여, 그림과 같이 토출구에서 유출되는 순간에 물의 유속 $V(\mathrm{m/s})$를 구하고, 풀이 과정과 함께 쓰시오. 그리고 이때, 토출구에서 유출되는 물에 의한 힘 $F(\mathrm{N})$를 구하고, 풀이 과정과 함께 쓰시오. [4점]

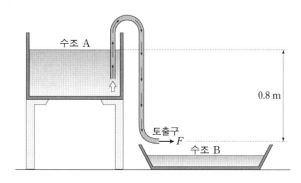

▶ 조건 ◀

- 중력 가속도 $g = 10(\mathrm{m/s^2})$, 물의 밀도 $\rho = 1,000$ $(\mathrm{kg/m^3})$, 관의 단면적 $S = 0.1(\mathrm{m^2})$이다.
- 물은 비압축성(incompressible)이고, 유동은 정상 상태(steady state)이며, 관의 내부 마찰은 무시한다.
- 대기압에 의한 효과는 무시한다.
- 수조 A는 충분히 크기 때문에 수면의 높이 변화는 무시한다.
- 주어진 조건 외에는 고려하지 않는다.

16

그림 (가)는 용접의 한 종류를 나타낸 것이다. 회전하는 두 롤러 전극 사이에 모재를 겹쳐 놓고 가압하며 전류를 흘려서, 점 용접을 연속적으로 시행하는 방법이다. 이 용접법의 명칭과, 롤러전극이 가져야 할 전기적 특성 1가지를 각각 쓰시오. 그리고 그림 (나)와 같이 시간 $t(s)$에 따라 용접부에 전류 $I(A)$가 흘렀을 때, 〈조건〉을 고려하여 용접부의 총 발열량 $Q(J)$를 구하고, 풀이 과정과 함께 쓰시오. [4점]

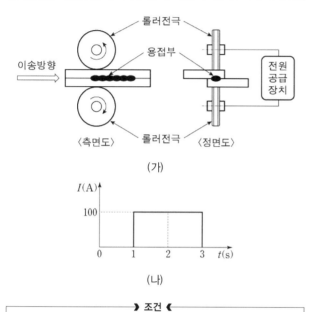

(가)

(나)

> ➤ 조건 ◄
> • 용접은 시간 $t = 1(s)$부터 $t = 3(s)$까지의 구간에서 수행된다.
> • 용접부의 저항은 $R = 1(\Omega)$로 일정하다고 가정한다.
> • 누설 전류는 없다고 가정한다.

17

그림은 물탱크의 아래 부분에 수문이 힌지(hinge)로 설치되어 있고, 수문 한 쪽 끝은 탱크 바닥에 놓여 있는 것을 나타낸 것이다. 물탱크 내 압력을 측정하기 위하여 그림과 같이 액주계(manometer)를 사용한다. 점 B에서의 계기압력 P_B가 $18(kPa)$일 때, 〈조건〉을 고려하여 탱크 내 위치 A에서의 계기압력 $P_A(kPa)$와, 물에 의해 수문에 작용하는 힘 $F(kN)$를 각각 구하고, 풀이 과정과 함께 쓰시오.

[4점]

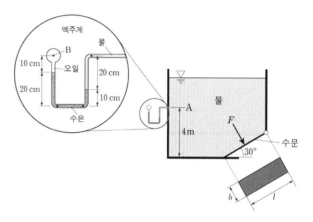

> ➤ 조건 ◄
> • 수문의 길이 $l = 4(m)$, 폭 $b = 1(m)$이다.
> • 물의 비중량 $w_1 = 10(kN/m^3)$, 수은의 비중량 $w_2 = 132(kN/m^3)$, 오일의 비중량 $w_3 = 8(kN/m^3)$로 가정한다.
> • 힘 F는 수문 면에 수직 방향으로 작용한다.
> • 대기압에 의한 효과는 무시한다.
> • 주어진 조건 외에는 고려하지 않는다.

01

다음은 연삭가공에 대한 설명이다. 괄호 안의 ㉠, ㉡에 해당하는 명칭을 순서대로 쓰시오. [2점]

연삭숫돌에 사용되는 (㉠)(으)로는 비트리파이드, 레지노이드, 고무, 금속 등이 있다. (㉠)이/가 너무 강하여 무뎌진 입자가 분리되지 않은 채 작업이 이루어지면 글레이징(glazing) 현상이 발생할 수 있다. 이 경우 숫돌 표면의 무뎌진 입자를 제거하여 예리한 입자를 노출시키는 (㉡) 작업을 수행하여야 한다. (㉡) 작업만으로는 숫돌의 형상(profile)을 충분히 복원시켜주지 못하기 때문에 형상 복원을 위해서 트루잉(truing) 작업을 추가로 실시할 수 있다.

02

그림은 전하를 충전 및 방전하는 기능을 갖는 커패시터(capacitor, 콘덴서) 4개를 직렬과 병렬로 혼합 연결한 것을 나타낸 것이다. 전체 합성 정전용량이 1.2(μF)일 때, 커패시터 C_4의 정전용량 (μF)을 구하시오. (단, 커패시터 C_1, C_2, C_3의 정전용량은 순서대로 3(μF), 6(μF), 1(μF)이다.) [2점]

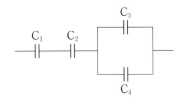

03

그림 (가)는 헐거운 끼워 맞춤으로 조립하였을 때의 구멍과 축의 치수 기입 방법을 나타낸 것이다. 구멍과 축 간의 최소 틈새가 0.012(mm)이고 최대틈새가 0.069(mm)이다. 축의 치수를 그림 (나)와 같이 표시할 때 위치수허용차 ㉠과 아래치수허용차 ㉡에 해당하는 값을 순서대로 쓰시오. (단, 구멍의 치수는 $\phi 100_0^{+0.035}$(mm)로 표시된다.) [2점]

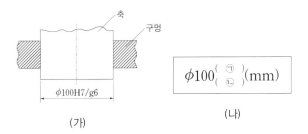

(가)   (나)

04

그림은 1겹 가죽 평벨트를 평행걸기하여 동력을 전달하는 벨트 전동장치를 나타낸 것이다. 〈조건〉을 고려하여 벨트 단면의 중심 A(중립면)에서의 벨트속도 $v(\mathrm{m/s})$를 구하고, 풀이 과정과 함께 쓰시오. 그리고 원동풀리에 대한 종동풀리의 회전속도비 i를 구하고, 풀이 과정과 함께 쓰시오. [4점]

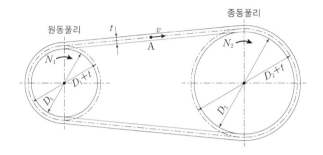

➤ 조건 ◀

- 원동풀리 지름 $D_1 = 245(\mathrm{mm})$, 종동풀리 지름 $D_2 = 495(\mathrm{mm})$, 벨트 두께 $t = 5(\mathrm{mm})$
- 원동풀리 회전속도 $N_1 = 600(\mathrm{rpm})$
- $\pi = 3$으로 계산한다.
- 벨트속도 및 회전속도비를 계산할 때 벨트 두께의 영향을 고려한다.
- 풀리와 벨트 사이에는 미끄럼이 없고, 벨트 중립면의 길이 변화는 없다고 가정한다.
- 주어진 조건 외에는 고려하지 않는다.

05

그림은 원통 형상의 합금강을 외면 선삭하고 있는 작업을 나타낸 것이다. 〈조건〉을 고려하여 소재제거율(MRR) R_m $(\mathrm{mm}^3/\mathrm{min})$을 구하고, 풀이 과정과 함께 쓰시오. 그리고 비절삭에너지(specificcutting energy)를 U_t라 할 때, 절삭방향으로 공구에 작용하는 주분력 $F_c(\mathrm{N})$를 구하고, 풀이 과정과 함께 쓰시오. [4점]

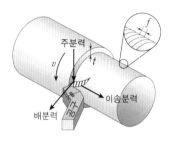

➤ 조건 ◀

- 절삭속도 $v = 100(\mathrm{m/min})$, 1회전당 이송량 $f = 0.5(\mathrm{mm})$, 절삭깊이 $t = 4(\mathrm{mm})$
- 비절삭에너지 $U_t = 3(\mathrm{J/mm}^3)$
- 비절삭에너지는 단위 체적의 소재를 절삭하는 데 소요되는 총 에너지를 의미한다.
- 소재제거율은 단위 시간당 제거되는 소재 체적을 의미한다.
- 이송분력과 배분력에 의해 발생하는 절삭에너지는 무시한다.
- 주어진 조건 외에는 고려하지 않는다.

06

그림은 3차원 응력 상태에 놓여 있는 정육면체 요소를 나타낸 것이다. 응력 성분이 $\sigma_x = 100(\mathrm{MPa})$, $\sigma_y = 20(\mathrm{MPa})$, $\sigma_z = -20(\mathrm{MPa})$, $\tau_{yz} = \tau_{zx} = 0$으로 주어질 때, 최대 주응력 $\sigma_{\max} = 110(\mathrm{MPa})$이 되기 위한 $\tau_{xy}(\mathrm{MPa})$를 구하고, 풀이 과정과 함께 쓰시오. 그리고 이때의 최대 전단응력 $\tau_{\max}(\mathrm{MPa})$를 구하고, 풀이 과정과 함께 쓰시오. [4점]

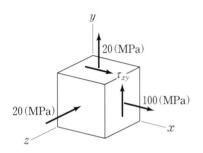

07

다음은 이상적인 디젤 엔진 사이클의 $T-s$ 선도를 나타낸 것이다. 〈조건〉을 고려하여 등엔트로피 과정 시작단계인 상태 1에서의 체적 $V_1(\mathrm{cm}^3)$과 정압과정 $2-3$ 사이에 유입되는 열전달량 $q_{\mathrm{in}}(\mathrm{kJ})$을 각각 구하고, 풀이 과정과 함께 쓰시오. [4점]

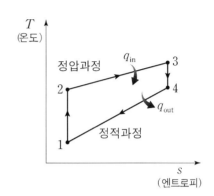

> ▶ 조건 ◀
>
> • 기체 질량 $m = 0.001(\mathrm{kg})$, $T_1 = 300(\mathrm{K})$,
> $P_1 = 100(\mathrm{kPa})$, $T_2 = 990(\mathrm{K})$,
> $T_3 = 1,500(\mathrm{K})$
>
> • 기체상수 $R = 0.287(\mathrm{kJ}/(\mathrm{kg}\cdot\mathrm{K}))$,
>   정압비열 $C_p = 1(\mathrm{kJ}/(\mathrm{kg}\cdot\mathrm{K}))$
>
> • 엔진은 이상기체로 작동된다고 가정한다.

08

그림은 수평한 도로를 주행 중인 차량의 운전자가 A지점에서 돌발 상황을 인지한 후, B지점에서 브레이크를 작동시켜 C지점에서 정지하는 과정을 나타낸 것이다. 〈조건〉을 고려하여 돌발 상황 인지 후 브레이크를 작동하기까지 0.8초 동안 이동한 공주거리 $S_0(\mathrm{m})$을 구하고, 풀이 과정과 함께 쓰시오. 그리고 브레이크가 작동되어 차량이 정지할 때까지 이동한 제동거리 $S_1(\mathrm{m})$을 구하고, 풀이 과정과 함께 쓰시오. [4점]

> ▶ 조건 ◀
> • 차량은 A 지점에서 B 지점까지 $v = 20(\mathrm{m/s})$의 등속도로 운행한다.
> • 제동 시 타이어와 노면 사이의 마찰계수 $\mu = 0.5$로 일정하다.
> • 중력가속도 $g = 10(\mathrm{m/s^2})$으로 계산한다.
> • 공기저항은 무시하며 차량은 직선운동을 한다.
> • 브레이크가 작동되면 모든 바퀴가 더 이상 회전되지 않는다고 가정한다.
> • 주어진 조건 외에는 고려하지 않는다.

09

다음 식은 $x(t)$와 $y(t)$를 각각 입력과 출력으로 하는 시스템의 운동방정식을 나타낸 것이다.

$$\frac{d^2 y(t)}{dt^2} + 6\left[\frac{dy(t)}{dt} - \frac{dx(t)}{dt}\right] + 5[y(t) - x(t)] = 0$$

〈조건〉을 고려하여 입력 $X(s)$, 출력 $Y(s)$로 하는 전달함수 $G(s) = \dfrac{Y(s)}{X(s)}$ 를 구하고, 풀이 과정과 함께 쓰시오. 그리고 $G(s)$의 극점(pole) 2개를 구하고, 풀이 과정과 함께 쓰시오. [4점]

> ▶ 조건 ◀
> • t와 s는 각각 시간과 라플라스(Laplace) 변수이며, $X(s)$와 $Y(s)$는 각각 $x(t)$와 $y(t)$의 라플라스 변환이다.
> • $x(t)$와 $y(t)$의 초기조건 $x(0) = 0$, $y(0) = \dfrac{dy}{dt}\big|_{t=0} = 0$이다.

10

다음은 펌프에 대한 설명이다. 괄호 안의 ㉠, ㉡에 해당하는 명칭을 순서대로 쓰시오. [2점]

- 회전식 동역학적 펌프는, 유체가 임펠러를 통화할 때 회전축에 대한 유동 방향에 따라 (㉠)형, 축류형, 혼류형으로 분류된다. 이 중에서 효율이 더 높은 펌프 형식을 선정하기 위하여 (㉡)와/과 같은 무차원 피라미터를 활용할 수 있다.
- (㉡)은/는 용량계수(C_Q)와 수두계수(C_H)에서 직경을 소거하여 얻어지는데, 펌프의 최고 효율점에서 정의되는 것이 일반적이다.
- 회전식 동역학적 펌프의 형식 중에서 저용량, 고수두 특성을 갖는 (㉠)형 펌프는 고용량, 저수두 특성을 갖는 축류형 펌프보다 더 작은 (㉡)을/를 갖는다.

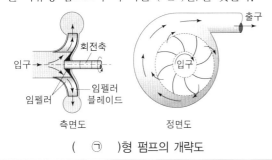

(㉠)형 펌프의 개략도

11

그림은 $Fe - Fe_3C$의 평형 상태도를 나타낸 것이다. A영역의 고용체에서 모원자가 갖는 격자구조 명칭을 쓰시오. 그리고 이 격자구조의 격자상수가 a이고 침입형 불순물 원자가 들어갈 수 있는 최대 반경이 r일 때, $\dfrac{r}{a}$값을 구하고, 풀이 과정과 함께 쓰시오. (단, 격자변형은 없다고 가정하고, $\sqrt{2} = 1.4$로 계산한다.) [4점]

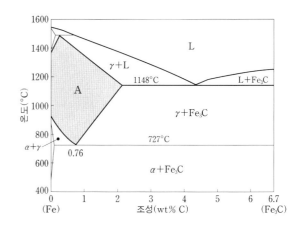

12

그림은 균일분포하중 w가 아래 방향으로 작용하고 있는 단순 지지보 AB를 나타낸 것이다. 지지점 A로부터 x방향으로 x_L만큼 떨어진 위치에 최대굽힘모멘트 $M_{\max} = 1.2$ $(\text{kN} \cdot \text{m})$가 발생하였다. 〈조건〉을 고려하여 $x_L(\text{m})$과 w $(\text{kN} \cdot \text{m})$를 각각 구하고, 풀이과정과 함께 쓰시오. [4점]

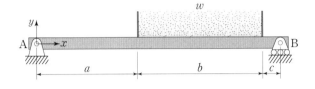

> **▶ 조건 ◀**
>
> • $a = 0.5(\text{m}), \; b = 0.6(\text{m}), \; c = 0.1(\text{m})$
>
> • 보는 비례한도 내에서 변형하고, 보의 단면은 일정하며 자중은 무시한다.
>
> • 전단력 V와 굽힘모멘트 M에 대한 양(+)의 부호 규약은 다음과 같다.
>
>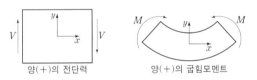
>
> 양(+)의 전단력   양(+)의 굽힘모멘트
>
> • 주어진 조건 외에는 고려하지 않는다.

13

그림 (가)는 회전속도 N으로 회전하는 축을 지지하는 피벗(pivot) 저널 베어링을 나타낸 것이다. 그림 (나)는 저널의 접촉면을 나타낸 것이다. 베어링의 안지름 d_1, 바깥지름 d_2, 베어링에 가해지는 축방향 하중 P일 때, 〈조건〉을 고려하여 베어링 평균압력 $p(\text{kg}_\text{f}/\text{mm}^2)$를 구하고, 풀이 과정과 함께 쓰시오. 그리고 베어링 발열계수 $pv(\text{kg}_\text{f}/\text{mm}^2 \cdot \text{m}/\text{s})$를 구하고, 풀이 과정과 함께 쓰시오. [4점]

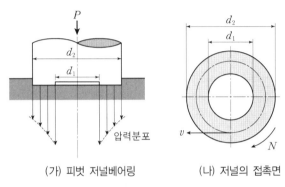

(가) 피벗 저널베어링   (나) 저널의 접촉면

> **▶ 조건 ◀**
>
> • $N = 3000(\text{rpm}), \; d_1 = 100(\text{mm}), \; d_2 = 200(\text{mm}),$ $P = 2700(\text{kg}_\text{f})$
>
> • $\pi = 3$으로 계산한다.
>
> • 저널 베어링의 평균속도(v)는 접촉면의 평균 반지름에서의 원주속도이다.
>
> • 주어진 조건 외에는 고려하지 않는다.

14

그림은 재료의 기계적 성질을 평가하는 샤르피(Charpy) 충격시험을 나타낸 것이다. 시편이 파단되기 전 해머의 초기각 $\alpha = 90°$이고, 파단된 후 해머가 올라간 각 $\beta = 60°$일 때, ⟨조건⟩을 고려하여 시편에 흡수된 에너지 $E(\mathrm{J})$를 구하고, 풀이 과정과 함께 쓰시오. 그리고 시편의 샤르피 충격값 $E_c(\mathrm{J/cm^2})$를 구하고, 풀이 과정과 함께 쓰시오. [4점]

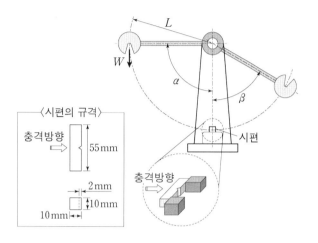

⟩ 조건 ◀

- 해머의 무게 $W = 160(\mathrm{N})$, 암의 길이 $L = 1(\mathrm{m})$
- 암의 무게는 무시하고, 해머의 무게중심은 해머가 이동하는 궤적상에 있다.
- 샤르피 충격값은 단위 면적당 에너지 $(\mathrm{J/cm^2})$로 계산한다.
- 회전부의 마찰 및 공기저항은 무시하며, 시편에 흡수된 에너지는 모두 시편 파단에 사용된다고 가정한다.
- 주어진 조건 외에는 고려하지 않는다.

15

그림은 수조를 실은 트럭이 등가속도 a_x로 수평 운행하고 있을 때, 수조 내의 수면이 일정한 각도 θ로 기울어져 있는 모습을 나타낸 것이다. ⟨조건⟩을 고려하여 수조 바닥면 A점과 B점의 압력차 $P_A - P_B(\mathrm{N/m^2})$를 구하고 풀이 과정과 함께 쓰시오. 그리고 수면에 수직인 방향으로 물의 압력차를 발생시키는 가속도 크기 $a(\mathrm{m/s^2})$를 구하고 풀이 과정과 함께 쓰시오. [4점]

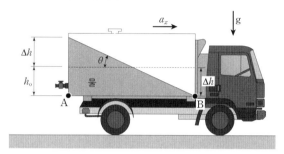

⟩ 조건 ◀

- 물의 초기높이 $h_0 = 1(\mathrm{m})$
- A, B 지점에서 수면의 높이 변화량 $\triangle h = 1(\mathrm{m})$
- $a_x = 5(\mathrm{m/s^2})$, 중력가속도 $g = 10(\mathrm{m/s^2})$, 물의 밀도 $\rho = 1,000(\mathrm{kg/m^3})$
- $\sqrt{5} = 2.2$로 계산한다.
- 물은 각도 θ로 기울어진 후 일정한 형상을 유지하면서 강체처럼 운동한다고 가정한다.
- 주어진 조건 외에는 고려하지 않는다.

16

그림 (가)는 금속 전극봉에 유기물 또는 무기물 성분의 플럭스로 둘러싸인 용접봉을 사용하는 용접법을 나타낸 것이다. 플럭스가 응고된 것으로 용융금속을 덮어 공기를 차단하는 효과를 내는 ⊙의 명칭과, 이 용접법의 명칭을 순서대로 쓰시오. 그리고 그림 (나)와 같이 모재 양쪽 4곳이 동일하게 용접되었을 때, ⟨조건⟩을 고려하여 최대하중 $P(\mathrm{kg_f})$를 구하고, 풀이 과정과 함께 쓰시오. [4점]

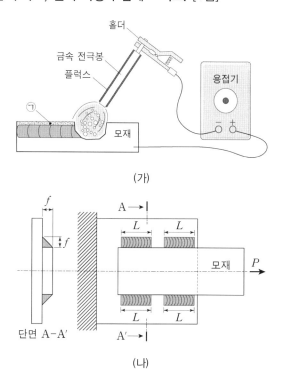

(가)

(나)

▶ 조건 ◀

• 용접부의 허용 전단응력 $\tau_a = 10\left(\mathrm{kg_f/mm^2}\right)$
• 용접부 다리 길이 $f = 5\sqrt{2}\,(\mathrm{mm})$,
  용접 길이 $L = 50(\mathrm{mm})$
• 각 용접부 유효길이는 용접 길이와 동일하다.
• 용접부 응력은 용접부의 목두께를 기준으로 계산한다.
• 모든 용접부의 형상과 재료 특성은 동일하고 순수 전단응력만 받는다고 가정한다.
• 주어진 조건 외에는 고려하지 않는다.

17

그림은 물의 높이 차가 h인 탱크 내부에 압력 P_1을 가하여 단면적 A_2인 노즐을 통해 대기로 물을 분출시키는 모습을 나타낸 것이다. ⟨조건⟩을 고려하여 노즐을 통해 분출되는 물의 속도 $V_2(\mathrm{m/s})$와 체적유량 $Q(\mathrm{m^3/s})$를 각각 구하고, 풀이 과정과 함께 쓰시오. [4점]

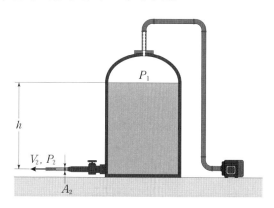

▶ 조건 ◀

• $h = 1(\mathrm{m})$, $P_1 = 108(\mathrm{kPa})$,
  대기압 $P_2 = 100(\mathrm{kPa})$, $A_2 = 0.01\left(\mathrm{m^2}\right)$
• 물의 밀도 $\rho = 1{,}000\left(\mathrm{kg/m^3}\right)$,
  중력가속도 $g = 10\left(\mathrm{m/s^2}\right)$
• 탱크는 충분히 커서 h는 변하지 않는다고 가정한다.
• 물의 흐름은 정상상태, 비압축성, 비점성으로 가정하고, 밸브에 의한 마찰 손실은 무시한다.
• 주어진 조건 외에는 고려하지 않는다.

01

다음은 원통연삭 작업 방식에 대한 설명이다. 괄호 안의 ㉠, ㉡에 해당하는 명칭을 순서대로 쓰시오. [2점]

- 그림 (가)와 같이 연삭숫돌을 일정한 높이에서 회전시키고, 공작물 또는 연삭숫돌을 좌우로 이송하면서 연삭하는 방식은 (㉠) 연삭이다.
- 그림 (나)와 같이 공작물은 회전만 하고, 연삭숫돌이 연삭깊이방향으로 이송하면서 연삭하는 방식은 (㉡) 연삭이다.

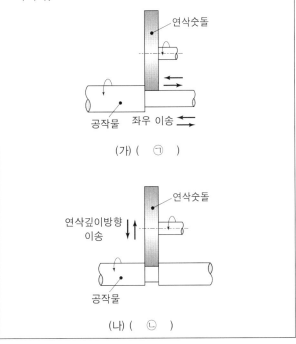

(가) (㉠)

(나) (㉡)

02

그림은 4개 저항 R_1, R_2, R_3, R_4를 직렬 및 병렬로 혼합하여 연결한 회로이다. 단자 A, B 사이의 합성 저항이 50(Ω)일 때, 저항 $R_4(\Omega)$를 구하고, 풀이 과정과 함께 쓰시오. (단, $R_1 = 20(\Omega)$, $R_2 = 40(\Omega)$, $R_3 = 60(\Omega)$이다.) [2점]

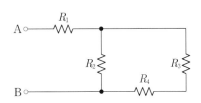

03

다음은 어떤 경금속 재료에 대한 설명이다. 괄호 안의 ㉠, ㉡에 해당하는 재료의 명칭을 순서대로 쓰시오. [2점]

- (㉠)은/는 비중이 약 2.7이고, 가공성 및 내식성이 우수하여 경량 구조물에 적합한 경금속 재료이다. 이 금속에 다른 원소들을 첨가하여 강도 또는 내식성을 높인 합금은 자동차용 실린더 블록이나 피스톤, 항공기 부품 등의 소재로 광범위하게 사용되고 있다.
- (㉠)에 구리(Cu), 마그네슘(Mg), 망간(Mn) 등을 함유시켜 용체화 처리 후 담금질하여 상온에서 시효경화 처리하면, 인장강도가 증가하고 절삭가공성이 우수해진 합금을 제조할 수 있다. KS D 6759 표준에서 A2017(또는 2017)로 표기되는 이 합금의 명칭은 (㉡)이다.

04

그림 (가)는 주차된 전기자동차를 간략하게 도식화한 것이며, (나)는 자동차 프레임의 하중 관계를 단순 지지보로 모델링한 자유물체도이다. 〈조건〉을 고려하여 B점에서의 반력 $R_B(\mathrm{kg_f})$와 굽힘모멘트 $M_B(\mathrm{kg_f \cdot m})$를 각각 구하고, 풀이 과정과 함께 쓰시오. [4점]

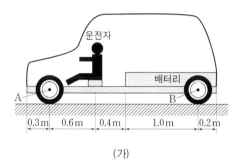

(가)

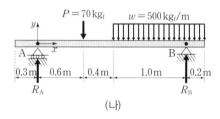

(나)

> ➤ 조건 ◀

• 운전자의 무게 $P = 70(\mathrm{kg_f})$가 보에 집중하중으로 가해지고, 배터리는 균일 분포하중 $w = 500(\mathrm{kg_f/m})$으로 가해진다.

• 보의 자중은 무시한다.

• 굽힘모멘트 M에 대한 양(+)의 부호 규약은 다음과 같다.

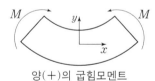

양(+)의 굽힘모멘트

• 주어진 조건 외에는 고려하지 않는다.

05

그림은 단식 블록 브레이크에 조작력 F를 가하여 무게 W인 물체의 낙하를 제동하고 있는 상태를 나타낸 것이다. 〈조건〉을 고려하여, 조작력이 $F = 26(\mathrm{kg_f})$으로 가해질 때 제동할 수 있는 최대 무게 $W_{\max}(\mathrm{kg_f})$와 브레이크 드럼에 작용하는 제동력 $P(\mathrm{kg_f})$를 각각 구하고, 풀이 과정과 함께 쓰시오. [4점]

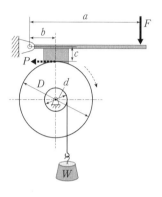

> ➤ 조건 ◀

• 브레이크 드럼과 블록 사이의 마찰계수 $\mu = 0.2$

• 힌지로부터 조작력 작용점까지의 거리 $a = 1,000$ (mm), 힌지로부터 블록 중심까지의 거리 $b = 250$ (mm), 힌지로부터 블록 접촉면까지의 수직 거리 $c = 50(\mathrm{mm})$

• 브레이크 드럼의 직경 $D = 500(\mathrm{mm})$, 로프 드럼의 직경 $d = 100(\mathrm{mm})$

• 브레이크 마찰면에 작용하는 수직력은 집중하중으로 가정한다.

• 주어진 조건 외에는 고려하지 않는다.

06

그림 (가)는 소재의 피로특성 시험에서 얻은 피로응력 사이클을 나타낸 것이다. 반복하중으로 (가)와 같이 시편에 응력이 발생하였을 때, 평균응력 σ_m(MPa)과 응력진폭(교번응력) σ_a(MPa)를 각각 구하시오. 그리고 평균응력 200(MPa)으로 높일 경우, 〈조건〉을 고려하여 피로파손이 일어나지 않는 최대 응력진폭(교번응력) $(\sigma_a)_{max}$(MPa)를 구하고, 풀이 과정과 함께 쓰시오. [4점]

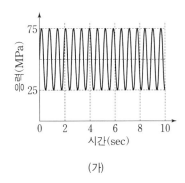

(가)

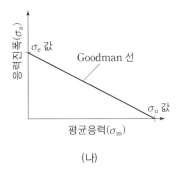

(나)

> ▶ 조건 ◀

- 소재의 극한강도 $\sigma_u = 400$(MPa), 피로한도 $\sigma_e = 200$(MPa)
- 피로파손의 여부는 그림 (나)의 Goodman 이론을 적용한다.
- 주어진 조건 외에는 고려하지 않는다.

07

그림 (가)는 분말용제(flux)를 전극봉 앞에 공급하면서 대기 중의 불순물 침투를 막는 아크 용접법의 한 종류를 나타낸 것이며, (나)는 이 용접법으로 작업하는 용접이음의 형태를 나타낸 것이다. 이 용접법의 명칭과 용접이음의 명칭을 순서대로 쓰시오. 그리고 그림 (다)와 같이 굽힘모멘트가 작용할 때, 〈조건〉을 고려하여 용접부가 견딜 수 있는 최대 굽힘모멘트 M_0(kg$_f$ · mm)를 구하고, 풀이 과정과 함께 쓰시오. [4점]

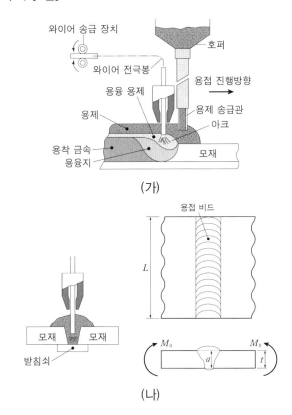

(가)

(나)

> ▶ 조건 ◀

- 용접부 길이 $L = 100$(mm), 모재 두께 $t = 10$(mm), 용접부의 최대 허용굽힘응력 $\sigma_b = 6$(kg$_f$/mm^2)
- 용접부 목두께 a는 모재 두께 t를 적용한다.
- 자중은 무시하고, 굽힘모멘트는 용접부에 균일하게 작용한다고 가정한다.
- 굽힘모멘트에 의한 파단은 용접부에서만 발생한다고 가정한다.
- 안전계수는 고려하지 않는다.
- 주어진 조건 외에는 고려하지 않는다.

08

그림은 정사각형 단면의 목재가 물을 막고 있는 상태를 나타낸 것이다. 목재가 힌지 O점을 중심으로 정지되어 있는 상태일 때, 〈조건〉을 고려하여 수면으로부터 깊이 h인 목재 바닥면에 물이 가하는 수직 합력 $F_V(\mathrm{N})$와 측면에 가하는 수평 합력 $F_h(\mathrm{N})$를 각각 구하시오. 그리고 목재의 무게 $W(\mathrm{N})$를 구하고, 풀이 과정과 함께 쓰시오. [4점]

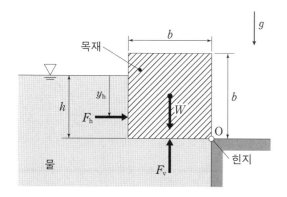

→ 조건 ←

- F_V, F_h, W는 목재 길이 $1(\mathrm{m})$을 기준으로 계산한다.
- 목재의 높이와 너비 $b = 0.4(\mathrm{m})$이다.
- 수면으로부터 목재 바닥면까지의 깊이 $h = 0.3(\mathrm{m})$이다
- 수면에서 수평 합력 F_h가 작용하는 지점까지의 거리 $y_h = \dfrac{2}{3}h$이다.
- 물의 밀도 $\rho = 1,000(\mathrm{kg/m^3})$이며, 중력가속도 $g = 10(\mathrm{m/s^2})$이다.
- 힌지 O에서의 마찰은 무시한다.
- 대기압에 의한 영향은 고려하지 않는다.
- 주어진 조건 외에는 고려하지 않는다.

09

그림은 자동차 제어장치 시스템의 블록 다이어그램(block diagram) 일부를 나타낸 것이다. 전달함수 $G(s)$를 구하고, 풀이과정과 함께 쓰시오. 그리고 이 전달함수 $G(s)$의 극점(pole) 2개를 구하고, 풀이 과정과 함께 쓰시오. (단, s는 라플라스(Laplace) 변수이며, 전달함수 $G(s)$는 입력 $X(s)$에 대한 출력 $Y(s)$의 비이다.) [4점]

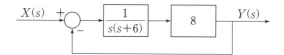

10

다음은 축류 펌프에 대한 설명이다. 괄호 안의 ㉠, ㉡에 해당하는 용어를 순서대로 쓰시오. [2점]

- 축류 펌프는 그림과 같이 (㉠)의 회전에 의해 유입되는 유체가 회전축 방향으로 이송되도록 작동하는 펌프이다. (㉠)의 깃은 일반적으로 단면이 익형(airfoil)이고 설치각도와 개수 등이 펌프의 유량과 수두에 큰 영향을 미친다.
- 펌프가 작동하는 동안 일정 온도에서 펌프 내의 압력이 낮아져 포화증기압 이하가 되면 (㉡)이/가 발생된다.
- 축류 펌프의 경우 (㉠)의 회전이 너무 빠르게 되면 (㉡)이/가 발생될 수 있다. 이 현상이 발생되면 펌프의 성능이 급격히 감소하며, 이 현상이 심해지면 소음이 커지고 침식과 부식의 원인이 될 수 있다.

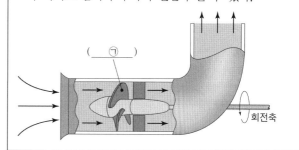

11

그림 (가)는 내압 p를 받는 원통형 용기에 발생한 주응력 상태를 나타낸 것이고, (나)는 이 상태에서 반시계 방향으로 $45°$ 회전된 위치에서의 평면 응력을 나타낸 것이다. 〈조건〉을 고려하여 그림 (가)의 축방향 주응력 σ_1(MPa)과 원주방향 주응력 σ_2(MPa)를 순서대로 구하시오. 그리고 그림 (나)의 전단응력 τ_θ(MPa)를 구하고, 풀이 과정과 함께 쓰시오. [4점]

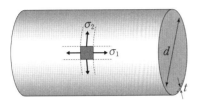

(가)

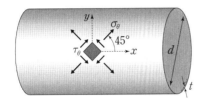

(나)

> ▶ 조건 ◀
>
> • 용기 두께 $t = 3$(mm), 용기 내경 $d = 600$(mm), 용기 내압 $p = 1.0$(MPa)
> • 원통형 용기는 균일하게 내압을 받는다.
> • 주어진 조건 외에는 고려하지 않는다.

12

그림은 전동축의 동력을 전달하는 플랜지 커플링을 나타낸 것이다. 〈조건〉을 고려하여 플랜지 커플링의 전달 토크 T($\text{kg}_\text{f} \cdot$ mm)를 구하고, 풀이 과정과 함께 쓰시오. 그리고 이 토크를 전달할 수 있는 축의 최소 직경 d(mm)를 구하고, 풀이 과정과 함께 쓰시오. [4점]

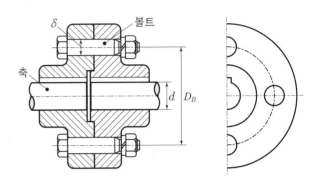

> ▶ 조건 ◀
>
> • 플랜지 커플링의 전달 토크를 계산할 때, 플랜지 면 사이의 마찰력은 무시하고 볼트의 전단 저항만 고려한다.
> • 볼트의 허용전단응력 $\tau_b = 2$($\text{kg}_\text{f}/\text{mm}^2$), 볼트의 지름 $\delta = 8$(mm), 볼트 개수 $Z = 4$, 볼트 중심선 간의 거리 $D_\text{B} = 100$(mm)
> • 축에는 비틀림모멘트만 작용하고, 키와 키홈의 영향은 고려하지 않는다.
> • 축의 허용전단응력 $\tau_s = 4$($\text{kg}_\text{f}/\text{mm}^2$)
> • $\pi = 3$, $\sqrt[3]{50} = 4$, $\sqrt[3]{400} = 8$로 계산한다.
> • 주어진 조건 외에는 고려하지 않는다.

13

그림은 기어장치의 조립도와 부품도의 일부이며, 〈표〉는 상용하는 끼워맞춤 구멍과 축의 치수허용치를 나타낸 것이다. 부품 ①에 지시된 기하공차 "◎"의 명칭을 쓰고, 〈표〉를 사용하여 조립부 $\phi50$에 해당하는 축 ($\phi50\text{m}5$)의 공차(mm)를 구하시오. 그리고 부품 ①의 축 $\phi50\text{m}5$와 부품 ②의 구멍 $\phi50\text{H}7$을 끼워맞춤할 때 발생하는 최대틈새 $\triangle_T$ (mm)를 구하고, 풀이 과정과 함께 쓰시오. (단, 주어진 조건 외에는 고려하지 않는다.) [4점]

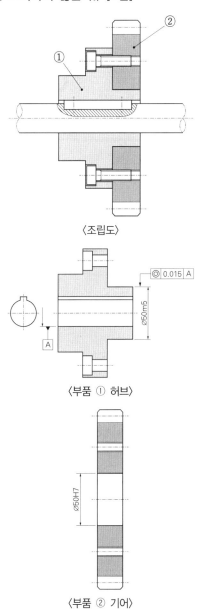

〈조립도〉

〈부품 ① 허브〉

〈부품 ② 기어〉

〈표〉 구멍과 축의 치수허용차

상용하는 끼워맞춤 구멍의 치수허용차			상용하는 끼워맞춤 축의 치수허용차		
(KS B 0401) (단위 : μm)			(KS B 0401) (단위 : μm)		
구멍 치수의 구분 (mm)	H6	H7	H8	축 치수의 구분 (mm)	m4	m5	m6

구멍 치수의 구분 (mm)	H6	H7	H8	축 치수의 구분 (mm)	m4	m5	m6
18 초과 30 이하	+13 / 0	+21 / 0	+33 / 0	18 초과 30 이하	+14 / +8	+17 / +8	+21 / +8
30 초과 50 이하	+16 / 0	+25 / 0	+39 / 0	30 초과 50 이하	+16 / +9	+20 / +9	+25 / +9
50 초과 65 이하	+19 / 0	+30 / 0	+46 / 0	50 초과 65 이하	+19 / +11	+24 / +11	+30 / +11

※ 표 속의 각 단에서 위쪽의 수치는 위치수허용차, 아래쪽의 수치는 아래치수허용차

14

그림은 CNC 선반으로 원통 공작물을 가공할 때 공구 선단에 의한 가공면의 기하학적 표면거칠기를 나타낸 것이다. 〈조건〉을 고려하여, 1회전당 이송량 $S(\mathrm{mm})$를 구하고, 풀이 과정과 함께 쓰시오. 그리고 테일러(Taylor) 공구수명식을 이용하여 공작물의 분당 회전수 $N(\mathrm{rpm})$을 구하고, 풀이 과정과 함께 쓰시오. [4점]

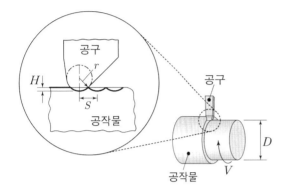

➤ 조건 ◀

- 공구 날의 노즈(nose) 반지름 $r = 2(\mathrm{mm})$
- 기하학적 표면거칠기의 최대 높이 $H = 0.01(\mathrm{mm})$이다.
- 공작물의 직경은 $D = 100(\mathrm{mm})$이며, $\pi = 3$으로 계산한다.
- 공구수명 $T = 64(\mathrm{min})$
- 테일러(Taylor) 공구수명식($VT^n = C$)에서 V는 절삭속도($\mathrm{m/min}$)이며, 지수 $n = 0.5$, 공구수명상수 $C = 960$이다.
- 주어진 조건 외에는 고려하지 않는다.

15

그림 (가)는 병렬형(parallel type) 하이브리드 전기자동차의 동력계통도이며, (나)는 동력원(엔진과 모터)의 토크 특성을 나타낸 것이다. 자동차가 가속 주행하기 위해 엔진과 모터가 2,400(rpm)으로 동시에 구동할 때, 〈조건〉을 고려하여 구동축의 토크 $T(\mathrm{N \cdot m})$와 출력 $P(\mathrm{kW})$를 각각 구하고, 풀이 과정과 함께 쓰시오. [4점]

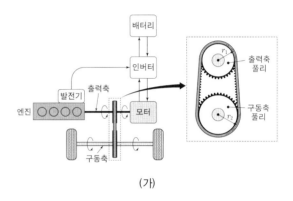

(가)

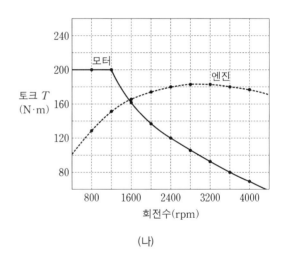

(나)

➤ 조건 ◀

- 가속 주행 시에는 엔진과 모터가 동시에 구동한다.
- 동력전달장치에 연결된 출력축 풀리(pulley)의 반경 r_1과 구동축 풀리의 반경 r_2의 비는 $1 : 1.2$이다.
- 엔진과 모터는 동일 축에 연결되어 동일한 방향으로 회전한다.
- $\pi = 3$으로 계산한다.
- 동력전달 손실은 없다고 가정한다.
- 주어진 조건 외에는 고려하지 않는다.

16

그림 (가)와 (나)는 랭킨 사이클(Rankine cycle)로 운전되는 증기동력발전소의 개념도와 $T-s$ 선도를 각각 나타낸 것이다. 〈조건〉을 고려하여, 보일러를 통해 공급된 단위 질량당 열량 $q_{in}(kJ/kg)$을 구하고, 풀이 과정과 함께 쓰시오, 그리고 이 사이클의 열효율 $\eta_{th}(\%)$를 구하고, 풀이 과정과 함께 쓰시오. [4점]

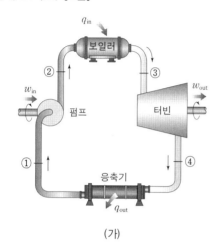

(가)

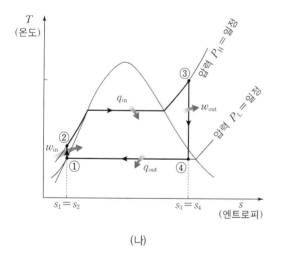

(나)

→ 조건 ←

- 과정 ①, ②, ③, ④에서의 비엔탈피(specific enthalpy)는 각각 $h_1 = 350(kJ/kg)$, $h_2 = 400(kJ/kg)$, $h_3 = 3,400(kJ/kg)$, $h_4 = 2,450(kJ/kg)$이다.
- 랭킨 사이클의 작동유체는 수증기이다.
- 펌프에 가한 단위 질량당 일은 w_{in}, 터빈에서 발생된 단위 질량당 일은 w_{out}, 응축기로부터 방출된 단위 질량당 열량은 q_{out}이다.
- 시스템의 모든 구성 요소는 정상유동 상태에서 작동하는 것으로 가정하고, 운동에너지와 위치에너지의 변화량은 무시한다.
- 보일러와 응축기에서는 일의 유·출입이 없다고 가정한다.
- 펌프와 터빈은 등엔트로피 과정에서 작동한다고 가정한다.
- 주어진 조건 외에는 고려하지 않는다.

17

그림은 저수지 수면으로부터 깊이 h_1인 위치에 있는 파이프를 통해 물이 흐르는 장치의 일부를 나타낸 것이다. 파이프 내 A점에서의 압력을 측정하기 위해 비중량 γ_L인 액체가 들어 있는 마노미터를 설치하였다. 〈조건〉을 고려하여 A점에서의 게이지 압력 $P(\mathrm{N/m^2})$와 물의 속도 $V(\mathrm{m/s})$를 각각 구하고, 풀이 과정과 함께 쓰시오. [4점]

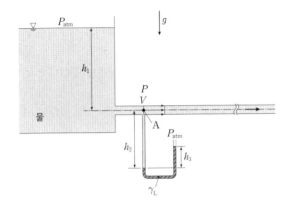

→ 조건 ←

• $h_1 = 4(\mathrm{m})$, $h_2 = 0.5(\mathrm{m})$, $h_3 = 0.1(\mathrm{m})$

• 물의 밀도 $\rho = 1,000(\mathrm{kg/m^3})$, 중력가속도 $g = 10$ $(\mathrm{m/s^2})$

• 마노미터 안의 액체의 비중량 $\gamma_L = 130,000\big(\mathrm{kg/(m^2 \cdot s^2)}\big)$

• 파이프의 직경은 일정하고 깊이 h_1에 비해 매우 작으며, h_1은 변하지 않는다고 가정한다.

• A 점의 단면에서 물의 속도 분포 및 압력 분포는 일정하다고 가정한다.

• 물은 비압축성, 비점성으로 가정하고, 마노미터 안의 액체 표면장력은 고려하지 않는다.

• 게이지 압력은 절대압력과 대기압 P_{atm} 의 차이이다.

• 주어진 조건 외에는 고려하지 않는다.

01

그림은 두께가 일정한 판재부품의 모양을 대칭 도형 생략법과 반복 도형 생략법을 적용하여 일면도로 나타낸 것이다. A 데이텀을 기준으로 공차 0.015(mm)로 지시된 기하공차 "⊥"의 명칭을 쓰고, ㉠에 기입될 치수를 쓰시오. (단, 주어진 조건 외에는 고려하지 않는다.) [2점]

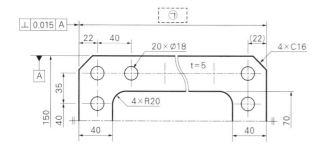

02

다음은 가솔린 엔진 자동차의 전기전자장치에 대한 설명이다. 괄호 안의 ㉠에 해당하는 명칭을 쓰고, 〈표〉를 이용하여 ㉡에 해당하는 값을 쓰시오. (단, 주어진 조건 외에는 고려하지 않는다.) [2점]

• 가솔린 엔진 자동차의 충전장치는 축전지와 (㉠)(으)로 구성된다. 자동차의 엔진이 작동할 때에는 충전장치의 (㉠)에서 생산된 전기 에너지가 각종 전기전자장치에 공급되나, 엔진이 정지한 상태에서는 (㉠)에서 전기 에너지를 얻을 수 없다. 따라서 자동차 시동에 필요한 전기 에너지는 축전지로부터 공급된다.
• 축전지의 충전 상태가 완전 방전에 도달하여 방전 능력이 상실될 때의 전압을 방전종지전압이라 한다. 6개의 셀(cell)이 직렬로 연결된 납 축전지가 〈표〉와 같은 충전 상태와 전압 사이의 관계를 가진다면 이 축전지의 셀 1개당 방전종지전압은 (㉡)(V)이다.

〈표〉 충전 상태와 축전지 전압 사이의 관계

충전 상태	축전지 전압(단위 : V)
100% 충전	12.6
75% 충전	12.0
50% 충전	11.7
25% 충전	11.1
완전 방전	10.5

03

그림은 수차를 이용한 수력 발전의 개념도를 나타낸 것이다. 손실수두(H_{l1}, H_{l2})의 원인 중, 단면이 일정한 관(pipe)에서 발생될 수 있는 원인 1가지를 쓰시오. 그리고 〈조건〉을 고려하여 유효 낙차(effective head) H_e가 적용된 수차의 동력 P(kW)를 구하시오. [2점]

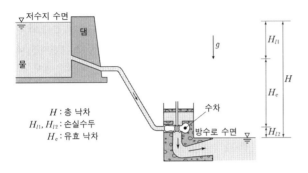

H : 총 낙차
H_{l1}, H_{l2} : 손실수두
H_e : 유효 낙차

> ▶ 조건 ◀

- 유효 낙차 $H_e = 10$(m), 유량 $Q = 5$(m³/s)
- 물의 비중량 $\gamma = 10,000$(kg/(m²·s²))으로 계산한다.
- 수차에서의 손실은 없다고 가정한다.
- 저수지와 방수로는 충분히 커서 수면 높이는 변하지 않는다고 가정한다.
- 방수로에서 속도에 의한 영향은 고려하지 않는다.
- H_{l1}은 저수지와 수차 입구 사이의 손실수두이며, H_{l2}는 수차 출구와 방수로에서의 손실수두이다.
- 주어진 조건 외에는 고려하지 않는다.

04

그림은 Fe–Fe₃C상태도의 일부를 나타낸 것이다. 철-탄소(Fe–C) 합금을 A점에서 B점까지 서서히 냉각시켰을 때 B점의 상태에서 형성되는 미세 구조 2가지 상(phase)의 명칭을 각각 쓰고, 〈조건〉을 고려하여 각 상의 무게분율을 순서대로 구하시오. [4점]

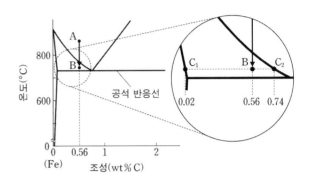

> ▶ 조건 ◀

- C_1점의 조성은 0.02(wt% C), C_2점의 조성은 0.74(wt% C)이다.
- 주어진 조건 외에는 고려하지 않는다.

05

그림은 정사각형 단면의 외팔보(cantilever beam) AB를 나타낸 것이다. 보는 자중의 영향을 받으면서 A에 작용하는 집중하중 P의 영향을 받는다. 〈조건〉을 고려하여 A로부터 x(m)만큼 떨어진 위치에서의 굽힘모멘트 식 $M(x)$(kN·m)를 구하고, 풀이 과정과 함께 쓰시오. 그리고 A에서의 보의 기울기 θ_A를 구하고, 풀이 과정과 함께 쓰시오. [4점]

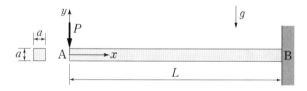

> **조건**
- 보의 길이 $L = 2$(m), 단면 한 변의 길이 $a = 0.05$(m), 밀도 $\rho = 7,200$(kg/m^3)
- 집중하중 $p = 1$(kN)
- 굽힘강성 $EI = 100$(kN·m^2)으로 계산한다.
- 중력가속도 $g = 10$(m/s^2)으로 계산한다.
- 보의 자중은 균일 분포 하중으로 작용한다.
- 굽힘모멘트 M에 대한 양(+)의 부호 규약은 다음과 같다.

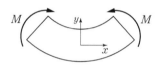

양(+)의 굽힘모멘트

- 주어진 조건 외에는 고려하지 않는다.

06

그림 (가)는 인장력 P를 받는 직육면체 형상의 부재 A를 나타내고, 그림 (나)는 부재 A와 부재 B를 양면 필릿(fillet) 용접 이음한 구조물을 나타낸 것이다. 〈조건〉을 고려하여 그림 (가)의 경우 부재 A에 작용할 수 있는 최대 하중 P(kg$_f$)를 구하고, 풀이 과정과 함께 쓰시오. 그리고 이 하중 P가 그림 (나)와 같이 용접 구조물에 작용할 때, 용접부 목두께의 전단응력이 허용 전단응력을 초과하지 않도록 하는 최소 용접 길이 l(mm)을 구하고, 풀이 과정과 함께 쓰시오. [4점]

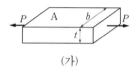

(가)

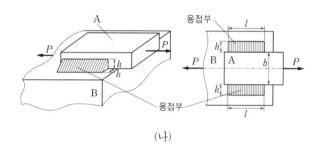

(나)

> **조건**
- 부재 A의 단면 $t = 20$(mm), $b = 50$(mm)
- 용접부의 용접 다리 길이 $h = 10$(mm)
- 부재 A의 허용 수직응력 $\sigma_a = 10$(kg$_f$/mm^2), 용접부의 허용 전단응력 $\tau_a = 5$(kg$_f$/mm^2)
- $\sqrt{2} = 1.4$로 계산한다.
- 용접부의 전단응력은 용접부의 목두께를 기준으로 계산한다.
- 각 용접부의 유효길이는 용접 길이와 동일하다.
- 하중 P는 부재 A의 단면 중심에 수직으로 작용한다.
- 굽힘모멘트에 의한 영향과 마찰력은 고려하지 않는다.
- 주어진 조건 외에는 고려하지 않는다.

07

그림 (가)는 자동차 냉각수 온도를 측정하기 위한 장치의 개략도이고, 그림 (나)는 그림 (가)에 대한 회로도를 나타낸 것이다. 전류 I_1(A)과 I_2(A)를 각각 구하고, 풀이 과정과 함께 쓰시오. 그리고 저항 2(Ω)에서 소비되는 전력 P(W)를 구하시오. (단, "①"은 독립 전류원, "⊕"은 독립 전압원이며, 전원과 도선의 내부 저항은 무시한다.) [4점]

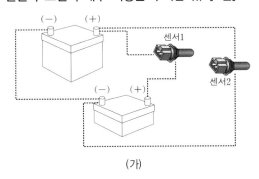

(가)

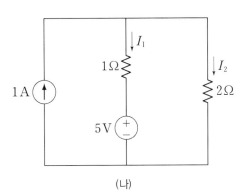

(나)

08

그림은 물속에 일부가 잠겨 있는 상자가 크레인에 매달려 있는 상태와 상자의 치수를 나타낸 것이다. 〈조건〉을 고려하여 상자의 AB면에 수직하게 작용하는 힘 F_1(kN)과 크레인에 작용하는 인장력 F_2(kN)를 각각 구하고, 풀이 과정과 함께 쓰시오. [4점]

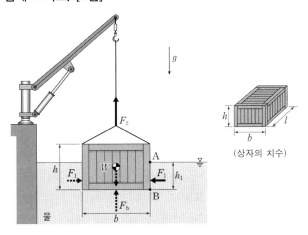

(상자의 치수)

> ≫ 조건 ≪

- 상자는 직육면체이며, 폭 $b = 1.5$(m), 높이 $h = 1$(m), 길이 $l = 2$(m), 상자 무게 $W = 20$(kN)
- 상자 바닥으로부터 수면까지의 높이 $h_1 = 0.6$(m)으로 일정하다.
- 물의 비중량 $\gamma = 10,000$(kg/(m²·s²))으로 계산한다.
- 대기압에 의한 영향은 고려하지 않는다.
- F_b는 상자 바닥면에 작용하는 힘이다.
- 물은 정지 상태이며, 표면장력은 고려하지 않는다.
- 상자는 균질하다고 가정한다.
- 주어진 조건 외에는 고려하지 않는다.

09

그림은 비례제어기가 적용된 폐루프 제어 시스템(closed-loop control system)의 블록선도를 나타낸 것이다. 〈조건〉을 고려하여 전달함수 $\dfrac{Y(s)}{R(s)}$ 의 극점(pole)이 $-1 \pm 2j$가 되도록 하는 이득(gain) K를 구하고, 풀이 과정과 함께 쓰시오. 그리고 이 경우 단위계단(unit step) 입력에 대한 출력의 정상상태 오차(steady state error)를 구하고, 풀이 과정과 함께 쓰시오. [4점]

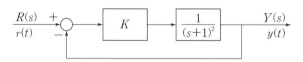

> ▶ 조건 ◀
>
> • $r(t)$는 입력, $y(t)$는 출력이고, $R(s)$와 $Y(s)$는 각각 $r(t)$와 $y(t)$의 라플라스 변환이다.
> • $0 < K < \infty$ 이고 $j = \sqrt{-1}$ 이다.
> • 주어진 조건 외에는 고려하지 않는다.

10

그림 (가)는 원형 단면을 갖는 어떤 금속의 인장 시험편에 대한 응력-변형률 곡선이며, 그림 (나)는 시험 전과 선형 탄성변형 후 상태(A점)에 해당하는 시험편 형상 일부를 나타낸 것이다. 〈조건〉을 고려하여 푸아송 비(Poisson's ratio) ν를 구하고, 풀이 과정과 함께 쓰시오. [2점]

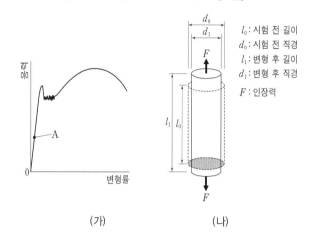

l_0 : 시험 전 길이
d_0 : 시험 전 직경
l_1 : 변형 후 길이
d_1 : 변형 후 직경
F : 인장력

(가)　　　　　(나)

> ▶ 조건 ◀
>
> • 원형 단면 시험편의 시험 전 길이 $l_0 = 50\,(\text{mm})$, 직경 $d_0 = 12.8\,(\text{mm})$
> • 변형 전·후 길이 변화 $l_1 - l_0 = 5.0 \times 10^{-2}\,(\text{mm})$, 직경 변화 $d_1 - d_0 = -3.84 \times 10^{-3}\,(\text{mm})$
> • 시험편은 균질한 등방성 재료이다.
> • 주어진 조건 외에는 고려하지 않는다.

11

그림은 한쪽이 벽에 고정되어 있는 직사각형 단면을 가진 압출관이 다른 한쪽에서 y축에 대한 굽힘모멘트 M_y를 받고 있는 상태를 나타낸 것이다. 〈조건〉을 고려하여 압출관에 발생하는 z축 방향의 최대 굽힘응력 $\sigma_{\max}$(MPa)를 구하고, 풀이 과정과 함께 쓰시오. 그리고 중립축의 곡률반지름 ρ(m)를 구하고, 풀이 과정과 함께 쓰시오. [4점]

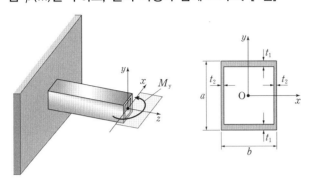

▶ 조건 ◀

- 단면 치수 $a = 120\,(\mathrm{mm})$, $b = 100\,(\mathrm{mm})$,
  $t_1 = 10\,(\mathrm{mm})$, $t_2 = 5\,(\mathrm{mm})$
- 굽힘모멘트 $M_y = 10\,(\mathrm{kN \cdot m})$, 탄성계수 $E = 165\,(\mathrm{GPa})$
- $(90)^3 = 72 \times 10^4$ 으로 계산한다.
- 압출관은 탄성상태이며, 순수 굽힘만 고려한다.
- 필릿(fillet)에 의한 영향은 고려하지 않는다.
- 주어진 조건 외에는 고려하지 않는다.

12

그림은 인벌류트(involute) 치형을 갖는 표준 스퍼기어(spur gear)가 맞물려 동력을 전달하는 상태를 나타낸 것이다. 기어 이(tooth)의 접촉력 W_n은 기어의 피치원에서 기어 잇면에 법선 방향으로 작용하며, 피치원의 접선 방향 회전력 W_t와 반경 방향 분력 W_s로 나뉜다. 기어가 회전속도 N_g로 회전하면서 동력 H를 전달할 때, 〈조건〉을 고려하여 W_t(N)와 W_s(N)를 각각 구하고, 풀이 과정과 함께 쓰시오. [4점]

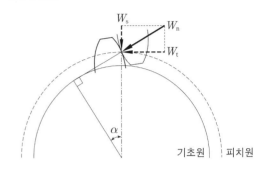

▶ 조건 ◀

- 기어 잇수 $Z = 30$, 모듈 $m = 5\,(\mathrm{mm})$,
  압력각 $\alpha = 20\,^\circ$
- 회전속도 $N_g = 500\,(\mathrm{rpm})$, 동력 $H = 3\,(\mathrm{kW})$
- $\tan(20\,^\circ) = 0.36$, $\pi = 3$으로 계산한다.
- 기어가 맞물릴 때, 한 쌍의 기어 이만 접촉한다고 가정한다.
- 주어진 조건 외에는 고려하지 않는다.

13

그림 (가)는 3축 머시닝센터 이송기구의 모형도이고, 그림 (나)는 홈 형상을 가공하기 위한 NC 프로그램과 가공이 완료된 공작물 형상을 나타낸 것이다. 〈조건〉을 고려하여 ㉠ 명령에서 지시된 위치까지 테이블을 이송하는 데 필요한 x축 서보모터의 총 회전수 N_s(rev)를 구하고, 풀이 과정과 함께 쓰시오. 그리고 ㉡ 명령을 수행하는 데 소요되는 가공시간 T_m(min)을 구하고, 풀이 과정과 함께 쓰시오. [4점]

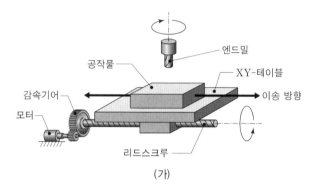

(가)

```
N010  O1234 ;
N020  G40 G49 G80 ;
N030  G92 X0 Y0 Z100.0 S1500 M03 ;
N040  G91 G00 Z-97.0 M08 ;
N050  G01 Z-13.0 F40 ;
N060  ㉠ X250.0 F300 ;
N070  ㉡ G03 Y100.0 J50.0 ;
N080  G01 X-250.0 ;
N090  Y-100.0 ;
N100  G00 Z110.0 M09 ;
N110  M05 ;
N120  M02 ;
```

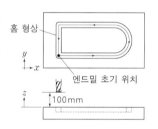

홈 형상

엔드밀 초기 위치

100mm

(나)

> ▶ 조건 ◀
> • 리드스크루(leadscrew)의 리드(lead) $L = 2$(mm)
> • 모터 축과 리드스크루 간의 기어감속비 $r_g = 4$
> • $\pi = 3$으로 계산한다.
> • 주어진 조건 외에는 고려하지 않는다.

14

그림은 표준 트위스트 드릴(twist drill)로 판재에 구멍을 가공하는 공정의 일부를 나타낸 것이다. 이 드릴 가공 공정에서 소재제거율(material removal rate) U_r을 12(cm³/min)로 할 때, 〈조건〉을 고려하여 드릴의 1회전당 이송량 f_r(mm/rev)과 가공시간 T_m(min)을 각각 구하고, 풀이 과정과 함께 쓰시오. [4점]

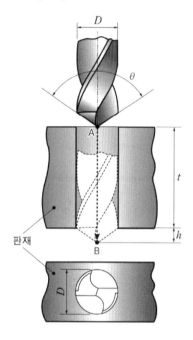

> ▶ 조건 ◀
> • 드릴 직경 $D = 20$(mm), 선단각 $\theta = 118°$, 판재의 두께 $t = 54$(mm)
> • 드릴의 절삭속도 $V = 12$(m/min)
> • h는 선단부의 원추 높이이다.
> • $\tan(31°) = 0.6$, $\pi = 3$으로 계산한다.
> • 가공 시간 T_m(min)은 드릴 선단이 판재와 접촉하는 순간(A점)부터 드릴이 구멍을 완전히 관통하는 순간(B점)까지 걸리는 시간으로 한다.
> • 주어진 조건 외에는 고려하지 않는다.

PART

11

15

그림 (가)는 4행정 사이클로 작동되는 4기통 디젤엔진과 실린더의 개략도이고, 그림 (나)는 엔진 성능곡선을 나타낸 것이다. 연료소비율이 가장 낮은 속도로 엔진이 구동될 때, 그림 (나)와 〈조건〉을 고려하여 엔진의 1분당 배기량 $V_n(l$ /min)과 제동 출력 P_b(kW)를 각각 구하고, 풀이 과정과 함께 쓰시오. [4점]

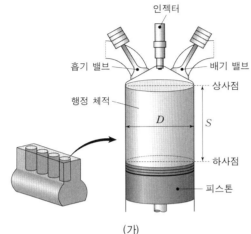

(가)

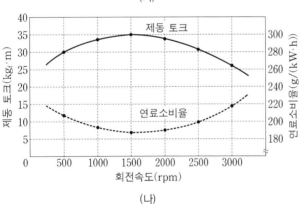

(나)

> ◆ 조건 ◆
- 실린더 직경 $D = 80$(mm), 행정 $S = 90$(mm), 기통수 $Z = 4$
- $\pi = 3$으로 계산한다.
- 중력가속도 $g = 10$(m/s^2)으로 계산한다.
- 흡입 체적은 실린더의 행정 체적과 동일하다고 가정한다.
- 주어진 조건 외에는 고려하지 않는다.

16

그림은 사이펀(siphon)을 사용하여 수영장의 물을 유출하고 있는 모습을 나타낸 것이다. 〈조건〉을 고려하여 노즐 B에서 유출되는 물의 속도 V_B(m/s)와 C점에서의 속도 V_C (m/s)를 각각 구하고, 풀이 과정과 함께 쓰시오. [4점]

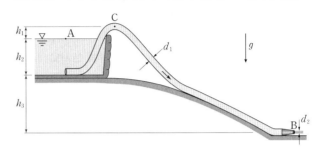

> ◆ 조건 ◆
- $h_1 = 0.5$(m), $h_2 = 2$(m), $h_3 = 3$(m)
- 사이펀의 내경 $d_1 = 0.1$(m)로 일정하고, 노즐 출구의 내경 $d_2 = 0.05$(m)이다.
- 물의 밀도 $\rho = 1,000$(kg/m^3), 중력가속도 $g = 10$ (m/s^2)으로 계산한다.
- 수영장은 충분히 커서 A지점의 수면 높이 h_2는 변하지 않는다고 가정한다.
- 사이펀 내의 유동은 비압축성, 비점성으로 가정한다.
- 사이펀 내부와 출구 단면에서의 속도 및 압력 분포는 균일하다고 가정한다.
- 주어진 조건 외에는 고려하지 않는다.

17

그림은 주택을 난방하기 위한 열펌프(heat pump) 시스템의 개략도를 나타낸 것이다. 주택의 손실 열량만큼 열펌프로 열을 공급하여 실내 온도를 21℃로 일정하게 유지하려고 한다. 겨울철 대기 온도가 −3℃일 때, 〈조건〉을 고려하여 열펌프의 압축기에 필요한 최소 동력 $\dot{W}$(kW)와 주택의 시간당 손실 열량 $\dot{Q}$(kJ/h)를 각각 구하고, 풀이 과정과 함께 쓰시오. [4점]

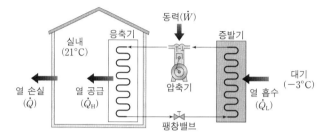

▶ 조건 ◀

- 열펌프는 모든 과정이 가역인 이상적인 역카르노 사이클(reversed Carnot cycle)로 작동한다.
- 대기(−3℃)로부터의 시간당 흡수 열량 $\dot{Q}_L = 81,000$ (kJ/h)이다.
- 절대온도 $T(K) = T(^\circ C) + 273$으로 계산한다.
- 주어진 조건 외에는 고려하지 않는다.

01

그림은 최대 실체 공차 방식을 적용하여 기계부품을 가공하기 위한 도면의 일부를 나타낸 것이다. 축의 최대 실체 치수(MMS, maximum material size)와 최대 실체 치수로 가공 시 허용되는 축의 직각도 공차를 각각 쓰시오. [2점]

02

다음은 황동의 냉간가공 및 풀림(annealing)을 설명한 것이다. 그림 (가)는 냉간가공량에 따른 금속의 기계적 성질과 결정립 크기의 변화를 나타낸 것이고, 그림 (나)는 풀림 열처리 온도에 따른 금속의 기계적 성질과 결정립 크기의 변화를 나타낸 것이다. 괄호 안의 ㉠, ㉡에 해당하는 용어를 순서대로 쓰시오. [2점]

○ 황동과 같은 연성금속을 재결정(recrystallization) 온도 이하에서 냉간가공하면, 냉간가공량이 증가할수록 경도 및 강도가 증가하고 연신율은 감소한다. 이러한 현상을 (㉠)(이)라 한다. (㉠)은/는 냉간가공 중 변형이 증가함에 따라 금속 내부의 전위(dislocation) 밀도가 증가하고 전위의 이동이 방해되어 발생한다.

○ (㉠)에 의해 변화된 금속의 기계적 성질 및 미세구조는 풀림 열처리를 통해 가공 전의 상태로 돌아갈 수 있다. 풀림에서 금속의 기계적 성질과 미세구조의 변화는 다음과 같이 구분된다.
  • I영역 – (㉡) : 기계적 성질이나 미세조직의 변화가 거의 나타나지 않으나 가공에 의해 형성된 잔류응력이 감소하는 구간
  • II영역 – 재결정 : 새로운 결정립을 형성하는 구간
  • III영역 – 결정립 성장(grain growth): 재결정이 완료된 후 결정립이 성장을 계속하는 구간

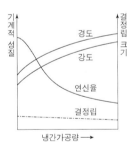

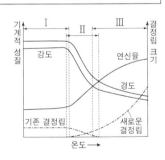

03

그림 (가)와 (나)는 이상적인 가솔린엔진 사이클의 $R-V$ 선도와 $T-s$ 선도를 각각 나타낸 것이다. 〈조건〉을 고려하여 단열과정의 시작 단계인 상태 ①에서 실린더 체적 V_1 (cm³)을 구하고, 풀이 과정과 함께 쓰시오. 그리고 정적과정 ④ → ① 사이에서의 열방출량 Q_{out} (kJ)을 구하고, 풀이 과정과 함께 쓰시오. [4점]

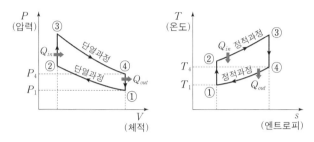

> ▶ 조건 ◀
- 가솔린엔진의 작동유체는 이상기체로 가정한다.
- $T_1 = 300\,(\mathrm{K})$, $T_4 = 400\,(\mathrm{K})$, $P_4 = 200\,(\mathrm{kPa})$
- 작동유체의 질량 $m = 0.01\,(\mathrm{kg})$, 기체상수 $R = 0.287$ $(\mathrm{kJ/kg \cdot K})$, 정적비열 $C_V = 0.7\,(\mathrm{kJ/kg \cdot K})$
- Q_{in}과 Q_{out}은 각각 열공급량과 열방출량이다.
- 주어진 조건 외에는 고려하지 않는다.

04

그림 (가)는 반지름 r의 홈(groove)이 있는 원형 단면 축에 축하중 P가 가해진 상태를 나타낸 것이다. 그림 (나)는 홈에서의 축 지름 d와 홈 반지름 r의 비율에 따른 홈에서의 응력 집중계수 K의 변화를 나타낸 것이다. 〈조건〉을 고려하여 홈에서의 응력 집중계수 K_g를 구하고, 풀이 과정과 함께 쓰시오. 그리고 이 축에서 발생하는 최대 응력이 허용 인장응력을 초과하지 않도록 하는 최대 허용 축하중 $P_{\max}$ (kN)를 구하고, 풀이 과정과 함께 쓰시오. [4점]

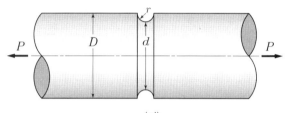

(가)

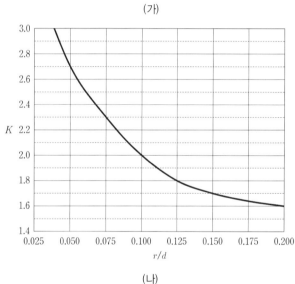

(나)

> ▶ 조건 ◀
- $D = 150\,(\mathrm{mm})$, $r = 15\,(\mathrm{mm})$
- 허용 인장응력 $\sigma_a = 100\,(\mathrm{MPa})$
- $\pi = 3$으로 계산한다.
- 주어진 조건 외에는 고려하지 않는다.

05

그림은 편심하중을 받는 겹치기 리벳 이음 구조물을 나타낸 것이다. 〈조건〉을 고려하여 편심하중 P에 의해 리벳에서 발생하는 최소 합성전단력의 크기 $R_{\min}$(kgf)을 구하고, 풀이 과정과 함께 쓰시오. 그리고 리벳의 허용 전단응력 Ta를 초과하지 않는 리벳의 최소 지름 $d_{\min}$(mm)을 구하고, 풀이 과정과 함께 쓰시오. [4점]

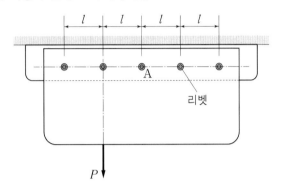

06

그림 (가)와 (나)는 어떤 전기장치의 개략적인 구조와 회로 기호를 각각 나타낸 것이다. 그림 (다)는 출력 전압 v_2의 파형을 나타낸 것이다. 〈조건〉을 고려하여 이 전기장치의 명칭과 입력 전압 v_1의 주파수 f(Hz)를 각각 쓰시오. 그리고 v_2의 최댓값이 200(V)일 때, v_1의 최댓값 $v_{\max}$(V)를 구하고, 풀이 과정과 함께 쓰시오. [4점]

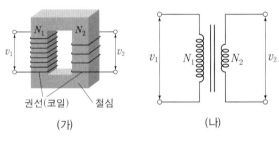

권선(코일)　철심

(가)　　　　　　　(나)

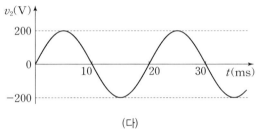

(다)

07

그림은 공기가 흐르고 있는 원형 단면의 수평 배관에 피토정압관(Pitot–static tube)과 액주계가 설치된 상태를 나타낸 것이다. 액주계에 나타난 계기유체의 높이차 $h = 4.5$ (mm)일 때, 〈조건〉을 고려하여 피토정압관에서 발생하는 압력차 $\triangle P$(Pa)를 구하고, 풀이 과정과 함께 쓰시오. 그리고 배관을 흐르는 공기의 유속 V(m/s)를 구하고, 풀이 과정과 함께 쓰시오. [4점]

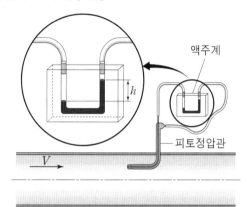

> ➤ 조건 ◀
> • 공기의 밀도 $\rho_a = 1.2$ (kg/m³)
> • 계기유체의 밀도 $\rho_g = 12,000$ (kg/m³)
> • 중력가속도 $g = 10$ (m/s²)으로 계산한다.
> • 공기는 정상상태, 비점성 유동이다.
> • 공기와 계기유체는 비압축성 유체로 가정한다.
> • 계기유체의 높이차 h는 피토정압관에서 발생하는 압력차에 의해서만 나타난다.
> • 주어진 조건 외에는 고려하지 않는다.

08

그림은 질량–스프링으로 이루어진 기계시스템을 나타낸 것이다. 질량 M에 작용하는 힘 $f(t)$(N)가 입력이고 질량 M의 변위 $y(t)$(m)가 출력일 때, 〈조건〉을 고려하여 이 기계시스템의 전달함수 $G(s)$를 구하고, 풀이 과정과 함께 쓰시오. 그리고 입력 $f(t) = 8$(N)일 때, 출력 $y(t)$의 최댓값 $y_{\max}$(m)를 구하고, 풀이 과정과 함께 쓰시오. [4점]

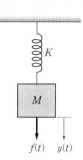

> ➤ 조건 ◀
> • 질량 $M = 1$ (kg), 스프링 상수 $K = 64$ (N/m)
> • s는 라플라스 변수이다.
> • 초기 조건 $y(0) = 0$, $\left. \dfrac{dy}{dt} \right|_{t=0} = 0$
> • 중력의 영향은 고려하지 않는다.
> • 주어진 조건 외에는 고려하지 않는다.

09

다음은 밀링머신에 의한 절삭가공을 설명한 것이다. 괄호 안의 ㉠에 해당하는 용어와 ㉡에 해당하는 값을 순서대로 쓰시오. [2점]

- 밀링가공에서 아래 그림과 같이 절삭날의 회전 방향과 반대 방향으로 공작물을 이송하며 절삭하는 것을 (㉠)(이)라 한다. 절삭날의 회전 방향과 공작물의 이송 방향이 동일한 절삭 방법과 비교할 때, (㉠)은/는 백래쉬(back lash)가 자연스럽게 제거되며, 칩이 절삭날을 방해하지 않는 장점이 있다. 반면, 절삭날의 마멸이 심해 공구 수명이 저하되는 단점이 있다.

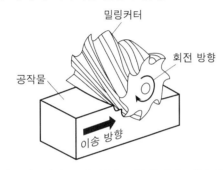

- 560(mm/min)으로 테이블을 이송하면서 1개당 절삭량이 0.2(mm/tooth)인 8날 밀링커터를 이용하여 공작물을 가공할 때, 이 밀링커터의 분당 회전수는 (㉡)(rpm)이다.

10

그림은 양단 A와 B가 완전 고정된 중공축을 나타낸 것이다. C 위치에서의 비틀림 모멘트 T에 의해 비틀림 각 θ가 발생하였다. 〈조건〉을 고려하여 비틀림 모멘트 T_A에 대한 비틀림 모멘트 T_B의 크기의 비(T_B / T_A)를 구하고, 풀이 과정과 함께 쓰시오. 그리고 중공축에 발생하는 최대 전단응력 $\tau_{\max}$(MPa)를 구하고, 풀이 과정과 함께 쓰시오. [4점]

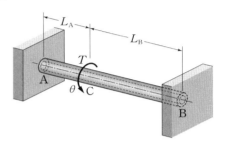

╺▶ 조건 ◀╸

- $L_A = 4\,(\mathrm{m})$, $L_B = 8\,(\mathrm{m})$
- 중공축의 바깥지름 $d_o = 40\,(\mathrm{mm})$
- C 위치에서의 비틀림 각 $\theta = 3°$
- 중공축 전단 탄성계수(shear modulus of elasticity) $G = 100\,(\mathrm{GPa})$
- $\pi = 3$으로 계산한다.
- T_A와 T_B는 각각 A와 B에서의 비틀림 모멘트이다.
- 중공축은 순수 비틀림과 탄성변형을 한다.
- 주어진 조건 외에는 고려하지 않는다.

11

그림 (가)는 회전속도 N으로 회전하는 축을 지지하는 안지름 d_1, 바깥지름 d_2인 칼라 저널 베어링(collar journal bearing)의 개략도를 나타낸 것이고, 그림 (나)는 베어링의 접촉면을 나타낸 것이다. 베어링에 가해지는 축방향 하중이 P일 때, 〈조건〉을 고려하여 접촉면의 평균 압력 p (kg_f/mm^2)를 구하고, 풀이 과정과 함께 쓰시오. 그리고 발열계수 $pv = 0.3$($kg_f/mm^2 \cdot m/s$)일 때, 축의 최대 허용 회전속도 N_{max}(rpm)를 구하고, 풀이 과정과 함께 쓰시오. [4점]

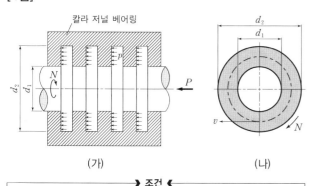

| 칼라 저널 베어링 |
| (가) (나) |

조건

- $d_1 = 100$(mm), $d_2 = 200$(mm)
- $P = 1,800$(kg_f), 칼라 개수 $Z = 4$
- $\pi = 3$으로 계산한다.
- 각 칼라 접촉면의 평균 압력 p는 동일하며 균일하다.
- 칼라 저널 베어링의 평균속도(v)는 접촉면의 평균 반지름에서의 원주속도이다.
- 주어진 조건 외에는 고려하지 않는다.

12

아래는 CNC선반으로 축을 가공하기 위한 NC프로그램의 일부이며, 〈자료〉는 이 프로그램에 사용된 일부 명령어에 대해 설명한 것이다. 〈자료〉의 괄호 안의 ㉠, ㉡에 해당하는 용어를 순서대로 쓰시오. 그리고 홈 가공 중 휴지시간 (dwell time) 동안 회전하는 주축의 회전수 N_s(rev)를 구하고, 풀이 과정과 함께 쓰시오. [4점]

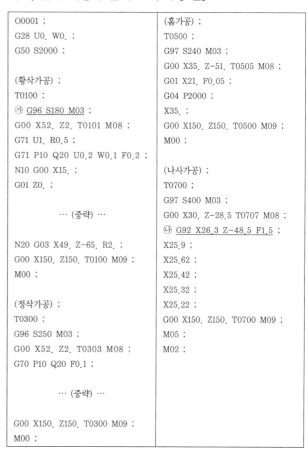

```
O0001 ;                          (홈가공) ;
G28 U0. W0. ;                    T0500 ;
G50 S2000 ;                      G97 S240 M03 ;
                                 G00 X35. Z-51. T0505 M08 ;
(황삭가공) ;                      G01 X21. F0.05 ;
T0100 ;                          G04 P2000 ;
㉮ G96 S180 M03 ;                X35. ;
G00 X52. Z2. T0101 M08 ;         G00 X150. Z150. T0500 M09 ;
G71 U1. R0.5 ;                   M00 ;
G71 P10 Q20 U0.2 W0.1 F0.2 ;
N10 G00 X15. ;                   (나사가공) ;
G01 Z0. ;                        T0700 ;
                                 G97 S400 M03 ;
   … (중략) …                    G00 X30. Z-28.5 T0707 M08 ;
                                 ㉯ G92 X26.3 Z-48.5 F1.5 ;
N20 G03 X49. Z-65. R2. ;         X25.9 ;
G00 X150. Z150. T0100 M09 ;      X25.62 ;
M00 ;                            X25.42 ;
                                 X25.32 ;
(정삭가공) ;                      X25.22 ;
T0300 ;                          G00 X150. Z150. T0700 M09 ;
G96 S250 M03 ;                   M05 ;
G00 X52. Z2. T0303 M08 ;         M02 ;
G70 P10 Q20 F0.1 ;

   … (중략) …

G00 X150. Z150. T0300 M09 ;
M00 ;
```

자료

- NC프로그램에서 '㉮ G96 S180 M03'은 (㉠)이/가 일정하게 유지될 수 있도록 주축의 회전속도를 제어하는 명령이다. 공작물의 지름이 바뀌면 바이트 인선 위치에 따라 (㉠)이/가 일정하게 유지되도록 주축의 회전속도가 변한다.
- M27×1.5 나사를 가공하기 위해서 NC프로그램에서 '㉯ G92 X26.3 Z-48.5 F1.5'를 사용하고 있다. 여기서 'F1.5'의 F는 이송을 의미하며, 1.5는 나사의 (㉡)을/를 지정한 것이다.

13

그림은 샤워기에 사용되는 온수와 냉수의 혼합실 개략도를 나타낸 것이다. 파이프 ①을 통해 공급된 온도 T_1인 온수가 파이프 ②로 공급된 온도 T_2인 냉수와 혼합될 때, 〈조건〉을 고려하여 혼합된 물의 출구 온도가 T_3이 되기 위해 필요한 냉수의 질량유량 $\dot{m}_2$(kg/s)를 구하고, 풀이 과정과 함께 쓰시오. 그리고 파이프 ①의 직경 $D_1 = 0.04$(m)일 때, 온수 속도 V_1(m/s)을 구하고, 풀이 과정과 함께 쓰시오. [4점]

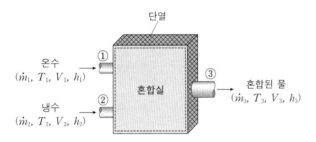

● 조건 ●

- 온수의 질량유량 $\dot{m}_1 = 0.3$(kg/s)
- T_1, T_2, T_3에서 물의 비엔탈피(specific enthalpy)는 각각 $h_1 = 250$(kJ/kg), $h_2 = 70$(kJ/kg), $h_3 = 170$ (kJ/kg)이다.
- 물의 밀도 $\rho = 1,000$(kg/m^3)으로 일정하다고 가정한다.
- $\pi = 3$으로 계산한다.
- 혼합실은 정상상태(steady state)로 가정한다.
- 혼합실에서는 열손실과 일이 없다고 가정한다.
- 혼합실에서 운동에너지와 위치에너지의 변화는 무시한다.
- 혼합실에서 물의 압력은 모두 동일하다.
- 주어진 조건 외에는 고려하지 않는다.

14

그림은 자동차 바퀴에 설치된 디스크 브레이크 장치의 개략도 일부를 나타낸 것이다. 브레이크 페달에 힘 F를 가했을 때, 〈조건〉을 고려하여 마스터 실린더에서 발생하는 유압 P(kPa)를 구하고, 풀이 과정과 함께 쓰시오. 그리고 마찰 패드에 의해 디스크에 작용하는 제동력 F_D (N)를 구하고, 풀이 과정과 함께 쓰시오. [4점]

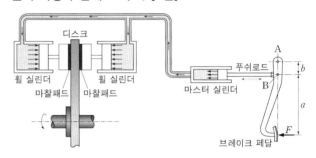

● 조건 ●

- $F = 200$(N), $a = 20$(cm), $b = 4$(cm)
- 마스터 실린더 단면적 $A_m = 6$(cm^2)
- 휠 실린더 1개의 단면적 $A_w = 12$(cm^2)
- 마찰패드와 디스크 사이의 마찰계수 $\mu = 0.25$
- 브레이크 페달에 가해지는 힘 F는 힌지 A를 중심으로 회전력으로 작용하고, 이 회전력은 힌지 B에서 푸쉬로드(push rod)에 수평력을 발생시킨다.
- 유압 라인 내 유체의 밀도와 질량은 변하지 않는다.
- 실린더 간 높이 차이와 유압 라인의 길이 차이에 의한 영향은 모두 무시한다.
- 주어진 조건 외에는 고려하지 않는다.

15

그림은 물이 흐르고 있는 수평 원형 배관에 설치된 벤투리미터(Venturi meter)를 나타낸 것이다. 벤투리미터의 고압부 A와 저압부 B에는 압력 측정을 위해 압력계가 각각 설치되어 있다. 〈조건〉을 고려하여 고압부 A에서의 유속 V_A (m/s)를 구하고, 풀이 과정과 함께 쓰시오. 그리고 체적유량 Q(m³/s)를 구하고, 풀이 과정과 함께 쓰시오. [4점]

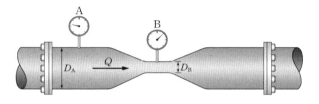

▶ 조건 ◀

- 물의 밀도 $\rho = 1,000\,(\text{kg/m}^3)$
- 2개의 압력계로부터 측정된 압력차 $P_A - P_B = 5.1\,(\text{kPa})$
- 고압부 A와 저압부 B에서 벤투리미터의 직경은 각각 $D_A = 16\,(\text{cm})$, $D_B = 4\,(\text{cm})$
- $\pi = 3$으로 계산한다.
- 물은 비점성·비압축성 유체이며, 정상상태(steady state)에서 원형 배관 내를 흐른다.
- 주어진 조건 외에는 고려하지 않는다.

16

그림 (가)와 (나)는 이상적인 증기압축식 냉동사이클로 작동하는 냉동기의 개념도와 $T-s$ 선도를 각각 나타낸 것이다. 냉동기의 압축기에 동력 $\dot{W} = 2\,(\text{kW})$가 공급될 때, 〈조건〉을 고려하여 냉동실로부터의 열흡수율 $\dot{Q}_e$(kW)를 구하고, 풀이 과정과 함께 쓰시오. 그리고 냉동기의 성능계수 COP를 구하고, 풀이 과정과 함께 쓰시오. [4점]

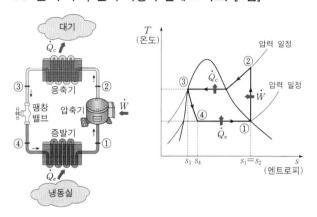

▶ 조건 ◀

- 사이클 내 모든 구성 요소에서의 질량유량 $\dot{m} = 0.05$ (kg/s)
- 과정 ②와 ④에서의 비엔탈피(specific enthalpy)는 각각 $h_2 = 285.5\,(\text{kJ/kg})$, $h_4 = 85.5\,(\text{kJ/kg})$이다.
- $\dot{Q}_c$와 $\dot{Q}_e$는 각각 열방출율과 열흡수율이다.
- 냉동기의 모든 구성 요소는 정상상태(steady state)로 가정한다.
- 압축기에서 열손실은 무시한다.
- 냉동기의 모든 구성 요소에서 운동에너지와 위치에너지의 변화는 무시한다.
- 냉동기의 모든 배관에서 압력손실과 열손실은 무시한다.
- 증발기와 응축기는 모두 정압과정에서 작동한다고 가정한다.
- 주어진 조건 외에는 고려하지 않는다.

정영식
임용기계
기출문제집

정답 및 해설

Chapter 01 **하중, 응력, 변형률**

본문 p.16~19

01

정답 200kg_f

해설 $L = 2\text{m} = 200\text{cm}$, $A = 2\text{cm}^2$, $\triangle L = 0.01\text{cm}$,

$E = 2 \times 10^6 \text{kg}_f / \text{cm}^2$

$\triangle L = \dfrac{PL}{AE}$

$P = \dfrac{\triangle L \times A \times E}{L} = \dfrac{0.01 \times 2 \times 2 \times 10^6}{200} = 200 (\text{kg}_f)$

02

정답 ③

해설 ㄱ. (A)의 신장량 $\delta_A = \dfrac{Pl}{A_A E} = \dfrac{Pl}{\dfrac{\pi d^2}{4} E}$

(B)의 신장량 $\delta_B = \dfrac{2Pl}{A_B E} = \dfrac{2 \times Pl}{\dfrac{\pi (2d)^2}{4} E}$

$= \dfrac{2Pl}{\dfrac{4\pi d^2}{4} E} = \dfrac{1}{2} \times \dfrac{Pl}{\dfrac{\pi d^2}{4} E}$

$= \dfrac{1}{2} \times \delta_A$

$\therefore \delta_A = 2\delta_B$

ㄴ. (A)의 변형율 $\epsilon_A = \dfrac{\delta_A}{l} = \dfrac{2\delta_B}{l} = 2 \times \epsilon_B$

(B)의 변형율 $\epsilon_B = \dfrac{\delta_B}{l}$

ㄷ. (A)의 인장응력 $\sigma_A = \dfrac{P}{A_A} = \dfrac{P}{\dfrac{\pi d^2}{4}}$

(B)의 인장응력 $\sigma_B = \dfrac{2P}{A_B} = \dfrac{2P}{\dfrac{\pi (2d)^2}{4}}$

$= \dfrac{1}{2} \times \dfrac{P}{\dfrac{\pi d^2}{4}} = \dfrac{1}{2} \times \sigma_A$

$\therefore \sigma_A = 2\sigma_B$

ㄹ. (A)의 탄성변형에너지 $U_A = \dfrac{1}{2} P\delta_A$

(B)의 탄성변형에너지 $U_B = \dfrac{1}{2} (2P)\delta_B$

$= \dfrac{1}{2} (2P) \times \dfrac{1}{2} \delta_A$

$= \dfrac{1}{2} P\delta_A$

$\therefore U_A = U_B$

03

정답 $\epsilon = 1 \times 10^{-3}$, $E = 15 \times 10^{10} \text{N/m}^2$

해설 $\epsilon = \dfrac{\delta}{L} = \dfrac{1 \times 10^{-4}}{0.1} = 1 \times 10^{-3}$

$E = \dfrac{\sigma}{\epsilon} = \dfrac{P}{A \times \epsilon} = \dfrac{45000}{3 \times 10^{-4} \times 10^{-3}}$

$= 15 \times 10^{10} (\text{N/m}^2)$

04

정답 ②

해설
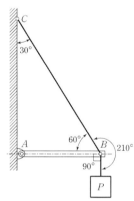

$\dfrac{P}{\sin 60} = \dfrac{F_{BC}}{\sin 90} = \dfrac{F_{AB}}{\sin 210}$

$F_{BC} = \dfrac{P}{\sin 60} \times \sin 90 = \dfrac{P}{\dfrac{\sqrt{3}}{2}} \times 1$

$= \dfrac{2}{\sqrt{3}} P = \dfrac{2\sqrt{3}}{3} P$ (인장하중)

$F_{AB} = \dfrac{P}{\sin 60} \times \sin 210 = \dfrac{P}{\dfrac{\sqrt{3}}{2}} \times \left(-\dfrac{1}{2} \right)$

$= -\dfrac{1}{\sqrt{3}} P = -\dfrac{\sqrt{3}}{3} P$ (압축하중)

05

정답 ②

해설 $\sigma_Y = \dfrac{F_Y}{A} = \dfrac{4500}{1.5 \times 20} = 150(\text{N/mm}^2) = 150(\text{MPa})$

$E = \dfrac{\sigma}{\epsilon} = \dfrac{150}{\dfrac{0.1}{50}} = 75000(\text{MPa}) = 75(\text{GPa})$

$\epsilon_L = \dfrac{L' - L}{L} = \dfrac{70 - 50}{50} = 0.4 = 40(\%)$

06

모범답안 직선 OP의 기울기가 의미하는 기계적 성질의 명칭은 재료의 수직 탄성계수(E)이다.

항복하중 $F_y = \sigma_y \times A = 200 \times 78.5 = 15700(\text{N})$

07

모범답안 단면적 변형률 $\epsilon_A = \dfrac{\triangle A}{A}$

$= \dfrac{A - A'}{A}$

$= \dfrac{a^2 - a'^2}{a^2}$

$= \dfrac{a^2 - (a(1 - \epsilon_a))^2}{a^2}$

$= 1 - (1 - \epsilon_a)^2$

$= 1 - (1 - 2 \times 1 \times \epsilon_a + \epsilon_a^2)$

$= 2\epsilon_a$

$= 2\nu\epsilon$

단면적 변화량 $\triangle A = A \times 2\nu\epsilon = a^2 \times 2\nu\epsilon$

변화 후의 한 변의 길이

$a' = a - \triangle a = a - \epsilon_a a = a(1 - \epsilon_a)$

포와송비 $\nu = \dfrac{\epsilon_a}{\epsilon}$, $\epsilon_a = \nu\epsilon$

체적 변형률 $\epsilon_V = \dfrac{\triangle V}{V}$

$= \dfrac{V' - V}{A}$

$= \dfrac{a'^2 l' - a^2 l}{a^2 l}$

$= \dfrac{\big((a(1 - \epsilon_a))^2 \times l(1 + \epsilon)\big) - a^2 l}{a^2 l}$

$= \big((1 - \epsilon_a)^2 (1 + \epsilon)\big) - 1$

$= (1 - 2 \times 1 \times \epsilon_a)(1 + \epsilon) - 1$

$= 1 + \epsilon - 2\epsilon_a - 2\epsilon_a\epsilon - 1$

$= \epsilon - 2\epsilon_a$

$= \epsilon - 2\nu\epsilon$

$= \epsilon(1 - 2\nu)$

변화 후의 체적

$\triangle V = V \times \epsilon(1 - 2\nu) = a^2 l \times \epsilon(1 - 2\nu)$

변화 후의 길이 $l' = l + \triangle l = l + \epsilon l = l(1 + \epsilon)$

세로 변형률 $\epsilon = \dfrac{\sigma}{E} = \dfrac{P}{AE} = \dfrac{200 \times 10^3}{100^2 \times 200 \times 10^3} = 10^{-4}$

단면적 변화량 $\triangle A = a^2 \times 2\nu\epsilon$
$= 100^2 \times (2 \times 0.3 \times 10^{-4})$
$= 0.6(\text{mm}^2)$

체적 변화량 $\triangle V = a^2 l \times \epsilon(1 - 2\nu)$
$= 100^2 \times 2000 \times 10^{-4} \times (1 - 2 \times 0.3)$
$= 800(\text{mm}^3)$

08

모범답안 공칭응력 σ : 단면적이 변하지 않는 조건으로 구한 응력
진응력 σ_T : 단면적이 변하는 조건으로 구한 응력

$\sigma = \dfrac{F}{A_o}$

$\sigma_T = \dfrac{F}{A} = \dfrac{F}{\dfrac{A_o}{(1 + \epsilon)}} = \sigma(1 + \epsilon)$

체적 $V = A_o l_o = Al$

$A = \dfrac{A_o l_o}{l} = \dfrac{A_o l_o}{l_o + l_o \times \epsilon} = \dfrac{A_o l_o}{l_o(1 + \epsilon)}$

$= \dfrac{A_o l_o}{l_o(1 + \epsilon)} = \dfrac{A_o}{(1 + \epsilon)}$

$\sigma_T = \sigma(1 + \epsilon)$

Chapter 02 재료의 정역학

본문p.20~21

01

정답 1) $\sigma_1 = \dfrac{P \times D}{2 \times t}$, 2) $\sigma_2 = \dfrac{P \times D}{4 \times t}$

해설 1) $W_1 = P \times D \times l$

$W_1 = \sigma_1 \times (2 \times t \times l)$

$P \times D \times l = \sigma_1 \times (2 \times t \times l)$

$\sigma_1 = \dfrac{P \times D \times l}{2 \times t \times l} = \dfrac{P \times D}{2 \times t}$

2) $W_2 = P \times \dfrac{\pi D^2}{4}$

$W_1 = \sigma_1 \times (\pi \times D \times t)$

$P \times D \times l = \sigma_2 \times (2 \times t \times l)$

$\sigma_2 = \dfrac{P \times \dfrac{\pi D^2}{4}}{\pi \times D \times t} = \dfrac{P \times D}{4 \times t}$

02

정답 $W = \dfrac{\sigma^2 AL}{2E}$

해설 $W = \dfrac{1}{2} P_1 \delta_1 = \dfrac{1}{2} P_1 \times \dfrac{P_1 L}{AE} \times \dfrac{A}{A} = \dfrac{\sigma^2 AL}{2E}$

03

정답 ④

해설 $t = \dfrac{PDs}{2\sigma_y \eta} + c = \dfrac{1 \times 1200 \times 4}{2 \times 600 \times 1} + 0 = 4 (\mathrm{mm})$

> **TIP**
>
> ❶ 안전률 $= \dfrac{\text{기준강도}}{\text{허용응력}} > 1$
>
> ❷ 기준강도
> 1) 항복점: 연성재료(연강: C함유량 0.12%~0.2%)가 상온에서 정하중을 받을 때 적용한다.
> 2) 극한강도(인장강도): 취성재료(주철: C함유량 2%~6.67%)가 상온에서 정하중을 받을 때 적용한다.
> 3) 크리프 한도: 고온에서 정하중(일정한 하중)을 받을 때 적용한다.
> 4) 피로강도: 반복하중을 받는 경우 적용한다.
> 5) 좌굴강도: 단면에 비해 길이가 긴 기둥
> 6) 저온 취성강도: 저온에서 정하중을 받을 때 적용한다.(저온에서 사용 되는 저장탱크 설계 시)

Chapter 03 Mohr's circle

본문p.22~24

01

모범답안 1) 전단응력의 식: $\tau_n = \dfrac{P_s}{A_n}$

$= \dfrac{P \sin\theta}{\dfrac{A_o}{\cos\theta}}$

$= \dfrac{P}{A_o} \times \sin\theta \cos\theta$

$= \dfrac{P}{A_o} \times \dfrac{\sin 2\theta}{2}$

$= \dfrac{\sigma_x}{2} \times \sin 2\theta$

$\therefore \sigma_x = \dfrac{P}{A_o}$

2) 최대전단경사각: $\theta_{\max} = 45^\circ$

3) 최대전단응력: $\tau_{\max} = \dfrac{\sigma_x}{2}$

> **TIP**
>
> - $\sin(\alpha \pm \beta) = \sin\alpha\cos\beta \pm \cos\alpha\sin\beta$
> - $\cos(\alpha \pm \beta) = \cos\alpha\cos\beta \mp \sin\alpha\sin\beta$
> - $\sin 2\theta = 2\sin\alpha\cos\beta$
> - $\cos^2\theta = \dfrac{1 + \cos 2\theta}{2}$
> - $\sin^2\theta = \dfrac{1 - \cos 2\theta}{2}$

02

모범답안 1) 모호원(Mohr's circle)을 작도

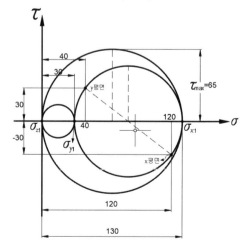

2) 세 축의 주응력

   x축 주응력 $\sigma_{x1} = 130\mathrm{MPa}$

   y축 주응력 $\sigma_{y1} = 30\mathrm{MPa}$

   z축 주응력 $\sigma_{z1} = 0\mathrm{MPa}$

   최대전단응력 $\tau_{\max} = 65\mathrm{MPa}$ (최대발생전단응력)

3) 최대전단응력기준(Maximum shear stress criterion, Tresca criterion) 안전 여부

   Tresca 최대전단응력

   $$\tau_{\max}' = \left|\frac{\sigma_y}{2}\right| = \frac{130}{2} = 75(\mathrm{MPa})$$

   $\therefore\ \tau_{\max} < \tau_{\max}'$ 안전하다.

03

정답 ④

해설 $\sigma_1 = \dfrac{\sigma_x + \sigma_y}{2} + \sqrt{\left(\dfrac{\sigma_x - \sigma_y}{2}\right)^2 + \tau_{xy}^2}$

$= \dfrac{1850 + 250}{2} + \sqrt{\left(\dfrac{1850 - 250}{2}\right)^2 + (-600)^2}$

$= 2050(\mathrm{kg_f/cm^2})$

$\sigma_2 = \dfrac{\sigma_x + \sigma_y}{2} - \sqrt{\left(\dfrac{\sigma_x - \sigma_y}{2}\right)^2 + \tau_{xy}^2}$

$= \dfrac{1850 + 250}{2} - \sqrt{\left(\dfrac{1850 - 250}{2}\right)^2 + (-600)^2}$

$= 50(\mathrm{kg_f/cm^2})$

$\sigma_1 + 3\sigma_2 = 2050 + 3 \times 50 = 2200(\mathrm{kg_f/cm})$

04

모범답안

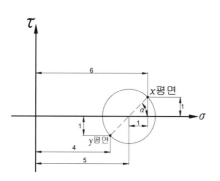

$\theta_1 = \dfrac{\alpha}{2} = \dfrac{45°}{2} = 22.5°$

시계방향으로 $-22.5°$로 회전되면 최대주응력 방향이 된다.

05

정답 1) $\tau_{xy} = 30\mathrm{MPa}$, 2) $\tau_{\max} = 65\mathrm{MPa}$

해설

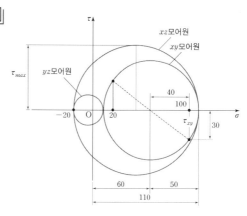

$\tau_{xy} = 30(\mathrm{MPa})$

$\tau_{\max} = \dfrac{130}{2} = 65(\mathrm{MPa})$

Chapter 05 | 비틀림

본문p.33

01

정답 1) 500000N/m^2, 2) $\dfrac{1}{1000}\text{rad}$

해설 최대전단응력

$$\tau_{\max} = \frac{T}{Z_p} = \frac{\dfrac{\pi}{32}}{\dfrac{\pi}{16} \times 0.01^3} = 500000(\text{N/m}^2)$$

비틀림각

$$\theta = \frac{TL}{GI_P} = \frac{\left(\dfrac{\pi}{32} \times 1000\right) \times 1000}{100 \times 10^3 \times \dfrac{\pi \times 10^4}{32}} = \frac{1}{1000}(\text{rad})$$

02

모범답안

$$H = T \times \omega, \ \text{토크} \ T = \frac{H}{\omega}\text{N·m}$$

$$T = \tau_a \times \frac{\pi d_2^3}{16}(1 - x^4)$$

$$d_2 = \sqrt[3]{\frac{16T}{\pi \tau_a (1 - x^4)}} = \sqrt[3]{\frac{16 \times \dfrac{H}{\omega}}{\pi \tau_a \left(1 - \left(\dfrac{1}{2}\right)^4\right)}}$$

$$= \sqrt[3]{\frac{16 \times \dfrac{H}{\omega}}{\pi \tau_a \dfrac{15}{16}}} = \sqrt[3]{\frac{16^2 \times H}{\pi \tau_a \times 15 \times \omega}}$$

$$= \left(\frac{16^2 \times H}{\pi \tau_a \times 15 \times \omega}\right)^{\frac{1}{3}} = 4 \times \left(\frac{4 \times H}{\pi \tau_a \times 15 \times \omega}\right)^{\frac{1}{3}}$$

Chapter 06 | 보(Beam)

본문p.34~37

01

정답 $R_A = 160\text{kg}_f$, $R_B = 240\text{kg}_f$

해설

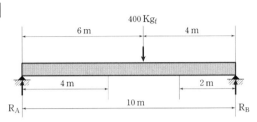

$$\sum F_y = 0 \ \uparrow \oplus$$
$$-400 + R_A + R_B = 0$$
$$400 = R_A + R_B$$

$$\sum M_A = 0 \ \curvearrowright \oplus$$
$$+400 \times 6 - R_B \times 10 = 0$$

$$R_B = 240\text{kg}_f$$
$$R_A = 160\text{kg}_f$$

02

정답 $M_{60} = 900\text{N·mm}$

해설

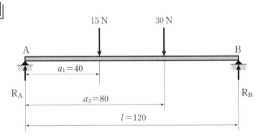

$$\sum F_y = 0 \ \uparrow \oplus$$
$$-15 - 30 + R_A + R_B = 0$$

$$R_A + R_B = 45\text{N}$$

$$\sum M_A = 0 \ \curvearrowright \oplus$$
$$+15 \times 40 + 30 \times 80 - R_B \times 120 = 0$$
$$\therefore R_B = 25\text{N}$$

$$\therefore R_A = 20\text{N}$$

이때 모멘트는 다음과 같다.

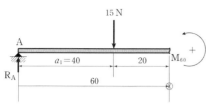

$$\sum M_{\otimes} = 0 \curvearrowleft \oplus$$
$$+ M_{60} + 15 \times 20 - R_A \times 60 = 0$$
$$M_{60} = + R_A \times 60 - 15 \times 20$$
$$\qquad = 20 \times 60 - 15 \times 20 = 900 (\text{N} \cdot \text{mm})$$

양(+)의 굽힘모멘트

$$\therefore M_{60} = 900\text{N} \cdot \text{mm}$$

03

모범답안

1) 전단력 및 굽힘모멘트 값

전단력	굽힘모멘트
왼쪽 단면 값: $\dfrac{\omega l}{2} = \dfrac{3 \times 200}{2} = 300(\text{kg}_f)$ 중앙 단면 값: 0kg_f 오른쪽 단면 값: $\dfrac{\omega l}{2} = \dfrac{3 \times 200}{2} = 300(\text{kg}_f)$	왼쪽 단면 값: $0\text{kg}_f \cdot \text{cm}$ 중앙 단면 값: $\dfrac{\omega l^2}{8} = \dfrac{3 \times 200^2}{8}$ $\qquad = 15000(\text{kg}_f \cdot \text{cm})$ 오른쪽 단면 값: $0\text{kg}_f \cdot \text{cm}$

2) 전단력 선도와 3) 굽힘모멘트 선도를 그리면 다음과 같다.

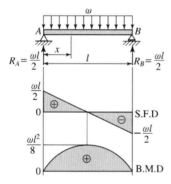

균일분포하중이 작용할 때

$$\sum F_y = 0$$

$$F_x = R_a - \omega x = \dfrac{\omega l}{2} - \omega x$$

$$F_x = 0 = \dfrac{\omega l}{2}$$

$$F_x = l = -\dfrac{\omega l}{2}$$

$$\sum M_x = 0$$

$$M_x + \dfrac{x}{2}(\omega x) - R_a x = 0$$

$$M_x = R_a x - \dfrac{\omega}{2} x^2 = \dfrac{\omega l}{2} x - \dfrac{\omega}{2} x^2$$

$$M_x = 0, \ M_x = l = 0$$

$$\therefore M_{\max} = M_x = \dfrac{l}{2} = \dfrac{\omega l^2}{8}$$

04

정답 ①

해설

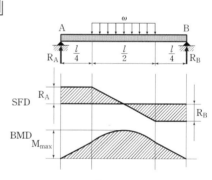

$$R_A = R_B = \dfrac{w \times \dfrac{l}{2}}{2} = \dfrac{wl}{4}$$

최대 전단력 $V_{\max} = R_A = \dfrac{wl}{4}$

$$M_{\max} = R_A \times \dfrac{l}{2} - \left(w \times \dfrac{l}{4}\right) \times \dfrac{l}{8}$$

$$\qquad = \dfrac{wl}{4} \times \dfrac{l}{2} - \dfrac{wl^2}{32}$$

$$\qquad = \dfrac{3wl^2}{32}$$

05

정답 ①

해설

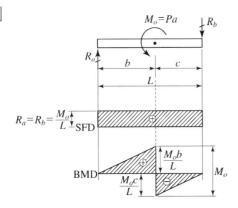

$M_o = Pa = 20 \times 1 = 20(\mathrm{kN} \cdot \mathrm{m})$

$\dfrac{M_o b}{L} = \dfrac{20 \times 6}{8} = 15(\mathrm{N} \cdot \mathrm{m})$

$\dfrac{M_o a}{L} = \dfrac{20 \times 2}{8} = 5(\mathrm{N} \cdot \mathrm{m})$

06

정답
1) B점 단면에 걸리는 전단력 : 14N
2) B점 단면에 걸리는 굽힘모멘트 : 26N · m

해설

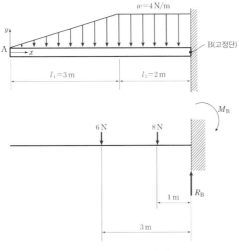

B지점의 전단력 $V_B = R_B = 14(\mathrm{N})$

B지점의 굽힘모멘트 $M_B = 8 \times 1 + 6 \times 3 = 26(\mathrm{N} \cdot \mathrm{m})$

양(−)의 굽힘모멘트

07

정답 1) $x_L = 0.7\mathrm{m}$, 2) $w = 10\mathrm{kN/m}$

해설

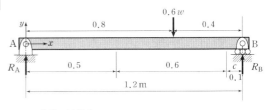

$R_A = \dfrac{0.6w \times 0.4}{1.2} = 0.2w$

$R_B = \dfrac{0.6w \times 0.8}{1.2} = 0.4w$

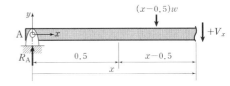

$\sum F_y = 0 \downarrow \oplus$

$V_x + (x-0.5)w - R_A = 0$

$V_x = R_A - (x-0.5)w = 0.2w - xw + 0.5w$
$\quad = 0.7w - xw$

전단력을 V_x을 "0"을 만족 하는 지점에서 최대굽힘모 멘트가 발생한다.

$V_x = 0, \ 0 = 0.7w - xw, \ \therefore \ x = 0.7\mathrm{m}$

$x_L = 0.7\mathrm{m}$ 지점에서 최대굽힘모멘트가 발생한다.

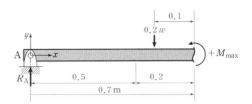

$\sum M_{\circledX} = 0 \curvearrowleft \oplus$

$M_{\max} + 0.2w \times 0.1 - R_A \times 0.7 = 0$

$M_{\max} = +R_A \times 0.7 - 0.2w \times 0.1$
$\quad = 0.2w \times 0.7 - 0.2w \times 0.1 = 0.12w$

$M_{\max} = 1.2\mathrm{kN \cdot m}$

$1.2 = 0.12w$

$w = \dfrac{1.2}{0.12} = 10\mathrm{k(N/m)}$

Chapter 07 | 보속의 응력

본문p.38~41

01

모범 답안

1) 받침점 A에서 $x(m)$의 거리에 있는 임의의 단면 $X-X'$에서의 굽힘모멘트

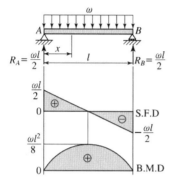

균일분포하중이 작용할 때

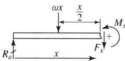

$$\sum F_y = 0$$

$$F_x = R_a - \omega x = \frac{\omega l}{2} - \omega x$$

$$F_x = 0 = \frac{\omega l}{2}$$

$$F_x = l = -\frac{\omega l}{2}$$

$$\sum M_x = 0$$

$$M_x + \frac{x}{2}(\omega x) - R_a x = 0$$

$$M_x = R_a x - \frac{\omega}{2} x^2 = \frac{\omega l}{2} x - \frac{\omega}{2} x^2$$

$$M_x = 0, \ M_x = l = 0$$

$$\therefore M_{\max} = M_x = \frac{l}{2} = \frac{\omega l^2}{8}$$

임의의 단면 $X-X'$에서의 굽힘모멘트

$$M_x = \frac{\omega l}{2} x - \frac{\omega}{2} x^2$$

2) 보에 작용하는 최대굽힘모멘트

$$M_{\max} = \frac{\omega l^2}{8}$$

3) 보에서 발생하는 최대굽힘응력

$$\sigma_b = \frac{M_{\max}}{Z} = \frac{\frac{\omega l^2}{8}}{\frac{bh^2}{6}} = \frac{3\omega l^2}{4bh^2}$$

02

정답 ⑤

해설

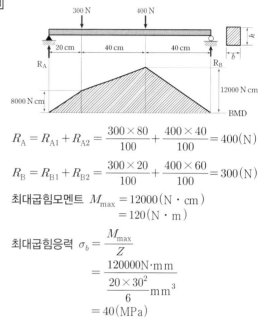

$$R_A = R_{A1} + R_{A2} = \frac{300 \times 80}{100} + \frac{400 \times 40}{100} = 400(\text{N})$$

$$R_B = R_{B1} + R_{B2} = \frac{300 \times 20}{100} + \frac{400 \times 60}{100} = 300(\text{N})$$

최대굽힘모멘트 $M_{\max} = 12000(\text{N} \cdot \text{cm})$
$$= 120(\text{N} \cdot \text{m})$$

최대굽힘응력 $\sigma_b = \dfrac{M_{\max}}{Z}$
$$= \frac{120000\text{N} \cdot \text{mm}}{\frac{20 \times 30^2}{6}\text{mm}^3}$$
$$= 40(\text{MPa})$$

03

정답 ①

해설
$$R_A = \frac{P \times \frac{l}{3}}{l} = \frac{P}{3}$$

$$M_x = \frac{P}{3} \times \frac{l}{2} = \frac{Pl}{6}$$

$$y = \frac{3h}{4} - \frac{h}{2} = \frac{h}{4}$$

$$\sigma_x = \frac{M_x \times y}{I} = \frac{\frac{Pl}{6} \times \frac{h}{4}}{\frac{bh^3}{12}} = \frac{Pl}{2bh^2} \text{ (압축)}$$

04

모범답안

1) 내다지보의 반력을 구하면 다음과 같다.

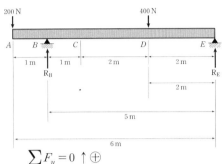

$$\sum F_y = 0 \uparrow \oplus$$

$$-200 - 400 + R_B + R_E = 0$$

$$R_B + R_E = 600(\text{N})$$

$$\sum M_E = 0 \curvearrowright \oplus$$

$$-400 \times 2 + R_B \times 5 - 200 \times 6 = 0$$

$$\therefore R_B = \frac{400 \times 2 + 200 \times 6}{5} = 400(\text{N})$$

$$\therefore R_E = 200\text{N}$$

2) 전단력 선도(SFD)와 굽힘모멘트 선도(BMD)를 그리면 다음과 같다.

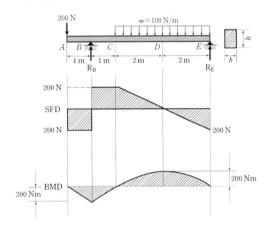

3) 최소 단면폭 b를 구하면 다음과 같다.

$$M_{\max} = 200(\text{N} \cdot \text{m}) = 200000(\text{N} \cdot \text{mm})$$

$$\sigma_b = \frac{M_{\max}}{Z} = \frac{M_{\max}}{\frac{bh^2}{6}} = \frac{6M_{\max}}{bh^2}$$

$$b = \frac{6M_{\max}}{\sigma_b h^2} = \frac{6 \times 200000}{30 \times 40^2} = 25(\text{mm})$$

05

모범답안

$$\sigma_b = \frac{M}{Z} = \frac{F \times l}{\frac{\pi d^3}{32}} = \frac{\frac{6000\pi}{32} \times 100}{\frac{\pi \times 10^3}{32}} = 600(\text{MPa})$$

$$\tau_t = \frac{T}{Z_p} = \frac{T}{\frac{\pi d^3}{16}} = \frac{25000\pi}{\frac{\pi \times 10^3}{16}} = 400(\text{MPa})$$

$$\sigma_{\max} = \frac{\sigma_b}{2} + \sqrt{\left(\frac{\sigma_b}{2}\right)^2 + \tau_t^2}$$

$$= \frac{600}{2} + \sqrt{\left(\frac{600}{2}\right)^2 + 400^2}$$

$$= 800(\text{MPa})$$

06

모범답안

1) 자유물체도를 그리면 다음과 같다.

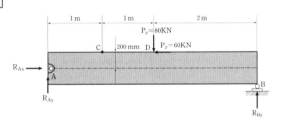

2) 양단 지지점에서의 반력을 계산하면 다음과 같다.

$$100\text{N} : 5 = P_y : 4, \quad P_y = 80\text{kN}$$

$$100\text{N} : 5 = P_x : 3, \quad P_x = 60\text{kN}$$

$$\sum F_x = 0 \rightarrow \oplus$$

$$R_{Ax} - 60 = 0 \; R_{Ax} - 60 = 0$$

$$R_{Ax} = 60\text{kN}$$

$$\sum F_y = 0 \uparrow \oplus$$

$$R_{Ay} + R_{By} - 80 = 0$$

$$R_{Ay} + R_{By} = 80$$

$$\sum M_A = 0 \curvearrowright \oplus$$

$$80 \times 2 - 60 \times 0.2 - R_{By} \times 4 = 0$$

$$\therefore R_{By} = \frac{80 \times 2 - 60 \times 0.2}{4} = 37(\text{kN})$$

$$\therefore R_{Ay} = 43\text{kN}$$

3) 점 C에서의 수직응력

$$\sigma_C = \frac{P_x}{A} + \frac{M_C}{Z} = \frac{P_x}{bh} + \frac{R_{Ay} \times 1\text{m}}{\frac{bh^2}{6}}$$

$$= \frac{60}{0.1 \times 0.4} + \frac{43 \times 1}{\frac{0.1 \times 0.4^2}{6}} = 17625(\text{kPa})$$

07

정답
1) A점의 전단력: $+500$N

2) A점의 굽힘모멘트: -1400N・m

3) A점의 최대굽힘인장응력: 700000N/m^2

해설 $R_A = \left(100\dfrac{\text{N}}{\text{m}}\times 2\text{m}\right)+300 = 500(\text{N})$

A점의 전단력 $V_A = R_A$, $V_A = +500(\text{N})$

A점의 굽힘모멘트

$M_A = (200\times 1)+(300\times 4) = 1400(\text{N}\cdot\text{m})$

A점의 최대굽힘인장응력

$\sigma_b = \dfrac{M_A}{Z} = \dfrac{M_A}{\dfrac{I}{e}} = \dfrac{1400}{\dfrac{4\times 10^{-4}}{0.2}} = 700000(\text{N/m}^2)$

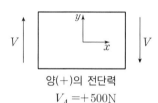

양(+)의 전단력
$V_A = +500$N

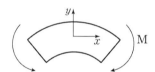

양(−)의 굽힘모멘트
$M_A = -1400[\text{N}\cdot\text{m}]$

08

모범답안
1) $R_b = wl = 50\dfrac{\text{kg}_\text{f}}{\text{m}}\times 4\text{m} = 200(\text{kg}_\text{f})$

2) $V_{\max} = R_b = 200(\text{kg}_\text{f})$

3) $M_{\max} = \dfrac{w\,l^2}{2} = \dfrac{50\times 4^2}{2}$
$\qquad = 400(\text{kg}_\text{f}\cdot\text{m}) = 40000(\text{kg}_\text{f}\cdot\text{cm})$

4) $\sigma_{\max} = \dfrac{M_{\max}}{Z} = \dfrac{M_{\max}}{\dfrac{bh^2}{6}}$
$\qquad = \dfrac{40000}{\dfrac{6\times 8^2}{6}} = 625(\text{kg}_\text{f}/\text{cm}^2)$

Chapter 08 보의 처짐

본문p.42~43

01

정답 $a(x) = \dfrac{dy(x)}{dx} = y'$, $y' = \dfrac{1}{EI}\left(-\dfrac{M_o}{2l}x^2 + \dfrac{M_o l}{6}\right)$

해설 우력을 받는 단순보

우력을 받는 단순보 그림

$EIy'' = -\dfrac{M_o}{l}x$

$EIy' = -\dfrac{M_o}{2l}x^2 + C_1$

$EIy = -\dfrac{M_o}{2l}\times\dfrac{x^2}{3} + C_1 + C_2$

$x = 0$일 때, $y = 0$

$\therefore C_2 = 0$

$x = l$일 때, $y = 0$

$0 = -\dfrac{M_o}{6l}l^3 + C_1 l = 0$, $\therefore C_1 = \dfrac{M_o l}{6}$

일반해 $y = \dfrac{1}{EI}\left(-\dfrac{M_o}{6l}x^3 + \dfrac{M_o l}{6}x\right)$

$y' = \dfrac{1}{EI}\left(-\dfrac{M_o}{2l}x^2 + \dfrac{M_o l}{6}\right)$

$\therefore \theta_A = y'_x = 0 = \dfrac{M_o l}{6EI}$, $\theta_B = y'_x = l = \dfrac{M_o l}{3EI}$

따라서 단순보 B지점에서 우력이 작용할 때, A단의 굽힘각은 $\theta_A = y'_x = 0 = \dfrac{M_o l}{6EI}$이고 B단의 굽힘각은 $\theta_B = y'_x = l = \dfrac{M_o l}{3EI}$ 이다.

최대처짐이 발생되는 x의 위치 → 굽힘각이 0이 되는 위치이다. $\left(\dfrac{dy}{dx} = 0\text{인 위치}, 0 = \dfrac{M_o}{2L}x^2 = \dfrac{M_o l}{6}\right)$

$\therefore x = \dfrac{l}{\sqrt{3}} = 0.577l$

따라서 단순보의 B지점에서 우력 M_o이 작용할 때, $x = \dfrac{l}{\sqrt{3}}$ 위치에서 $\delta_{\max}$가 발생된다.

$\therefore$ 최대처짐량 $\delta_{\max} = \dfrac{M_o l^2}{9\sqrt{3}\,EI}$

02

1) 전단력 선도(SFD ; shear force diagram)와 굽힘 모멘트 선도(BMD ; bending moment diagram)를 그리면 다음과 같다.

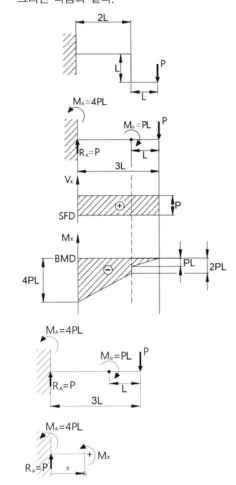

2) 점 B의 처짐 δ_B를 구하면 다음과 같다.

$$\sum M_{\bar{x}} = 0 \curvearrowleft \oplus$$

$$+ M_x + 4PL - P \times x = 0$$

$$M_x = P \times x - 4PL$$

$$EIy'' = -M_x$$

$$EIy'' = 4PL - Px$$

$$y_x'' = \frac{1}{EI}(4PL - Px) \ \cdots\cdots \ ①$$

①을 적분하면

$$y'_x = \frac{1}{EI}\left(4PLx - \frac{Px^2}{2}\right) + C_1 \ \cdots\cdots \ ②$$

②를 적분하면

$$y_x = \frac{1}{EI}\left(\frac{4PLx^2}{2} - \frac{Px^3}{6}\right) + C_1 x + C_2 \ \cdots\cdots \ ③$$

경계조건 $y'_{x=0} = 0, \ y_{x=0} = 0$

$$y'_{x=0} = \frac{1}{EI}\left(4PL \times 0 - \frac{P \times 0^2}{2}\right) + C_1 = 0$$

$$\therefore C_1 = 0$$

$$y_{x=0} = \frac{1}{EI}\left(\frac{4PL \times 0^2}{2} - \frac{P \times 0^3}{6}\right) + C_1 \times 0 + C_2$$
$$= 0$$

$$\therefore C_2 = 0$$

$$y_x = \frac{1}{EI}\left(\frac{4PLx^2}{2} - \frac{Px^3}{6}\right) \rightarrow 처짐곡선식$$

B지점 $x = 2L$

$$\delta_B = y_{x=2L} = \frac{1}{EI}\left(\frac{4PL \times (2L)^2}{2} - \frac{P \times (2L)^3}{6}\right)$$

$$\therefore \delta_B = \frac{20PL^3}{3EI}$$

03

정답 ②

해설

$$\delta_{가} = \frac{PL^3}{48EI_{가}}, \ \delta_{나} = \frac{PL^3}{48EI_{나}}$$

$$\delta_{가} = \delta_{나}, \ I_{가} = I_{나}, \ \frac{\pi}{64}(d_o^4 - d_i^4) = \frac{\pi}{64}d^4,$$

$$(d_o^4 - d_i^4) = d^4$$

$$\frac{(가)의\ 단면적}{(나)의\ 단면적} = \frac{\frac{\pi}{4}(d_o^2 - d_i^2)}{\frac{\pi}{4}d^2}$$

$$= \frac{(d_o^2 - d_i^2)}{d^2}$$

$$= \sqrt{\frac{(d_o^2 - d_i^2)}{d^2} \times \frac{(d_o^2 - d_i^2)}{d^2}}$$

$$= \sqrt{\frac{(d_o^2 - d_i^2) \times (d_o^2 - d_i^2)}{d^4}}$$

$$= \sqrt{\frac{(d_o^2 - d_i^2) \times (d_o^2 - d_i^2)}{(d_0^4 - d_i^4)}}$$

$$= \sqrt{\frac{(d_o^2 - d_i^2) \times (d_o^2 - d_i^2)}{((d_o^2)^2 - (d_i^2)^2)}}$$

$$= \sqrt{\frac{(d_o^2 - d_i^2) \times (d_o^2 - d_i^2)}{(d_o^2 + d_i^2) \times (d_o^2 - d_i^2)}}$$

$$= \sqrt{\frac{d_o^2 - d_i^2}{d_o^2 + d_i^2}}$$

| Chapter **02** | 나사 |

본문p.56

01

정답 1) $F = 300\text{N}$, 2) $\tau = 4\text{N/mm}^2$

해설 볼트의 중앙 단면에 작용하는 전단력

$$F = F_s - \mu P = 450 - 0.3 \times 500 = 300(\text{N})$$

전단응력 $\tau = \dfrac{F}{\dfrac{\pi}{4}d_1^2} = \dfrac{300}{\dfrac{3}{4} \times 10^2} = 4(\text{N/mm}^2)$

| Chapter **03** | 키, 코터, 핀 |

본문p.57

01

정답 ①

해설 $T = \dfrac{60s}{2\pi} \times \dfrac{H}{N} = \dfrac{60s}{2 \times 3} \times \dfrac{15 \times 10^3 \text{N} \cdot \text{m/s}}{300}$
$= 500(\text{N} \cdot \text{m})$

$\tau = \dfrac{2T}{dbl} = \dfrac{2 \times 500000}{50 \times 10 \times 80} = 25(\text{N/mm}^2) = 25(\text{MPa})$

02

정답 $\tau_k = 0.25\text{kg}_f/\text{mm}^2$

해설 $\tau = \dfrac{2T}{dbl} = \dfrac{2 \times 1500}{50 \times 8 \times 30} = 0.25(\text{kg}_f/\text{mm}^2)$

| Chapter **04** | 리벳 |

본문p.58~59

01

정답 ①

해설 평균전단응력

$$\tau = \dfrac{P}{5 \times 2 \times \dfrac{\pi}{4}d^2} = \dfrac{1000}{5 \times 2 \times \dfrac{\pi}{4}10^2}$$
$$= \dfrac{4}{\pi}(\text{N/mm}^2) = \dfrac{4}{\pi}(\text{MPa})$$

02

정답 1) ㉠: C, 2) ㉡: 700

해설 리벳 C의 직접전단력 $P = \dfrac{300}{Z} = \dfrac{300}{3} = 100(\text{N})$

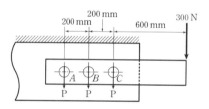

리벳 C의 모멘트에 의한 전단력

$$Q = \dfrac{300 \times 800}{2 \times 200} = 600(\text{N})$$

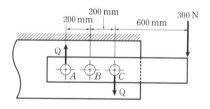

리벳 C의 전단력의 합

$$R = P + Q = 100 + 600 = 700(\text{N})$$

03

정답 1) $\tau = 16 \mathrm{kg_f}/\mathrm{mm}^2$, 2) $\sigma = \dfrac{12}{11}\mathrm{kg_f}/\mathrm{mm}^2$

해설 강판에 작용 하는 전체하중

$$W = w \times b = 10 \mathrm{kg_f}/\mathrm{mm} \times 600\mathrm{mm} = 6000(\mathrm{kg_f})$$

리벳에 작용하는 전단응력

$$\tau = \frac{W}{Z \times \dfrac{\pi}{4}d^2} = \frac{6000}{5 \times \dfrac{3}{4} \times 10^2} = 16(\mathrm{kg_f}/\mathrm{mm}^2)$$

강판에 발생하는 최대인장응력

$$\sigma = \frac{W}{(t \times b) - (d \times t \times Z)}$$

$$= \frac{6000}{(10 \times 600) - (10 \times 10 \times 5)} = \frac{12}{11}(\mathrm{kg_f}/\mathrm{mm}^2)$$

Chapter 05 용접

본문p.60

01

정답 $t = 10\mathrm{mm}$

해설 $\tau_a = \dfrac{P}{2 \times t\cos45 \times l}$

$$t = \frac{P}{2 \times \tau_a \times \cos45 \times l}$$

$$= \frac{5000\sqrt{2}}{2 \times 10 \times \dfrac{\sqrt{2}}{2} \times 50}$$

$$= 10(\mathrm{mm})$$

02

정답 $\tau = \dfrac{16T(D+\sqrt{2}f)}{\pi\{(D+\sqrt{2}f)^4 - D^4\}}$

해설 극단면 2차 모멘트 $I_P = \dfrac{\pi}{32}\left\{(D+\sqrt{2}f)^4 - D^4\right\}$

$$\therefore r_{\max} = \frac{D+\sqrt{2}f}{2}$$

전단응력 $\tau = \dfrac{T \times r_{\max}}{I_P}$

$$\rightarrow 전단응력 \ \tau = \frac{16T(D+\sqrt{2}f)}{\pi\{(D+\sqrt{2}f)^4 - D^4\}}$$

Chapter 06 축

본문p.61~63

01

모범답안
1) 일(Q)의 식: $Q = F \times r \times \theta(\mathrm{N \cdot m})$
2) 동력(P)의 식: $P = F \times r \times \omega(\mathrm{N \cdot m/s})$
3) 회전수(n)가 포함된 동력(P)의 식:

$$P = F \times r \times \omega = F \times r \times \frac{2\pi n}{60}(\mathrm{N \cdot m/s})$$

02

정답 $3\mathrm{cm}$

해설
$$T = 40 \times \frac{24.3}{2} = 486(\mathrm{kg_f \cdot cm})$$

$$M = \frac{Pl}{4} = \frac{(24.8+40) \times 40}{4} = 648(\mathrm{kg_f \cdot cm})$$

$$T_e = \sqrt{T^2 + M^2} = \sqrt{486^2 + 648^2} = 810(\mathrm{kg_f \cdot cm})$$

$$d = \sqrt[3]{\frac{16 \times T_e}{\pi\tau_a}} = \sqrt[3]{\frac{16 \times 810}{\pi \times 160}} = 3(\mathrm{cm})$$

03

정답 토크: $7162\mathrm{kg_f \cdot mm}$

해설
$$T = \frac{60\mathrm{s}}{2\pi} \times \frac{H}{N}$$

$$= \frac{60\mathrm{s}}{2\pi} \times \frac{10}{1000} \times 75000\mathrm{kg \cdot mm/s}$$

$$\fallingdotseq 7162(\mathrm{kg \cdot mm})$$

04

정답 ⑤

해설 ㄱ. $P = T \times \dfrac{2\pi n}{60}(\mathrm{N \cdot m/s})$

따라서 P가 일정할 때, T는 n에 반비례한다.

$$d = \sqrt[3]{\frac{16T}{\pi\tau_a}}$$

05

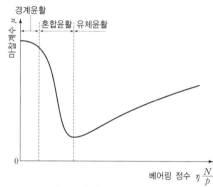

모범답안

1) $M = P \times l = (50 + 150) \times 15 = 3000 (\text{kg}_f \cdot \text{cm})$

2) $T = P_e \times \dfrac{D}{2} = (150 - 50) \times \dfrac{80}{2} = 4000 (\text{kg}_f \cdot \text{cm})$

3) $T_e = \sqrt{M^2 + T^2} = \sqrt{3000^2 + 4000^2}$
$= 5000 (\text{kg}_f \cdot \text{cm})$

4) $\tau_{max} = \dfrac{T_e}{Z_p} = \dfrac{5000}{\dfrac{\pi \times 4^3}{16}} = \dfrac{1250}{\pi} (\text{kg}_f \cdot \text{cm}^2)$

Chapter 07 베어링

본문p.64~66

01

정답 ⑤

해설 ㄷ. 볼 베어링의 계산수명

$L_n = \left(\dfrac{C}{P_a}\right)^3 \times 10^6$

(C : 동적부하용량, P_a : 베어링하중)

ㄹ.

안지름 번호	베어링 내경
1~9	1~9mm
00	10mm
01	12mm
02	15mm
03	17mm
04	$4 \times 5 = 20$mm
22	22mm
05	$5 \times 5 = 25$mm
↓	↓
20	100
99	$99 \times 5 = 495$mm
500	500mm

호칭×5=지름

ㄱ. 베어링 압력 $p = \dfrac{Q}{dl}$

(Q:베어링하중, d : 저널지름, l : 저널의 길이)

ㄴ. 구름 베어링은 축과 베어링 사이에 볼 또는 롤러를 넣어 사용한다.

02

정답 ③

해설 ㄱ. 볼 베어링 고속 정밀측정기의 테이블 직선 이송에 많이 사용한다.

ㄴ. 구름접촉 스러스트(rolling contact thrust bearing) 수직형 드릴링 머신의 구멍뚫기 작업에 걸리는 축 방향 하중을 지지한다.

[스트리백(Stribeck) 곡선]

TIP

윤활 방법과 한계속도 계수 dN값

베어링의 형식	그리스 윤활	윤활유			
		유욕	적하	강제	분무
단열 레이디얼 볼 베어링	200000	300000	400000	600000	1000000
복렬 자동 조심 볼 베어링	150000	250000	400000	–	–
단열 앵귤러 볼 베어링	200000	300000	400000	600000	1000000
원통 롤러 베어링	150000	300000	400000	600000	1000000
원추 롤러 베어링	100000	200000	230000	300000	–
자동 조심 롤러 베어링	80000	120000	–	250000	–
스트스트 볼 베어링	40000	60000	120000	150000	–

03

정답 ①

해설 $L_h = \dfrac{1}{60 \times N} \times \left(\dfrac{c}{P_a}\right)^r \times 10^6 \text{ hr}$

$= \dfrac{1}{60 \times 500} \times \left(\dfrac{1400}{100 \times 1.4}\right)^3 \times 10^6 \text{ hr}$

$= 33333 (\text{hr})$

04

정답 1) ㉠의 동적 부하용량 : $C_A = 6000\text{N}$
      2) ㉡의 동적 부하용량 $C_B = 36000\text{N}$

해설 $\sum F_y = 0 \uparrow \oplus$

$+ R_A + R_B - 1000 = 0$

$+ R_A + R_B = 1000\text{N}$

$\sum M_A = 0 \curvearrowright \oplus$

$- R_B \times 100 + 1000 \times 120 = 0$

$R_B = \dfrac{1000 \times 120}{100} = 1200\text{N} \uparrow$

$R_A = 1000\text{N} - R_B = 1000 - 1200 = -200\text{N}(\downarrow)$

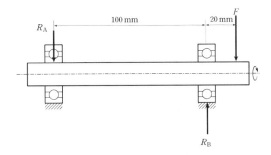

$L_h = \dfrac{L_n \times 10^6}{60\text{N}} = \dfrac{10^6}{60\text{N}} \times \left(\dfrac{C}{P}\right)^3$

$C^3 = \dfrac{L_h \times 60\text{N}}{10^6} \times P^3$

$C = \sqrt[3]{\dfrac{L_h \times 60\text{N}}{10^6}} \times P$

$C_A = \sqrt[3]{\dfrac{L_h \times 60\text{N}}{10^6}} \times R_A$

$\quad = \sqrt[3]{\dfrac{250000 \times 60 \times 1800}{10^6}} \times 200 = 6000(\text{N})$

$C_B = \sqrt[3]{\dfrac{L_h \times 60\text{N}}{10^6}} \times R_B$

$\quad = \sqrt[3]{\dfrac{250000 \times 60 \times 1800}{10^6}} \times 1200 = 36000(\text{N})$

05

정답 1) $p = 0.12\text{kg}_\text{f}/\text{mm}^2$, 2) $pv = 2.7\text{kg}_\text{f}/\text{mm}^2 \cdot \text{m/s}$

해설 $pv = \dfrac{P}{\dfrac{\pi}{4}(d_2^2 - d_1^2)} \times \dfrac{\pi\left(\dfrac{d_2 + d_1}{2}\right)N}{60 \times 1000}$

$\quad = \dfrac{P}{\dfrac{\pi}{4}(d_2 + d_1)(d_2 - d_1)} \times \dfrac{\pi\left(\dfrac{d_2 + d_1}{2}\right)N}{60 \times 1000}$

$\quad = \dfrac{2P}{(d_2 - d_1)} \times \dfrac{N}{60 \times 1000}$

$\quad = \dfrac{2 \times 2700}{(200 - 100)} \times \dfrac{3000}{60 \times 1000}$

$\quad = 2.7(\text{kg}_\text{f}/\text{mm}^2 \cdot \text{m/s})$

$p = \dfrac{P}{\dfrac{\pi}{4}(d_2^2 - d_1^2)}$

$\quad = \dfrac{P}{\dfrac{\pi}{4}(d_2 + d_1)(d_2 - d_1)}$

$\quad = \dfrac{2700}{\dfrac{3}{4}(200 + 100)(200 - 100)}$

$\quad = 0.12(\text{kg}_\text{f}/\text{mm}^2)$

Chapter 08 축이음

본문 p.67~68

01

정답 19PS

해설 전달동력 H

$= T \times \dfrac{2\pi N}{60}$

$= \mu Q \times \dfrac{D}{2} \times \dfrac{2\pi N}{60}$

$= \mu(p\pi Db) \times \dfrac{D}{2} \times \dfrac{2\pi N}{60}$

$= 0.2(0.006 \times 3 \times 500 \times 40) \times \dfrac{500}{2} \times \dfrac{2 \times 3 \times 800}{60}$

$= 1440000(\text{kg}_\text{f} \cdot \text{mm/s})$

$= 1440(\text{kg}_\text{f} \cdot \text{m/s})$

$= 19.2(\text{PS})$

$\fallingdotseq 19(\text{PS})$

02

정답 ④

해설

$$H_{KW} = \frac{\mu P \times \dfrac{\pi d_m N}{60 \times 1000}}{1000}$$

$$P = \frac{H_{KW} \times 60 \times 1000 \times 1000}{\mu \times \pi \times d_m \times N}$$

$$= \frac{1.6 \times 60 \times 1000 \times 1000}{0.3 \times \pi \times 200 \times 1600}$$

$$= \frac{1000}{\pi}$$

03

정답 전달토크 $T = 2000 \text{kg}_f \cdot \text{mm}$

해설 평균지름 $D_m = \dfrac{D_1 + D_2}{2} = \dfrac{120 + 80}{2} = 100(\text{mm})$

$$T = \mu P \times \frac{D_m}{2} = 0.2 \times 200 \times \frac{100}{2} = 2000(\text{kg}_f \cdot \text{mm})$$

Chapter 09 브레이크

본문p.69~71

01

모범 답안

$\sum M_B = 0, \quad F \times a = Q \times b$

축방향 미는 힘 $Q = p \times \dfrac{\pi}{4} D^2$

$$F = \frac{Q \times b}{a} = \frac{\left(p \times \dfrac{\pi}{4} D^2 \right) \times b}{a} = \frac{p \times \pi D^2 \times b}{4a}$$

평균 지름 $D_m = \dfrac{D}{2}$

$$T = \mu Q \times \frac{D_m}{2} = \mu \left(\frac{F \times a}{b} \right) \times \frac{\dfrac{D}{2}}{2} = \frac{\mu F a D}{4b}$$

02

정답 1) $f = 32\text{N}$, 2) $D = 200\text{mm}$

해설 1)

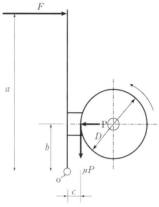

$$\sum M_o = 0 \curvearrowright +$$

$$+ F \times a - P \times b + \mu P \times c = 0$$

$$+ F \times a = P(b - \mu c)$$

$$P = \frac{Fa}{(b - \mu c)} = \frac{40 \times 800}{(210 - 0.2 \times 50)} = 160(\text{N})$$

제동력 $f = \mu P = 0.2 \times 160 = 32(\text{N})$

2) $T = f \times \dfrac{D}{2}$

$$D = \frac{2T}{f} = \frac{2 \times 3200}{32} = 200(\text{mm})$$

03

정답 ④

해설

$$T = \mu P \times \frac{d}{2}$$

$$P = \frac{2T}{\mu d} = \frac{2 \times 100000}{0.2 \times 250} = 4000(\text{N})$$

$$F_x = F\cos 45, \quad F_y = F\sin 45$$

$$F_x = F_y = F\frac{\sqrt{2}}{2}$$

$$\sum M_o = 0 \curvearrowright +$$

$$+ P \times b - F_x \times (a + c) - F_y \times (e + c) = 0$$

$$+ P \times b - F\frac{\sqrt{2}}{2} \times (a + c) - F\frac{\sqrt{2}}{2} \times (e + c) = 0$$

$$P \times b = F\left(\left(\frac{\sqrt{2}}{2} \times (a + c) \right) + \left(\frac{\sqrt{2}}{2} \times (e + c) \right) \right)$$

$$F = \frac{P \times b}{\dfrac{\sqrt{2}}{2}((a + c)) + (e + c)}$$

$$= \frac{4000 \times 200}{\dfrac{\sqrt{2}}{2}((800 + 75) + (50 + 75))}$$

$$= 800\sqrt{2}$$

04

정답 $5000\text{N} = 5\text{kN}$

해설
$$T = (F_1 - F_2) \times \frac{D}{2}$$
$$= (e^{\mu\theta}F_2 - F_2) \times \frac{D}{2}$$
$$= (4F_2 - F_2) \times \frac{D}{2}$$
$$= 3F_2 \times \frac{D}{2}$$
$$F_2 = \frac{2 \times T}{3 \times D} = \frac{2 \times 600000}{3 \times 400} = 1000(\text{N})$$
$$F_1 = e^{\mu\theta}F_2 = 4 \times 1000 = 4000(\text{N})$$
$$F_1 + F_2 = 5000(\text{N}) = 5\text{kN}$$

05

정답 제동토크 $T = 32000\text{N} \cdot \text{mm}$

해설
$$\sum M_o = 0 \curvearrowright +$$
$$+ F \times a - P \times b - \mu P \times c = 0$$
$$+ F \times a = P(b = \mu c)$$
$$P = \frac{F \times a}{(b + \mu c)} = \frac{220 \times 400}{(200 + 0.4 \times 50)} = 400(\text{N})$$
제동토크
$$T = \mu P \times \frac{D}{2} = 0.4 \times 400 \times \frac{400}{2} = 32000(\text{N} \cdot \text{mm})$$

06

정답 최대 토크 $T = 300\text{N} \cdot \text{m}$

해설
$$\sum M_o = 0 \curvearrowright +$$
$$+ F \times l - T_s \times a = 0$$
$$T_s = \frac{F \times l}{a} = \frac{100 \times 500}{100} = 500(\text{N})$$
$$T_t = e^{\mu\theta}T_s = 5T_s = 2500(\text{N})$$
$$T = (T_t - T_s) \times \frac{D}{2}$$
$$= (2500 - 500) \times \frac{300}{2}$$
$$= 300000(\text{N} \cdot \text{mm})$$
$$= 300(\text{N} \cdot \text{m})$$

Chapter 10 | 스프링

본문 p.72

01

정답 ②

해설
$$\frac{1}{k'_e} = \frac{1}{k_1} + \frac{1}{k_2} = \frac{1}{1} + \frac{1}{4} = \frac{5}{4}$$
$$k'_e = \frac{4}{5}\text{kN/m}$$
$$k_e = k'_e + k_3 = \frac{4}{5} + k_3$$
$$W' = \frac{W \times 2}{3} = \frac{9 \times 2}{3} = 6(\text{N})$$
$$W_3 = \frac{W \times 1}{3} = \frac{9 \times 1}{3} = 3(\text{N})$$
$$\delta' = \frac{W'}{k'_e} = \frac{6}{\frac{4}{5}}$$
$$\delta_3 = \frac{W_3}{k_3} = \frac{3}{k_3}$$
$$\delta' = \delta_3$$
$$\frac{6}{\frac{4}{5}} = \frac{3}{k_3}$$
$$k_3 = 0.4\,\text{kN/m}$$

| Chapter 11 | 감아걸기 전동장치 |

본문 p.73~74

01

정답 두께: 14mm

해설 $t = \dfrac{T_t}{\sigma_a \times b} = \dfrac{T_t \times s}{\sigma_u \times b} = \dfrac{350 \times 8}{2 \times 100} = 14(\text{mm})$

02

정답 1) $v = 7.5\text{m/s}$, 2) $i = \dfrac{N_2}{N_1} = \dfrac{(D_1 + t)}{(D_2 + t)}$

해설 1) $v = w_1 \times R_1$

$= \dfrac{2\pi N_1}{60} \times \dfrac{(D_1 + t)/2}{1000}$

$= \dfrac{2 \times 3 \times 600}{60} \times \dfrac{(245 + 5)/2}{1000}$

$= 7.5(\text{m/s})$

2) $v = v_1 = v_2$이므로

$v_1 = w_1 \times R_1 = \dfrac{2\pi N_1}{60} \times \dfrac{(D_1 + t)/2}{1000}$

$v_2 = w_2 \times R_2 = \dfrac{2\pi N_2}{60} \times \dfrac{(D_2 + t)/2}{1000}$

$\dfrac{2\pi N_1}{60} \times \dfrac{(D_1 + t)/2}{1000} = \dfrac{2\pi N_2}{60} \times \dfrac{(D_2 + t)/2}{1000}$

$N_1 \times (D_1 + t) = N_2 \times (D_2 + t)$

회전속도비 $i = \dfrac{N_2}{N_1} = \dfrac{(D_1 + t)}{(D_2 + t)}$

03

정답 1) 최고속도 $v_{max} = 5\text{m/s}$

2) 최저속도 $v_{min} = 4.25\text{m/s}$

해설 1) $R_{max} = \dfrac{D_p}{2} = \dfrac{100}{2} = 50(\text{mm})$

$v_{max} = w \times R_{max}$

$= \dfrac{2\pi N}{60} \times R_{max}$

$= \dfrac{2 \times 3 \times 1000}{60} \times 50$

$= 5000(\text{mm/s})$

$= 5(\text{m/s})$

2) $v_{min} = \cos\dfrac{180}{Z} \times v_{max}$

$= \cos\dfrac{180}{6} \times 5$

$= \cos 30 \times 5$

$= \dfrac{\sqrt{3}}{2} \times 5$

$= \dfrac{1.7}{2} \times 5$

$= 4.25(\text{m/s})$

$\cos\dfrac{180}{Z} = \dfrac{R_{min}}{R_{max}} = \dfrac{v_{min}}{v_{max}}$

| Chapter 12 | 마찰차 |

본문 p.75

01

정답 1) $V = 6.4\text{m/s}$, 2) 292.96kg_f

해설 1) $V = \dfrac{\pi DN}{60 \times 1000} = \dfrac{3 \times 160 \times 800}{60 \times 1000} = 6.4(\text{m/s})$

2) $H = \dfrac{\mu P(\text{kg}_f) \times V(\text{m/s})}{75}$

$P = \dfrac{H \times 75}{\mu \times V} = \dfrac{5 \times 75}{0.2 \times 6.4} = 292.96(\text{kg}_f)$

02

정답 ④

해설 $\epsilon = \dfrac{n_B}{n_A} = \dfrac{D_A}{D_B}$, $\epsilon = \dfrac{300}{600} = \dfrac{D_A}{D_B}$, $D_B = 2D_A$

$C = \dfrac{D_A + D_B}{2} = \dfrac{D_A + 2D_A}{2} = \dfrac{3D_A}{2}$

$D_A = \dfrac{2C}{3} = \dfrac{2 \times 300}{3} = 200(\text{mm})$

$V = \dfrac{\pi \times D_A \times N_A}{60 \times 1000} = \dfrac{\pi \times 200 \times 600}{60 \times 1000} = 2\pi(\text{m/s})$

$H = \dfrac{\mu P(\text{N}) \times V(\text{m/s})}{1000} = \dfrac{\mu pb \times V}{1000}$

$= \dfrac{0.2 \times 10 \times 200 \times 2\pi}{1000}$

$= 0.8\pi(\text{kW})$

Chapter 13 | 기어

본문p.76~78

01

정답 중동치차의 이수 : 60개

해설 $C = \dfrac{m(Z_1 + Z_2)}{2}$

$Z_2 = \dfrac{2C}{m} - Z_1 = \dfrac{2 \times 400}{8} - 40 = 60(개)$

02

정답 ①

해설

구분	사이클로이드 치형 (cycloid tooth)	인벌류트 치형 (involute tooth)
곡선의 형상	피치원 위에 한 점이 미끄럼 없이 굴러갈 때 그 한 점이 그리는 궤적(구름원)을 사이클로이드 곡선이라 한다.	기초원에 실을 감아서 팽팽하게 잡아당기면서 돌아나갈 때의 실의 한 점이 그리는 궤적을 인벌류트 곡선이라 한다.
용도	정밀기계, 시계, 계측기기	전동용, 일반적인 기어
언더컷	발생 안 한다.	발생한다.
중심 거리	정확해야 된다.	약간의 오차 무방(중심거리 변경가능)
조립	어렵다.	쉽다.
호환성	원주피치와 구름원이 모두 같아야 된다.	압력각과 모듈이 모두 같아야 된다.
압력각	압력각 변화된다.	압력각 일정
미끄 러움	일정하다.	변화가 많고, 피치점에서 미끄럼률이 0이다. 미끄럼이 "0"인 것은 구름운동만 하는 것을 의미한다.
마모	마모가 균일	마모가 불균일, 언더컷에 의한 치형변화 발생
절삭 공구	사이클로이드 곡선이어야 하고 구름원에 따라 여러 가지 커터가 필요하다.	사다리꼴로서 제작이 쉽고 값이 싸다.
공작 방법	치수가 아주 정확해야 하며 전위절삭이 불가능하다.	빈공간은 다소 치수의 오차가 있어도 되고, 전위 절삭이 가능하다.

03

정답 기어의 잇수 : 23개

해설 이끝원 지름 $D_o = m(Z+2)$

$Z = \dfrac{D_o}{m} - 2 = \dfrac{150}{6} - 2 = 23(개)$

04

정답 1) 치형곡선의 명칭 : 인벌류트치형, 2) 압력각

05

정답 1) $N_s = 1000\text{rpm}$, 2) $T_s = 9740\text{kg}_f \cdot \text{mm}$

해설 $N_s = \dfrac{Z_1}{Z_2} \times \dfrac{Z_3}{Z_4} \times N_d = \dfrac{24}{36} \times \dfrac{21}{28} \times 2000$
$\quad\quad = 1000(\text{rpm})$

$T_d = 974000 \times \dfrac{H_{kw}}{N_d} = 974000 \times \dfrac{10}{1000}$
$\quad\quad = 9740(\text{kg}_f \cdot \text{mm})$

06

모범 답안 1)

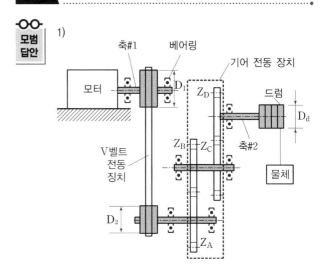

D_1 : V벨트 원동 풀리의 지름

D_2 : V벨트 종동 풀리의 지름

Z_A, Z_B, Z_C, Z_D : 기어의 잇수

N_m : 모터의 분당 회전수

D_d : 드럼의 직경

N_d : 드럼의 분당 회전수

H_m : 모터의 회전수

물체의 상승 속도 $V = \dfrac{\pi D_d N_d}{60 \times 1000}$

드럼의 회전수 $N_d = N_m \times \dfrac{D_1}{D_2} \times \dfrac{Z_A}{Z_B} \times \dfrac{Z_C}{Z_D}$

2) ⅰ) 축 #1의 강도에 의한 축지름 설계 방법은 다음과 같다.

축 #1의 전단응력에 의한 축지름

$d_{1\tau_a} = \sqrt[3]{\dfrac{16 \times T_e}{\pi \times \tau_a}}$

축 #1의 수직응력에 의한 축지름

$d_{1\sigma_a} = \sqrt[3]{\dfrac{32 \times M_e}{\pi \times \sigma_a}}$

상당 비틀림모멘트 $T_e = \sqrt{T^2 + M^2}$

상당 굽힘모멘트 $M_e = \dfrac{1}{2}(M + \sqrt{M^2 + T^2})$

$T = \dfrac{60}{2\pi} \times \dfrac{H_m}{N_m}$

$M = \dfrac{PL}{4}$

$P = (W + R)$

긴장장력과 이완장력의 합력

$R = \sqrt{T_t^2 + T_s^2 - 2T_t T_s \cos\theta}$

원동축의 접촉중심각

$\theta = 180 - 2 \times \sin^{-1}\left(\dfrac{D_2 - D_1}{2C}\right)$

(C : 축간거리, L : 축 #1의 길이, W : 원동 풀리의 무게)

두 지름 $d_1\tau_a$, $d_1\sigma_a$ 중에서 큰 지름을 설정한다.

ⅱ) 축 #2에 작용하는 하중 P

$P = \displaystyle\int_0^l \dfrac{w_o}{l^2} x^2 dx = \dfrac{w_o}{l^2}\left[\dfrac{x^2}{3}\right]_0^l = \dfrac{w_o l}{3}$

P가 작용 하는 거리는 고정단에서

$\overline{x} = l - \dfrac{l}{4} = \dfrac{3l}{4}$

최대굽힘모멘트

$M_{max} = P \times \overline{x} = \dfrac{w_o l}{3} \times \dfrac{3l}{4} = \dfrac{w_o l^2}{4}$

d_2 : 축 #2의 축지름

최대굽힘응력 $\sigma_{bmax} = \dfrac{M_{max}}{Z} = \dfrac{\dfrac{w_o l^2}{4}}{\dfrac{\pi d_2^3}{32}} = \dfrac{8 w_o l^2}{\pi d_2^3}$

Chapter 14 | 파손이론

본문p.79~81

01

모범답안

1) 평균응력의 식 : $\sigma_m = \dfrac{\sigma_{max} + \sigma_{min}}{2}$

2) 응력비의 식 : $R = \dfrac{\sigma_{min}}{\sigma_{max}}$

3) 최대응력값 : $\sigma_{max} = 200\text{MPa}$

4) 최소응력값 : $\sigma_{min} = R \times \sigma_{max}$
$= 0.1 \times 200$
$= 20(\text{MPa})$

TIP

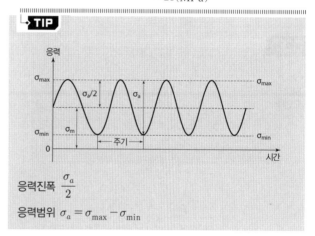

응력진폭 $\dfrac{\sigma_a}{2}$

응력범위 $\sigma_a = \sigma_{max} - \sigma_{min}$

02

정답 ⑤

해설 Tresca 최대전단응력

$\tau_{max} = \dfrac{\sigma_Y}{2} = \dfrac{25}{2} = 12.5(\text{kg}_f/\text{mm}^2)$

허용전단응력

$\tau_a = \dfrac{\tau_{max}}{s} = \dfrac{12.5}{4}(\text{kg}_f/\text{mm}^2) = 3.125(\text{kg}_f/\text{mm}^2)$

$\tau_a = \dfrac{T_e}{Z_p} = \dfrac{\sqrt{T^2 + M^2}}{\dfrac{\pi d^3}{16}}$

$d^3 - \dfrac{16 \times \sqrt{30000^2 + 40000^2}}{\pi \times \tau_a}$
$= \dfrac{16 \times 50000}{\pi \times 3.125}$
$\fallingdotseq 81528(\text{mm}^3)$
$\fallingdotseq 81.5(\text{cm}^3)$

TIP

❶ 최대전단응력설(Tresca-Guest의 설)

최대전단응력($\tau_{\max}$)이 그 재료의 항복 전단응력에 도달하면 재료가 파손이 일어난다는 이론이다. 즉 전단응력에 의하여 재료가 단손되고 연성재료와 잘 일치되는 이론이다.

❷ 최대전단응력 $\tau_{\max}$

$$\tau_{\max} = \frac{\sigma_1 - \sigma_2}{2} = \sqrt{\left(\frac{\sigma_x - \sigma_y}{2}\right)^2 + \tau_{xy}^2}$$

1차원 응력의 경우 $\tau_{\max} = \dfrac{\sigma_1}{2}$

03

1) $\sigma_{xA} = \sigma_n + \sigma_b = \dfrac{P}{\pi r^2} + 0 = \dfrac{P}{\pi r^2} = \dfrac{Pr}{\pi r^3}$

$\tau_{xy} = \dfrac{T}{Z_p} = \dfrac{2T}{\pi r^3}$

$\sigma_y = 0$

$\sigma_{1A} = \dfrac{\sigma_x}{2} + \sqrt{\left(\dfrac{\sigma_x}{2}\right)^2 + \tau_{xy}^2}$

$\quad = \dfrac{1}{\pi r^3}\left(\dfrac{Pr}{2} + \sqrt{\left(\dfrac{Pr}{2}\right)^2 + (2T)^2}\right)$

최대주응력 σ_1은 주로 취성재료의 해석에 잘 적용된다.

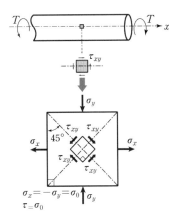

$\tau_{xy} = 2\sigma_o \sin\theta \cos\theta$
$\quad = \sigma_o \sin 2\theta$

$\theta = 45°$ 일 때, 최대전단응력 발생

$\tau_{\max} = \sigma_o$

2) ⅰ) 동력전달크기 순서

핀키
pin
Key
$<$
안장키
새들키
saddle
key
$<$
납작키
평키
플랫키
flat key
$<$
반달키
woodru
ff
key
$<$
묻힘키
평행키
경사키
성크키
sunk key
$<$
접선키
tangential
key
$<$
스플라인
spline
$<$
세레
이션
serrati
on

ⅱ) 묻힘키보다 전달력이 작은 키 두 가지

키의 종류	형상	특징
안장키 = 새들키 (saddle key)		축은 가공하지 않고 키를 축의 곡률에 맞추어 가공한 키로서 마찰력만으로 회전력을 전달한다. 가장 경하중의 동력전달에 사용되는 키이다.
납작키 = 플랫키 = 평키 (flat key)		축을 키의 폭만큼 평평하게 깎은 키로서 안장키보다는 좀 더 큰 하중을 전달될 때 사용된다.

ⅲ) 묻힘키보다 전달력이 큰 키 한 가지

키의 종류	형상	특징
스플라인 (spline)		축의 원주에 여러 개의 키를 가공할 것으로 큰 토크를 전달할 수 있고 내구력이 크며 축과 보스와의 중심축을 정확하게 맞출 수 있는 특징이 있다. 축을 스플라인축이라 하고 축에 끼워지는 상대측 보스를 스플라인이라 한다. 스플라인축과 스플라인의 끼워 맞춤 공차에 따라 축 방향 이동이 고정 또는 활동이 가능하다.

ⅳ) 필요한 동력 $H_{\mathrm{kW}} = 2.4\pi(\mathrm{kW})$

$T = W \times \dfrac{D}{2} = 2400 \times \dfrac{200}{2}$
$\quad = 240000(\mathrm{N \cdot mm}) = 0.24(\mathrm{kJ})$

$H_{\mathrm{kW}} = T \times w = T \times \dfrac{2\pi N}{60}$
$\quad = 0.24 \times \dfrac{2\pi \times 300}{60} = 2.4\pi(\mathrm{kW})$

ⅴ) 키에 발생하는 평균 전단응력

$\tau_{key} = \dfrac{2T}{dbl} = \dfrac{2 \times 240000}{50 \times 12 \times 80} = 10(\mathrm{MPa})$

ⅵ) 키의 측면에 발생하는 평균 압축응력

$\sigma_{key} = \dfrac{4T}{dhl} = \dfrac{4 \times 240000}{50 \times 8 \times 80} = 30(\mathrm{MPa})$

Chapter 01 유체의 정의 및 단위

본문p.84

01

정답 ㉠: 뉴턴유체, ㉡: 점성계수

해설

TIP

뉴톤의 점성법칙

유체에 점성에 의한 전단응력 $\tau = \mu \dfrac{du}{dy} \left(\dfrac{du}{dy} : \text{속도구배} \right)$

점성계수 μ의 단위: $1\text{Poise} = 1\text{dyne} \cdot \text{s/cm}^2$

$\qquad\qquad\qquad = 1\text{g/s} \cdot \text{cm}$

$\qquad\qquad\qquad = \dfrac{1}{10}\text{Pa} \cdot \text{s}$

Chapter 02 유체 정역학

본문p.85~88

01

정답 ③

해설

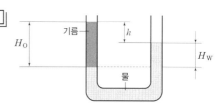

오일의 체적 $V_o = A \times H_o$

$H_o = \dfrac{V_o}{A} = \dfrac{0.05(\text{m}^3)}{0.1(\text{m}^2)} = 0.5(\text{m})$

$\gamma_o \times H_o = \gamma_w \times H_w$

$s_o \times \gamma_w \times H_o = \gamma_w \times H_w$

$H_w = s_o \times H_o = 0.8 \times 0.5 = 0.4(\text{m})$

$h = H_o - H_w = 0.5 - 0.4 = 0.1(\text{m})$

02

정답 1) $P_A - P_B = 10000\text{N/m}^2$, 2) $a = 11\text{m/s}^2$

해설 1) $P_A - P_B = \gamma \times (\triangle h + h_o)$
$\qquad\qquad\quad = \rho g \times (\triangle h + h_o)$
$\qquad\qquad\quad = 1000 \times 10 \times (1 + 1)$
$\qquad\qquad\quad = 10000(\text{N/m}^2)$

2) $\tan\theta = \dfrac{a_x}{g}$, $\tan\theta = \dfrac{5}{10} = \dfrac{1}{2}$

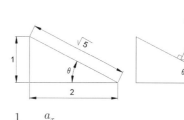

$\dfrac{1}{\sqrt{5}} = \dfrac{a_x}{a}$

$a = \sqrt{5} \times a_x = 2.2 \times 5 = 11(\text{m/s}^2)$

03

정답 ③

해설 물 속에서의 무게 $W' = W - F_B$

공기 중에서의 무게 $W = W' + F_B$
$= W' + (\gamma_w \times V)$
$= W' + (\rho_w g \times V)$
$= 50 + (1000 \times 9.8 \times 0.1^3)$
$= 59.8(\text{N})$

04

정답 ②

해설 전압력 $F_P = \gamma \overline{H} A$

전압력 작용점의 위치 $\overline{H} = 1.2 + 0.8 = 2(\text{m})$

$I_G = \dfrac{\pi D^4}{64}$

$Y_{F_P} = \overline{H} + \dfrac{I_G}{A\overline{H}} = 2 + \dfrac{\dfrac{\pi \times 1.6^4}{64}}{\dfrac{\pi \times 1.6^2}{4} \times 2} = 2.08(\text{m})$

05

정답 1) $F = 180\text{kN}$, 2) $h_r = 9.03\text{m}$

해설 수직력

$F = \gamma \overline{H} A = 10\text{kN/m}^3 \times 9\text{m} \times (2 \times 1)\text{m}^2 = 180(\text{kN})$

힘이 작용하는 작용점의 위치

$\overline{H} = 8 + 1 = 9(\text{m})$

$h_r = \overline{H} + \dfrac{I_G}{A\overline{H}} = 9 + \dfrac{\dfrac{1 \times 2^3}{12}}{(1 \times 2) \times 9} = 9.03(\text{m})$

06

정답 1) $p = 29400\text{N/m}^2$, 2) $F_h = 117600\text{N}$,
3) $F = 58800(\text{N})$

해설 수문에 작용하는 압력

$p = \gamma \times h = \rho g \times h = 1000 \times 9.8 \times 3 = 29400(\text{N/m}^2)$

정수력 $F_h = p \times A = 29400 \times 4 = 117600(\text{N})$

수문이 열리지 않게 하기 위한 최소의 힘

$F = \dfrac{F_h \times 1}{2} = \dfrac{117600 \times 1}{2} = 58800(\text{N})$

07

정답 1) $p_A = 30\text{kPa}$, 2) $F = 28\text{kN}$

해설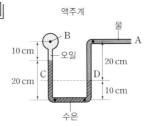

$p_C = p_D$

$p_C = p_B + w_3 \times 0.1 + w_2 \times 0.1$

$p_D = p_A + w_1 \times 0.2$

$p_A = p_B + w_3 \times 0.1 + w_2 \times 0.1 - w_1 \times 0.2$
$= 18 + 8 \times 0.1 + 132 \times 0.1 - 10 \times 0.2$
$= 30(\text{kPa})$

$P_A = w_1 \times H_A$

A점의 깊이

$H_A = \dfrac{P_A}{w_1} = \dfrac{30}{10} = 3(\text{m})$

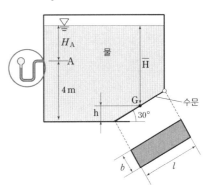

$h = \dfrac{l}{2} \times \sin 30 = \dfrac{4}{2} \times \dfrac{1}{2} = 1(\text{m})$

$\overline{H} = (H_A + 4) - h = (3 + 4) - 1 = 7(\text{m})$

수문에 작용하는 힘

$F = w_1 \times \overline{H} \times A = 10\text{kN/m}^3 \times 7\text{m} \times 4\text{m}^2 = 28(\text{kN})$

Chapter 04 운동량 정리

본문 p.97~98

01

정답 1) $F = \rho QV\sin\theta$

2) $Q_1 = \dfrac{Q(1+\cos\theta)}{2}$, $Q_2 = \dfrac{Q(1-\cos\theta)}{2}$

해설

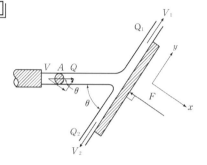

F_x : 평면에 수직하는 성분

F_y : 평면에 평행하는 성분

$F_x = -F$

$F_x = \rho Q(V_{2x} - V_{1x})$

$V_{2x} = 0$

$V_{1x} = V\sin\theta$

$F_x = \rho Q(0 - V\sin\theta)$

$\therefore F = \rho QV\sin\theta$

운동량 보존의 법칙을 보면 '충돌 전의 y방향 운동량 ↗
⊕=충돌 후의 y방향 운동량 ↗⊕'

$\rho QV\cos\theta = \rho Q_1 V - \rho Q_2 V$

$Q\cos\theta = Q_1 - Q_2$ …… ①

질량보존의 법칙을 보면

$Q = Q_1 + Q_2$ …… ②

①식과 ②을 연립하면

$Q(1+\cos\theta) = 2Q_1$

$\therefore Q_1 = \dfrac{Q(1+\cos\theta)}{2}$, $Q_2 = \dfrac{Q(1-\cos\theta)}{2}$

02

정답 ①

해설

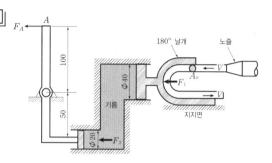

$F_1 = \rho QV(1-\cos 180) = 2\rho QV = 2\rho A_o V^2$

밀폐된 피스톤 내의 압력은 일정하다.

$\dfrac{F_1}{\dfrac{\pi}{4}40^2} = \dfrac{F_2}{\dfrac{\pi}{4}20^2}$

$F_2 = F_1 \times \dfrac{1}{4} = 2\rho A_o V^2 \times \dfrac{1}{4} = \dfrac{\rho A_o V^2}{2}$

$F_A \times 100 = F_2 \times 50$

$F_A = F_2 \times \dfrac{1}{2} = \dfrac{\rho A_o V^2}{2} \times \dfrac{1}{2} = \dfrac{\rho A_o V^2}{4}$

03

정답 ②

해설 압력에 의한 힘

$F_P = \rho g H \times \dfrac{\pi}{4}0.2^2 = 1000 \times 9.8 \times H \times \dfrac{1}{100}$
$\quad = 98\pi H(\mathrm{N})$

물제트에 의한 힘

$F = \rho A V^2 = 1000 \times 0.01 \times 10^2 = 1000(\mathrm{N})$

$F_P = F$

$98\pi H = 1000$

$H = \dfrac{1000}{98 \times 3.14} = 3.249(\mathrm{m})$

Chapter 05 베르누이방정식 및 응용

본문 p.99~104

01

정답 1) $4.467 \mathrm{kg_f/cm^2}$, 2) $200 \mathrm{m/s}$

해설 1) $1 \mathrm{kg_f/cm^2} = 10 \mathrm{mAq} = 760 \mathrm{mmHg}$

국소대기압 $P_o = 735.5 \mathrm{mmHg} \times \dfrac{1 \mathrm{kg_f/cm^2}}{760 \mathrm{mmHg}}$

$= 0.967 (\mathrm{kg_f/cm^2})$

$P_{1abs} = P_1 + P_o = 3.5 + 0.967 = 4.467 (\mathrm{kg_f/cm^2})$

2) $\dfrac{P_{1G}}{\gamma} + \dfrac{V_1^2}{2g} + Z_1 = \dfrac{P_{2G}}{\gamma} + \dfrac{V_2^2}{2g} + Z_2$

$\dfrac{35000 \mathrm{kg_f/m^2}}{2 \mathrm{kg_f/m^2}} + \dfrac{V_1^2}{2 \times 8} + 0$

$= \dfrac{40000 \mathrm{kg_f/m^2}}{2 \mathrm{kg_f/m^2}} + \dfrac{0^2}{2 \times 8} + 0$

$\therefore V_1 = 200 \mathrm{m/s}$

02

정답 1) $0.625 \mathrm{kg_f/cm^2}$

2) $450 \mathrm{cm}$

해설 1) $P_1 - P_2 = h(\gamma_{hg} - \gamma_w)$
$= h\gamma_w(S_{hg} - 1)$
$= 0.5 \times 1000 \times (13.5 - 1)$
$= 6250 (\mathrm{kg_f/m^2})$
$= 0.625 (\mathrm{kg_f/cm^2})$

2) $Q = A_2 V_2 = A_2 \times \sqrt{2gh \times \dfrac{\gamma_{hg} - \gamma_w}{\gamma_w} \times \dfrac{1}{1 - \left(\dfrac{d_2}{d_1}\right)^4}}$

$Q' = 3Q, \ h' = 9h = 9 \times 50 = 450 (\mathrm{cm})$

03

정답 1) $V_2 = 6\mathrm{m/s}$, 2) $Q = 0.06 \mathrm{m^3/s}$

해설 $\dfrac{P_{G1}}{\gamma} + \dfrac{V_1^2}{2g} + Z_1 = \dfrac{P_{G2}}{\gamma} + \dfrac{V_2^2}{2g} + Z_2$

$\dfrac{8000}{1000 \times 10} + \dfrac{0^2}{2 \times 10} + 1 = \dfrac{0}{1000 \times 10} + \dfrac{V_2^2}{2 \times 10} + 0$

$V_2 = 6\mathrm{m/s}$

$Q = A_2 \times V_2 = 0.01 \times 6 = 0.06 (\mathrm{m^3/s})$

04

정답 $0.06 \mathrm{m^3/sec}$

해설 $V_2 = \sqrt{2gh} = \sqrt{2 \times 10 \times 3} = 7.75 (\mathrm{m/s})$

유출 유량 $Q_{out} = \dfrac{3}{4} \times 0.1^2 \times 7.75$

$= 0.0581 (\mathrm{m^3/s}) \fallingdotseq 0.06 (\mathrm{m^3/s})$

05

정답 1) $V_{out} = 10\mathrm{m/sec}$, 2) $Q = 4.5 \mathrm{m^3/min}$

해설 1) $\dfrac{P_{BG}}{\gamma} + \dfrac{V_B^2}{2g} + Z_B = \dfrac{P_{CG}}{\gamma} + \dfrac{V_C^2}{2g} + Z_C$

$\dfrac{0}{1000} + \dfrac{0}{2 \times 10} + 0 = \dfrac{-8000}{1000} + \dfrac{V_C^2}{2 \times 10} + 3$

$V_C = 10\mathrm{m/s}$

$V_C = V_{out}, \ V_{out} = 10\mathrm{m/sec}$

2) $Q = \dfrac{\pi}{4} \times 0.1^2 \times V_C$

$= \dfrac{3}{4} \times 0.1^2 \times 10$

$= 0.075 (\mathrm{m^3/sec})$

$= 4.5 (\mathrm{m^3/min})$

06

정답 ①

해설 $\dfrac{P_1}{\gamma} + \dfrac{V_1^2}{2g} + Z_1 = \dfrac{P_2}{\gamma} + \dfrac{V_2^2}{2g} + Z_2$

$\dfrac{\pi}{4} D_1^2 V_1 = \dfrac{\pi}{4} D_2^2 V_2$

$\dfrac{\pi}{4} (2D_2)^2 V_1 = \dfrac{\pi}{4} D_2^2 V_2$

$V_2 = 4 V_1$

$\dfrac{P_1 - P_2}{\gamma} = \dfrac{V_2^2 - V_1^2}{2g}$

$\dfrac{P_1 - P_2}{\rho g} = \dfrac{(4 V_1)^2 - V_1^2}{2g}$

$\dfrac{30000}{1000} = \dfrac{15 V_1^2}{2}$

$V_1 = 2\mathrm{m/s}$

07

정답 ③

해설
$$\frac{P_1}{\gamma}+\frac{V_1^2}{2g}+Z_1=\frac{P_o}{\gamma}+\frac{V_o^2}{2g}+Z_o$$

$$V_o=\sqrt{2gH}$$

$$D_x=2D_o$$

$$Q=\frac{\pi}{4}D_x^2\times V_x=\frac{\pi}{4}D_o^2\times V_o$$

$$V_o=4V_x$$

$$\frac{P_x}{\gamma}+\frac{V_x^2}{2g}+Z_x=\frac{P_o}{\gamma}+\frac{V_o^2}{2g}+Z_o$$

$$\frac{P_x}{\gamma}+\frac{V_x^2}{2g}+0=\frac{0}{\gamma}+\frac{(4V_x)^2}{2g}+0$$

$$\frac{P_x}{\gamma}=\frac{15V_x^2}{2g}$$

$$P_x=\frac{15\rho V_x^2}{2}$$

$$=\frac{15\rho}{2}\left(\frac{V_o}{4}\right)^2$$

$$=\frac{15\rho V_o^2}{32}$$

$$=\frac{15\rho(2gH)}{32}$$

$$=\frac{30\rho gH}{32}$$

$$=\frac{30\rho g\times 8}{32}$$

$$=7.5\rho g$$

08

정답 ②

해설
$$V_A=\frac{Q}{A_A}=\frac{0.5}{0.25}=2(\text{m/s})$$

$$\frac{P_1}{\gamma}+\frac{V_1^2}{2g}+Z_1=\frac{P_A}{\gamma}+\frac{V_A^2}{2g}+Z_A$$

$$\frac{0}{\gamma}+\frac{0}{2g}+30=\frac{P_A}{\gamma}+\frac{2^2}{2g}+0$$

$$P_A=\left(30-\frac{2^2}{2g}\right)\times\gamma$$

$$=\left(30-\frac{2^2}{2\times 9.8}\right)\times 1000\times 9.8$$

$$=292000(\text{Pa})$$

$$=292(\text{kPa})$$

09

정답 $d_2=d\sqrt[4]{\dfrac{H}{H+h}}$

해설
$$V_1=\sqrt{2gH}$$

$$V_o=\sqrt{2g(H+h)}$$

$$Q=\frac{\pi}{4}d^2V_1$$

$$=\frac{\pi}{4}d_2^2V_2$$

$$d^2V_1=d_2^2V_2$$

$$d_2^2=\frac{d^2V_1}{V_2}$$

$$=\frac{d^2\sqrt{2gH}}{\sqrt{2g(H+h)}}$$

$$\therefore d_2=d\sqrt[4]{\frac{H}{H+h}}$$

10

정답 $v=14\text{m/s}$

해설
$$\gamma_o\times 10=\gamma_w\times H_w$$

$$H_w=\frac{\gamma_o\times 10}{\gamma_w}$$

$$=\frac{s_o\gamma_w\times 10}{\gamma_w}$$

$$=s_o\times 10$$

$$=0.5\times 10$$

$$=5(\text{m})$$

$$v=\sqrt{2g(H_w+5)}$$

$$=\sqrt{2\times 9.8\times(5+5)}$$

$$=14(\text{m/s})$$

11

정답 1) $v_B = 40\mathrm{m/s}$, 2) $P_A - P_B = 900\mathrm{Pa}$

해설 $Q = \dfrac{\pi}{4}d_A^2 \times v_A = \dfrac{\pi}{4}d_B^2 \times v_B$

$\dfrac{\pi}{4}100^2 \times v_A = \dfrac{\pi}{4}50^2 \times v_B$

$v_B = 4v_A = 4 \times 10 = 40(\mathrm{m/s})$

$\dfrac{P_A}{\gamma} + \dfrac{v_A^2}{2g} + Z_A = \dfrac{P_B}{\gamma} + \dfrac{v_B^2}{2g} + Z_B$

$\dfrac{P_A - P_B}{\gamma} = \dfrac{v_B^2 - v_C^2}{2g}$

$P_A - P_B = \dfrac{\rho_{air}(v_B^2 - v_C^2)}{2}$

$\qquad = \dfrac{\rho_{air} \times (40^2 - 10^2)}{2}$ ······ ①

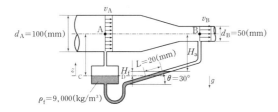

$P_C = P_D$

$P_C = P_A + \gamma_{air}(H_a + H_f)$

$P_D = P_B + \gamma_{air}H_a + \gamma_f H_f$

$P_A - P_B = H_f(\gamma_f - \gamma_{air})$

$\qquad\quad = L\sin\theta(\rho_f g - \rho_{air}g)$

$\qquad\quad = L\sin\theta g(\rho_f - \rho_{air})$

$\qquad\quad = 0.02 \times \sin30 \times 10(9000 - \rho_{air})$

$\qquad\quad = 0.1 \times (9000 - \rho_{air})$ ······ ②

$\dfrac{\rho_{air}(40^2 - 10^2)}{2} = 0.1 \times (9000 - \rho_{air})$

$750\rho_{air} = 900 - 0.1\rho_{air}$

$\rho_{air}(750.1) = 900$

$\rho_{air} \fallingdotseq \dfrac{900}{750} = 1.2(\mathrm{kg/m^3})$

$P_A - P_B = 0.1 \times (9000 - \rho_{air})$

$\qquad\quad = 0.1 \times (9000 - 1.2)$

$\qquad\quad = 899.88$

$\qquad\quad \fallingdotseq 900(\mathrm{Pa})$

12

정답 1) $V = 4\mathrm{m/s}$, 2) $F = 1600\mathrm{N}$

해설 $V_{out} = \sqrt{2gh} = \sqrt{2 \times 10 \times 0.8} = 4(\mathrm{m/s})$

$F = \rho S V_{out}^2 = 1000 \times 0.1 \times 4^2 = 1600(\mathrm{N})$

PART 04 열역학

www.pmg.co.kr

Chapter 02 이상기체의 상태변화

본문p.117~120

01

정답 1) $_1W_2 = (C_p - C_v)T_1 \ln \dfrac{P_1}{P_2}$

2) $\triangle H = 0$

3) $\triangle U = C_v(T_2 - T_1)$

해설 1) $_1W_2 = \displaystyle\int_1^1 PdV$

$\qquad = \displaystyle\int_1^2 \dfrac{P_1 V_1}{V} dV$

$\qquad = P_1 V_1 \displaystyle\int_1^2 \dfrac{dV}{V}$

$\qquad = P_1 V_1 \ln \dfrac{V_2}{V_1}$

$\qquad = nRT_1 \ln \dfrac{P_1}{P_2}$

$\qquad = 1 \times (C_p - C_v)T_1 \dfrac{P_1}{P_2}$

$\qquad = (C_p - C_v)T_1 \dfrac{P_1}{P_2}$

2) $dH = nC_p dT = 0$

$\quad H_2 - H_1 = 0$

$\quad \triangle H = 0$

$\quad$ 등온과정 $dT = 0$

3) $dU = nC_v dT$

$\quad C_v = const$

$\quad U_2 - U_1 = nC_v(T_2 - T_1) = C_v(T_2 - T_1)$

02

정답 1) $\triangle S = nR \ln \dfrac{V_2}{V_1} = R \ln \dfrac{V_2}{V_1}$

2) $\triangle H = 0$

3) $T_2 = T_1 + \dfrac{(P_2 V_2 - P_1 V_1)}{R}$

해설 1) $dS = \dfrac{\delta Q}{T} = \dfrac{dU + PdV}{T} = \dfrac{P}{T}dV = \dfrac{nR}{V}dV$

$\quad (\because \ T = c, \ dT = 0, \ dU = 0)$

$\qquad \triangle S = \displaystyle\int_1^2 \dfrac{nR}{V}dV = nR \ln \dfrac{V_2}{V_1}$

2) $dH = nc_p dT = 0$

$\quad H_2 - H_1 = 0$

$\quad \triangle H = 0$

$\quad$ 등온과정 $dT = 0$

3) 단열과정 $\delta Q = 0$

$\quad \delta Q = dU + PdV = 0$

$\quad PdV = -dU$

$\quad \displaystyle\int_1^2 dU = \displaystyle\int_1^2 nC_v dT$

$\qquad = nC_v(T_2 - T_1)$

$\qquad = nC_v(T_1 - T_2)$

$\qquad = n\dfrac{R}{k-1}(T_2 - T_1)$

$\qquad = \dfrac{R}{k-1}(T_2 - T_1)$

$\quad (U_2 - U_1) = \dfrac{R}{k-1}(T_2 - T_1)$

$\quad -(U_2 - U_1) = \dfrac{R}{1-k}(T_2 - T_1) \ \cdots\cdots \ ①$

$\quad \displaystyle\int_1^2 PdV = \displaystyle\int_1^2 \dfrac{P_1 V_1^k}{V}dV$

$\qquad = P_1 V_1^k \displaystyle\int_1^2 V^{-k}dV$

$\qquad = P_1 V_1^k [\dfrac{V^{1-k}}{1-k}]_1^2$

$\qquad = P_1 V_1^k \dfrac{1}{1-k}(V_2^{1-k} - V_1^{1-k})$

$\qquad = \dfrac{1}{1-k}P_1 V_1^k(V_2^{1-k} - V_1^{1-k})$

$\qquad = \dfrac{1}{1-k}(P_2 V_2^k V_2^{1-k} - P_1 V_1^k V_1^{1-k})$

$\qquad = \dfrac{1}{1-k}(P_2 V_2 - P_1 V_1) \ \cdots\cdots \ ②$

$\quad \dfrac{R}{1-k}(T_2 - T_1) = \dfrac{1}{1-k}(P_2 V_2 - P_1 V_1)$

$\quad T_2 = T_1 + \dfrac{(P_2 V_2 - P_1 V_1)}{R}$

03

정답 ①

해설

$$ds = \frac{\delta q}{T} = \frac{du + p\,dv}{T} = \frac{p}{T}dv = \frac{R}{v}dv$$

$$(\because\ T = c,\ dT = 0)$$

$$\therefore\ \Delta S = S_2 - S_1 = \int_1^2 \frac{R}{v}dv\, \frac{R}{v}dv = R\ln\frac{v_2}{v_1}$$

$$= R\ln\frac{0.5}{0.3}$$

$$dH = mc_p\,dT = 0,\ H_2 - H_1 = 0,\ \triangle H = 0$$

등온과정 $dT = 0$

04

정답 ①

해설

$5\,\text{bar} \times 10^5 \text{Pa}$

$\delta W = PdV$

$$_1W_2 = \int_1^1 PdV$$

$$= \int_1^2 \frac{P_1 V_1}{V}dV$$

$$= P_1 V_1 \int_1^2 \frac{dV}{V}$$

$$= P_1 V_1 \ln\frac{V_2}{V_1}$$

$$= 5 \times 10^5 \times 2 \times \ln\frac{16}{2}$$

$$= 10^6 \ln 8 = 10^6 \ln 2^3 = 3\ln 2\,(\text{Mpa})$$

등온과정에서 $_1W_2 = {}_1Q_2$

05

정답 ⑤

해설

$$\frac{W_1}{W_2} = \frac{P_1(V_2 - V_1)}{P_1 V_1 \ln\dfrac{V_2}{V_1}} = \frac{P_1(2V_1 - V_1)}{P_1 V_1 \ln\dfrac{2V_1}{V_1}} = \frac{1}{\ln 2}$$

06

정답 $T_2 = 57℃$

해설

$$\frac{P_1}{T_1} = \frac{P_2}{T_2},\ \frac{300}{27 + 273} = \frac{330}{T_2 + 273}$$

$$\therefore\ T_2 = 57℃$$

07

정답 1) $P_f = 0.125\,\text{bar}$, 2) $V_f = 2\text{m}^3$

해설

$$\frac{T_2}{T_1} = \left(\frac{V_1}{V_2}\right)^{k-1} = \left(\frac{P_2}{P_1}\right)^{\frac{k-1}{k}}\ \rightarrow\ \text{A과정 단열과정}$$

$$k = \frac{C_P}{C_V} = \frac{\dfrac{5}{2}R}{\dfrac{3}{2}R} = \frac{5}{3}$$

$$\left(\frac{V_1}{V_2}\right) = \left(\frac{P_2}{P_1}\right)^{\frac{1}{k}}$$

$$\left(\frac{V_i}{V_f}\right) = \left(\frac{P_f}{P_i}\right)^{\frac{1}{k}}$$

$$\left(\frac{0.25}{V_f}\right) = \left(\frac{P_f}{4}\right)^{\frac{3}{5}}\ \cdots\cdots\ ①$$

$P_1 V_1 = P_2 V_2\ \rightarrow\ \text{B과정 등온과정}$

$$P_i V_i = P_f V_f$$

$$1 \times 0.25 = P_f V_f$$

$$V_f = \frac{0.25}{P_f}\ \cdots\cdots\ ②$$

$$\left(\frac{0.25}{\dfrac{0.25}{P_f}}\right) = \left(\frac{P_f}{4}\right)^{\frac{3}{5}}$$

$$P_f = \left(\frac{P_f}{4}\right)^{\frac{3}{5}}$$

$$P_f = 0.125\,\text{bar}$$

$$V_f = \frac{1 \times 0.25}{0.125} = 2\,(\text{m}^3)$$

08

모범 답안

1) 원주방향 응력 $\sigma_y = \dfrac{P \cdot D}{2t}$

(t : 두께, D : 내경, P : 내부 압력, L : 원통의 길이)

축방향 응력 $\sigma_x = \dfrac{P \cdot D}{4t}$

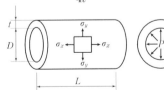

원주방향의 응력은 $\sum F_y = 0,\ F_{\sigma_y} = F_P$

$$F_{\sigma_y} = 2 \times (t \times L) \times \sigma_y$$

$$F_P = P \times D \times l$$

$$\therefore\ \sigma_y = \frac{P \cdot D}{2t}$$

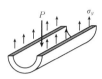

축방향의 응력은 $\sum F_x = 0$, $F_{\sigma_x} = F_P$

$$F_{\sigma_x} = \pi \times D \times t \times \sigma_x$$

$$F_P = P \times \frac{\pi}{4} D^2$$

$$\therefore \sigma_x = \frac{P \cdot D}{4t}$$

여기서 같은 압력에 의해 발생하는 최고 응력은 다음과 같다.

$$\sigma_{max} = \sigma_1 = \frac{P \cdot D}{2t} \le \sigma_a$$

$$\sigma_{max} \le \sigma_a = \frac{\sigma_u}{S} = \frac{P \cdot D}{2t}$$

즉, $\sigma_{max} = \sigma_y$

허용응력 $\sigma_a \ge \sigma_{max}$

허용응력 $\sigma_a \ge \dfrac{PD}{2t}$

두께 $t \ge \dfrac{PD}{2\sigma_a}$

두께 $t \ge \dfrac{PDS}{2\sigma}$

2) $\triangle H = m C_P(T_2 - T_1)$

$$= m \frac{kR}{k-1}(T_2 - T_1)$$

$$= V_1(P_2 - P_1)\frac{k}{k-1}$$

$$= V_1(\epsilon P_1 - P_1)\frac{k}{k-1}$$

$$= V_1 P_1(\epsilon - 1)\frac{k}{k-1}$$

$$dS = \frac{\delta Q}{T} = \frac{dU + PdV}{T} = \frac{dU}{T} = \frac{m C_V dT}{T}$$

$$\triangle S = \int_1^2 \frac{m C_V dT}{T}$$

$$= m C_V \ln \frac{T_2}{T_1}$$

$$= m \frac{R}{k-1} \ln \frac{P_2}{P_1}$$

$$= \frac{P_1 V_1}{T_1} \times \frac{1}{k-1} \ln \frac{\epsilon P_1}{P_1}$$

$$= \frac{P_1 V_1 \times \ln \epsilon}{T_1(k-1)}$$

Chapter 03 열역학 제1법칙(엔탈피)

본문p.121~122

01

정답 300kJ

해설
$$_1W_2 = P_2(V_2 - V_1) + \frac{1}{2}(P_1 - P_2) \times (V_2 - V_1)$$
$$= 1 \times (0.3 - 0.1) + \frac{1}{2}(2 - 1) \times (0.3 - 0.1)$$
$$= 0.3(\text{MJ}) = 300(\text{kJ})$$

02

정답 1) 일: 600kJ, 2) 열량: 640kJ

해설
$$\delta W = PdV$$
$$_1W_2 = \int_1^2 PdV = P(V_2 - V_1) = 2 \times (0.6 - 0.3)$$
$$= 0.6\text{MJ} = 600(\text{kJ})$$
$$_1Q_2 = \triangle U + {_1W_2} = 40 + 600 = 640(\text{kJ})$$

03

정답 1) $P_2 = 12.5\text{kPa}$, 2) $W = 0.8\text{kJ} = 800\text{J}$

해설
$$V_1 = \frac{4\pi R_1^3}{3} = \frac{4 \times 3 \times 0.1^3}{3} = 0.004(\text{m}^3)$$
$$V_2 = \frac{4\pi R_2^3}{3} = \frac{4 \times 3 \times 0.2^3}{3} = 0.032(\text{m}^3)$$
$$P_1 V_1 = P_2 V_2$$
$$P_2 = \frac{P_1 V_1}{V_2} = \frac{100 \times 0.004}{0.032} = 12.5(\text{kPa})$$
$$_1W_2 = P_1 V_1 \ln \frac{V_2}{V_1}$$
$$= 100 \times 0.004 \times \ln \frac{0.032}{0.004}$$
$$= 0.4 \times \ln 8$$
$$= 0.4 \times 2$$
$$= 0.8(\text{kJ})$$
$$= 800(\text{J})$$

Chapter 04 열역학 제2법칙(엔트로피)

본문 p.123

01

정답 ④

해설 ㄴ. 교축과정(throttling process)에서 엔탈피는 불변이다.

02

정답 ③

해설 ㄴ. 외부에서 일이 가해지지 않으면 열은 저온에서 고온으로 흐를 수 없다. : 2법칙

ㄷ. 효율 100%의 열기관을 만들기가 불가능하다는 것을 의미하는 법칙이다 : 2법칙

ㄱ. 열과 일은 모두 에너지이며 열과 일은 상호 전환이 가능하다 : 1법칙

ㄹ. 밀폐계가 임의의 사이클을 이룰 때 열전달의 총합은 이루어진 일의 총합과 같다 : 1법칙

Chapter 06 동력사이클

본문 p.132~135

01

정답 1) $\triangle U = 0$, 2) 300K, 3) 37.72J

해설 1) 등온과정 $dT = 0$

$$dU = mC_V dT = 0$$

$$\therefore \triangle U = 0$$

2) $\eta = 1 - \dfrac{T_L}{T_H}$

팽창 후의 온도

$$T_H = \frac{P_H V_H}{nR} = \frac{0.41 \times 100}{1 \times 0.082} = 500(\text{K})$$

$$T_L = T_H(1-\eta) = 500 \times (1-0.4) = 300(\text{K})$$

3) $\eta = \dfrac{W_{net}}{Q_H}$

$$W_{net} = \eta \times Q_H = 0.6 \times 94.3 = 37.72(\text{J})$$

02

정답 9

해설 압축비 $\epsilon = \dfrac{\text{실린더 체적}}{\text{연소실 체적}}$

$$= \frac{\text{연소실 체적} + \text{행정 체적}}{\text{연소실 체적}}$$

$$= \frac{71.5 + \left(\dfrac{\pi}{4}9^2 \times 9\right)}{71.5}$$

$$\fallingdotseq 9$$

03

정답 1) $Q_H = 312.5\text{kJ}$, 2) $T_L = 400\text{K}$, 3) $Q_L = 62.5\text{kJ}$

해설 $\eta = \dfrac{W_{net}}{Q_H}$

$$\therefore Q_H = \frac{W_{net}}{\eta} = \frac{250}{0.8} = 312.5(\text{kJ})$$

$$\eta = 1 - \frac{T_L}{T_H}$$

$$\therefore T_L = T_H(1-\eta) = 2000 \times (1-0.8) = 400(\text{K})$$

$$\eta = 1 - \frac{Q_L}{Q_H}$$

$$\therefore Q_L = Q_H(1-\eta) = 312.5 \times (1-0.8) = 62.5(\text{kJ})$$

04

정답 $327\,^\circ\mathrm{C}$

해설
$$\eta = \frac{W_{net}}{Q_H}$$
$$= 1 - \frac{T_L}{T_H}$$
$$\frac{213.5}{427} = 1 - \frac{27+273}{T_H+273}$$
$$T_H = 327℃$$

05

정답 ③

해설 ㄱ. 실용 기관에서는 사바테 사이클을 사용하는 기관의 열효율이 가장 높다.
　　 ㄹ. 이론 사이클에서는 초기온도, 초기압력, 공급열량 및 최고압력이 같을 때, 디젤 사이클의 열효율이 가장 높다.

> **TIP**
>
> **사바테 사이클의 효율**
>
> $$\eta_{th,S} = 1 - \frac{1}{\epsilon^{k-1}} \times \frac{\rho\sigma^k - 1}{(\rho-1) + k\rho(\sigma-1)}$$
>
> 1) 압축비 = compression ratio
> $$\epsilon = \frac{\text{실린더체적}}{\text{연소실체적}} = 1 + \frac{\text{행정체적}}{\text{연소실체적}}$$
> 2) 압력상승비 = 폭발비 = 압력비 = explosion ratio
> $$\rho = \frac{\text{연소후의 최고압력}}{\text{압축말의 압력}}$$
> 3) 체절비 = 단절비 = cut off ratio
> $$\sigma = \frac{\text{연소후의 체적}}{\text{연소실체적}} = \frac{\text{연소후의 체적}}{\text{압축말의 체적}}$$
> ① $\sigma = 1$일 때, 오토 사이클의 효율
> $$\eta_o = 1 - \left(\frac{1}{\epsilon}\right)^{k-1}$$
> ② $\rho = 1$일 때, 디젤 사이클의 효율
> $$\eta_{th,d} = 1 - \left(\frac{1}{\epsilon}\right)^{k-1} \frac{\sigma^k - 1}{k(\sigma-1)}$$
> (k : 비열비(specific heat ratio))

06

정답 ②

해설 ㄴ. 압축비(ϵ)는 $\dfrac{V_2}{V_1}$ 이다.
　　 ㄷ. 오토 기관의 이론 사이클이다.

> **TIP**
>
> CI engine : 압축 착화 기관(Compression Ignition engine)

07

정답 $q_{in} = 0.51\mathrm{kJ}$

해설
$$V_1 = \frac{mRT_1}{P_1}$$
$$= \frac{0.001 \times 0.287 \times 300}{100}$$
$$= 861 \times 10^{-6}(\mathrm{m}^3)$$
$$= 861(\mathrm{cm}^3)$$
$$q_{in} = mc_p(T_3 - T_2)$$
$$= 0.001 \times 1 \times (1500 - 990)$$
$$= 0.51(\mathrm{kJ})$$

PART
04

Chapter 07 | 냉동사이클

본문p.136~137

01

정답 ①

해설 성적계수(성능계수)

$$\epsilon_R = \frac{Q_L}{W_{net}} = \frac{Q_L}{Q_H - Q_L} = \frac{Q_2}{Q_1 - Q_2}$$

카르노 사이클 기관의 열효율

$$\eta_c = \frac{W_{net}}{Q_H} = \frac{Q_H - Q_L}{Q_H} = \frac{T_H - T_L}{T_H} = \frac{T_1 - T_2}{T_1}$$

02

정답 ㉠ 압축기 : 단열압축, ㉡ 응축기 : 정압방열

해설 ㉠ 압축기 : 단열압축

㉡ 응축기 : 정압방열

㉢ 팽창밸브 : 교축과정 등엔탈피

㉣ 증발기 : 정압방열 = 등온방열(습증기 영역은 정압과정 등온과정 일치)

03

정답 1) $Q_H = 36\text{kcal/kg}$, 2) $Q_L = 25\text{kcal/kg}$

해설 과정 1 → 2 압축기 단열 압축 압축기에서 받은 일량 W_c

$$W_c = h_2 - h_1$$

$$11 = 143 - h_1$$

$$\therefore h_1 = 132(\text{kcal/kg})$$

과정 2 → 3 응축기 정압방열 응축기에서 방출열량 Q_H

$$h_3 = h_4$$

$$Q_H = h_2 - h_3 = 143 - 107 = 36(\text{kcal/kg})$$

과정 3 → 4 팽창밸브 교축과정 등엔탈피 $h_3 = h_4$

과정 4 → 1 증발기 정압흡열 = 등온흡열 증발기에서 흡수한 열량 Q_L

$$Q_L = h_1 - h_4 = 132 - 107 = 25(\text{kcal/kg})$$

자동차공학

www.pmg.co.kr

Chapter 01 자동차의 분류, 제원, 구조

본문p.140

01

정답 윤거

해설

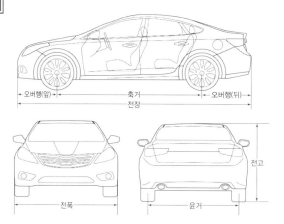

TIP

① **전장(全長, overall length)** : 자동차의 전체 길이. 자동차의 중심면과 접지면을 평행하게 측정했을 때 범퍼, 몰딩 등을 포함한 최대 길이이다.

② **전폭(全幅, overall width)** : 도어를 닫은 상태에서의 자동차의 전체 폭 사이드 미러는 제외시킨다.

③ **전고(全高, overall height)** : 자동차의 전체 높이. 비어있는 자동차를 접지면에서 가장 높은 부분까지 측정한 높이이다. 안테나는 제외시키고, 루프랙이 장착된 자동차의 경우 별도 표기한다.

④ **축거(軸距, wheel base = 축간거리)** : 자동차의 앞바퀴 중심과 뒷바퀴 중심 간의 거리. 축간거리, 휠베이스라 부르기도 한다. 축거가 길수록 실내 공간이 커지는 장점이 있지만, 그만큼 회전 반경 역시 커진다.

⑤ **윤거(輪距, tread = 윤간거리 = 차륜거리)** : 좌우 타이어가 지면에 닿았을 때 각 타이어 중심 사이의 거리. 트럭이나 버스 같은 복륜 차량은 복륜 타이어의 중심을 기준으로 측정한다. 윤거가 넓을수록 안정성이 좋으며, 차체 구조상 구동축이 있는 쪽이 없는 쪽보다 더 넓게 설계된다.

⑥ **오버행(overhang)** : 차체의 끝단에서 차축 중심까지의 길이. 앞(front overhang), 뒤(rear overhang) 모두 표기한다. 엔진 배치와 변속기, 구동축 등의 공간 확보 때문에 전륜 구동 차량은 프런트오버행이 길고, 후륜 구동의 차량은 리어오버행이 긴 성향을 가지고 있다.

02

정답 1) $W_e = 1600\mathrm{kg_f}$, 2) $W_t = 2730\mathrm{kg_f}$

해설 차축의 형식이 1차 축식일 때,

차량 공차중량

$$W_e = W_f + W_r = 800 + 800 = 1600(\mathrm{kg_f})$$

차량 총중량

$$W_t = W_e + W_p + W_m$$
$$= 1600 + (65 \times 2) + 1000 = 2730(\mathrm{kg_f})$$

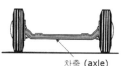

차축 (axle)

TIP

① **차량 공차중량** : 자동차에 연료, 윤활유 및 냉각수를 최대용량까지 주입하고, 예비타이어와 표준부품을 장착하며 50% 이상 장착되는 선택사양 중 원동기의 동력을 사용하는 에어컨, 동력핸들 등을 포함한 무게를 말한다.

② **차축의 형식이 1차 축식일 때**

1) **차량중량 = 차량 공차 중량** W_e

자동차를 수평상태로하여 각 차축마다 중량을 측정하고 그 합을 차량중량(W_e 차량공차중량)으로 한다.

$W_e = W_f + W_r$ (W_e : 차량중량 = 차량공차중량($\mathrm{kg_f}$), W_f : 공차 시 앞차축 전체 중량($\mathrm{kg_f}$), W_r : 공차 시 뒤차축 전체 중량($\mathrm{kg_f}$))

2) **차량총중량** W_t

① **차량총중량**

차량총중량 = 차량중량 + 최대적재물중량 + {승차정원 × 65kg(13세 미만의 자인 경우에는 1.5인을 승차정원 1인으로 계산한다.)}

$W_t = W_e + W_m + (65 \times n) = W_f + W_r + W_m + W_p$ (W_t : 차량총중량($\mathrm{kg_f}$), W_e : 공차 시 앞차축 전체 중량($\mathrm{kg_f}$), W_r : 공차 시 뒤차축 전체 중량($\mathrm{kg_f}$), W_p : 승차정원중량($\mathrm{kg_f}$) = $65 \times n$, n : 승차인원, W_m : 최대적재물중량($\mathrm{kg_f}$))

③ **차축의 형식이 2차 축식일 때**

1) **적차상태의 앞차축 전체 하중** W_{ft}

$$W_{ft} = W_f + \frac{(W_p \times a) + (W_m \times b)}{L}$$

2) 적차상태의 뒤차축 전체 하중 W_{rt}

$W_{rt} = W_t - W_{ft}$

$W_t = W_e + W_m + W_p = W_f + W_r + W_m + W_p$

(W_t : 차량총중량($\mathrm{kg_f}$), W_e : 차량중량 = 차량공차중량($\mathrm{kg_f}$),

W_f : 공차 시 앞차축 전체 중량($\mathrm{kg_f}$), W_r : 공차 시 뒤차축 전체

중량($\mathrm{kg_f}$), W_p : 승차정원중량($\mathrm{kg_f}$) = $65 \times n$, n : 승차인원,

W_m : 최대적재물중량($\mathrm{kg_f}$))

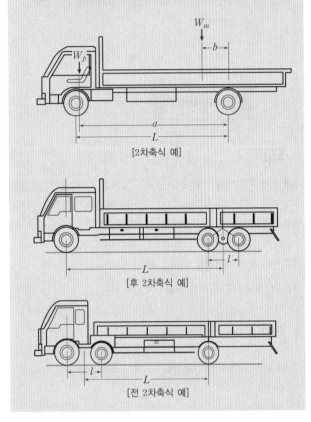

[2차축식 예]

[후 2차축식 예]

[전 2차축식 예]

Chapter 02 내연기관의 구조 및 사이클

본문 p.141~145

01

모범 답안

1) 흡기밸브와 배기밸브가 동시에 열려 있는 기간을 의미한다.

2) ① 흡입효율 향상

② 배기효율 향상

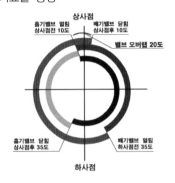

02

정답

1) A : 초크밸브, B : 스로틀 밸브

2) A : 공기량 조절, B : 혼합기량 조절

해설 초크밸브를 조절하여 들어오는 공기량을 조절하고 벤튜리부를 통과 할 때 플로트실에서 유입되는 연료와 공기가 혼합된 상태 즉 혼합기량을 조절하는 것이 스로틀밸브이다.

03

정답

① : 착화지연기간(연소준비기간) A → B 구간

② : 화염전파기간(급격연소기간) B → C 구간

③ : 직접연소기간(제어연소기간) C → D 구간

④ : 후연소기간 D → E 구간

해설

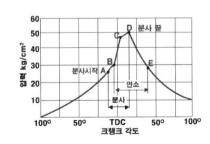

04

정답 ③

해설

기관 비교사항	가솔린 기관	디젤 기관
연료	가솔린, LPG	경유, 중유
점화방식	전기불꽃점화	압축 착화
연료공급방법	기화에서 혼합공급	연료분사펌프로 분사
압축비	5~9 혼합기	12~22(공기)
최대압력	$30\sim35\mathrm{kg/cm^2}$	$65\sim70\mathrm{kg/cm^2}$
압축압력	$5\sim8\mathrm{kg/cm^2}$	$30\sim45\mathrm{kg/cm^2}$
열효율	20~27%	30~40%
기관의회전수	1200~3600rpm	1000~2500rpm
연료소비율	$200\sim350\mathrm{g/PS\cdot h}$	$150\sim220\mathrm{g/PS\cdot h}$
시동전동기	약 1PS 정도	약 5PS 정도
용도	승용차	화물차, 버스 등 대형차

05

정답 ④

해설 총도시 평균유효압력

$P_{it} = 0.5 + 0.6 = 3.2\mathrm{MPa} = 3.2 \times 10^6 (\mathrm{N/m^2})$

총 행정체적 $V_{st} = A \times S \times Z = 0.5 \times 1.5 \times 6 = 4.5 (\mathrm{m^3})$

도시 평균유효압력이 0.5MPa일 때 도시출력

$$H_{i1} = \frac{P_{i1} \times A \times S \times Z_1 \times N}{2 \times 60}$$
$$= \frac{0.5 \times 10^6 \times 0.5 \times 1.5 \times 4 \times 200}{2 \times 60}$$
$$= 25 \times 10^5 (\mathrm{W})$$

도시 평균유효압력이 0.6MPa일 때 도시출력

$$H_{i2} = \frac{P_{i2} \times A \times S \times Z_2 \times N}{2 \times 60}$$
$$= \frac{0.6 \times 10^6 \times 0.5 \times 1.5 \times 2 \times 200}{2 \times 60}$$
$$= 15 \times 10^5 (\mathrm{W})$$

도시출력 $H_i = H_{i1} + H_{i2} = 40 \times 10^5 \mathrm{W}$
$= 4000 (\mathrm{kW})$

06

정답 ②

해설 노크 방지책을 비교하면 다음과 같다.

사항 기관	연료의 착화점	착화 지연	압축비	흡기 온도
가솔린 기관	높다	길다	낮다	낮다
디젤 기관	낮다	짧다	높다	높다

사항 기관	실린더 벽온도	흡기 압력	실린더 체적	회전수
가솔린 기관	낮다	낮다	작다	높다
디젤 기관	높다	높다	크다	낮다

ㄱ. 디젤 기관에서 노크는 착화지연 기간이 길 때 발생한다.

ㄴ. 디젤 기관의 연소실 형식에는 직접분사실식, 예연소실식, 와류실식이 있다.

TIP

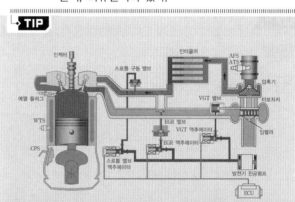

❶ EGR (exhaust gas recirculation 배기가스 재순환) : EGR은 엔진의 배기가스의 일부를 엔진 실린더로 재순환시킴으로써 동작한다. 들어오는 기류의 O_2를 희석시키며 실린더 내 최고 온도를 줄이기 위한 연소열 흡수제 역할을 한다. 고온에서 발생되는 질소 산화물(NO_x)의 생성이 억제된다.

❷ Turto charge(터보차저) : 배기가스의 힘으로 터빈(임펠러)을 구동시켜 압축기로 공기를 압축한 다음 압축된 공기를 실린더에 공급 하는 장치

❸ Inter cooler(인터쿨러) : 터보차저에서 가압되어 고온이 된 공기를 냉각시켜 실린더로 공급 하는 장치

❹ VGT(Variable Geometry Turbocharger) : VGT는 배기가스 유량를 효율적으로 정밀 제어하여 출력향상, 가속성능향상, 연비향상 배기가스 저감을 위한 장치

❺ 디젤 기관의 연소실

1) 연소실의 종류

① 단실식 - 직접분사실식

② 부실식 ┬ 예연소실식
├ 와류실식
└ 공기실식

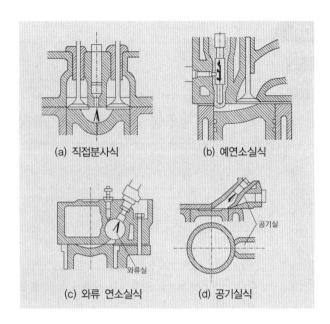

(a) 직접분사식　　　(b) 예연소실식

(c) 와류 연소실식　　　(d) 공기실식

07

정답 1) $\epsilon = 9$, 2) 2800cc

해설 압축비 $\epsilon = \dfrac{V_c + V_s}{V_c} = 1 + \dfrac{V_s}{V_c} = 1 + \dfrac{480}{60} = 9$

연소실 체적 $V_c = 60(\mathrm{cc}) = 60(\mathrm{cm}^3)$

행정 체적 $V_s = A \times s = 48 \times 10$
$= 480(\mathrm{cm}^3) = 480(\mathrm{cc})$

총배기량 = 총행정 체적 $V_s \times Z = 480 \times 6$
$= 2880(\mathrm{cc})$

08

정답 1) $s = 10\mathrm{cm}$, 2) $V_c = 50\mathrm{cc} = 50\mathrm{cm}^3$, 3) $\eta_V = 90\%$

해설 실린더 하나의 행정 체적

$V_s = \dfrac{\text{총배기량}}{\text{실린드갯수}} = \dfrac{3000\mathrm{cc}}{Z} = \dfrac{3000\mathrm{cc}}{6} = 500(\mathrm{cc})$

압축비 $\epsilon = \dfrac{V_c + V_s}{V_c} = 1 + \dfrac{V_s}{V_c}$

$V_c = \dfrac{V_s}{\epsilon - 1} = \dfrac{500}{11 - 1} = 50(\mathrm{cc})$

∴ 연소실 체적 $V_c = 50(\mathrm{cc}) = 50(\mathrm{cm}^3)$

$V_s = A \times s$

∴ 행정 $s = \dfrac{V_s}{A} = \dfrac{500\mathrm{cm}^3}{50\mathrm{cm}^2} = 10(\mathrm{cm})$

체적효율 $\eta_V = \dfrac{1cycle\,\text{중 실린더에 흡입된 공기질량}}{\text{이론 흡기질량}}$
$= \dfrac{1cycle\,\text{중 실린더에 흡입된 공기질량}}{\text{대기밀도} \times \text{행정 체적}}$
$\fallingdotseq \dfrac{1cycle\,\text{중 실린더에 흡입된 체적}}{\text{행정 체적}}$

∴ $\eta_V = \dfrac{450\mathrm{cc}}{500\mathrm{cc}} = 0.9 = 90(\%)$

09

정답 ㉠: 행정, ㉡: 9

해설 압축비

$\epsilon = \dfrac{\text{실린더 체적}}{\text{연소실 체적}} = \dfrac{\text{연소실 체적} + \text{행정 체적}}{\text{연소실 체적}}$

$= 1 + \dfrac{\dfrac{\pi \times 8^2}{4} \times 8}{50} = 1 + \dfrac{50 \times 8}{50} = 9$

10

정답 밸브 서징(valve surging)

해설

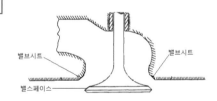

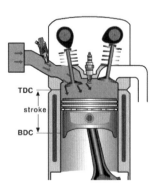

Chapter 03 **연료, 윤활, 냉각 및 흡배기장치**

본문p.146~147

01

정답 ④

해설 ㄱ. 윤활유의 온도가 내려가면 점도(점성 계수)가 커진
다(뻑뻑해진다).

ㄷ. 윤활유 SAE20과 SAE40 중 여름철에 적당한 것은
SAE40이다.

ㄹ. 점도(점성 계수) 180cP(centi poise), 밀도 900kg/m^3
인 오일의 동점도(동점성 계수) 2St(stokes)이다.

> **TIP**
>
> ❶ SAE(Society of Automotive Engineers : 미국 자동차
> 공학회)
>
> 1) **SAE 숫자** : 숫자의 의미는 외부사용온도
>   ① 숫자가 클수록 뻑뻑한 점도를 가진다.
>   ② 숫자가 클수록 점성이 큰 윤활유이다.
>
> 2) **동점성계수** $\nu = \dfrac{\mu}{\rho} = \dfrac{180 \times 10^{-2}\text{g/cm}}{\dfrac{900 \times 10^3}{10^6}\text{g/cm}^3} = 2(\text{g/cm}^2) = 2(\text{St})$
>
> ❷ API(American Petroleum Institute : 미국 석유 협회)에서는
> 엔진에 주로 사용토록 추진되고 있는 엔진 윤활유의 성능을 표
> 에 나와 있는 기호로 분류표시하고 있는데, 크게 두 가지로 나누어
> 가솔린 엔진 오일은 앞 문자 S(Service Station Classification), 디
> 젤 엔진 오일은 앞 문자 C(Commercial Classification)로 표시
> 하며, 각 연대에 제작된 엔진에 사용할 수 있는 성능의 윤활유
> 등급을 A, B, C, D 등으로 표시하도록 하고 있다. API의 성능규
> 격으로 가솔린엔진용은 S, 디젤엔진용은 C로 표기된다.

02

정답 ㉠: CO, ㉡: NO_x

해설

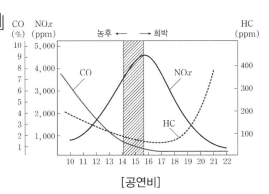

[공연비]

03

정답 1) 질소산화물(NO_x), 2) $\lambda = 1.2$

해설 공기비 $\lambda = \dfrac{\text{실제공연비}}{\text{이론공연비}} = \dfrac{18}{15} = 1.2$

> **TIP**
>
>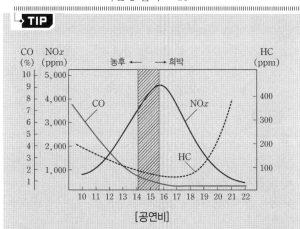
>
> [공연비]
>
> 일산화탄소(CO)는 연료가 많을 때 즉 공연비가 농후할 때 많이 발
> 생되고 탄화수소(HC)는 연료가 적을 때 공연비가 희박할 때 많이
> 발생한다.

04

모범 답안
1) 부착 목적 : 공기를 압축시켜 실린더에 더 많은 공기가
흡입 될 수 있도록 하는 장치로 기관의 출력이 향상된다.
작동 원리 : 연소실에서 배출되는 배출가스의 압력
에너지를 이용한다.

2) 사용 목적 : 터보차저에서 압축된 고온의 공기가 실
린더에 유입되면 노크를 발생시킬 수 있다. 따라서
인터쿨러는 터보차저에서 나온 압축공기를 냉각시키
는 장치로 사용된다.
설치 위치 : 터보차저와 흡기 다기관 사이에 설치한다.

Chapter 04 | 현가, 조향, 제동 및 주행장치

본문p.148∼151

01

모범답안

1) 명칭 : 캠버(Camber)
2) 기능 : 주행 중 바퀴가 이탈 하는 것을 방지.
    앞바퀴가 하중을 받았을 때 밑부분에 벌어지는 것을
    방지하며, 조향 핸들의 조향력이 작아진다.

▶TIP

휠얼라인먼트를 측정하는 기본 값은 3가지 요소를 기준으로 합니다.

❶ 전면에서 보는 캠버(CAMBER)

1) **정의** : 앞바퀴를 앞에서 보았을 때 타이어 중심선과 수직선이 이루는 각
2) **필요성** : 킹핀각과 같이 핸들의 조향 조작력을 쉽게 하고 앞차축의 휨을 방지한다.
3) **킹핀각(Kingpin Aangle)**
   ① 정의 : 앞바퀴를 앞에서 보았을 때 수직선과 킹핀 중심선(스트러트바)이 이루는 각
   ② 필요성 : 캠버와 같이 핸들의 조향력을 적게 하고, 조향 시에 바퀴에 복원력을 준다.
   ③ 협각(인크루드앵글 : Included Angle) : 캠버각과 킹핀각을 합한 것을 말하며 이각이 너무 크면 캠버 옵셋은 적어져 조향 조작력이 무겁게 되고, 반대로 너무 적으면 조향 조작력은 가벼운 대신 시미현상이 일어난다.
   ※ 시미(Shimmy)현상 : 바퀴가 옆으로 흔들리는 현상

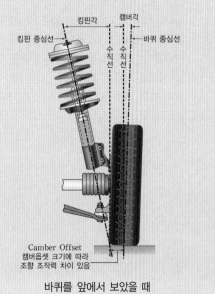

바퀴를 앞에서 보았을 때

❷ 측면에서 보는 캐스터(CASTER)

1) **정의** : 앞바퀴를 옆에서 보았을 때 수직선과 킹핀 중심선(스트러트바)이 이루는 각
2) **필요성**
   ① 주행 중 조향바퀴에 직진하려는 방향성을 준다.
   ② 조향 시에 바퀴의 복원력을 준다.
   ③ 주행 중 바퀴의 시미현상을 방지한다.

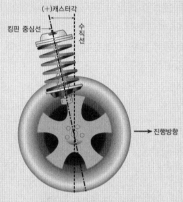

바퀴를 옆에서 보았을 때

❸ 위쪽에서 보는 토(TOE)

1) **정의** : 자동차의 앞바퀴를 위에서 보았을 때 양쪽 타이어 앞뒤 중심선의 거리가 앞쪽이 뒤쪽보다 적은 것을 토인(Toe-in)이라 하고, 큰 것을 토우아웃(Toe-out)이라고 한다.
2) **필요성** : 앞바퀴를 평행하게 회전하게 해주며 SIDE SLIP을 방지하여 준다.

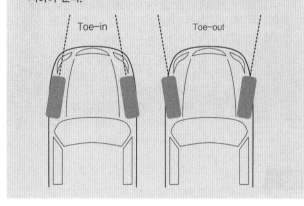

02

정답 ①

해설 (가) 새시 스프링(Chassis spring) → 차량의 하중을 지지, 노면 충격의 흡수 및 완화
샤크 옵서버(Shock absorber) → 새시 스프링의 진동의 억제, 감쇄 작용
스테빌라이저(stabilizer) → 좌우의 요동 방지, 롤링의 최소화

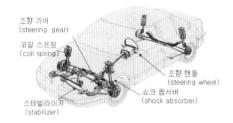

자동차의 진동의 종류는 다음과 같다.

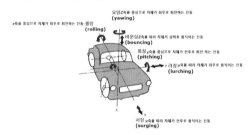

(나) 현가장치의 분류

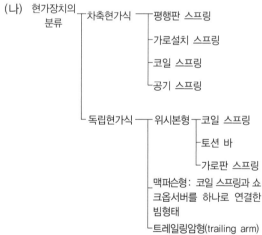

차축현가식

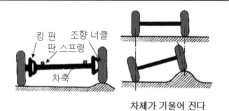

차체가 기울어 진다

독립현가식

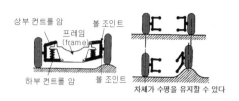

차체가 수평을 유지할 수 있다

독립현가식 위시본형은 다음과 같다.

독립현가식 맥퍼슨형 = 맥퍼슨 스트럿 (Macpherson strut)은 다음과 같다.

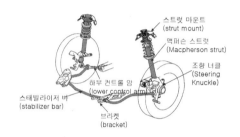

독립현가식 트레일링암형은 다음과 같다.

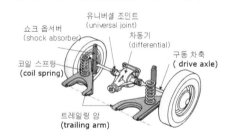

(다) 전자 제어 현가장치(ECS : Electronic Control Suspension System)는 현가 장치와 각종 센서 액추에이터 및 ECU(Electronic control unit)를 결합하여 노면(路面)의 상태, 주행 조건, 운전자의 선택 등과 같은 요소에 따라서 자동차의 높이(車高)와 현가 특성(스프링 정수 및 감쇠력)이 컴퓨터에 의해 자동적으로 조절되는 현가장치이다.

03

정답 ⑤

해설 ㄱ. 스태빌라이저는 현가장치이다.

ㄴ. ABS(Anti-lock Brake System)는 바퀴의 회전수를 검출하여 그 변화에 따라 제동력을 제어하는 방식으로 주행조건에 관계없이 어느 바퀴도 로크(lock)되지 않도록 유압을 제어한다.

▶TIP

유압 브레이크 장치

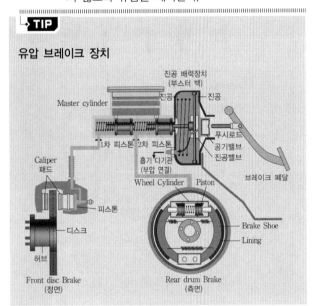

04

정답 ⑤

해설 ㄱ. 안쪽 바퀴와 바깥쪽 바퀴의 조향각 차이에 의해, 선회할 때 토-인(toe-in) 된다. → 평행사변형 조향기구

ㄴ. 조향각을 최대로 하여 선회할 때, 바깥쪽 앞바퀴의 조향각이 θ이면 최소 회전 반지름은 $\dfrac{L}{\sin\theta}+r$이다.

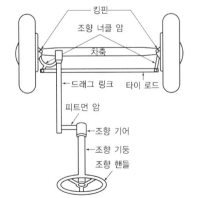

일체차축식 현가방식의 조향기구

▶TIP

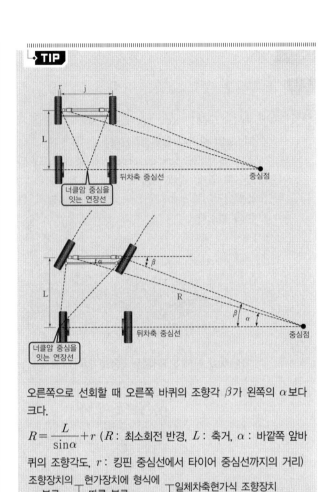

오른쪽으로 선회할 때 오른쪽 바퀴의 조향각 β가 왼쪽의 α보다 크다.

$R = \dfrac{L}{\sin\alpha}+r$ (R : 최소회전 반경, L : 축거, α : 바깥쪽 앞바퀴의 조향각도, r : 킹핀 중심선에서 타이어 중심선까지의 거리)

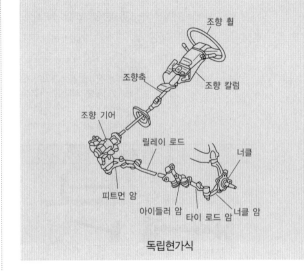

독립현가식

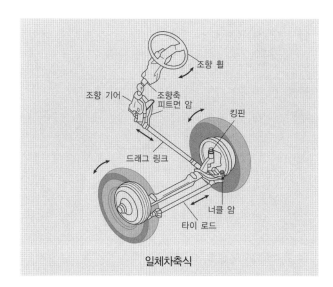

일체차축식

05

정답 5.4m

해설 최소 회전 반경 $R = \dfrac{L}{\sin\alpha} + r = \dfrac{2.6}{\sin 30} + 0.2 = 5.4(\mathrm{m})$

06

정답 ㉠ : 등판저항, ㉡ : $20\mathrm{kg_f}$

해설 $\mu \times W = 0.02 \times 1000 = 20(\mathrm{kg_f})$

▶TIP

주행저항의 종류

1) 공기저항 $R_a = C_d \times \dfrac{1}{2}\rho A v^2$ (C_d : 공기저항계수, ρ : 공기

  밀도, A : 전면투영면적, v : 차량의 상대속도)

2) 구름저항 $R_r = \mu_r W_r$ (μ_r : 구름저항계수, W : 차량총중량)

3) 등판저항 $R_c = W\sin\theta$ (θ : 경사각도, W : 차량총중량)

4) 가속저항 $R_a = (m+m_e)a$ (m : 차량질량, m_e : 회전질량,

  a : 차량가속도)

07

정답 ㉠ : 슬립율(slip ratio)

  ㉡ : ABS(Anti-lock Brake System, 잠김 방지 브레이크 시스템)

▶TIP

❶ **슬립율(slip ratio)** : 타이어의 슬립율을 표시하고 0%는 차륜의 노면에 대하여 완전히 회전하는 상태를 나타내고 100%는 차륜이 Lock된 상태(바퀴는 회전하진 않는 상태)를 보여준다.

❷ **ABS(Anti-lock Brake System, 잠김 방지 브레이크 시스템)** : 브레이크를 강하게 밟으면 제동력에 의해 차량이 멈추기 전에 바퀴가 멈추게 되는데 이를 락업(lock-up)이라 한다. 즉, 바퀴가 잠기는 것이다. 하지만 자동차는 여전히 움직이는 상태이기 때문에 도로에 스키드 마크를 그리며 차량은 계속 밀려나게 된다. 이렇게 될 때 자동차의 제동력은 평소보다 떨어지게 되는데, 이는 운동마찰력이 작용하기 때문이다.

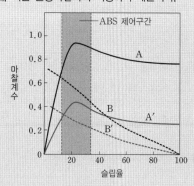

❸ **슬립율과 노면과의 관계**

1) 주행 중 제동 시 타이어와 노면과의 마찰력으로 인하여 차륜속도가 저하된다. 이때 차량 속도와 차륜속도에 표시하는 것을 슬립율(%)이라 한다.

2) 제동 시 타이어와 노면이 마찰 특성으로 인한 ABS의 효과에 대하여 설명하면 다음과 같다. 주행 중 운전자가 브레이크 페달(Brake Pedal)을 밟으면 라이닝과 드럼간의 마찰로 인한 제동 토크가 발생되어 차륜의 회전속도가 감소하고 차륜의 회전속도는 차체속도 보다 작아진다. 이것을 슬립 현상이라 하며 이 슬립에 의해 타이어와 노면사이에 발생하는 마찰이 제동력이 된다. 그러므로 제동력은 슬립의 크기에 의존하는 특성을 나타내며 슬립율은 슬립율의 크기를 나타내는 것으로 아래 식으로 정의한다.

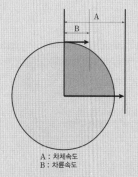

A : 차체속도
B : 차륜속도

3) 슬립율을 한마디로 요약한다면 주행 중 제동 시 차륜은 Lock되나 관성에 의해 차체가 진행하는 것을 말한다. 슬립율은 차량속도가 빠를수록 제동 토크가 클수록 크다.

Chapter 05 프레임, 휠 및 타이어

본문 p.152

01

정답 ④

해설 ㄱ. 드럼 브레이크(drum brake)는 자기작동작용(self energizing action)에 의하여 큰 제동력을 얻을 수 있다.

ㄷ. 앞바퀴 정렬에서 토인(Toe-in)은 자동차 앞바퀴를 위에서 볼 때, 좌우 타이어 앞쪽 간격이 뒤쪽보다 좁게 되어 있는 것이다.

▶TIP

❶ **자기작동작용(self energizing action)**: 회전 중에 드럼에 제동을 걸면 슈는 마찰력에 의해 드럼과 함께 회전하려는 경향이 발생하여 확장력이 커지므로 마찰력이 증대되는 작용이다. 자기작동 작용은 드럼 브레이크에서 발생된다.

❷ **드럼 브레이크(drum brake)**

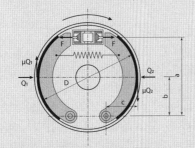

❸ **디스크 브레이크(disk brake)**

주행상태   브레이크 작동상태

❹ **유체식 토크 컨버터(torque converter)**: 입력에 해당되는 펌프와 출력에 해당되는 터빈토크변동을 할 수 있는 스테이터로 구성된다.

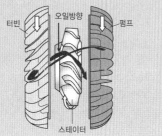

❺ 자동차 앞바퀴를 위에서 볼 때 토인(Toe-in)은 좌우 타이어 앞쪽 간격이 뒤쪽보다 좁게 되어 있는 것이다.

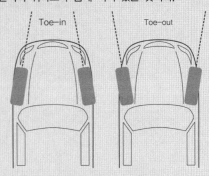

❻ **종감속기어의 종류 및 특징**

FF 방식   FR 방식
앞쪽에 엔진, 앞바퀴 굴림   앞쪽에 엔진, 뒷바퀴 굴림

1) **웜엄과 웜엄기어**: 나사 모양을 한 웜과 이것에 맞물리는 웜 휠로 되어 있어 감속비를 크게 할 수 있다.

2) **스파이럴 베벨기어**: 피니언과 링기어를 사용하며 중심이 일치한다. 맞물림의 비율이 크고 전달 효율이 큰 장점이 있다.

3) **하이포이드기어**: 링기어의 중심선과 이것에 맞물린 구동 피니언의 회전 중심을 오프셋시켜 추진축이나 차실의 바닥을 낮출수 있다.

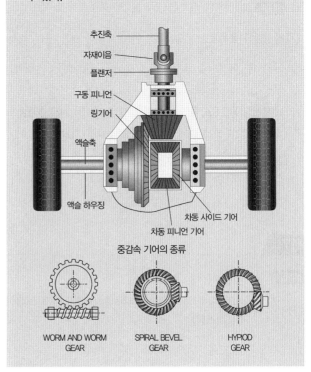

중감속 기어의 종류

02

정답 65

해설 편평비(aspect ratio) $= \dfrac{H(\text{타이어의 단면 높이})}{W(\text{타이어의 단면폭})}$

$= \dfrac{130}{200} \times 100 = 65$

타이어 폭
단면폭(W)
단면 높이
타이어 내경
= 림의 외경
= 림의 지름

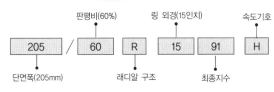

판평비(60%)	링 외경(15인치)	속도기호
205 / 60 R 15 91 H

단면폭(205mm)　　래디알 구조　　최종지수

TIP

❶ 림외경 = 타이어의 안지름

단면폭은 타이어가 바닥에 닿는 면의 폭이 '205mm'인 것을 나타낸다.

❷ 타이어의 구조

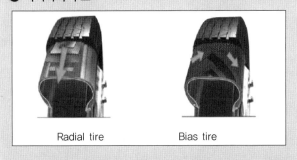

Radial tire　　　　Bias tire

❸ 하중지수(Load Index): 타이어가 지탱해 낼 수 있는 무게를 나타낸다.

하중지수	최대하중지수능력(kg)
86	530
87	545
88	560
89	580
90	600
91	615
92	630
93	650
94	670
95	690
96	710
97	730

❹ 타이어 속도지수: 타이어가 허용 할 수 있는 최고 속도를 표시해 준다.

기호	속도 (km/h)	기호	속도 (km/h)	기호	속도 (km/h)	기호	속도 (km/h)
A1	5	B	50	L	120	T	190
A2	10	C	60	M	130	U	200
A3	15	D	65	N	140	H	210
A4	20	E	70	P	150	V	240
A5	25	F	80	Q	160	W	270
A6	30	G	90	R	170	Y	300
A7	35	J	100	S	180	ZR	240 이상
A8	40	K	110				

Chapter 06 전기장치, 전기자동차의 구조 및 특징

본문p.153~154

01

모범답안
1) 명칭 : 연료압력조절기

기능 : 분사밸브(연료분사밸브 = 인젝터)에 가해지는 연료압력과 흡기다기관 내의 진공압력과의 차이가 항상 일정한 값이 되도록 조정하는 장치

2) 명칭 : 산소 센서

기능 : 배기가스 중의 산소량을 측정하여 삼원촉매의 최대 점화 특성을 위한 공연비를 제어하는 센서

TIP

삼원 : 배기가스 중의 유해가스로 HC(탄화수소), CO(일산화 탄소), NO_x(산화질소)가 있다.

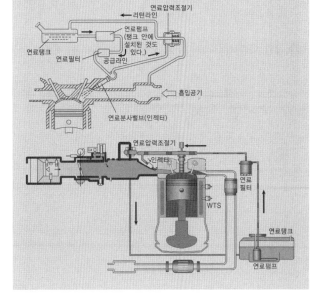

02

정답 ③

해설 ㄱ. 열선식(hot wire type)은 흡입되는 공기 중에 놓인 발열체의 온도변화가 공기 유속에 비례하는 원리를 이용하는 방식이다.

ㄹ. MAP 센서식(Manifold Absolute Pressure sensor type)중에서 스피드 덴시티(speed density) 방식은 기관 회전수와 흡기다기관의 체적으로 1사이클 당 기관에 흡입되는 압력을 추정하는 방식이다.

▶TIP

❶ 베인식 흡입공기량 측정방식 = 플랩식 에어플로미터(Flap Type Air Flow Meter) = 가동 플레이트식 = 메저링 플레이트식 흡입공기량 측정방식

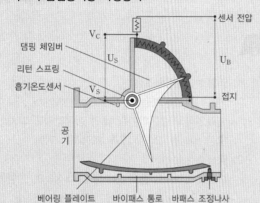

베인식(가동 플레이트식 혹은 메저링 플레이트식)은 흡입되는 공기가 통과할 때 메저링 플레이트를 눌러 저항을 변화시켜 작동하며 원리는 공기가 베인을 열려는 힘과 리턴 스프링의 반력에 의해 정지되는 위치를 포텐시오미터(potentiometer = 전위차계 = 가변저항기)로 검출(US)하여 ECU로 입력하여 공기유량을 측정한다.

❷ 칼만 와류식(Karman vortex type) 흡입공기량 측정

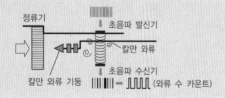

03

정답 1) 축 ③의 분당 회전수 $N_3 = 1000\text{rpm}$, 2) 3배

해설 $Z_1 N_1 = Z_3 N_3$

$$N_3 = \frac{Z_1 N_1}{Z_3} = \frac{15 \times 2000}{30} = 1000(\text{rpm})$$

입력동력 H_i = 출력동력 H_{out}

$$H_i = H_1 + H_2 = H_1 + \frac{H_1}{2} = \frac{3H_1}{2}$$

$$H_{out} = \frac{3H_1}{2}$$

1축의 토크 $T_1 = \dfrac{H_1}{w_1} = \dfrac{H_1}{\dfrac{2\pi N_1}{60}}$

3축의 토크 $T_3 = \dfrac{H_3}{w_3}$

$$= \frac{H_3}{\dfrac{2\pi N_3}{60}}$$

$$= \frac{\dfrac{3}{2}H_1}{\dfrac{2\pi \dfrac{N_1}{2}}{60}}$$

$$= \frac{H_1}{\dfrac{2\pi N_1}{60}} \times \frac{\dfrac{3}{2}}{\dfrac{1}{2}}$$

$$= T_1 \times 3$$

따라서 축 ③의 토크는 엔진 축 ①에 걸리는 토크의 3배이다.

PART 06

기계제도

www.pmg.co.kr

Chapter 01

제도기초, 투상도와 단면도

본문p.158

01

정답 (가) : 일정한 비율로 일치하는 척도로 실물과 같은 크기의 현척과 제품의 크기와 제도 용지의 크기에 따라 작게 그리는 축척, 크게 그리는 배척이 있다. 현척으로 그리는 것을 원칙으로 하며 '1:1'로 표시한다.

(나) : 일정한 비율로 일치하지 않을 경우 '비례칙이 아님(None Scale)'을 사용하며 'NS'로 표시한다.

해설

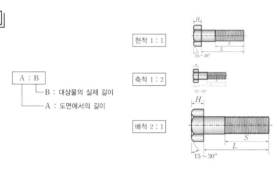

02

정답 ③

해설 ㄴ. 구의 지름은 치수 수치 앞에 S기호를 붙인다.

ㄷ. 45° 모따기는 치수 수치 앞에 C기호를 붙인다.

구분	기호	읽기	사용법
지름	ϕ	파이	지름 치수의 치수 수치 앞
반지름	R	알	반지름 치수의 치수 수치 앞
구의 지름	$S\phi$	에스파이	구의 지름 치수의 치수 수치 앞
구의 반지름	SR	에스 알	구의 반지름 치수의 치수 수치 앞
정사각형의 변	□	사각	정사각형의 한 변 치수의 치수 수치 앞
판의 두께	t	티이	판 두께의 치수 수치 앞
원호의 길이	⌒	원호	원호의 길이 치수의 치수 수치 앞
45° 모떼기	C	씨	45。모떼기 치수의 치수 수치 앞
이론적으로 정확한 치수	▭	테두리	이론적으로 정확한 치수의 치수 수치를 둘러쌈
A참고치수	( )	괄호	참고 치수의 치수 수치 (치수 보조 기호를 포함)를 둘러쌈

TIP

❶ 투상법

투상법은 제3각법에 따르는 것을 원칙으로 한다. 다만, 필요한 경우 제1각법에 따를 수도 있다. 또한 투상법은 표제란 혹은 그 근처에 투상법의 기호를 나타낸다.

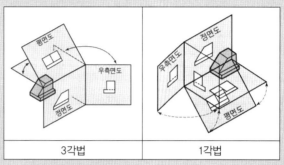

3각법	1각법

❷ 투상법의 종류

종류	사용하는 그림의 종류	특징	주된 용어
정투상	정투상도	모양을 엄밀, 정확하게 표시할 수 있다.	일반도면
등각투상	등각투상도 (30°)	하나의 그림으로 정육면체의 세 면을 같은 정도로 표시할 수 있다.	설명용 도면
사투상	카발리에도 (45°) 캐비닛도 (60°)	하나의 그림으로 정육면체의 세 면 중의 한 면만을 중심적으로 엄밀, 정확하게 표시할 수 있다.	

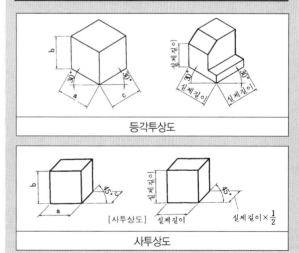

등각투상도

사투상도

Chapter 02 표면거칠기와 공차

본문 p.159~164

01

정답
1) 20.02
2) 19.975
3) 최대공차의 범위 : 20.02 - 19.975 = 0.045
   최소공차의 범위 : 19.96 - 19.985 = - 0.025
   끼워 맞춤의 상태 판별 : 중간 끼워 맞춤

▶TIP

(가) 구멍 $\varnothing 20^{+0.02}_{-0.04}$	
기준치수(basic size)	20
위치수허용차(upper deviation) = 위공차	+0.02
아래치수허용차(lower deviation) = 아래공차	- 0.04
최대허용치수(maximum limit size)	20.02
최소허용치수(minimum limit size)	19.94
치수공차 = 공차(tolerance)	0.06

최대허용한계치수 = 기준치수 + 위치수허용차
최소허용한계치수 = 기준치수 + 아래치수허용차
치수공차 = 최대허용한계치수 - 최소허용한계치수 = 위치수허용차 - 아래치수허용차

(나) 축 $\varnothing 20^{-0.015}_{-0.025}$	
기준치수(basic size)	20
위치수허용차(upper deviation) = 위공차	- 0.015
아래치수허용차(lower deviation) = 아래공차	- 0.025
최대허용치수(maximum limit size)	19.985
최소허용치수(minimum limit size)	19.975
치수공차 = 공차(tolerance)	0.01

※ 끼워 맞춤 종류(축과 구멍의 기준이 같을 때, 축과 구멍을 조립 할 경우)
① 헐거운 끼워 맞춤 : 항상 틈새가 생기는 끼워 맞춤
② 억지 끼워 맞춤 : 항상 죔새가 생기는 끼워 맞춤
③ 중간 끼워 맞춤 : 틈새가 생기는 것도 있고, 죔새가 생기는 것도 있는 끼워 맞춤

02

정답
(가) 헐거운 끼워 맞춤
(나) 구멍기준 끼워 맞춤 공차로 아래치수허용차가 0이다.

해설

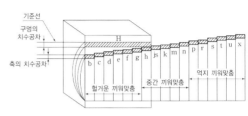

구멍기준식 끼워 맞춤 공차

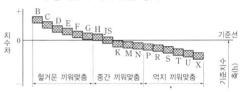

03

정답 ③

해설
ㄱ. 부품 ①은 중간단을 생략하여 그렸다.
ㄹ. 부품 ①과 부품 ② 조립 부분의 최대 틈새는 $41\mu m$ 이다.
ㅁ. 부품 ②의 (가)에 기입하여야 할 알맞은 기호는 'R'이다.

04

정답 ㉠ : 치수공차, ㉡ : 죔새

05

정답 1) 최대허용치수 : 50.02, 2) 직각도 : $\varnothing 0.1$

해설

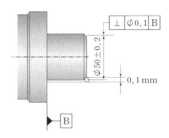

06

정답 ㉠ : − 0.012, ㉡ : − 0.034

해설 구멍의 최대허용치수 $\phi 100.035$, 구멍의 위치수허용차 :
0.035

구멍의 최소허용치수 $\phi 100$, 구멍의 아래치수허용차 : 0

㉠ 최소 틈새 = 구멍의 최소허용치수 − 축의 최대허용
치수
= 구멍의 아래치수허용차 − 축의 위치수
허용차

∴ 축의 위치수허용차 = 구멍의 아래치수허용차 − 최소
틈새 = 0 − 0.012 = − 0.012

㉡ 최대틈새 = 구멍의 최대허용치수 − 축의 최소허용
치수
= 구멍의 위치수허용차 − 축의 아래치수
허용차

∴ 축의 아래치수허용차 = 구멍의 위치수허용차 − 최대
틈새 = 0.035 − 0.069 = − 0.034

07

정답 ②

해설 ㄱ. 진원도 공차를 적용한 곳이 있다.
→ 기하공차를 기입한다면 동심도(동축도)를 넣어야
한다.

ㄷ. 산술 평균 거칠기(중심선 평균 거칠기) 값 : $25\mu m$

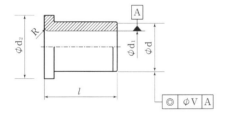

▶ TIP

동심도

(단위 : mm)

구멍지름(d_1)	V(동심도)		
	고정 라이너	고정 부시	삽입 부시
18.0 이하	0.012	0.012	0.012
18.0 초과 50.0 이하	0.020	0.020	0.020
50.0 초과 100.0 이하	0.025	0.025	0.025

08

정답
1) 중심선, 기준선, 피칭선
2) 한쪽단면도(반단면도)
3) 진원도
4) 산술 평균 거칠기로 나타낸 표면 거칠기
5) 구멍의 끼워 맞춤 공차로 끼워 맞춤 등급은 H, IT공
차는 6급이다.
6) 치수 공차 = 위 치수 허용차 − 아래 치수 허용차
= + 0.02 − (− 0.01) = 0.03

▶ TIP

IT공차

(단위 : μm)

치수 등급		IT4 4급	IT5 5급	IT6 6급	IT7 7급
초과	이하				
−	3	3	4	6	10
3	6	4	5	8	12
6	10	4	6	9	15
10	18	5	8	11	18
18	30	6	9	13	21
30	50	7	11	16	25
50	80	8	13	19	30
80	120	10	15	22	35
120	180	12	18	25	40
180	250	14	20	29	46
250	315	16	23	32	52
315	400	18	25	36	57
400	500	20	27	40	63

PART

06

09

정답
1) 연삭가공
2) 원주흔들림
3) ① 0.035, ② +0.035, ③ 0

해설 $\phi 100H7 \rightarrow \varnothing 100^{+0.035}_{0}$

▶TIP

❶ 가공방법

가공방법	약호	
	I	II
선반가공	L	선반
드릴가공	D	드릴
보링머신 가공	B	보링
밀링가공	M	밀링
평삭반 가공	P	평삭
형삭반 가공	SH	형삭
브로치 가공	BR	브로치
리머가공	FR	리머
연삭가공	G	연삭
벨트샌딩가공	GB	포연

가공방법	약호	
	I	II
호닝가공	GH	호닝
액체호닝 가공	SPL	액체호닝
배럴연마 가공	SPBR	배럴
버프 다듬질	FB	버프
블라스트 다듬질	SB	블라스트
래핑 다듬질	FL	래핑
줄다듬질	FF	줄
스크레이퍼 다듬질	FS	스크레이퍼
페이퍼 다듬질	FCA	페이퍼
주조	C	주조

❷ 표면거칠기 예시

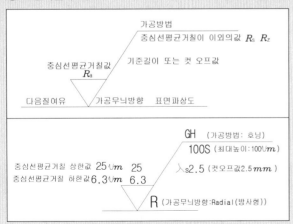

❸ 표면거칠기의 기호와 의미

기호	의미	설명도
=	가공에 의한 커터의 줄무늬 방향이 기호를 기입한 그림의 투상면에 평행 보기: 세이핑 면	
⊥	가공에 의한 커터의 줄무늬 방향이 기호를 기입한 그림의 투상면에 직각 보기: 세이핑 면(옆에서 보는 상태), 선삭, 원통 연삭면	
X	가공에 의한 커터의 줄무늬 방향이 기호를 기입한 그림의 투상면에 경사지고 두 방향으로 교차 보기: 호닝 다듬질 면	
M	가공에 의한 커터의 줄무늬가 여러 방향으로 교차 또는 무방향 보기: 래핑 다듬질면, 슈퍼 피니싱면, 가로 이송을 준 정면 밀링 또는 엔드 밀 절삭면	
C	가공에 의한 커터의 줄무늬가 기호를 기입한 면의 중심에 대해 대략 동심원 모양 보기: 끝면 절삭면	
R	가공에 의한 커터의 줄무늬가 기호를 기입한 면의 중심에 대한 대략 레이디얼 모양	

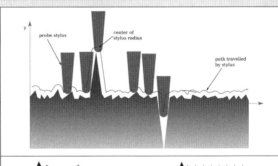

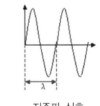
저주파 신호
(파장이 길다)

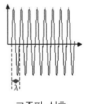
고주파 신호
(파장이 짧다)

❹ 표면거칠기 곡선

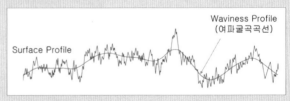

Roughness Profile(표면거칠기 곡선) ← 긴 파장 제거: cut off 값보다 큰 파장을 제거한 파장

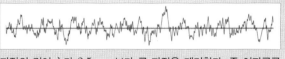

파장의 길이 λ가 2.5mm보다 큰 파장은 제거한다. 즉 여파굴곡 곡선을 제거하는 것이 목적이다.

❺ 표면파상도

여파굴곡곡선의 산과 골의 높이차이다.

표면 거칠기와 파상도

기준길이 = cut off 값 = 파장의 길이

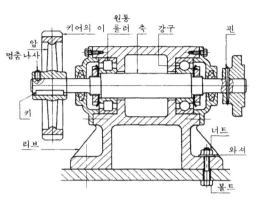

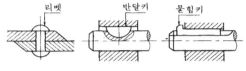

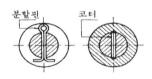

Chapter 03 **도면해독 및 기계요소제도**

본문p.165~169

01

모범답안

1) ㉮ 바깥 지름 : $D' = M \times (2 + Z)$
$= 2 \times (2 + 33) = 70(\text{mm})$

㉯ 피치원 지름 : $D = M \times Z$
$= 2 \times 33 = 66(\text{mm})$

2) ㉰ : $20.08^{+0.1}_{0}$

㉱ : 6 ± 0.015

02

정답 ① : 베어링, ② : V벨트 풀리, ③ : 축, ④ : 반달키

해설 단면하지 않는 부분 → 리브, 기어의 이, 축, 핀, 볼트, 너트, 와셔, 작은 나사, 리벳, 키, 강구, 원통 롤러, 기어 및 벨트 풀리의 암 등은 단면하여도 해칭하지 않는다.

03

정답 ①

해설 ㄷ. (다)는 탭 가공된 상태로 중심선으로부터 가까운 내측은 굵은 실선, 외측은 가는 실선으로 표시한다.
ㄹ. (라)는 드릴 가공된 상태로 굵은 실선으로 표시한다.

▶TIP

❶ 나사 도시방법

1) 수나사 제도

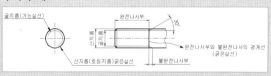

① 수나사의 산지름(바깥지름, 호칭지름)은 굵은 실선으로 그린다.
② 수나사의 골지름은 가는 실선으로 그린다.
③ 완전나사부와 불완전나사부의 경계선은 굵은 실선으로 그린다.
④ 불완전나사부의 골을 나타내는 선은 축선에 대하여 불완전 나사부의 골을 나타내는 선은 축선에 대하여 30°의 가는 실선으로 그리고, 필요에 따라 불완전 나사부의 길이를 기입한다.
⑤ 수나사 측면에서 모양을 나타낼 때에는 골지름을 가는 실선으로 약 3/4 원으로 그린다.

2) 암나사 제도

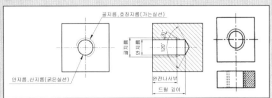

① 암나사의 안지름(산지름)은 굵은 실선으로 그린다.
② 암나사의 골지름(호칭지름)은 가는 실선으로 그린다.
③ 완전나사부와 불완전나사부의 경계선은 굵은 실선으로 그린다.
④ 불완전나사부의 골을 나타내는 선은 축선에 대하여 불완전 나사부의 골을 나타내는 선은 축선에 대하여 30°의 가는 실선으로 그리고, 필요에 따라 불완전 나사부의 길이를 기입한다.
⑤ 암나사 측면에서 모양을 나타낼 때에는 골지름을 가는 실선으로 약 3/4 원으로 그린다.
⑥ 암나사의 단면 도시에서 드릴 구멍이 나타날 때에는 굵은 실선으로 120°가 되게 그린다.
⑦ 보이지 않는 나사부의 산마루는 보통의 파선으로, 골을 가는 파선으로 그린다.

❷ 수나사와 암나사의 결합부의 단면

결합부의 단면은 수나사를 기준으로 나타낸다.

04

정답 ②

해설 ㄴ. 베어링 : 깊은 홈 볼베어링을 사용하였다.
ㄷ. 커플링 : 축이 한 개이므로 커플링이 사용되지 않는다.

▶TIP

오일리스 베어링

※ 공차
하우징 : H7
축 : $d8$ = 고하중용, $e7$ = 경하중용, $f7$ = 정일급용, $b9$ = 수중, 해수중용

05

정답 ④

해설 ㄱ. 반단면도(= 한쪽 단면도)로 투상하였다.
ㄷ. 구멍 기준 끼워 맞춤 치수기입 부위가 한 곳($H8$) 있다.

▶TIP

❶ 가공 종류

가공 종류	의미	단축기호
드릴링(drilling)	구멍을 뚫는 작업	D
보링(boring)	뚫은 구멍이나 주조한 구멍을 넓히는 작업	B
리밍(reaming)	뚫린 구멍을 정밀하게 다듬는 작업	FR
태핑(tapping)	탭을 사용하여 암나사를 가공하는 작업	
스폿 페이싱(spot facing)	볼트가 앉을 자리를 만드는 작업	
카운터 보링 (counter boring)	볼트 머리가 묻히게 깊은 자리를 파는 작업	DCB
카운터 싱킹 (counter sinking)	접시머리나사의 머리부를 묻히게 원뿔 자리를 파는 작업	DCS

❷ 드릴링 머신의 기본 작업

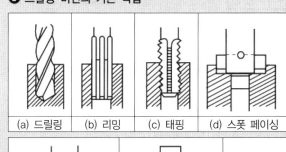

(a) 드릴링	(b) 리밍	(c) 태핑	(d) 스폿 페이싱

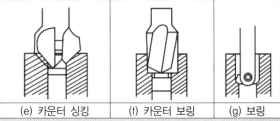

(e) 카운터 싱킹	(f) 카운터 보링	(g) 보링

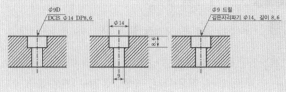

06

정답 ㉠: 필릿 이음, ㉡: V

해설 용접부의 기본 기호

1	양면 플랜지형 맞대기 이음 용접		八
2	평면형 평행 맞대기 이음 용접		‖
3	한쪽면 V형 홈 맞대기 이음 용접		V
4	한쪽면 K형 맞대기 이음 용접		V
5	부분 용입 한쪽면 V형 맞대기 이음 용접		Y
6	부분 용입 한쪽면 K형 맞대기 이음 용접		Y
7	한쪽면 U형 홈 맞대기 이음 용접(평행면 또는 경사면)		Y
8	한쪽면 J형 홈 맞대기 이음 용접		Ⱶ
9	뒷면 용접		◡
10	필릿 용접		◺
11	플러그 용접: 플러그 또는 슬롯 용접		⊓
12	스폿 용접		○
13	심 용접		⊖

→ TIP

❶ V형 용접

기호 : V

용접부	실제 모양	도시
홈 깊이 16mm 홈 각도 60° 루트 간격 2mm		

❷ X형 용접

기호 : X(V형 용접이 두 면에 있음)

용접부	실제 모양	도시
홈 깊이 화살표 방향 16mm 화살표 반대 방향 9mm 홈 각도 화살표 방향 60° 화살표 반대 방향 90° 루트 간격 3mm 인 때		

07

정답 1) V : 수직자세(Vertical Position : V)로 면이 수직으로 놓인 상태에서 수직으로 운봉하며 용접선이 상하로 위치하는 용접법

OH : 위보기 자세용접(Overhead Position : OH)으로 모재가 눈 위에 위치하고 용접봉을 위로 향하여 용접(위보기 자세)

2) (가)의 설명 : 루트 간격 2, 홈 각도 60°, V형 맞대기 용접 H → 수평 자세 용접

(나)의 설명 : 평형맞대기 용접 F(아래보기 자세)

해설

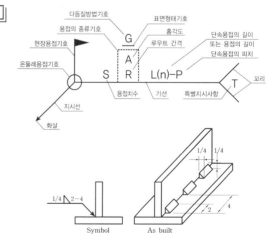

TIP

❶ 용접보조기호

기호	명칭	적용 예
———	평탄비드	V형 평탄비드 ▼
⌒	볼록비드	x형 평탄비드 ✕
⌣	오목비드	필렛 용접 오목비드
◯	온둘레 용접	
▶	현장 용접	
C	치핑	
G	연삭	
M	절삭	

❷ 특별지시사항(T)

용접자세, 용접방법, 비파괴 시험 보조기호 등을 기입한다.

※ 용접자세
• 아래보기 자세(Flat Position : F)
• 수직자세(Vertical Position : V)
• 수평자세(Horizontal Position : H)
• 위보기 자세(Overhead Position : OH)

08

정답 ㉠ 50 ± 0.3의 치수공차는 0.6mm이고, 구멍의 개수는 13개이다. 이때 구멍의 지름은 $\phi 20$이다.

Chapter 04 컴퓨터응용제도

본문 p.170

01

정답 서피스 모델링, 솔리드 모델링

해설 3차원 형상 모델링은 다음과 같다.

ⅰ) 와이어 프레임 모델(wire frame model) → 철사로 3차원 형상을 만드는 것(edge로 표현)
  ① 데이터 구성이 간단하여 모델 작성이 쉽고 처리 속도가 빠르다.
  ② 선 정보이므로 단면도 작성과 숨은 선 제거가 불가능하다.
  ③ 물리적 성질의 계산이 불가능하다.
  ④ 내부에 관한 정보가 없어 해석용 모델에 사용이 불가능하다.
  ⑤ 3면 투시도의 작성이 용이하다.

ⅱ) 서피스 모델(surface model) → 와이어 프레임 모델에 각 면의 데이터를 추가
  ① 단면도 작성 및 숨은 선 제거가 가능하다.
  ② 2개 면의 교선을 구할 수 있다.
  ③ NC가공 정보를 얻을 수 있다.
  ④ 와이어 프레임보다 데이터 양이 증가한다.
  ⑤ 물리적 성질을 계산하기 곤란하다.
  ⑥ 복잡한 형상 표현이 가능하다.
  ⑦ 유한요소법(FEM)의 적용을 위한 요소 분할이 어렵다.

ⅲ) 솔리드 모델(solid model) → 3차원 모델을 완벽하게 표현한 방법
  ① 표현력이 크고 응용 범위가 가장 넓다.
  ② 단면도 작성과 숨은선·면의 제거가 가능하다.
  ③ 물리적 성질의 계산이 가능(체적, 무게중심, 관성 모멘트 등)하다.
  ④ 동작 시뮬레이션, 간섭 체크에 유효하다.
  ⑤ 데이터의 양이 많고, 데이터 구조가 복잡하다.
  ⑥ 컴퓨터의 메모리 양이 많아야 되고 처리에 시간이 걸린다.
  ⑦ 유한요소법(finite element method, FEM)을 위한 메시 자동 분할이 가능하다.
  ⑧ 이동·회전 등을 통하여 정확한 형상 파악을 할 수 있다.

TIP

❶ CSG(Constructive Solid Geometry) 방식

1) 자유곡면 및 필렛 등의 조작이 용이하지 않다.

2) 데이터양이 적다.

3) 데이터 논리 과정의 조합, 초기 모델의 생성과정이 용이하다.
   ① 합집합(A∪B) : 양쪽에 포함되는 부분의 합집합의 입체
   ② 교집합(A∩B) : 양쪽에 공통되는 부분의 교집합의 입체
   ③ 차집합(A−B) : A에서 B부분을 뺀 영역의 입체

4) 복잡한 물체를 단순입체(primitive)의 조합으로 표현하며 불리안 모델(boolean model) 연산자(합, 적, 차)를 사용한다.

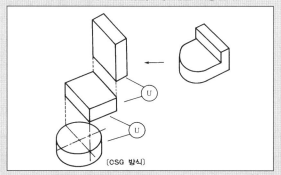

[CSG 방식]

❷ B − Reps(Boundary Representation) 방식

1) CGS 방식으로 표현하기 어려운 물체 모델링에 사용

2) 입체를 구성하는 면의 접속 관계에 대해 입체를 표현하는 방법으로 현실세계에서 존재하지 않는 모델도 있을 수 있다.

3) B − Rep 모델의 기본 요소
   ① 기하 요소 : 점, 곡선, 곡면
   ② 위상 요소 : 꼭지점(vertex), 모서리(edge), 면(face)들의 이웃관계를 위상관계(topology)라 한다.

면 요소의 합 ⟶

02

모범답안

① 절대 좌표 방식(x, y) : 원점(0, 0)을 기준으로 x값과 y값을 넣어 선분을 그리는 방법

② 상대(중분) 좌표 방식 : $\triangle X$, $\triangle Y$, 마지막 점을 기준으로 x증분과 y증분 값을 입력 하여 선분을 그린다.

③ 극 좌표 방식 : 반지름 < 각도, 마지막 점을 기준으로 반지름과 각도를 넣어 선분을 그린다.

구분	기준점	표시	CAD명령
절대 좌표	0, 0	X, Y	30, 40
상대 좌표	마지막 점	△X, △Y	40, 60
극 좌표	마지막 점	반지름 < 각도	45 < 70

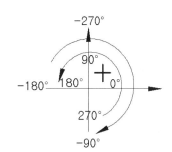

PART
06

Chapter 01 | 유체기계

본문p.174~175

01

정답 |
1) 공동현상(cavitation) : 유체가 관속을 흐를 때 유속이 빨라지면 압력이 저하되고 포화온도가 낮아져 액체가 기화되어 기포가 생기는 현상으로 기포가 관벽이나 프로펠러 등에 부딪쳐서 붕괴될 때 부품의 표면에 높아진 압력에 의해 배의 프로펠러나 펌프의 임펠러 등에 충격을 주며 소음과 진동 및 마모 현상을 야기한다.

2) 맥동(surging) : 사람의 심장에서 피를 토출 할 때 맥박이 뛰는 현상과 비슷한 현상으로 펌프에서 송출압력과 송출유량 사이에 주기적인 변동이 일어나는 현상이다.

▶TIP

❶ 공동현상(cavitation)

아래 그림과 같이 유체가 넓은 유로(流路)에서 좁은 곳으로 고속으로 유입 할 때, 또는 벽면을 따라 흐를 때 벽면에 요철(凹凸)이 있거나 만곡부가 있으면 흐름은 직선적이지 못되며, A 부분은 B 부분보다 저압이 된다. 저압이 발생되는 A 부분에는 공동(空洞, 캐비티 = cavity)이 생기고 압력이 그 수온의 포화증기압보다 낮아지면 수중에 증기가 발생한다. 또는 수중에는 압력에 비례하여 공기가 용입되어 있는데, 이 공기가 물과 분리되어 기포로 나타난다. 이러한 현상을 공동현상(空洞現像)이라 한다.

기포가 발생되면 펌프의 회전차 입구 부분에서 발생하는 경향이 크고, 생성된 기포가 유체의 흐름에 따라 이동하여 고압에 이르러 급격히 붕괴하는 현상이 되풀이됨에 따라 소음과 진동, 깃의 손상이 수반되어 펌프의 성능과 효율을 저하시킨다.

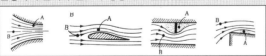

1) **공동현상이 발생하는 부분은 크게 3부분이 있다.**
   ① 펌프입구에서의 공동현상
   ② 교축(관줄임 = 관의 단면적 변화)에서의 공동현상
   ③ 펌프의 회전차(impeller) 부분에서의 공동현상

2) **펌프에서의 공동현상 방지책**
   ① 유효흡입수두 NPSH(Net Positive Suction Head)를 크게 한다.
   ② 흡입양정을 낮춘다.(펌프의 설치 위치를 낮춘다.)
   ③ 손실수두를 작게 한다.(밸브의 부속품의 수를 적게 하게 손실수두를 줄인다.)
   ④ 관의 단면적을 크게 한다.
   ⑤ 펌프의 회전수를 낮추어 유속을 작게 하여 비교회전수를 적제하고, 유량을 적게 보낸다.

⑥ 양흡입펌프를 사용한다.
⑦ 입축펌프를 사용하고, 회전차를 수중에 완전히 잠기게 한다.
⑧ 두 대 이상의 펌프를 사용하여 유량을 나누어서 보낸다.

❷ 맥동현상(surging = 서징현상)

사람의 심장에서 피를 토출 할 때 맥박이 뛰는 현상과 비슷한 현상이다. 펌프(pump), 송풍기(blower)등 액체나 기체를 송출하는 하는 중에 한 숨을 쉬는 것과 같은 상태가 되어 펌프인 경우 입구의 진공계와 출구의 압력계의 침이 흔들리고 동시에 송출유량이 변화하는 현상 즉, 송출압력과 송출유량 사이에 주기적인 변동이 일어나는 현상을 말한다. 이 서징현상이 일단 일어나면 그 변동의 주기는 비교적 거의 일정하고 운전 상태를 바꾸지 않는 한 서징현상은 계속 일어난다.

1) **발생 원인**
   ① 펌프의 유량 양정곡선이 산고곡선이고, 곡선의 산고상승부(H_1, H_c, H_2)에서 운전했을 때
   ② 배관 중에 물탱크나 공기탱크가 있을 때
   ③ 유량조절밸브가 탱크 뒤쪽에 있을 때
   위의 ①, ②, ③ 세 가지 조건을 모두 만족될 때 서징현상이 발생한다.

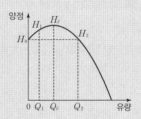 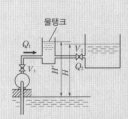

2) **서징현상의 방지법**
   ① 회전차나 안내깃의 형상치수를 바꾸어 그 특성을 변화시킨다.
   ② 깃의 출구각도(β)를 적게 하거나 안내깃의 각도를 조절할 수 있도록 한다.
   ③ 방출밸브 등을 사용하여 펌프 속의 양수량을 서징할 때의 양수량 이상으로 증가시키거나 무단 변속기를 사용하여 회전차의 회전수를 변화시킨다.
   ④ 관로에서 불필요한 공기탱크나 잔류공기를 제거하고 관로에서의 저항을 감소시킨다.
   ⑤ 유량과 양정의 관계곡선에서 서징(surging)현상을 고려할 때 왼편하강 특성곡선 구간에서 운전하는 것을 피하는 것이 좋다. 즉 산고곡선에서 산고상승부에서 운전을 피한다.

❸ 수격현상(water hammering)

관(管) 속을 액체가 충만하게 흐르고 있을 때 관로의 끝에 있는 밸브를 갑자기 닫으면 운동하고 있는 물체를 갑자기 정지시킬 때와 같은 심한 충격을 받게 된다. 또한 액체의 유속을 급격히 변화시키면 압력의 변화가 심하게 변하되는 현상을 수격현상이라고 한다.

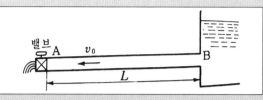

수격현상의 방지법은 다음과 같다.
1) 펌프의 플라이휠을 설치하여 펌프의 속도가 급격히 변화하는 것을 막는다.
2) 관의 직경을 크게 하여 관내의 유속을 낮게 한다.
3) 조압수조(Surge tank)를 관선에 설치하여 충격을 흡수한다.
4) 밸브는 펌프 송출구 가까이에 설치하고 밸브의 개폐는 천천히 하도록 한다.

02

정답 $P = 58.8\text{kW}$

해설
$$P(\text{kW}) = \frac{\gamma QH}{102 \times \eta_p}$$
$$= \frac{1000\text{kg}_\text{f}/\text{m}^2 \times 0.05\text{m}^3/\text{s} \times 90\text{m}}{102 \times 0.75}$$
$$= 58.8(\text{kW})$$

03

정답 ㉠ : 반경류, ㉡ : 비속도(n_s)

해설

회전차의 형식							
η_s의 범위	80~120	125~250	250~240	700~1,000	700~1,000	800~1,200	1,200~2,200
η_s가 잘 사용되는 값	100	150	350	550	880	1,100	1,500
흐름에 의한 분류	반경류형	반경류형	혼류형	혼류형	사류형	사류형	축류형
전양정(m)	30	20	12	10	8	5	3
양수량(m³/)min	8 이하	10 이하	10~100	10~300	8~200	8~400	8 이상
펌프의 명칭	고양정 원심 펌프	고양정 원심 펌프	중양정 원심 펌프	저양정 원심 펌프	사류 펌프	축류 펌프	축류 펌프
	터빈	터빈 볼류트	볼류트	양흡입 볼류트			

i) 펌프의 특성곡선도

펌프의 운전조건에 따라 달라지게 되는데 어떠한 작동조건이 주어졌을 때 가장 적합한 펌프를 선정할 수 있어야 한다. 어떠한 펌프든지 최대 효율점은 하나이며 이점에서의 수두계수 C_H(Head Coefficient), 용량계수 C_Q(Flow Coefficient)는 유일하게 결정되게 된다. 그리고 이것이 펌프의 고유성질을 나타낸다.

그렇다면, 고유의 펌프의 성질을 적절히 구분할 수 있는 이 관계를 판단할 수 있는 무차원 변수가 있다면 굉장히 편리하다. 즉, 설계 시에 어떠한 성능을 갖는 펌프가 시스템에 가장 적절한지 가이드할 수 있는 변수를 만들어야 하는데 이것이 비속도(n_s)이다.

회전차의 형상 치수 등을 결정하는 기본요소는 펌프 전양정 H, 토출량 Q, 회전수 N 3가지가 있고, 기계의 크기와 종류는 설계자가 결정해야 하는 부분이다. 이때 동작점에서 최대효율을 얻을 수 있는 펌프를 선택하면 된다. 즉 최대효율점에서 용량계수 $C_Q = \dfrac{Q}{ND^3}$, 수두계수 $C_H = \dfrac{gH}{N^2D^2}$일 때, 여기에서 직경 항을 소거한다면 비속도는 다음과 같다.

비속도 $N_s = N\dfrac{Q^{\frac{1}{2}}}{H^{\frac{3}{4}}}$

ii) 비교회전도 N_s(Specific Speed : 비속도) 유도하기

용량계수 $C_Q = \dfrac{Q}{ND^3} = \dfrac{Q'}{N'D'^3}$

∴ 유량비 : $\dfrac{Q'}{Q} = \left(\dfrac{D_2'}{D_2}\right)^3\left(\dfrac{N'}{N}\right)$

수두계수 $C_H = \dfrac{gH}{N^2D^2} = \dfrac{gH'}{N'^2D'^2}$

∴ 양정비 : $\dfrac{H'}{H} = \left(\dfrac{D_2'}{D_2}\right)^2\left(\dfrac{N'}{N}\right)^2$

유량비 $\dfrac{Q'}{Q} = \left(\dfrac{D_2'}{D_2}\right)^3\left(\dfrac{N'}{N}\right)$

$\rightarrow \left(\dfrac{N'}{N}\right) = \dfrac{\left(\dfrac{Q'}{Q}\right)}{\left(\dfrac{D_2'}{D_2}\right)^3} = \dfrac{\left(\dfrac{Q'}{Q}\right)}{\left(\dfrac{\left(\dfrac{H'}{H}\right)^{\frac{1}{2}}}{\left(\dfrac{N'}{N}\right)}\right)^3} = \dfrac{\left(\dfrac{Q'}{Q}\right)\left(\dfrac{N'}{N}\right)^3}{\left(\dfrac{H'}{H}\right)^{\frac{3}{2}}}$

$\rightarrow \left(\dfrac{N'}{N}\right)^{-2} = \dfrac{\left(\dfrac{Q'}{Q}\right)}{\left(\dfrac{H'}{H}\right)^{\frac{3}{2}}}$

위 식에서 직경비를 구하기 위해

양정비 $\dfrac{H'}{H} = \left(\dfrac{D_2'}{D_2}\right)^2\left(\dfrac{N'}{N}\right)^2$

$$\rightarrow \left(\frac{D_2{}'}{D_2}\right) = \frac{\left(\dfrac{H'}{H}\right)^{\frac{1}{2}}}{\left(\dfrac{N'}{N}\right)}$$

$$\rightarrow \left(\frac{N'}{N}\right) = \frac{\left(\dfrac{Q}{Q'}\right)^{-\frac{1}{2}}}{\left(\dfrac{H'}{H}\right)^{-\frac{3}{4}}} = \frac{\left(\dfrac{Q}{Q'}\right)^{\frac{1}{2}}}{\left(\dfrac{H}{H'}\right)^{\frac{3}{4}}}$$

여기서 $Q' = 1\text{m}^3/\text{s}$, $H' = 1\text{m}$일 때, $N' = N_s$

$$\therefore \ \text{비속도} \ N_s = N\frac{Q^{\frac{1}{2}}}{H^{\frac{3}{4}}}$$

Chapter 02 액추에이터의 종류 및 제어

본문p.176~179

01

정답 $F_1 = 58\text{kg}_\text{f}$, $F_2 = 49\text{kg}_\text{f}$

해설
$$F_1 = P \times A_1 \times \eta$$
$$= 5\text{kg}_\text{f}/\text{cm}^2 \times \frac{\pi}{4} \times 5^2\text{cm}^2 \times 0.6 = 58\,(\text{kg}_\text{f})$$
$$F_2 = P \times A_2 \times \eta$$
$$= 5\text{kg}_\text{f}/\text{cm}^2 \times \frac{\pi}{4}(5^2 - 2^2)\text{cm}^2 \times 0.6 = 49\,(\text{kg}_\text{f})$$

02

정답
1) 액추에이터의 종류 : 유압실린더, 유압모터
2) 일정한 압력을 유지해 주는 기기의 명칭 : 축압기

TIP

❶ 유압펌프와 유암모터

한방향 흐름의 정용량형 유압펌프	
양방향 흐름의 정용량형 유압펌프	
한방향 흐름의 가변용량형 유압펌프	
양방향 흐름의 가변용량형 유압펌프	

한방향 흐름의 정용량형 유압모터	
양방향 흐름의 정용량형 유압모터	
한방향 흐름의 가변용량형 유압모터	
양방향 흐름의 가변용량형 유압모터	

❷ 실린더

단동 실린더	피스톤형	
	램형	
복동 실린더	단로드형	
	양로드형	

❸ 축압기(Accumulator)

1) 개요

기름이 가지고 있는 유압에너지를 저축하는 용기로서 유압에너지를 가압상태로 저장하여 유압을 보상해 주는 역할

2) 종류

① 공기압축형

- 블래더형(기체봉입형) : 유실에 가스침입이 없다. 대형제작용을 가장 많이 사용
- 다이어프램(판형) : 유실에 가스침입이 없다. 소형 고압용 적당
- 피스톤형(실린더형) : 형상이 간단하고 축유량을 크게 잡을 수 있다.

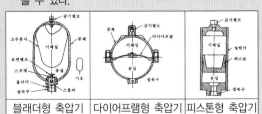

| 블래더형 축압기 | 다이어프램형 축압기 | 피스톤형 축압기 |

② 중추형 : 일정유압 공급이 가능, 외부누설 방지 곤란
③ 스프링형 : 저압용에 사용, 소형으로 가격이 싸다.

3) 용도
   ① 에너지의 축적
   ② 압력 보상
   ③ 서지 압력방지
   ④ 충격압력 흡수
   ⑤ 유체의 맥동감쇠(맥동 흡수)
   ⑥ 사이클 시간 단축
   ⑦ 2차 유압회로의 구동
   ⑧ 펌프대용 및 안전장치의 역할
   ⑨ 액체 수송(펌프 작용)
   ⑩ 에너지 보조
4) 축압기에 의한 충격 흡수회로

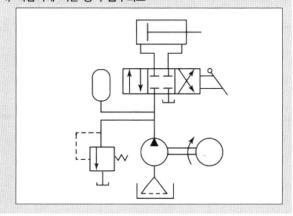

03

**모범
답안** 유량조정밸프 세 가지 사용 방법

미터인 회로도	미터아웃 회로도	빌드오프 회로도

1. 미터인 회로법
   유량조정 밸브를 실린더 앞에 부착 실린더에 들어가
   는 유량을 제어하고 나머지 유량은 릴리프 밸브에서
   기름 탱크로 복귀시키고 있는 회로이다. 이 회로의
   효율은 좋다고는 할 수 없으나 부하 변동이 크고 피
   스톤의 움직임에 대해 정방향의 부하가 가해지는 경
   우 적합하다.
   1) 실린더 입구 측에 유량 제어밸브를 직렬로 부착하
      여 유량을 제어한다.
   2) 동작 중 부하가 항상 정부하일 때만 사용한다.
   3) 연삭기의 테이블 이송에 사용된다.

   4) 유압펌프로부터 항상 실린더에서 요구되는 유량
      이상을 토출해야 하고 여분은 릴리프 밸브를 통
      하여 탱크로 귀환시킨다.
   5) 동력손실을 줄이기 위해 릴리프 밸브의 설정압을
      실린더의 요구 압력보다 유량제어 밸브의 교축
      저항만큼 크게 설정한다.
2. 미터아웃 회로법
   실린더의 복귀회로에 유량조정 밸브를 부착 실린더
   에서 유출하는 유량을 제어하고 나머지 유량은 미터
   인 회로와 동일하게 릴리프 밸브로부터 기름 탱크로
   복귀시키고 있는 회로이다. 실린더의 출구가 교축
   되어 실린더의 배압이 걸리므로 부방향의 부하 즉
   피스톤이 인입되는 경우의 속도제어에 적합하며 드
   릴링머신 프레스 등에 많이 사용된다.
   1) 귀환측 관로에 유량제어 밸브를 부착하여 탱크로
      들어가는 유량을 제어하는 방법으로 실린더에는
      항상 배압이 걸린다.
   2) 항상 실린더의 배압이 작용하고 있으므로 피스톤
      이 당겨지는 부하가 걸리는 회로에서는 실린더의
      이탈을 방지하는 역할을 한다.
   3) 드릴머신 보링머신 등의 공작기계용 회로에 사용
      한다.
3. 블리드오프 회로법
   펌프와 실린더 간의 분기 관로에 유량조정 밸브를
   설치하여 기름 탱크로 복귀시키는 유량을 제어함으
   로써 속도를 제어하는 회로이다. 릴리프 밸브에 의
   한 유출량이 없으며 동력손실이 적다. 그러나 부하
   변동이 큰 경우 펌프 토출량이 바뀌며 정확한 속도
   제어가 안된다. 따라서 비교적 부하 변동이 적은 호
   우닝 머신이나 정밀도가 그다지 필요하지 않은 윈치
   의 속도제어 등에 사용된다.
   1) 실린더에 유입되는 유량을 제어하는 방법이다
   2) 실린더와 병렬로 유량제어 밸브를 설치한 회로이다.
   3) 유압 펌프로부터 토출유의 일부를 바이패스시켜
      오일 탱크로 되돌리고 그 복귀유의 양을 제어 하
      는 밸브이다.
   4) 여분의 기름을 릴리프 밸브를 통하지 않고 유량
      밸브를 통하여 흐르므로 동력손실이 다른 회로보
      다 적고 효율이 높다
   5) 실린더의 부하변동이 심한 경유에는 정확한 유량
      제어가 곤란하다.
   6) 부하변동이 적은 브로치 머신 연마기계 등에 사
      용된다.

04

모범 답안

1) 회로의 명칭 : 미터아웃 회로
2) 회로의 기능 : 출구 측 유량을 제어 한다.

05

모범 답안

① : 미터인 회로
② : 미터아웃 회로
③ : 블리드오프 회로

06

정답 ④

07

정답 ③

해설

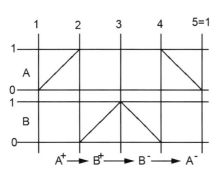

※ 밸브 연결구 기호표시

구분	ISO − 5599	ISO − 1219
압축공기 공급라인	1	P
작업라인	2, 4, 6 …(짝수)	A, B, C…
배기라인	3, 5, 7… (1을 제외한 홀수)	R, S, T…
제어라인	10, 12, 14,…	Z, Y, X…
누출라인		L

표시방법
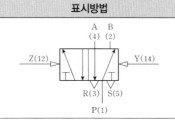

08

정답 ⑤

09

모범 답안

변위 − 단계 선도

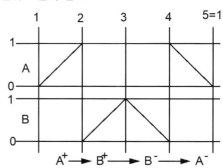

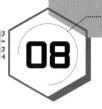
Chapter 01 전기·전자 기초 및 센서

본문p.182~184

01

정답 $I_1 = (\rightarrow 1)\mathrm{A}$, $I_2 = (\downarrow 2)\mathrm{A}$, $I_3 = (\leftarrow 1)\mathrm{A}$

해설 ⅰ) V_1만 인가될 때

합성저항 $R_e{}' = \dfrac{4 \times 8}{4+8} + 2 = \dfrac{14}{3}\,\Omega$

$I_1{}' = \dfrac{V_1}{R_e{}'} = \dfrac{10}{\dfrac{14}{3}} = \dfrac{15}{7}(\mathrm{A})$

전류분배 전압일정

$I_1{}' = I_2{}' + I_3{}'$

$I_1{}' = I_2{}' + I_3{}' = 2I_3{}' + I_3{}' = 3I_3{}'$

$I_3{}' = \dfrac{I_1{}'}{3} = \dfrac{\dfrac{15}{7}}{3} = \dfrac{5}{7}(\mathrm{A})$

$V_2{}' = V_3{}'$

$I_2{}'R_2 = I_3{}'R_3$

$I_2{}' \times 4 = I_3{}' \times 8$

$I_2{}' = 2 \times \dfrac{5}{7} = \dfrac{10}{7}(\mathrm{A})$

ⅱ) V_2만 인가될 때

합성저항 $R_e{}' = 8 + \dfrac{4 \times 2}{4+2} += \dfrac{28}{3}\,\Omega$

$I_3{}'' = \dfrac{V_2}{R_e{}'} = \dfrac{16}{\dfrac{28}{3}} = \dfrac{12}{7}(\mathrm{A})$

전류분배 전압일정

$I_3{}'' = I_2{}'' + I_1{}''$

$I_3{}'' = I_2{}'' + I_1{}'' = I_2{}'' + 2I_2{}'' = 3I_2{}''$

$I_2{}'' = \dfrac{I_3{}''}{3} = \dfrac{\dfrac{12}{7}}{3} = \dfrac{4}{7}(\mathrm{A})$

$V_2{}'' = V_1{}''$

$I_2{}''R_2 = I_1{}''R_1$

$I_2{}'' \times 4 = I_1{}'' \times 2,\ \ I_1{}'' = 2I_2{}''$

$I_1{}'' = 2 \times \dfrac{4}{7} = \dfrac{8}{7}(\mathrm{A})$

$\therefore\ I_1 = I_1{}' + I_1{}'' = (\rightarrow \dfrac{15}{7}) + (\leftarrow \dfrac{8}{7})$

$\qquad = (\rightarrow \dfrac{7}{7}) = (\rightarrow 1)(\mathrm{A})$

$\quad I_2 = I_2{}' + I_2{}'' = (\downarrow \dfrac{10}{7}) + (\downarrow \dfrac{4}{7})$

$\qquad = (\downarrow \dfrac{14}{7}) = (\downarrow 2)(\mathrm{A})$

$\quad I_3 = I_3{}' + I_3{}'' = (\rightarrow \dfrac{5}{7}) + (\leftarrow \dfrac{12}{7})$

$\qquad = (\leftarrow \dfrac{7}{7}) = (\leftarrow 1)(\mathrm{A})$

02

정답 $C_4 = 2\mu\mathrm{F}$

해설

$C_e{}' = \dfrac{C_1 \times C_2}{C_1 + C_2} = \dfrac{3 \times 6}{3+6} = 2(\mu\mathrm{F})$

$C_e{}'' = C_3 + C_4 = 1 + C_4$

$3 = 1 + C_4$

$\therefore\ C_4 = 2\mu\mathrm{F}$

$C_e = \dfrac{C_e{}' \times C_e{}''}{C_e{}' + C_e{}''}$

$1.2 = \dfrac{2 \times C_e{}''}{2 + C_e{}''}$

$\therefore\ C_e{}'' = 3\mu\mathrm{F}$

전하량(전기량)의 최소단위 $e[\mathrm{C}]$는 전자 하나가 가지는 전기량으로 $e = 1.60219 \times 10^{-19}(\mathrm{C})$ 이다.

❶ 쿨롱(Coulomb)

1) 프랑스 물리학자 Coulomb(쿨롱)이 6.24×10^{18}개의 전자의 전기량을 1C이라 정의 하였다.

$$\frac{1.60219 \times 10^{-19}\text{C}}{\text{개}} \times (6.24 \times 10^{18})\text{개} = 1(\text{C})$$

$Q = e \times n$ (Q : 전하량(C), e : 전하량의 최소 단위 1.60219×10^{-19}(C), n : 전자의 개수(개))

전류 $I(\text{A}) = \dfrac{Q(\text{C})}{t(\text{s})}$

전류 $1(\text{A}) = \dfrac{1(\text{C})}{1(\text{s})} = \dfrac{6.24 \times 10^{18}\text{개의 전자의 이동}}{1초}$

2) 콘덴서에 축적되는 전하 $Q(\text{C})$는 인가하는 전압 $V(\text{V})$에 비례한다.

$$Q(\text{C}) = C(\text{F}) \times V(\text{V})$$

구분	기호	단위	비고	
전하량	Q	[C] = [쿨롱]	물탱크에 담근 물의 체적	
정전용량 캐피턴스	C	[F] = [패럿] = [Farad]	물탱크 바닥의 면적	
전압	V	[V]	물의 높이	

❷ 콘덴서의 직렬접속

콘덴서를 직렬로 접속하면 정전용량에 관계없이 각 콘덴서에 같은 양의 전하가 축적된다. 콘덴서 직렬접속일 때는 채워지는 전하량이 같다.

$Q = Q_1 = Q_2 = Q_3 \rightarrow$ 전하량 $Q(\text{C})$ 일정 = 채워지는 물의 양 일정, 전압분배

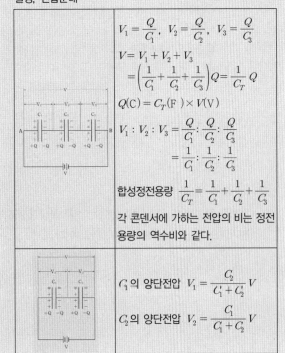

$V_1 = \dfrac{Q}{C_1}$, $V_2 = \dfrac{Q}{C_2}$, $V_3 = \dfrac{Q}{C_3}$

$V = V_1 + V_2 + V_3$
$= \left(\dfrac{1}{C_1} + \dfrac{1}{C_2} + \dfrac{1}{C_3}\right)Q = \dfrac{1}{C_T}Q$

$Q(\text{C}) = C_T(\text{F}) \times V(\text{V})$

$V_1 : V_2 : V_3 = \dfrac{Q}{C_1} : \dfrac{Q}{C_2} : \dfrac{Q}{C_3}$
$= \dfrac{1}{C_1} : \dfrac{1}{C_2} : \dfrac{1}{C_3}$

합성정전용량 $\dfrac{1}{C_T} = \dfrac{1}{C_1} + \dfrac{1}{C_2} + \dfrac{1}{C_3}$

각 콘덴서에 가하는 전압의 비는 정전용량의 역수비와 같다.

C_1의 양단전압 $V_1 = \dfrac{C_2}{C_1 + C_2}V$

C_2의 양단전압 $V_2 = \dfrac{C_1}{C_1 + C_2}V$

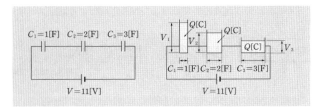

03

정답

1) $X_L = 2\pi f L$, $X_C = \dfrac{1}{2\pi f C}$

2) $Z = \sqrt{R^2 + (X_L - X_C)^2}$

3) $f_0 = \dfrac{1}{2\pi\sqrt{LC}}[\text{H}_Z]$

→ TIP

❶ 직류회로와 교류회로

구분		직류회로	교류회로
저항 $R(\Omega)$	—ⵡ—	$R[\Omega]$	$R[\Omega]$
인덕턴스 $L(\text{H})$	ⵡⵡ	단락 (단순연결)	유도성 리액턴스 $\oplus jX_L(\Omega) = \oplus jwL(\Omega)$ $v(t) = L\dfrac{di(t)}{dt}$
커페시터 $C(\text{F})$	‖	개방 (회로차단)	용량성 리액턴스 $\ominus jX_L(\Omega) = \ominus j\dfrac{1}{wC}(\Omega)$ $v(t) = \dfrac{1}{C}\int_{t_1}^{t_2} i(t)$
RLC 회로 해석			

❷ 임피던스의 복소수 표현법

임피던스 $Z = R + jX = R + j(X_L - X_C) = R + j(wL - \frac{1}{wC})$

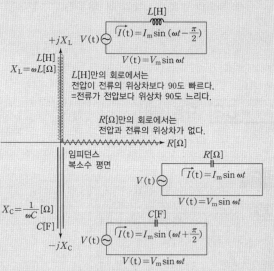

$L[H]$만의 회로에서는
전압이 전류의 위상차보다 90도 빠르다.
=전류가 전압보다 위상차 90도 느리다.

$R[\Omega]$만의 회로에서는
전압과 전류의 위상차가 없다.

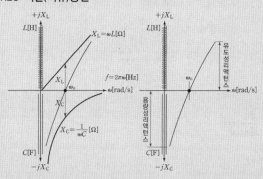

$C[F]$만의 회로에서는
전류가 전압의 위상차보다 90도 빠르다.
=전압이 전류의 위상차보다 90도 느리다.

❸ RLC 공진회로

1) RLC 직렬(직류)공진

$X_L = X_C$

$wL = \frac{1}{wC}$

공진각속도 $w_o = \frac{1}{\sqrt{LC}}$

공진주파수 $f_o = \frac{1}{2\pi\sqrt{LC}}$

공진 시 리액턴스 $X = 0$
공진 시 임피던스 Z: 최솟값
직류공진일 때는 전류 최대, 전압 최소, 임피던스 최소
X_L과 X_C의 크기가 비슷할수록 임피던스가 작아진다.

2) RLC 병렬(교류)공진

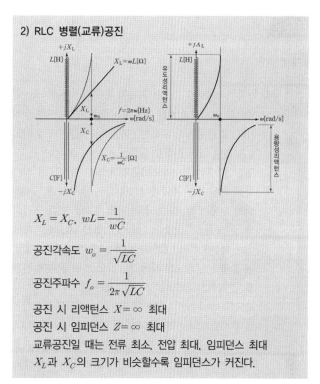

$X_L = X_C$, $wL = \frac{1}{wC}$

공진각속도 $w_o = \frac{1}{\sqrt{LC}}$

공진주파수 $f_o = \frac{1}{2\pi\sqrt{LC}}$

공진 시 리액턴스 $X = \infty$ 최대
공진 시 임피던스 $Z = \infty$ 최대
교류공진일 때는 전류 최소, 전압 최대, 임피던스 최대
X_L과 X_C의 크기가 비슷할수록 임피던스가 커진다.

04

정답 ②

해설 ㄴ. 직류 직권전동기는 무부하 또는 경부하 상태인 경우 회전수가 대단히 높으므로 무부하 운전이나 벨트 연결 운전은 피해야 한다.
ㄹ. 유도전동기의 전원 주파수를 증가시키면 속도는 증가한다.

➡TIP

❶ 전동기의 종류

전동기 ─┬─ 직류전동기 ─┬─ 타여자 : 정속도(회전수 일정), 자속($\varnothing$)일정
　　　　 │　　　　　　　└─ 자여자 ─┬─ 직류 직권전동기 : 아마추어와 계자를 직렬 연결
　　　　 │　　　　　　　　　　　　 ├─ 직류분권전동기 : 아마추어와 계자를 병렬 연결
　　　　 │　　　　　　　　　　　　 └─ 직류복권전동기 ─┬─ 가동복권전동기
　　　　 │　　　　　　　　　　　　　　　　　　　　　 └─ 차동복권전동기
　　　　 └─ 유도전동기

❷ 유도전동기의 속도와 극수(pole number)는 반비례

1) 유도전동기 2극의 경우 교류 주파수의 1주기 동안 회전자계가 한 바퀴 회전한다.
2) 4극의 경우 1주기 동안 반 바퀴만 회전한다.

3) 3상 유도전동기

05

정답 ⑤

해설 1) 인코더(encord) : 위치 이동에 비례해서 발생하는 일
정량의 디지털 신호를 이용하는 속도 또는 변위 센서
이다. 회전운동이나 직선운동을 하는 물체의 위치정
보를 전기적인 신호로 출력하는 변위 센서이다.

2) 열전대 : 제백(Seebeck)효과에 의해 발생되는 기전
력을 이용하는 온도 센서이다. 두 금속의 온도차에
의해 전류가 발생되는 것이 제벡 효과로 이를 이용하
여 온도를 측정할 수 있다. 열전 효과는 제백
(Seebeck)효과와 펠티어(peltier)효과가 있다. 펠티
어 효과는 냉장고에 사용되는 것으로 두 금속에 전기
를 인가하면 온도차이가 발생하는 효과이다.

3) 로드셀(load cell) : 변형이 발생하는 방향으로 저항선
을 부착하여 이 선의 저항 변화를 이용하는 힘 센서이다.

4) CdS셀 : 빛이 닿으면 저항 값이 감소하는 광전효과를
이용하는 광센서이다. CdS광도전셀(CdS Photoconductive
cell)은 주로 유화카드뮴(CdS)를 주성분으로 한 광
도전 소자의 한 종류이며, 그 감도 특성이 인간의 눈
의 특성에 가깝고, 게다가 저가이며 사용 방법이 간
단하기 때문에, 가장 일반적으로 이용되고 있는 가
시광용 광센서입니다. CdS광도전셀은 조사광에 의
하여 내부 저항이 변화하는 일종의 가변 저항기로
생각할 수 있습니다. 따라서 회로적으로 상당히 취
급하기 쉬우며 광센서이면서 저항과 같은 감각으로
사용할 수 있습니다. 사용 용도는 가로등의 자동 점멸
기, 카메라의 노출계, 조도계, 포토 커플러 등이 있다.

06

정답 ③

해설 ③ 출력 파형의 주파수는 로터의 잇수에 비례한다. 1회
전에 얻을 수 있는 주파수는 잇수의 계수이다. 주파
수 'f : 1cycle'에 얻을 수 있는 반복횟수 = 1회전에
잇수 계수만큼 반복된다.

① 주기 $T = \dfrac{2\pi}{\omega}$

각속도 $\omega = \dfrac{2\pi n}{60}$ (n : 분당회전수(rpm))

② 유도기전력 $v(t) = N\dfrac{d\varnothing}{dt} = L\dfrac{di(t)}{dt}$ (N : 코일의

감김 수, ϕ : 자속(wb), L : 인덕턴스(H))

④ $T_A < T_B$

$$\frac{2\pi}{\omega_A} < \frac{2\pi}{\omega_B}$$

$$\omega_B < \omega_A$$

⑤ 자속의 변화가 최대일 때 최대 전압이 얻어진다.

Chapter 02 자동제어

본문p.185

01

정답 1) $G(s) = \dfrac{Y(s)}{X(s)} = \dfrac{6s+5}{(s+1)(s+5)}$,

2) 극점 -1, -5

해설 $\dfrac{d^2y(t)}{dt^2} + 6\left[\dfrac{dy(t)}{dt} - \dfrac{dx(t)}{dt}\right] + 5[y(t) - x(t)] = 0$

$\dfrac{d^2y(t)}{dt^2} + 6\dfrac{dy(t)}{dt} + 5y(t) = 6\dfrac{dx(t)}{dt} + 5x(t)$

$s^2Y(s) + 6sY(s) + 5Y(s) = 6sX(s) + 5X(s)$

$Y(s)\{s^2 + 6s + 5\} = X(s)\{6s + 5\}$

전달함수 $G(s) = \dfrac{Y(s)}{X(s)} = \dfrac{6s+5}{s^2+6s+5}$

$\qquad\qquad = \dfrac{6s+5}{(s+1)(s+5)}$

따라서 영점은 $-\dfrac{5}{6}$ 1개, 극점은 -1과 -5로 2개이다.

TIP

$L\left(\dfrac{df(t)}{dt}\right) = L(f'(t)) = sL(f(t)) - f(o) = sF(s)$

$L\left(\dfrac{dy(t)}{dt}\right) = L(y'(t)) = sL(y(t)) - y(o) = sY(s)$

$L\left(\dfrac{dx(t)}{dt}\right) = L(x(t)) = sL(x(t)) - x(o) = sX(s)$

$\dfrac{d}{dt}$ 라플라스 변환하면 s ($\because e^{st} = e^{(jw)t}$)

$\dfrac{d^2}{dt^2}$ 라플라스 변환하면 s^2

$y(t)$ 라플라스 변환하면 $Y(s)$

$x(t)$ 라플라스 변환하면 $X(s)$

02

정답 1) $G(s) = \dfrac{Y(s)}{X(s)} = \dfrac{20}{s+2}$, 2) $Y(s) = \dfrac{20}{s(s+2)}$

해설 $G(s) = \dfrac{Y(s)}{X(s)} = 20 \times \dfrac{\dfrac{1}{s+1}}{1 + \dfrac{1}{s+1} \times 1}$

$= 20 \times \dfrac{1}{s+2} = \dfrac{20}{s+2}$

$Y(s) = X(s) \times \dfrac{20}{s+2} = \dfrac{1}{s} \times \dfrac{20}{s+2} = \dfrac{20}{s(s+2)}$

$X(s) = u(t) = 1$

$\therefore L(1) = \dfrac{1}{s}$

TIP

라플라스 변환

라플라스 변환이란 미분방정식을 쉽게 풀기 위하여 라플라스가 고안한 방법이다. 주어진 원함수에 e^{-st}을 곱해서 적분한 것을 라플라스 변환이라고 한다.

시간함수 $f(t)$를 $0 \leq t < \infty$에서 정의된 함수라 할 때, $f(t)$에 감쇠정수 e^{-st}를 곱한 함수 $f(t)e^{-st}$를 시간 t에 대해 적분한 함수
$$F(s) = L[f(t)] = \int_0^\infty f(t)e^{-st}dt$$

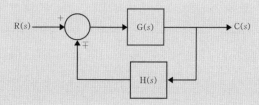

$M(s) = \dfrac{C(s)}{R(s)} = \dfrac{G(s)}{1 \mp G(s)H(s)}$ ($M(s)$: 폐루프 전달함수,

$G(s)H(s)$: 개루프 전달함수, $G(s)$: 순방향 전달함수,

$H(s)$: 되먹임(feedback) 전달함수)

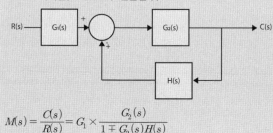

$M(s) = \dfrac{C(s)}{R(s)} = G_1 \times \dfrac{G_2(s)}{1 \mp G_2(s)H(s)}$

03

정답 $L(1) = \dfrac{1}{s}$

해설 $L[f(t)] = L(1)$

$f(t) = 1$이므로

$L(1) = \int_0^\infty 1 \cdot e^{-st}dt$

$\quad \int e^{-st}dt$

$= \left[-\dfrac{1}{s}e^{-st} \right]_0^\infty \qquad = -\dfrac{1}{s}e^{-st}$

$= \dfrac{1}{s}$

TIP

❶ 전기·전자 기초

시간함수 $f(t)$를 주파수 함수 $F(jw) = F(s)$로 변환하는 것이다.
∴ 복소함수 $S = jw$

❷ 라플라스 공식 암기

비고	함수명	$f(t)$: 시간함수	$F(s) = F(jw)$: 복소수 함수
1	단위 충격 함수 단위 임펄스 함수	$f(t) = \delta(t)$	1
2	단위 계단 함수	$f(t) = u(t) = 1$	$\dfrac{1}{s}$
3	단위 경사 함수 단위 램프 함수	$f(t) = t$	$\dfrac{1}{s^2}$
4	포물선 함수	$f(t) = t^2$	$\dfrac{2}{s^3}$
5	n차 경사 함수	$f(t) = t^n$	$\dfrac{n!}{s^{n+1}}$
6	지수감쇠	$f(t) = e^{-at}$	$\dfrac{1}{s+a}$
7	지수감쇠경사	$f(t) = te^{-at}$	$\dfrac{1}{(s+a)^2}$
8	지수 n차 경사	$f(t) = t^n e^{-at}$	$\dfrac{n!}{(s+a)^{n+1}}$
9	cos함수	$f(t) = \cos wt$	$\dfrac{s}{s^2+w^2}$
10	sin함수	$f(t) = \sin wt$	$\dfrac{w}{s^2+w^2}$
11	지수감쇠cos함수	$f(t) = e^{-at}\cos wt$	$\dfrac{s+a}{(s+a)^2+w^2}$
12	지수감쇠sin함수	$f(t) = e^{-at}\sin wt$	$\dfrac{w}{(s+a)^2+w^2}$

PART
08

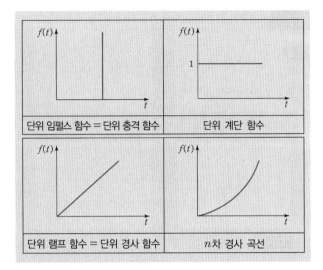

PART 09 기계제작법

| Chapter 01 | 절삭이론 |

본문 p.188~191

01

정답 ③

해설
ㄱ. 주분력 > 배분력 > 이송분력
ㄷ. 공구각 > 절삭속도 > 이송량 > 절삭깊이
ㅁ. 선삭용 황삭 바이트의 각 중에서 공구각이 칩 형태에 가장 큰 영향을 미친다.

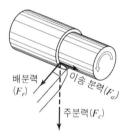

배분력 (F_r)
이송 분력 (F_a)
주분력 (F_c)

02

정답 ②

해설

종류	형상	원인	특징
유동형칩 (Flow type chip)	전단각 전단면	연강, 구리, 알루미늄 같은 인성이 많은 재료 고속 절삭 시 발생된다. ① 윗면 경사각이 클 때 ② 절삭 깊이가 작을 때 ③ 절삭 속도가 클 때 ④ 절삭량이 적을 때 ⑤ 윤활성이 좋은 절삭유를 사용할 때	① 칩이 바이트 경사면에 연속적으로 흐른다. ② 칩의 두께가 일정하고 균일하게 생성되며 가공면이 깨끗함 ③ 절삭면은 평활하고 날의 수명이 길어 절삭조건이 좋을 때 나타난다. ④ 연속된 칩은 작업에 지장을 주므로 칩 브레이크를 이용하여 연속적으로 나오는 칩을 끊어 주어야 한다.
전단형칩 (Shear type chip)		연성재료 저속 절삭 시 발생된다. ① 칩의 미끄러짐 간격이 유동형보다 약간 커진 경우 ② 경강 또는 동합금 등의 절삭각이 크고(90° 가깝게) 절삭 깊이가 깊을 때	① 칩은 약간 거칠게 전단되고 잘 부서진다. ② 전단이 일어나기 때문에 절삭력의 변동이 심하게 반복된다. ③ 다듬질면은 거칠다.(유동형과 열단형의 중간)
열단형칩 = 경작형칩 (Tear type chip)		점성이 큰 가공물을 경사각이 매우 작을 때 ① 경작형이라고도 하며 바이트가 재료를 뜯는 형태의 칩 ② 극연강, Al합금, 동합금 등 점성이 큰 재료의 저속 절삭 시 생기기 쉽다.	① 표면에서 긁어낸 것과 같은 칩이 나온다. ② 다듬질면이 거칠고, 잔류응력이 크다. ③ 다듬질가공에는 매우 부적당하다.
균열형칩 (Crack type chip)		주철과 같은 메진 가공재료를 저속으로 절삭할 때	① 날이 절입되는 순간 균열이 일어나고, 이것이 연속되어 칩과 칩 사이에는 정상적인 절삭이 전혀 일어나지 않으며 절삭면에도 균열이 생긴다. ② 절삭력의 변동이 크고, 다듬질면이 거칠다.

03

정답 ①

해설
ㄷ. $\phi 6 \times 5$ 가공은 선반에서 홈 바이트로 가공한다.
ㄹ. M8 나사 작업은 선반의 척에 공작물을 고정시키고 리드 스크루와 하프 너트를 조작하여 가공한다.

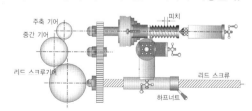

주축 기어
중간 기어
리드 스크루기어
피치
리드 스크루
하프너트

04

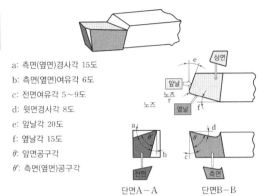

a: 측면(옆면)경사각 15도
b: 측면(옆면)여유각 6도
c: 전면여유각 5~9도
d: 윗면경사각 8도
e: 앞날각 20도
f: 옆날각 15도
θ: 앞면공구각
θ': 측면(옆면)공구각

단면 A − A   단면 B − B

구분	칩의 모양	유동형 칩	전단 형칩	경작형칩 = 열단형칩
발생 조건	윗면 경사각	대	중	소
	절삭속도	대	중	소
	절삭깊이	소	중	대
	윗면의 마찰	소	중	대
결과	가공면의 정도	양호	중	불량
	절삭저항의 변동	소	중	대

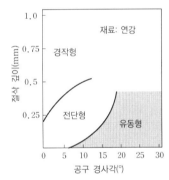

절삭열의 발생원인의 3가지는 다음과 같다.

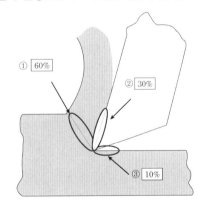

① 전단면에서 전단소성변형이 일어날 때 생기는 열
② 칩과 공구경사면이 마찰될 때 생기는 마찰열
③ 공구여유면과 공작물 표면이 마찰이 될 때 생기는 마찰열

고온절삭은 공작물의 온도를 상승시켜 재료를 연화시킨 후 가열하여 절삭능률을 증가시키는 가공법이다. 이때 고온 절삭의 장·단점은 다음과 같다.

장점 − 절삭저항이 감소되어 피삭성이 향상된다.
　　 − 절삭저항이 감소되어 소비동력이 감소된다.
　　 − 구성인성의 미발생으로 가공표면이 매끄럽다.
　　 − 가공변질층의 두께가 얇아진다.
단점 − 공작물의 열팽창으로 인한 제품의 치수 정밀도가 저하된다.
　　 − 가열장치에 경비가 소요된다.

05

정답 ① 장점 : 고속절삭에서도 경도가 유지된다.
② 사용 형식 및 고정 방법 : 탄소강의 생크에 경납땜을 하거나 홀더에 클램핑하여 사용한다.

해설 초경합금(sintered hard metal) = 소결 탄화물 경질합금 (주성분 : WC, TiC, TaC, Co) : 경도가 높은 금속 탄화물 가루에 결합제로서 코발트 가루를 혼합하고, 이를 압축 성형시켜 소결 제조한 탄화물 합금이다.

ⅰ) 금속 탄화물 : 탄화텅스텐(WC), 탄화티탄(TiC), 탄화탄탈(TaC)

ⅱ) 초경 합금의 특징 : 고속절삭에서도 공구의 경도가 된다. 즉 공구의 경도가 매우 크고 내열성, 내마멸성이 우수하고 메짐성이 있으며, 또 연삭도 쉽지 않다.

ⅲ) 초경 합금의 용도 : 주철과 칠드 주철의 절삭가공이나 순금속, 비철 금속, 비금속 등의 정밀가공 및 철사 뽑기 다이(die) 등에 이용된다.

ⅳ) 초경합금의 상품면 : 비디아(widia), 탕갈로이(tunhalloy), 미디아(midia), 카볼로이(carboloy)

ⅴ) 종류 : 초경합금은 P, M, K 계열이 있으며 P계열은 강, 합금강, 가공용으로 사용에 적합, M계열은 스테인레스강, 주철, 주강 가공용으로 적합, K계열은 은 주철, 비철금속, 비금속 가공용으로 적합하다. 경도는 P > M > K, 인성은 P < M < K 순이다.

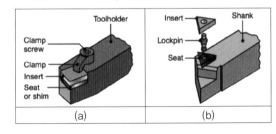

(a)　　　　　(b)

06

정답 칩과 공구경사면과의 마찰열

해설 공구면 마모와 칩핑에 관해 설명하면 다음과 같다.

ⅰ) 크레이터 마모(Crater wear) = 경사면 마모 : 저탄소강(低炭素鋼)이나 스테인리스강 등을 초경합금(超硬合金) 절삭날로 고속 절삭하면 연속된 절삭밥이 인선(刃先) 윗면을 문지르고 지나기 때문에 일종의 크레이터(crater)가 생기고, 이것이 심해지면 인선(刃先)이 결손되어 공구의 수명을 단축하게 된다. 그런데 TiC, TaC를 첨가한 초경합금은 이러한 현상이 잘 일어나지 않으므로 내(耐)크레이터성이 뛰어나다고 한다.

ⅱ) 플랭크 마모(Flank wear) = 여유면 마모 : 절삭날의 측면이 절삭가공면과의 접촉에 의해 닳아서 마모가 되는 현상

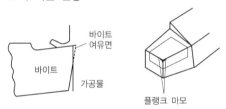

ⅲ) 결손 = 칩핑(chipping) : 커터나 바이트로 밀링이나 평삭과 같이 충격힘을 받는 경우 또는 공작기계의 진동에 의해서 날 끝에 가한 절삭저항의 변화가 큰 경우에 날 끝 선단의 일부가 파괴되어 탈락하는 미세 결손현상이다.

07

모범답안

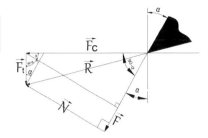

$$\vec{F} = \mu \vec{N}$$

$$\vec{F} = \vec{F_c} \sin\alpha + \vec{F_t} \cos\alpha$$

$$\vec{N} = \vec{F_c} \cos\alpha \quad \vec{F_t} \sin\alpha$$

$$\mu = \frac{\vec{F}}{\vec{N}} = \frac{\vec{F_c}\sin\alpha + \vec{F_t}\cos\alpha}{\vec{F_c}\cos\alpha - \vec{F_t}\sin\alpha} = \frac{\vec{F_c}\tan\alpha + \vec{F_t}}{\vec{F_c} - \vec{F_t}\tan\alpha}$$

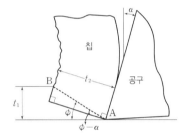

$$\gamma_c = \frac{t_1}{t_2} = \frac{AB\sin\phi}{AB\cos(\phi-\alpha)}$$

ϕ에 관하여 정리

$$\tan\phi = \frac{\gamma_c\cos\alpha}{1 - \gamma_c\sin\alpha}$$

절삭비 $\gamma_c = \dfrac{t_1(절삭\ 깊이)}{t_2(칩의\ 두께)}$

08

정답 1) $R_m = 200000\mathrm{mm^3/min}$, 2) $F_c = 6000\mathrm{N}$

해설 소재제거율 MMR $= V \times f \times t$ ($V(\mathrm{mm/min})$: 절삭속도, $f(\mathrm{mm/rev})$: 이송량, $t(\mathrm{mm})$: 절삭 깊이)

$$\begin{aligned} \mathrm{MMR} &= 100000 \times 0.5 \times 4 \\ &= 200000(\mathrm{mm^3/min}) \end{aligned}$$

절삭동력 $P(\mathrm{W}) = \dfrac{F_c(\mathrm{N}) \times V(\mathrm{m/s})}{\eta}$ (η : 기계효율)

절삭동력 $P = U_t \times \mathrm{MMR}$

$$\begin{aligned} &= 3\mathrm{J/mm^3} \times 200000\mathrm{mm^3/min} \\ &= 600000(\mathrm{J/min}) \\ &= 10000(\mathrm{W}) \end{aligned}$$

주분력 $F_c = \dfrac{P \times \eta}{V} = \dfrac{10000 \times 1}{\frac{100}{60}} = 6000(\mathrm{N})$

Chapter 02 선반가공

본문 p.192~195

01

정답 1) 주축 측 변환기어(A)의 이수 : 20개

2) 리드 스크루 측 변환기어(B)의 이수 : 80개

해설 $\dfrac{A}{B} = \dfrac{p}{L_p}$

$\dfrac{A}{B} = \dfrac{2}{8}$

$\dfrac{A}{B} = \dfrac{1}{4} = \dfrac{1 \times 20}{4 \times 20} = \dfrac{20}{80}$

02

정답 1) 테이퍼량 : $\dfrac{D-d}{2}$

2) 심압대의 편위량 : $e = \dfrac{L(D-d)}{2l}$

3) 복식 공구대를 사용할 때의 회전 각도 :

$\alpha = \tan^{-1}\left(\dfrac{D-d}{2l}\right)$

03

정답 ① 베드 위의 스윙

② 왕복대 위의 스윙

③ 양 센터 사이의 최대 거리

해설

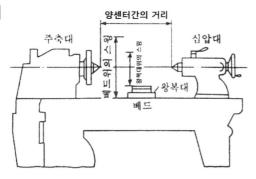

04

정답 ③

해설 ㄱ. 절삭 속도가 빨라지면 공구 수명이 짧아지고, 절삭 능률도 향상된다.

ㄹ. 공구 경사면에 발생하는 크레이터(crater) 마모의 체적, 가공면과의 마찰에 의해 발생하는 플랭크(flank) 마모의 체적을 공구 수명 판정 기준의 하나로 사용한다.

> **TIP**
>
> ❶ 공구수명
>
>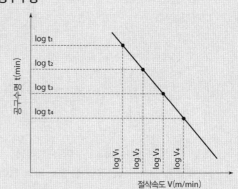
>
> $\dfrac{1}{n} = \dfrac{\log t_1 - \log t_2}{\log V_2 - \log V_1} = \dfrac{\log\dfrac{t_1}{t_2}}{\log\dfrac{V_2}{V_1}}$
>
> $\left(\dfrac{t_1}{t_2}\right)^n = \dfrac{V_2}{V_1}$
>
> $V_1 \cdot t_1^n = V_2 \cdot t_2^n = C$
>
> $\therefore V \cdot t^n = C$
>
> ❷ Taylor의 공구수명방정식
>
> (1) 고속도강(H.S.S.) : $n = 0.05 \sim 0.3$
>
> (2) 초경합금(WC) : $n = 0.12 \sim 0.25$
>
> (3) ceramics : $n = 0.35 \sim 0.55$

05

정답 ②

해설 ㄴ. 칩 브레이커(chip breaker)는 연속형 칩의 발생을 방해한다.

ㄷ. 절삭유의 사용 목적은 냉각 작용 및 공구와 칩의 친화력 향상이 아니다.

06

정답 ⑤

해설 ㄱ. 관통작업에는 $\phi 32$보다 작은 드릴이 필요하다.
ㄴ. 내경작업에서는 $\phi 32$보다 작은 드릴 작업을 가장 먼저 가공한다.

07

정답 $T = \left(\dfrac{L\pi D}{f_r K \times 1000} \right)^{\frac{1}{1-n}}$

해설

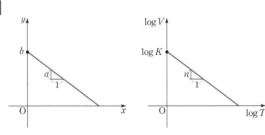

$y = -ax + b$

$\log V = -n \log T + \log K$

$\log V + n \log T = \log K$

$\log V + \log T^n = \log K$

$\log V T^n = \log K$

$V T^n = K \rightarrow$ 테일러의 공구수명 공식

$T = \dfrac{L}{f_r \times N}$

$\quad = \dfrac{L}{f_r \times \dfrac{V \times 1000}{\pi D}}$

$\quad = \dfrac{L \pi D}{f_r \times V \times 1000}$

$\quad = \dfrac{L \pi D}{f_r \times \dfrac{K}{T^n} \times 1000}$

$\quad = \dfrac{L \pi D T^n}{f_r K \times 1000}$

$\dfrac{T}{T^n} = \dfrac{L \pi D}{f_r K \times 1000}$

$T^{1-n} = \dfrac{L \pi D}{f_r K \times 1000}$

$\therefore T = \left(\dfrac{L \pi D}{f_r K \times 1000} \right)^{\frac{1}{1-n}}$

(L: 길이(mm), D: 직경(mm), T: 공구수명(min), V: 절삭속도 (m/min), n, K: 공구수명식에 사용되는 상수)

08

모범답안

1) 포트폴리오의 특징과 종류는 다음과 같다.
 ⅰ) 특징 : 개개인의 변화와 발달과정을 종합적으로 평가하기 위해 전체적이면서도 지속적으로 평가한다.
 ⅱ) 종류 − 프로젝트 포트폴리오 : 한 가지 프로젝트를 완성하는데 투입된 노력의 내용을 모은 자료집으로 프로젝트의 구상, 설계도 및 제작 과정, 완성된 작품과 그에 대한 해석 등의 내용이 포함된다.
  − 과정 포트폴리오 : 하나의 과정을 이수하는 과정에서 해결하거나 만든 과제품을 모은 작품집

2) ⅰ) 주요 공구각이 절삭 저항에 미치는 영향 : 윗면공구각과 전면 여유각이 작으면 절삭저항이 커진다.
 ⅱ) 선반 가공의 주요 절삭 조건 : 절삭속도가 증가할수록 표면 거칠기는 양호해지고, 절삭 깊이를 작게 할수록 표면 거칠기는 양호하지만 바이트의 노즈 반경보다는 깊게 절삭해야 한다. 또한 이론적으로 이송이 적을수록 표면 거칠기가 양호해진다.

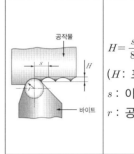

(H : 표면거칠기(mm), s : 이송(mm/rev), r : 공구의 노즈 반지름)

$$H = \frac{s^2}{8r}$$

 ⅲ) 탄소강의 내부 응력 제거 : A_1변태선 이하의 온도를 갖는 염욕에 담구어 서냉시키는 '응력 제거 풀림' 열처리를 실시한다.

PART

09

Chapter 03 밀링가공

본문 p.196~198

01

정답 ③

해설 ⅰ) 단식분할법

$$n = \frac{40}{N} = \frac{h}{H}$$ (n : 1회 분할에 필요한 크랭크의 회전수, N : 공작물의 등분할수, H : 분할판에 있는 공수(구멍수) = (선택해야 될 분할판의 구멍수), h : 크랭크를 돌리는 구멍수 = 1회 분할에 요하는 공수(구멍수)

ⅱ) 차동분할법

$$n = \frac{40}{N} = \frac{40}{H'} + \frac{r}{N}$$ (n : 1회 분할에 필요한 크랭크의 회전수, N : 공작물의 등분할수, H' : N에 가장 가까운 분할판에 있는 공수(구멍수), r : 차동비

$$= \frac{Z_A(\text{주축에 설치할 기어잇수})}{Z_B(\text{마이터 기어축에 설치할 기어잇수})})$$

ⅲ) $n = \frac{40}{N} = \frac{40}{H'} + \frac{r}{N}$

$$n = \frac{40}{63} = \frac{40}{64} + \frac{r}{63}$$

$$\frac{40}{63} = \frac{40}{64} + \frac{r}{63}$$

$$\frac{40-r}{63} = \frac{40}{64}$$

$$r = \frac{5}{8} = \frac{5 \times 8}{8 \times 8} = \frac{40}{64}$$

$$\therefore r = \frac{Z_A}{Z_B} = \frac{40개}{64개}$$

02

정답 ④

해설 ④ 상향절삭은 하향절삭에 비하여 칩이 절삭날의 진행을 방해하지 않고 절삭이 순조롭다.

TIP

❶ **상향절삭** : 공작물의 이송 방향과 커터의 회전 방향이 반대 방향

상향절삭

❷ **하향절삭** : 공작물의 이송 방향과 커터의 회전 방향이 같은 방향

하향절삭

❸ **상향절삭과 하향절삭의 장·단점**

	상향절삭(올려깎기)	하향절삭(내려깎기)
장점	① 밀링 커터의 날이 일감을 들어 올리는 방향으로 작용하므로, 기계에 무리를 주지 않는다. ② 절삭을 시작할 때 날에 가해지는 절삭 저항이 0에서 점차적으로 증가하므로, 날이 부러질 염려가 없다. ③ 칩이 날을 방해하지 않고 절삭된 칩이 가공된 면에 쌓이지 않으므로 절삭열에 의한 치수 정밀도의 변화가 작다. ④ 커터 날의 절삭 방향과 일감의 이송 방향이 서로 반대이고, 서로 밀고 있으므로 이송기구의 백래시가 자연히 제거 된다.	① 밀링 커터의 날이 마찰 작용을 하지 않으므로, 날의 마멸이 작고 수명이 길다. ② 커터 날이 밑으로 향하여 절삭하고, 따라서 일감을 밑으로 눌러서 절삭하므로, 일감의 고정이 간편하다. ③ 커터의 절삭 방향과 이송 방향이 같으므로, 날 하나마다의 날 자리 간격이 짧고, 따라서 가공면이 깨끗하다. ④ 절삭된 칩이 가공된 면 위에 쌓으므로 가공할 면을 잘볼 수 있어 좋다.
단점	① 커터가 일감을 들어 올리는 방향으로 작용하므로, 일감 고정이 불안정 하고, 떨림이 일어나기 쉽다. ② 커터 날이 절삭을 시작할 때 재료의 변형으로 인하여 절삭이 되지 않고 마찰 작용을 하므로, 날의 마멸이 심하다(=공구수명이 짧다). ③ 커터의 절삭 방향과 이송 방향이 반대이므로 절삭 자체의 피치가 길고, 마찰 작용과 아울러 가공면이 거칠다. ④ 칩이 가공할 면 위에 쌓이므로 시야가 좋지 않다. ⑤ 동력손실이 많다.	① 커터의 절삭 작용이 일감을 누르는 방향으로 작용하므로, 기계에 무리를 준다. ② 커터의 날이 절삭을 시작할 때 절삭 저항이 가장 크므로, 날이 부러지기 쉽다. ③ 가공된 면 위에 칩이 쌓이므로, 절삭열로 인한 치수 정밀도가 불량해질 염려가 있다. ④ 커터의 절삭 방향과 이송 방향이 같으므로, 백래시 제거 장치가 없으면 가공이 곤란하다.

03

정답 ③

해설 ㄴ. 이송량을 크게 하면 절삭능률은 좋아지나 절삭날에 무리한 힘이 작용하여 날이 파손될 우려가 있다.

04

정답 $f = 0.6 \text{m}/\text{min}$

해설 $f = f_z \times Z \times N = 0.3 \times 8 \times \dfrac{1000 \times 157}{\pi \times 200}$
$= 6000(\text{mm}/\text{min}) = 0.6(\text{m}/\text{min})$

05

정답 1) $f_m = 400\text{mm}/\text{min}$, 2) $\text{MRR} = 100\text{cm}^3/\text{min}$

해설 $f_m = f_t \times Z \times n = 0.05 \times 4 \times 2000$
$= 400(\text{mm}/\text{min})$
$\text{MRR} = f_m \times d_a \times b = 400 \times 25 \times 10$
$= 100000(\text{mm}^3/\text{min}) = 100(\text{cm}^3/\text{min})$

Chapter 04 | 드릴가공, 보링, 평면가공(셰이퍼, 슬로터, 플레이너)
본문p.199

01

정답 ④

해설 ㄱ. 일반적으로 표준드릴(연강용)의 선단각은 118°이다.
ㄷ. 선반가공 시 공구 윗면의 경사면에 마찰이 증가할수록 전단각이 작아진다.

Chapter 05 | 연삭가공
본문p.200~204

01

정답 ③

해설 ㄷ. 드레싱(dressing)은 연삭숫돌에 눈메움(loading)이나 글레이징(glazing) 현상이 발생했을 때 예리한 입자를 생성하는 작업이다.

▶ TIP

❶ 드레싱(= 새날형성 : dressing)

숫돌바퀴의 입자가 막히거나 달아서 절삭도가 둔해졌을 경우, 드레서(dresser)라는 날내기하는 공구로 숫돌바퀴의 표면을 깎아 숫돌바퀴의 날을 세우는 작업으로 정밀 연삭용에는 다이아몬드 드레서를 사용한다.

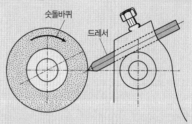

❷ 호닝(honing)

정밀입자가공(입도가 아주고운 연삭숫돌인 호운이라는 숫돌사용)이라고 한다. 몇 개의 호운(hone)이라는 숫돌을 붙인 회전 공구를 사용하여 숫돌에 압력을 가하면서 공작물에 대하여 회전운동을 시키면서 많은 양의 연삭액을 공급하여 가공하는 것으로 발열이 적고 경제적인 정밀 절삭을 할 수 있으며, 전(前)가공에서 나타난 직선도, 테이퍼, 진직도를 바로 잡을 수 있고, 표면 정밀도를 높일 수 있으며, 정확한 치수 가공을 할 수 있다.

1) 호닝 압력
   ① 비트리파이드 결합제 : 거친 호닝 $10\text{kg}/\text{cm}^2$ 이상, 다듬 호닝 $4 \sim 6\text{kg}/\text{cm}^2$
   ② 레지노이드 결합제 : 비트리파이드 결합제 숫돌의 $\dfrac{1}{10}$

2) **연삭액** : 주철에는 석유, 강에는 석유+황화유, 연한 금속에는 리드유를 사용한다.

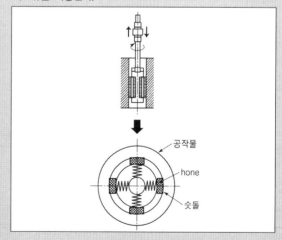

❸ 슈퍼 피니싱(= 정밀 다듬질 : super finishing)

공작물 표면에 입자가 고운 숫돌을 가벼운 압력($0.5 \sim 2\text{kg}/\text{cm}^2$)으로 누르고 작은 진폭으로 진동을 시키면서 공작물에 이송 운동을 줌으로서 다음과 같은 장점이 있다.

1) 슈퍼피니싱의 장점
   ① 가공면이 매끈하고 방향성이 없다.
   ② 가공에 의한 표면의 변질부는 극히 작다.
   ③ 숫돌과 일감의 접촉 면적이 넓으므로 연삭가공에서 남은 이송자리, 숫돌의 떨림으로 나타난 자리를 제거할 수 있다.

2) 숫돌 너비는 공작물 지름의 60~70% 정도로 한다.

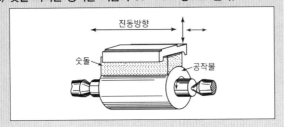

02

정답 ②

해설 ㄴ. 정밀입자가공을 하면 표면정도와 내마모성은 증가하고, 피로한도와 내식성도 증가 한다.
ㄷ. 호닝에서 숫돌입자의 운동궤적에 의하여 나타나는 교차각의 크기는 다듬질양에 영향을 준다.

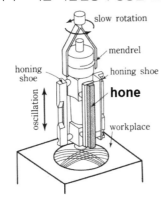

• 숏피닝에 의한 피로한도 증가율

기계부품	피로한도의 증가(%)
크랭크축	900%
판스프링	600%
코일스프링	1370%
기어	1500%
로커암	1400%

03

모범 답안

1) 연삭숫돌의 성능을 결정하는 5가지 요소의 개념은 다음과 같다.
   ① 숫돌 입자 : 연삭 숫돌의 날을 구성하는 부분으로 알루미나계와 탄화규소계로 나뉜다.
   ② 입도 : 숫돌 입자의 크기를 번호로 나타낸 것으로 1인치당 채의 눈 수, 즉 mesh를 번호로 나타내고 숫자가 커질수록 숫돌입자의 크기는 작아진다.
   ③ 결합도 : 결합제가 숫돌입자를 결합하고 있는 강도를 알파벳으로 나타낸 것으로 E~Z까지 있다.
   ④ 조직 : 연삭숫돌의 전체 부피에 대한 숫돌 입자 부피의 비율을 숫돌 입자율이라고 한다. (입자율 42% 미만 : w, 42~50% : m, 50% 이상 : c)
   ⑤ 결합제 : 숫돌 입자를 서로 결합시켜서 숫돌의 모양을 만드는 재료

2) (가)와 (나)에 표시된 연삭숫돌의 차이점을 2가지씩 들어 설명하고, 이를 바탕으로 연삭숫돌 (가)와 (나)의 용도를 판단하면 다음과 같다.

(가) 숫돌바퀴의 표시법

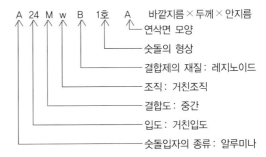

(가) 숫돌의 용도 : 일반강재의 황삭가공에 사용되는 숫돌

(나) 숫돌바퀴의 표시법

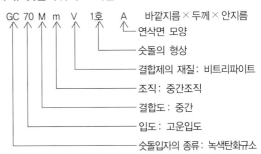

(나) 숫돌의 용도 : 초경합금, 유리 등과 같이 경도와 취성이 큰 가공물을 표면을 깨끗하게 가공에 사용되는 숫돌

3) 원통 연삭기로 외경 연삭 가공을 할 때 연삭시간을 산출하면 다음과 같다.

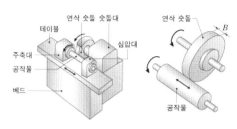

$$T = \frac{Li}{nf}(\min)$$

(L : 테이블의 총 이송거리(= 가공물 길이 + 연삭숫돌

폭), i : 연삭 횟수 $= \dfrac{\text{연삭 여유}}{2 \times \text{연삭 1회 당 연삭 깊이}}$

$= \dfrac{\text{연삭 전 가공물 지름} - \text{연삭 후 가공물 지름}}{2 \times \text{연삭 1회 당 연삭 깊이}}$,

n : 가공물의 회전수(rpm), f : 가공물의 1회전당 이송

량(m/rev))

> **TIP**

❶ 숫돌 입자

연삭재	기호	성분	용도	특징
알루미나 (Al_2O_3)	A	알루미나 약 95%	주강, 가단주철, 일반강재	갈색, C숫돌보다 부드러우나 강인함
	WA	알루미나 약 99.5% 이상	스텔라이트, 고속도강, 특수강, 담금질강	백색이며 순도가 높고 A숫돌보다 잘 부러짐
탄화규소 (SiC)	C	탄화규소 약 97%	주철, 비철금속, 석재, 유리 등	흑자색이며 A숫돌보다 굳으나 잘 부서짐
	GC	탄화규소 약 98% 이상	초경합금, 유리	녹색이며 순도가 높고 발열을 피할 경우 사용
다이아몬드	D	다이아몬드 100%	유리, 초경합금, 보석, 석재, 래핑용	가장 강도가 큼

❷ 입도

호칭	거친입도 = 입자가 크다	중간입도	고운입도	매우 고운입도 = 입자가 작다
입도	10, 12, 14, 16, 20, 24	30, 36, 46, 54, 60	70, 80, 90, 100, 120, 150, 180, 220	240, 280, 320, 400, 500, 600, 700, 800

※ 입도에 따른 숫돌바퀴의 선택 기준

거친입도의 숫돌	고운 입도의 숫돌
거친연삭, 절삭깊이와 이송을 많이 줄 때 숫돌과 일감의 접촉 면적이 클 때 연하고 연성이 있는 재료의 연삭	다듬연삭, 공구연삭 숫돌과 일감의 접촉면적이 작을 때 경도가 높고 메진재료의 연삭

❸ 결합도 : 입자를 결합하는 세기를 결합도라 한다.

호칭	극히 연한 것	연한 것	중간 것	단단한 것	매우 단단한 것
결합도	E, F, G	H, I, J, K	L, M, N, O	P, Q, R, S	T, U, V, W, X, Y, Z

※ 결합도에 따른 숫돌바퀴의 선택 기준

결합도가 높은 숫돌(단단한 숫돌)	결합도가 낮은 숫돌(연한숫돌)
연한재료의 연삭 숫돌바퀴의 원주속도가 느릴 때 연삭깊이가 얕을 때 접촉면적이 작을 때 재료 표면이 거칠 때	단단한 재료의 연삭 숫돌 바퀴의 원주 속도가 빠를 때 연삭깊이가 깊을 때 접촉면적이 클 때 재료 표면이 치밀할 때

❹ 조직

숫돌의 단위 용적당 입자의 양으로 입자의 조밀 상태를 나타낸다.

입자의 밀도	치밀한 것 = 조밀	중간 것	거친 것
조직기호(기호)	c	m	w
조직번호	0, 1, 2, 3	4, 5, 6	7, 8, 9, 10, 11, 12
입자비율	50% 이상	42~50% 미만	42% 미만

※ 조직에 따른 숫돌바퀴의 선택 기준

조직이 거친 연삭숫돌	조직이 치밀한 연삭숫돌
연한재료의 연삭 거친연삭 접촉면적이 클 때	단단한 재료의 연삭, 굳고 메진재료 다듬질연삭, 총형연삭 접촉면적이 작을 때

❺ 결합제

구분	결합제	기호	특징
무기질 결합제	비트리파이드 결합제 (vitrified bond)	V	강도가 강하지 못하고 지름이 크거나 얇은 숫돌바퀴에는 맞지 않음
	실리케이트 결합제 (silicate bond)	S	대형 숫돌바퀴를 만들 수 있고, 고속도강과 같이 균열이 생기기 쉬운 재료에 사용하며 중연삭에 적합하지 않음
유기질 결합제 (탄성 숫돌 바퀴 결합제)	고무 결합제 (rubber bond)	R	얇은 숫돌에 적합 전단용 숫돌, 센터리스 연삭기의 조정 숫돌로 사용
	레지노이드 결합제 (resinoid bond)	B	연삭열로 연화의 경향이 적고, 연삭유에 안정
	셀락 결합제 (shellac bond)	E	강도와 탄성이 크고 얇은 것에 적합하며 크랭크 축, 톱 절단용으로 사용
	비닐 결합제 (vinyl bond)	PVA	초강성 숫돌
금속 결합제	금속 결합제 (metal bone)	M	숫돌입자의 지지력이 크고 기공이 작아 수명이 길다. 과한 사용에 견디고 연삭능률이 낮음

04

정답 ④

해설 ㄱ. 연성 재료를 저속으로 절삭가공할 때 연속형칩이 발생한다.

ㄷ. 구성인선(built－up edge)은 공구 날이 파괴되어 원활한 절삭가공이 이루어지지 않는다.

05

정답 ④

해설 ㄴ. 래핑(lapping)은 연마입자와 공작물 간의 접촉에 의한 마무리 작업으로 표면 정밀도가 우수하다.

06

정답 ㉠ : 숫돌입자, ㉡ : 결합제, ㉢ : 눈메움(loading)

해설 1) 연삭숫돌의 3대 구성요소 : 숫돌입자, 결합제, 기공

2) 로우딩(눈메움 : loading) : 숫돌입자의 표면이나 기공에 칩이 끼여 연삭성이 나빠지는 현상

원인	결과
㉠ 숫돌입자가 너무 잘다. ㉡ 조직이 너무 치밀하다. ㉢ 연삭 깊이가 깊다. ㉣ 숫돌바퀴의 원주속도가 느리다.	㉠ 연삭성이 불량하고 다듬면이 거칠다. ㉡ 다듬면에 상처가 생긴다. ㉢ 숫돌입자가 마모되기 쉽다.

3) 글레이징(날무딤 : glazing) : 숫돌바퀴의 입자가 탈락이 되지 않고 마멸에 의하여 납작해지는 현상

원인	결과
㉠ 연삭숫돌의 결합도가 높다. ㉡ 연삭숫돌의 원주속도가 너무 크다. ㉢ 숫돌의 재료가 공작물의 재료에 부적합하다.	㉠ 연삭성이 불량하고 가공물이 발열하다. ㉡ 연삭 소실(燒失)이 생긴다.

07

정답 1) 입자 재질명 : 탄화규소
2) 결합제 명칭 : 비트리파이트
3) 회전속도 $n = 2000 \text{rpm}$
4) 이송량 $S = 30 \text{mm/rev}$

해설 이송량 $S = \dfrac{2}{3} \times B = \dfrac{2}{3} \times 45 = 30(\text{mm/rev})$

연산속도 $V = 30 \text{m/sec} \times \dfrac{60 \text{sec}}{1 \text{min}} = 1800(\text{m/min})$

연산속도 $V(\text{m/min}) = \dfrac{\pi \times D\text{mm} \times n\text{rpm}}{1000}$

회전속도 $n = \dfrac{1800 \text{m/min} \times 1000}{3 \times 300 \text{mm}} = 2000(\text{rpm})$

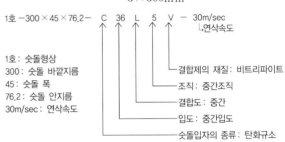

1호 : 숫돌형상
300 : 숫돌 바깥지름
45 : 숫돌 폭
76.2 : 숫돌 안지름
30m/sec : 연삭속도

결합제의 재질 : 비트리파이트
조직 : 중간조직
결합도 : 중간
입도 : 중간입도
숫돌입자의 종류 : 탄화규소

08

정답 액체호닝

09

정답 ㉠ : 결합제, ㉡ : 드레싱(dressing)

Chapter 06 주조

본문p.205~210

01

모범 답안

1) 현형(Solid pattern) : 주물과 동일한 크기와 모양의 원형으로 조형방법, 겉모양 및 구조에 따라 단체형, 분할형, 조립형 등으로 나눌수 있다.

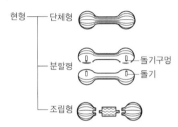

2) 회전형(Sweep pattern) : 제품이 하나의 중심축을 기준으로 반지름 단면이 대칭인 회전체일 때 적용할 수 있다. 방법이 간편하고 원형의 값은 저렴하나 조형시간이 길고 숙련된 조형기술이 있어야 한다.

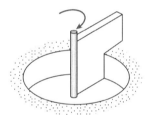

3) 긁기형 또는 고르개형(Strikle pattern) : 지름의 변화가 없는 균일한 단면을 가진 모형으로 비교적 가늘고 긴 직관이나 곡관을 조형할 때 사용된다. 긁기판과 안내판을 사용한다.

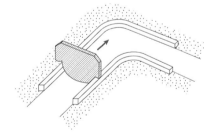

4) 부분형(Section Pattern) : 주형이 크고 중심과 대칭으로 되어 있을 때, 또는 연속적으로 반복되어 있을 때 한 부분만 모형을 만들어 연속적으로 주형을 만들어 가는 용도로 쓰인다. 이것은 대형 기어나 대형 풀리, 프로펠러 등을 생산할 때 사용된다.

02

정답 1) 수분 함유량 시험, 2) 통기도 시험, 3) 점토분 함유량 시험, 4) 입도 시험

03

모범 답안

1) Pin hole(핀 홀) : 주물 표면 및 표면 밑의 넓은 범위에 존재하는 작은 구멍이나 홈

2) Shrinkage cavity(수축 동공) : 두꺼운 주물의 안쪽이나 구석 부위에 나타나며 불규칙한 모양의 공동으로 내벽에 돌기물이 있는 경우도 있다.

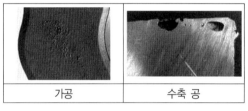

가공	수축 공

3) Scab(패임) : "흠집", "파임"이라고도 하며 주물 표면에 생기는 평면상의 거친 금속 돌기물

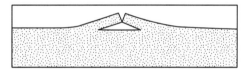

Scab(파임)흠집

4) Hot tear(고온 균열 = 열균열 = hot cracking) : 주물이 응고될 때 또는 응고된 다음에도 주물에 주조 응력이 작용하여 주물에 금이 생기는 주물의 결함이다.

> **TIP**
>
> ❶ **금속 조직상의 결함**
>
> 이 유형에는 고온 균열(hot tears : 열 균열)과 열점(hot spots : 핫스팟) 등 두 종류의 결함이 있다.
> 고온 균열은 hot cracking이라고도 하는데 주조품이 냉각되는 과정에서 발생하는 결함이다. 주물이 응고될 때 또는 응고된 다음에도 주물에 주조 응력이 작용하여 주물에 금이 생기는 주물의 결함이다.
> 열점(hot spots : 핫스팟)은 주조품 표면의 어떤 부분이 그 주변의 재료보다 빨리 냉각돼서 매우 단단해지는 현상이다. 이 같은 유형의 결함은 주조품의 냉각을 적절히 시행하거나 재료 금속의 화학적 조성을 바꿈으로써 피할 수 있다.
>
> ❷ **냉간균열(crack)**
>
> 주물의 두께가 불균일할 때 냉각에 의해 잔류응력이 결함부에 집중되어 발생되는 현상

❸ 외부결함과 내부결함

분류	종류	내용
외부 결함	미스런(misrun) : = 유동불량 = 주탕불량	용탕이 주형을 완전히 채우지 못하고 응고되는 현상
	개재물 (inclusion)	모양이나 크기가 불규칙적이며, 모래나 슬래그(slag)등의 불순물이 쇳물 속에 말려들어가 표면에 나타나는 결함
	탕경(콜드셧, cold shut)	주형 내에서 이미 응고된 금속에 용융금속이 들어가 응고속도의 차이로 앞서 응고된 금속면과 새로 주입된 용융금속의 경계면에 발생하는 결함이다. 주로 표면결함으로 검출된다.
	Pin hole(핀 홀)	주물 표면 및 표면 밑의 넓은 범위에 존재하는 작은 구멍이나 홈
내부 결함	수축공 = Shrinkage cavity(수축 동공)	두꺼운 주물의 안쪽이나 구석 부위에 나타나며 불규칙한 모양의 공동으로 내벽에 돌기물이 있는 경우도 있다.
	가스구멍 (blow hole) = 기공	둥근 모양의 가스구멍으로써 쇳물 속에서 가스가 발생하거나 공기가 말려 들어가서 생기는 결함
	prosity(기공)	주물의 일부에 생긴 조대한 sponge상의 조직

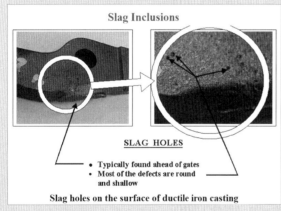

Slag Inclusions

SLAG HOLES

- Typically found ahead of gates
- Most of the defects are round and shallow

Slag holes on the surface of ductile iron casting

※ 작은 기체 거품 방울은 '기공(porosities)'이라고 부르지만, 큰 기체 방울은 '블로우홀(blowholes)'이나 '기포(blisters)'라고 부른다.

04

정답

구분	구분 방법	적용 금속
가압 탕구계	탕구의 단면적이 주입구(gate)의 총 단면적보다 큰 것	주강, 주철
비가압 탕구계	탕구의 단면적이 주입구(gate)의 총 단면적보다 작은 경우	알루미늄 합금 (비철합금)

해설 ⅰ) 탕구계

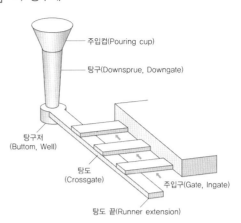

주입컵(Pouring cup)
탕구(Downsprue, Downgate)
탕구저 (Buttom, Well)
탕도 (Crossgate)
주입구(Gate, Ingate)
탕도 끝(Runner extension)

ⅱ) 가압 탕구계

탕구의 단면적＞주입구 총단면적

탕구비 = 탕구 단면적 : 탕도 단면적 : 주입구 총 단면적

$$645\text{cm}^2 : 484\text{cm}^2 : 325\text{cm}^2 = \frac{645}{645} : \frac{484}{645} : \frac{325}{645}$$
$$= 1 : 0.75 : 0.5$$

탕구 단면적=645 cm²
탕도 단면적=484 cm²
주입구(gate) 총 단면적=325 cm²

ⅲ) 비가압 탕구계

탕구의 단면적＜주입구 총단면적

탕구비 = 탕구 단면적 : 탕도 단면적 : 주입구 총 단면적

$$325\text{cm}^2 : 970\text{cm}^2 : 970\text{cm}^2 = \frac{325}{325} : \frac{970}{325} : \frac{970}{325}$$
$$= 1 : 2.984 : 2.984$$
$$≒ 1 : 3 : 3$$

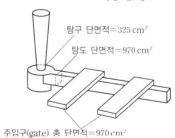

탕구 단면적=325 cm²
탕도 단면적=970 cm²
주입구(gate) 총 단면적=970 cm²

05 •

정답

주형법	사용 재료	주형 제작 방법
인베스트 먼트 주형법	왁스 파라핀	왁스나 파라핀처럼 융점이 낮은 재료로 모형을 만들고 내화성이 있는 주형재(인베스트)로 피복한 후 주형에 열을 가해 피복한 원형을 융해시킨 후 유출시켜 동공이 있는 주형을 완성한다. 동공이 있는 주형을 쇳물를 부어 제품을 생산 한다.
CO_2 주형법	나트륨 규사	일반조형법과 같이 원형을 제작한 뒤 원형 위에 주물사를 다진 후 원형을 빼낸다. 그 다음으로 주형에 이산화탄소를 붙여 넣어 빠른 시간에 경화된 주형을 얻는다.

해설 1) 인베스트먼트법

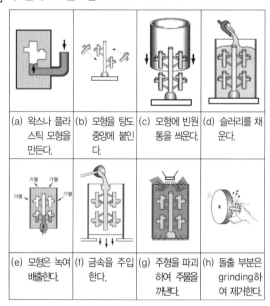

(a) 왁스나 플라스틱 모형을 만든다.	(b) 모형을 탕도 중앙에 붙인다.	(c) 모형에 빈원통을 씌운다.	(d) 슬러리를 채운다.
(e) 모형은 녹여 배출한다.	(f) 금속을 주입한다.	(g) 주형을 파괴하여 주물을 꺼낸다.	(h) 돌출 부분은 grinding하여 제거한다.

2) CO_2 주조법 : 일반조형법과 같이 원형을 제작한 뒤 원형 위에 주물사를 다진 후 원형을 빼낸다. 그 다음으로 주형에 이산화탄소를 붙여 넣어 빠른 시간에 경화된 주형을 얻는다. 특징은 다음과 같다.
① 건조과정을 거치지 않고도 견고한 주형을 얻어 작업시간을 단축할 수 있다.
② 주형의 정밀도도 좋고 점결제가 비교적 싸다.
③ 공작가계의 베드나 산업용 대형기계 부품 주종 사용
④ 모래의 회수사용이 어려움이 있다.

06 •

모범 답안

1) 압탕 : 응고시 수축된 부분에 용탕을 보급함으로써 수축공 방지 및 용탕에 혼입된 모래, 슬래그 또는 가스 등을 떠오르게 하는 역할
2) 채플릿 : 코어를 고정시킬 때 사용하는 것으로 코어의 설치가 불안정하거나 용탕의 부력에 의하여 위로 떠오를 염려가 있을 때 사용한다. 재질은 주물의 재질과 동일한 것을 사용한다.

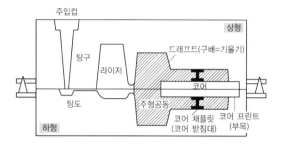

3) 칠 메탈 : 국부적으로 두꺼운 부분은 수축공을 일으키기 쉬우므로 응고를 촉진시킨다.
4) 접종제 : 기계적 강도 증가, 조직의 개선, 냉금의 방지, 질량효과의 개선 Ca, Si

07 •

정답 ①

해설 ㄷ. 분기부를 넓히고, 모서리를 둥글게 설계한다.
ㄹ. 플로오프(flow − off)는 기공의 결함을 줄일 때 사용된다.

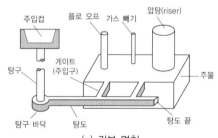

(a) 각부 명칭

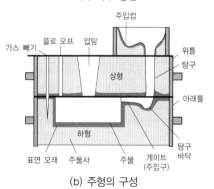

(b) 주형의 구성

PART
09

08

정답 ①

해설 ㄹ. 용탕과 개재물의 원심력 차이 때문에 개재물의 분리 제거가 어렵다.
ㅁ. 짧은 원통형이나 환형 제품의 제조에는 수직식이 수평식보다 많이 사용되고 있다.

> **TIP**
>
> **원심 주조법(centrifugal casting)**
> 원심 주조법의 종류는 진원심 주조(ture centrifugal casting), 반원심 주조(smmi centrifugal casting), 원심가입 주조(centrifuged casting)이 있다.

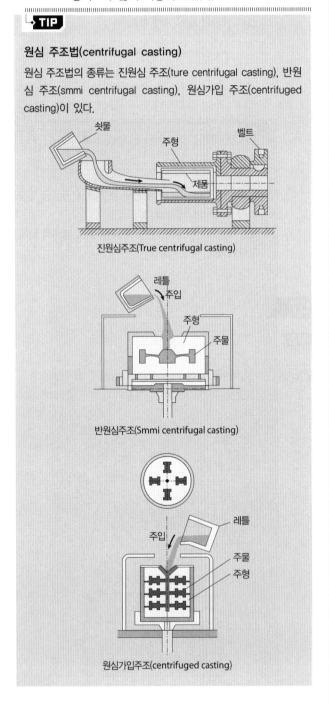

진원심주조(True centrifugal casting)

반원심주조(Smmi centrifugal casting)

원심가입주조(centrifuged casting)

09

정답 ④

해설 ④ 금형에 압력을 주어 주조하는 방법이며, 규모가 작은 비철금속 주조에 적합하다.

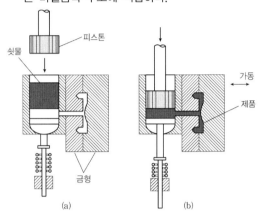

(a)   (b)

10

모범 답안
1) 특수주조법의 명칭 : 셀 몰드 주조법
2) (가) 가열된 금형에 합성모래(레진샌드) 덮어 합성모래를 경화
3) (나) 여분의 합성모래(레진샌드)를 떨어뜨림

※ 셀주조법 : 금형을 이용하여 원형을 얇은 셀로 복제하고, 이것을 조합하여 셀주형을 만들고 여기에 쇳물을 주입하여 제품을 만드는 방법이다. 용도는 소형자동차용 크랭크축, 캠축 등의 대량생산에 사용된다.

11

정답 규소(Si)

해설

주물용 알루미늄 합금	알루미늄 - 구리계 합금	알코아 : 자동차 하우징, 버스 및 항공기 바퀴, 크랭크케이스에 사용된다. 고온메짐, 수축균열이 있다.
	알루미늄 - 규소계합금	실루민 : 융용점을 낮추어 주조성은 좋으나 절삭성 불량, 재질(개량) 처리 효과가 크다. 복반하고 얇은 주물에 사용
	알루미늄 - 구리 - 규소계합금	라우탈 : 주조성이 좋고 시효경화성이 있다. 주조 균열이 적어 두께가 얇은 주물의 주조와 금형 주조에 적합하다.
	알루미늄 - 마그네슘합금	하이트로날륨(Al + Mg(10%)) : 열처리하지 않고 승용차의 커버, 휠디스크의 재료
	Y합금 - Al + (4%Cu) + (2%Ni) + (1.5%Mg) : 내열용 알루미늄 합금으로 피스톤재료로 사용	
	Lo - ex(로우엑스)합금 - Al + Si + Cu + Mg + Ni : 열팽창계수가 적고 내열, 내마멸성이 우수하다. 금형에 주조되는 피스톤용	

12

정답 ① 수분 감소로 주형의 수축에 의해 통기도 감소
② 점결제의 효과 감소로 강도 저하

해설 주형의 건조상태에 따른 분류

ⅰ) 생형주형(生型, green sand mold) : 6~9%의 수분과 점결제 등을 함유하고 있는 주물사를 사용하여 조형한 후, 건조시키지 않은 상태에서 용융 금속을 주입한다. 따라서 작업공정이 간편하여 생산속도는 빠르지만 용융 금속의 주입 시에 다량의 수증기가 발생되므로, 주형의 통기도가 좋지 않으면 가스에 의한 결함이 발생할 염려가 있다. 또 생형은 강도가 약하여 대형 주물의 생산에는 적합하지 못하다.

ⅱ) 건조형생형주형보다 강도를 높이고, 수분에 의한 결함을 없애며, 통기도를 향상시키기 위하여 주형을 일정한 온도에서 건조시킨 것이다. 그러나 건조작업에 많은 시간이 소요되므로 대량생산에는 적합지 못하다.

ⅲ) 반건조형(표면건조형)주형 표면에 도형제를 바른 후에 버너나 적외선 램프 등을 사용하여 생형 주형의 표면만을 건조시켜 수분을 제거하고 주형강도를 높이는 방법이다.

Chapter **07** 소성가공

본문p.211~215

01

1) 1단계 명칭 : 회복
설명 : 결정립의 모양과 결정방향이 변하지 않고 격자 간 원자, 공공 전위의 제거 또는 재배열에 의하여 기계적 성질, 물리적 성질만 변함

2) 2단계 명칭 : 재결정
설명 : 변형이 없는 새로운 결정이 생성되어 기존의 결정들이 새로운 결정으로 바뀐다. 그로 인해 내부응력과 강도 경도가 감소한다.

3) 3단계 명칭 : 결정립의 성장
설명 : 재결정이 완료된 후 더 높은 온도로 가열하면 결정립계가 곡선의 곡률 중심으로 향하며 결정립이 성장한다. 그로 인해 강도와 경도는 감소하고 신율은 조금 증가한다.

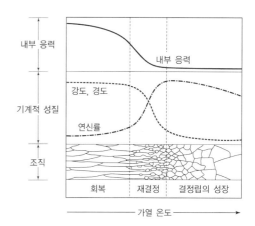

02

정답 단조 : 재료를 가열하여 연화된 상태에서 프레스나 헤머로 소성변형을 일으켜 성형
압연 : 재료를 서로 반대 방향으로 회전하는 롤러 사이에 넣고 압축 하중을 가하면서 두께를 축소시켜 길이 방향으로 늘리는 가공법

해설 소성가공의 종류

1) 단조가공(forging) : 금속을 일정한 온도의 열과 압력을 가해 성형하는 작업

2) 압연가공(rolling) : 금속 소재를 고온 또는 상온에서 압연기(rolling mill)의 회전롤러(roller) 사이로 통과시켜 판재나 레일과 같은 모양의 재료를 성형하는 것

3) 인발가공(drowing) : 선재나 파이프 등을 만들 경우 다이를 통하여 인발함으로써 필요한 치수, 형상으로 만들어 내는 가공

4) 압출가공(extrusion) : 용기 모양의 공구 속에 빌릿(billet)이라고 불리는 소재 조각을 삽입하여 램에 의해서 가압하고 다이에 뚫은 구멍에서 재료를 압출하여 다이 구멍의 단면 형상을 가진 긴 제품을 만드는 가공

5) 판금가공(sheet metal working) : 금속판을 소성 변형시켜서 여러 가지 원하는 모양으로 만드는 가공

6) 전조가공(rolling of rood) : 가공 방법은 압연과 유사하나 전조 공구(roller)를 사용하여 나사나 기어 등을 성형하는 가공

03

정답 불림 : $A_3 \sim A_{cm}$ 변태선 이상의 온도로 금속을 가열한 뒤 공냉한다.

해설 불림(Normalizing) : 단조, 압연 등의 소성가공이나 주조로 거칠어진 조직을 미세화, 표준화하고, 편석이나 잔류 응력을 제거하기 위해 $A_3 \sim A_{cm}$ 변태선에서 약 30~50(℃) 높게 가열하여 공기 중에서 공냉하는 작업이다. 특징은 결정입자와 조직이 미세하게 되어 경도, 강도가 크게 증가하고 연신율과 인성도 다소 증가한다. 대표적으로 대형 단조품이나 주강품의 조대한 결정조직을 미세화 할 때 사용된다.

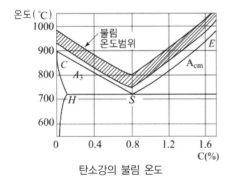

탄소강의 불림 온도

04

정답
1) 냉간가공과 열간가공의 차이는 다음과 같다.
   냉간가공(재결정 온도 이하) : 성형정밀도 양호, 가공 경화로 강도 증가, 전기저항 증가, 결정입자 미세화
   열간가공(재결정 온도 이상) : 조직이 균일하고 유연해짐, 산화막 발생이 쉬워 표면거칠기 불량, 작은 외력으로 크게 변형
2) 응력 제거 열처리에 의해 발생하는 조직의 변화 과정은 가열 온도와 시간에 따라 '회복, 재결정, 결정립의 성장'의 세 단계로 나타낸다.

해설 냉간가공과 열간 가공의 특징
1) 냉간가공(상온가공 : cold working) : 재결정 온도 이하에서 금속의 기계적 성질을 변화시키는 가공이다.
   ① 가공면이 깨끗하고 정밀한 모양으로 가공된다.
   ② 가공 경화로 강도는 증가되지만 연신율(연율)은 작아진다.
   ③ 가공 방향 섬유 조직이 생기고 판재 등은 방향에 따라 강도가 달라진다.
   ※ 가공 경화(재가 hardening) : 냉간가공에 의해 경도, 강도가 증가하는 현상, 재료에 외력을 가하면 단단해지는 성질을 말한다.

※ 시효 경화(age hardening) : 어떤 종류의 금속이나 합금은 가공 경화한 직후부터 시간의 경과와 더불어 기계적 성질이 변화하나, 나중에는 일정한 값을 나타내는 현상이다.
2) 열간가공(고온가공 : hot working) : 재결정 온도 이상에서 금속의 기계적 성질을 변화시키는 가공이다.
   ① 한 번 가공으로 많은 변형을 줄 수 있다.
   ② 가공 시간이 냉간가공에 비하여 짧다.
   ③ 성형시키는 데 냉간가공에 비하여 동력이 적게 든다.
   ④ 조직을 미세화하는 데 효과가 있다.
   ⑤ 표면이 산화되어 변질이 잘 된다.
   ⑥ 냉간가공에 비하여 균일성이 적다.
   ⑦ 치수에 변화가 많다.
※ 재결정 : 금속의 결정 입자를 적당한 온도로 가열하면 변형된 결정 입자가 파괴되어 점차로 미세한 다각형 모양의 결정 입자로 변화하는 것. 금속의 가공도와 재결정 온도의 관계는 가공도가 크면 재결정 온도가 낮아지고 가공도가 낮으면 재결정 온도가 높아진다.

05

정답 ②

해설 ② 심 결함(seam defect)은 인발가공에서 발생한다.

TIP

❶ 세브론 균열(chevron cracking) : 압출된 제품의 중심부에 균열이 발생할 수 있으면 이를 중심부 균열(center cracking, center burst, arrowhead fracture)이라 부른다. 다이각이 증가할수록 세부론 균열은 커진다.

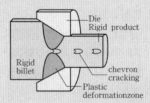

❷ 심 결함(seam defect : 솔기결함) : 봉재나 선재 인발에서 발생하는 전형적인 결함으로 압출공정에서 발생하는 결함(특히 중심부 균열 = 세브런 균열)과 유사하다. 인발된 소재에 발생하는 길이 방향으로 흠집이나 접힘이다.

❸ 만네스만(Mannesmann) 압연법 : 이음매 없는 강관의 제작에 사용되는 천공법이다. 그림과 같이 roll(roller)이 수평에 대하여 5~10° 정도 경사되어 있으며, 중앙부는 동일 지름으로서 평탄부를 이룬다. 두 roll은 수평면 상에서 서로 6~12° 정도 교차되어 있어 billet이 회전운동과 직선운동을 하게 된다. 이때 2개의 roll의 회전방향은 같고, billet은 반대 방향으로 회전한다.

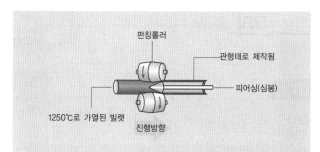

❹ **스피닝(spinning)** : 판재소재를 사용하여 축대칭 형상을 갖고 있고, 가운데가 비어 있는 부품을 만드는데 주로 사용 되는 가공이다.

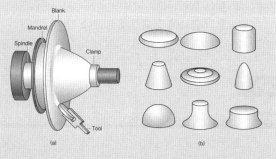

❺ **아이어닝(ironing)** : 판재의 두께가 다이와 펀치의 간격보다 클 경우 제품의 두께가 감소하는 효과를 의미한다.

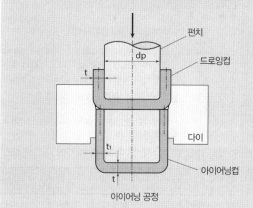

아이어닝 공정

06

정답 ⑤

해설 ㄱ. 압출(extrusion)은 재료를 금형 안에 넣고 가압하여 다이를 통과시켜 성형하는 방법으로 봉 또는 파이프 제작에 이용한다.

ㄴ. 압연(rolling)은 회전하는 롤(roll) 사이로 재료를 통과시켜 두께와 단면적을 작게 하는 방법으로 판재, 형재, 관재 성형에 이용한다.

07

정답 ④

해설 ㄱ. 정수압(hydrostatic pressure)은 압축응력 상태에서 연성이 증가되는 원인이 되어 제품의 압출(extrusion)을 쉽게 한다.

▶ **TIP**

❶ **엘리게이터링(alligatoring)** : 알루미늄 합금의 슬래브 압연에서 발생, 판재의 끝부분이 출구부에서 양쪽으로 갈라지는데, 마치 악어가 입을 벌린 모양과 비슷하여 붙여진 명칭이다.

❷ **정수압출(静水壓出: hydrostatic extrusion)** : container와 billet 사이의 마찰이 문제가 될 때에는 그림과 같이 billet을 기계 가공하여 die에 끼우고 container에 액체를 채워 press로 가압하여 어느 이상의 압력에 달하면 압출되기 시작한다. 정수압출은 일반적으로 실온에서

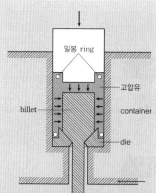

행하여지며, 사용된 유체는 윤활성이 좋고 온도 상승과 고압이 점도에 미치는 영향이 적은 식물성유가 많이 사용된다. 이 방법의 특징은 다음과 같다.

1) **장점**
   ① billet이 container와 유체마찰을 하여 직접압출에 비해 압출력이 감소한다.
   ② 취성재료의 압출도 가능하다.
   ③ 실온(室溫)에서 가공이 가능하다.

2) **단점**
   ① 설치의 복잡성과 경험을 요하므로 공업적 응용에 제한을 받는다.
   ② 고압을 요한다.

❸ **압연 제품 표면 결함의 종류와 특징**

1) **웨이브 엣지** : 롤 휨으로 판의 가장자리가 물결 모양으로 변형된 결함. 롤의 강도를 조절하고 받침 롤을 설치하여 롤의 휨을 방지

2) **지퍼 크랙(zipper crack)** : 소재의 연성이 나쁜 경우에 평판의 중앙부가 지퍼 자국처럼 일정한 간격으로 찍히는 결함. 연성이 좋은 소재를 사용하여, 롤의 속도를 조절하여 방지

3) **엣지 크랙** : 지프 크랙과 같이 소재의 연성이 부족하여 평판의 가장자리에 균열이 발생하는 결함. 기계로 밀어서 만든 옥수수 칩 등의 과자에서도 같은 모양의 흔적이 있음

4) **앨리게이터링(alligatoring)** : 앨리게이터링은 흔히 발생하는 결함은 아니지만, 알루미늄 합금의 슬래브 압연에서 발생. 판재의 끝부분이 출구부에서 양쪽으로 갈라지는데, 마치 악어가 입을 벌린 모양과 비슷하여 붙여진 명칭

08

정답 | (가) 가공법의 명칭: 압연, 압하율: 20%

(나) 앨리게이터링(alligatoring)

해설 | (가) 압하율(%) $= \dfrac{t_o - t_f}{t_o} \times 100$

$$= \dfrac{10 - 8}{10} \times 100 = 20(\%)$$

(나) 앨리게이터링(alligatoring) : 앨리게이터링은 흔히 발생하는 결함은 아니지만, 알루미늄 합금의 슬래 브 압연에서 발생한다. 판재의 끝부분이 출구부에 서 양쪽으로 갈라지는데, 마치 악어가 입을 벌린 모양과 비슷하여 붙여진 명칭이다.

09

정답 | ㉠ : 업세팅(upsetting), ㉡ : 배부름(barrelling)

10

모범답안 | 1) ㉠ 전위(dislocation) : 선결함으로부터 슬립면을 따라 집적된 것

㉡ 슬립(= 미끄럼, slip) : 전위의 움직임에 따른 결정의 미끄럼 현상이 생기고 소성 변형이 발생된다.

2) Al은 면심입방격자구조(FCC)이고 Mg은 조밀유방격자구조(HCP)이다. 면심입방격자는 조밀유방격자구조에 비해 slip sytem이 많기 때문에 slip이 일어나기 쉽다. 즉 slip이 잘 일어나는 금속은 연성재료이고 slip이 잘 일어나지 않는 금속은 취성재료이다.

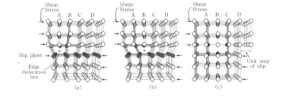

Chapter 08 용접

본문p.216~221

01

모범답안 | ① 아크 안정

② 슬래그 형성

③ 용착 효율 증가

④ 급랭 방지

⑤ 스패터 발생 억제

⑥ 탈산 정련 작용

⑦ 용착 금속에 필요한 합금 원소 첨가

02

정답 | 1) 용착 금속의 최소 인장 강도

2) 용입깊이

3) 역류

해설 | ⅰ) 연강용 피복 아크 용접봉에 대한 기호 'E 43 16'

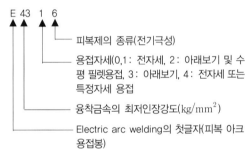

E 43 1 6

— 피복제의 종류(전기극성)

— 용접자세(0,1 : 전자세, 2 : 아래보기 및 수평 필렛용접, 3 : 아래보기, 4 : 전자세 또는 특정자세 용접)

— 용착금속의 최저인장강도(kg/mm^2)

— Electric arc welding의 첫글자(피복 아크 용접봉)

ⅱ) 연강용 피복 아크 용접봉 규격 중 마지막 숫자의 의미

마지막 숫자	0	1	2	3	4	5	6	7	8
전원	E4301 DCRP E4320 AC~DC	AC DCRP	AC DC	AC DC	AC DC	DCRP	AC DCRP	AC DC	AC DCRP
용입	E4301 깊다 E4320 중간	깊다	중간	얕다	중간	중간	중간	중간	중간

※ DCRP(직류역극성), DCSP(직류정극성)

03

정답
① 용접봉의 극 : 양극(+)
② 직류역극성이 사용되는 이유 : 용입이 얕고, 비드 폭이 넓다. 또한 용접봉의 용융이 빠르다. 청정 작용을 나타낸다.

해설

구분	정극성	역극성
약어	DCSP(Direct Current Straight Polarity) DCEN(Direct Current Electrode Negative)	DCRP(Direct Current Reverse Polarity) DCEP(Direct Current Electrode Positive)
특징	• 모재(+), 용접봉(−) • 비드(bead) 폭이 좁다. • 모재의 용입이 깊다. • 용접봉 용융이 느리다. • 일반적으로 널리 사용, 주로 후판용접	• 모재(−), 용접봉(+) • 비드(bead) 폭이 넓다. • 모재의 용입이 얕다. • 봉의 용융이 빠르다. • 박판, 주철, 합금강, 비철금속에 쓰인다.
	직류용접기 용접봉 − 모재 +	직류용접기 용접봉 + 모재 −

04

정답 ④

해설 ㄱ. 직류 피복 아크 용접에서 정극성은 용접봉이 음극이다.

05

정답 ①

해설 ㄴ. 가스 용접의 연료로 사용되는 아세틸렌(C_2H_2)은 폭발성이 높아 위험하다.
ㄹ. 모재 사이의 접촉 저항을 이용하여 용접하는 것을 전기저항 용접이라 하며, 이 용접법에는 점 용접, 프로젝션 용접 등이 있다.

06

정답 ③

해설 ㄱ. 테르밋 용접은 산화철 분말과 알루미늄 분말의 화학 반응을 이용한 것이다.

ㄹ. 전자빔 용접은 고진공의 용기 중에서 텅스텐을 가열하여 얻어지는 열전자를 방출하고 음극과 용접물 사이에서 열전자를 가속시키는 방법을 이용한다.

07

정답 ②

해설 ㄴ. (나)의 용입불량은 루트 간격이 작거나, 용접속도가 빠를 때 발생한다.
ㄷ. (다)는 오브랩은 용접전류를 높이고 용접속도를 빠르게 하면 결함을 줄일 수 있다.

결함의 종류	발생원인
결함 부위 언더컷	① 전류가 너무 높을 때 ② 용접속도가 너무 빠를 때 ③ 아크 길이가 너무 길 때 ④ 부적당한 용접봉을 사용할 때
결함 부위 결함 부위 오브랩	① 전류가 너무 낮을 때 ② 용접속도가 너무 느릴 때 ③ 운동방법(용접봉취급)이 나쁠 때
결함 부위 용입불량	① 홈각도가 작을 때 ② 루트간격이 좁을 때 ③ 용접속도가 너무 빠를 때 ④ 용접전류가 낮을 때
결함 부위(기공) 기공	① 아크 분위기 속에 수소, 산소, 일산화탄소가 너무 많을 때 ② 용접봉 또는 용접부에 습기가 많을 때 ③ 용접부가 급랭할 때 ④ 이음부에 기름, 페인트, 녹 등이 부착해 있을 때 ⑤ 전류가 너무 클 때 ⑥ 아크 길이 및 운봉법이 부적당할 때
슬래그 섞임 ※ 녹은 피복제가 용착금속 표면에 떠있거나 용착금속 속에 남아 있는 것	① 슬래그 제거 불완전할 때 ② 전류가 너무 작을 때 ③ 슬래그가 용융지보다 앞설 때 ④ 운봉속도가 너무 느릴 때 ⑤ 봉의 각도 부적당할 때

PART
09

08

모범답안

㉠ : 언더컷

결함의 원인은 높은 전류, 빠른 용접 속도, 긴 아크 길이, 용접봉 선택 불량, 용접봉의 유지 각도가 적합하지 않은 경우 등이 있다.

09

정답 ㉠ : 기공, ㉡ : 언더컷

10

정답 ㉠ : TIG, ㉡ : 텅스텐

해설 ⅰ) 불활성 가스 금속 아크 용접(MIG 용접)의 원리 : 용접할 부분을 공기와 차단된 상태에서 용접하기 위해 불활성 가스(아르곤, 헬륨)에 용가재로 금속 용접봉을 통하여 용접부에 공급하면서 전극이 융해되는 용극식 용접 방법이다. 즉 전극이 금속이고 이 금속이 용가재(filler metal)가 되는 것이다. 두께 3mm 이상인 후반(두꺼운 판재) 용접에 사용된다.

ⅱ) 불활성 가스 텅스텐 아크 용접(TIG 용접) : 불활성 가스에 텅스텐 전극봉을 사용하는 용접을 말한다. 전극의 재료가 텅스텐으로 텅스텐은 용융점이 녹아 융해가 잘 안되기 때문에 용가재(filler metal)를 따로 사용한다. 박판용접에 주로 사용된다.

11

모범답안

1) 용접법의 명칭 : 심(seam) 용접
2) 롤러전극이 가져야 할 전기적 특성 : 전기가 통하는 도체여야 된다.
3) $Q = I \times R^2 \times (t_2 - t_1)$
$= 100 \times 1^2 \times (3-1) = 200(\mathrm{J})$

12

모범답안

1) ㉠의 명칭 : 슬래그
2) 용접법의 명칭 : 직류정극성(DCSP : Direct Current Straight Polarity)

3) $P = \tau_a \times f \times \cos 45 \times L_t$
$= \tau_a \times f \times \dfrac{\sqrt{2}}{2} \times (4 \times L)$
$= 10 \times 5\sqrt{2} \times \dfrac{\sqrt{2}}{2} \times (4 \times 50)$
$= 1000(\mathrm{kg_f})$

Chapter 09 특수가공

본문p.222~223

01

모범답안

가공성이 가장 우수한 재료 : 유리

진동 공구가 진동할 때 연마입자의 급격한 타격으로 공작물을 절단, 구멍 뚫기, 평면 가공, 표면 다듬질을 하는 것이다. 즉 연마 입자와 공작물의 진동에 의한 떨림으로 피로파괴가 일어난다. 그러므로 충력을 흡수하는 재질은 초음파 가공이 어렵다. 보기 중에서 가장 충격을 흡수하지 않는 재질은 유리이다.

TIP

초음파가공(ultra − sonic machining)

1) 초음파가공의 원리

약 16kHz 이상의 음파를 초음파라 하는데 테이블에 고정된 공작물에 연마입자와 물 또는 기름의 혼합액을 순환시키면서 일정한 압력 하에서 수직으로 설치된 진동 공구(hone)가 16~30kHz, 폭 30~40μm 로 진동할 때 숫돌입자의 급격한 타격으로 공작물(초경합금, 보석류, 세라믹, 유리)을 절단, 구멍 뚫기, 평면가공, 표면 다듬질하는 것이다.

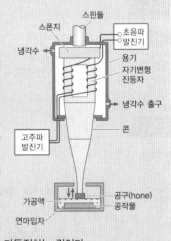

2) 특징

① 전기적으로 부도체도 보통 금속과 동일하게 가공할 수 있다.
② 연삭가공에 비해 가공면의 변질과 변형이 적다.
③ 초경질, 메짐성이 큰 재료에 사용한다.
④ 절단, 구멍 뚫기, 평면가공, 표면가공 등을 할 수 있다.
⑤ 가공 면적과 깊이가 제한 받는다.
⑥ 가공 속도가 느리고 공구의 소모가 많다.
⑦ 납, 구리, 연강 등 연질재료는 가공이 어렵다.

02

정답 ①

해설
ㄷ. 형조 방전가공은 절연성 전해액 속에서 공작물과 전극 사이에 방전을 발생시켜 금속 재료를 미량씩 용해시킨다.

ㄹ. 초음파가공은 연마입자와 공작물과 직접 접촉된 상태에서 증폭된 진동을 이용하여 공작물을 다듬질하는 가공법이다.

03

모범답안
1) ㉠ $50I/m^2$, ㉡ 수소 이온 농도 지수(pH)

2) $A = 10dm^2$
$= 10 \times (dm)^2$
$= 10 \times (10^{-1}m)^2$
$= 10 \times 10^{-2}m^2$
$= 10^{-1}m^2$
$= \dfrac{1}{10}(m^2)$

전류밀도 $J = \dfrac{(\text{전류})I}{\text{도금 총면적}A} = \dfrac{5}{\dfrac{1}{10}} = 50(I/m^2)$

구리(양극)가 깎인다. 즉 구리(양극)의 이온이 철로 이동된다.

3) 양극에서는 구리의 산화가 일어나면서 도금액에 구리 양이온(Cu^+)이 녹아드는 현상이 발생한다.

▶TIP

❶ 수소 이온 농도(pH)

물질의 산성과 알칼리성 정도를 나타내는 수치이다.

❷ SI 접두어

Exa	10^{18}	Atto	10^{-18}
Peta	10^{15}	Femto	10^{-15}
Tera	10^{12}	Pico	10^{-12}
Giga	10^{9}	Nano	10^{-9}
Mega	10^{6}	Micro	10^{-6}
Kilo	10^{3}	Milli	10^{-3}
Hecto	10^{2}	Centi	10^{-2}
Deca	10^{1}	Deci	10^{-1}

04

정답 (가) 방전가공, (나) 전해가공(전기화학가공)

해설 (가) 방전가공

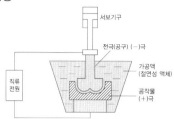

방전가공은 초당 200~500,000회의 불꽃방전에 의해 금속의 침식을 진행시키면서 가공하는 방법이다. 절연성이 있는 가공액 중에 공구(전극)와 공작물을 넣고 5~10μm 정도 간격을 두어 100V의 직류 전압으로 방전하면 공작물의 재료가 미분 상태의 칩으로 되어 가공액 중에 부유물로 뜨게 하여 가공하는 방법이다.

방전가공의 특징은 높은 경도로 절삭가공이 곤란한 금속(초경합금, 열처리강, 내열강, 담금질된 고속도강, 스테인리스, 강철, 다이아몬드, 수정 등)을 쉽게 가공할 수 있다. 또한 열의 영향이 적으므로 가공 변질층이 얇고 내마멸성, 내부식성이 높은 표면을 얻을 수 있으며, 작은 구멍, 좁고 깊은 홈 등 작고 복잡한 가공도 할 수 있다.

(나) 전해가공 = 전기화학가공(electro − chemical machining : ECM)

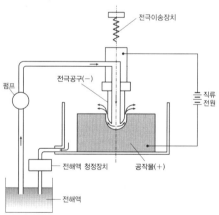

도전성의 공구를 음극(−), 공작물을 양극(+)에 0.02~0.7mm 의 간격으로 접근시키고, 그 사이에 전해액(NaCl, NaNO)을 분출시켜, 양극 사이에 전압은 5~20V, 전류밀도는 30~200A를 통전시켜 공작물을 용해 가공하는 방법이다.

전해가공의 특징은 경도가 크고 인성이 큰 재질에 대해서 가공량이 크고 가공면에 응력이나 변형이 없으며, 공구인 전극의 소모가 거의 없으나, 폐전해액의 처리가 어렵다.

Chapter 10 | NC가공

본문p.224~229

01

정답 $N_A = 597rpm$, $N_B = 1500rpm$

해설 N_A, N_B를 구하는 풀이과정은 다음과 같다.

$$N = \frac{1000V}{\pi D}$$

$$N_A = \frac{1000 \times 150m/min}{\pi \times 80mm} \fallingdotseq 597$$

$$N_B = \frac{1000 \times 150m/min}{\pi \times 30mm} \fallingdotseq 1592 > 1500$$

〈보기〉의 내용에 대해 설명하면 다음과 같다.

O1111 → 프로그램 번호 1111

G28 U0.0 W0.0 → 기계원점 복귀(x증분 0, z증분 0) 상태에서 기계원점복귀

G50 X200. Z150. S1500 T1000 → 좌표계 설정 및 최고회전수 1500rpm, 공구교환

G96 S150 M03 → 주축 정회전(M03), 원주 속도 ($v = 150m/min$) 일정제어

02

정답 ⑤

해설 ㄱ. N10 블록은 G28 자동원점으로 복귀하라는 의미이다.

TIP

CNC선반 G코드

G - 코드(code)	그룹(group)	G - 코드의 지속성	기능
▶G 00	01	modal (계속 유효)	위치결정(급속이송)
▶G 01			직선가공(절삭이송)
G 02			원호가공(시계 방향, CW)
G 03			원호가공(반시계 방향, CCW)
G 04	00	one shot (1회 유효)	일시 정지(dwell)
G 10			데이터(data) 설정
G 20	06	modal (계속 유효)	inch 입력
▶G 21			metric 입력
▶G 22	04		금지(경계)구역 설정
G 23			금지(경계)구역 설정 취소
G 27	00	one shot (1회 유효)	원점 복귀 확인
G 28			자동 원점 복귀
G 29			원점으로부터 복귀
G 30			제2, 제3, 제4 원점 복귀
G 31			생략(skip) 기능
G 32	01		나사 절삭 기능
▶G 40	07	modal (계속 유효)	공구 인선 반지름 보정 취소
G 41			공구 인선 반지름 보정 좌측
G 42			공구 인선 반지름 보정 우측

G 50	00	one shot (1회 유효)	공작물 좌표계설정 주축 최고 회전수 설정
G 70			정삭 사이클
G 71			내, 외경 황삭 사이클
G 72			단면 황삭 사이클
G 73			형상 반복 사이클
G 74			단면 홈가공 사이클(펙 드릴링)
G 75			X방향 홈가공 사이클
G 76			나사 가공 사이클
G 90	01	modal (계속 유효)	내, 외경 절삭 사이클
G 92			나사 절삭 사이클
G 94			단면 절삭 사이클
G 96	02		원주속도 일정 제어
▶G 97			원주속도 일정 제어 취소
▶G 98	05		분당 이송 지정(mm/min)
G 99			회전당 이송 지정(mm/rev)

03

정답 ③

해설
N60 G01 X30.0 Z−2.0
N70 W−23.0
N80 X40.0
N90 W−16.0
N100 G02 X48.0 W−4.0 R4.0
N110 G03 X56.0 W−4.0 R4.0

04

정답
1) ㉠ U20.0 W−10.0 R10.0 또는 X20.0 Z−10.0 R10.0 또는 X20.0 W−10.0 R10.0
㉡ G01 U10.0 W−18.0 또는 G01 X30.0 Z−33.0 또는 G01 X30.0 W−18.0
2) $T_{AB} = 0.12min$

해설 가공 시간 구하는 조건
N20 G96 S90 M03
→ 원주속도 일정제어(G96) $V = 90m/min$
N40 G99 G01 Z0.0 F0.2
→ 회전 당 이송(G99) $f = 0.2mm/rev$

$$T_{AB} = \frac{L_{AB}}{f \times N} = \frac{24mm}{0.2\frac{mm}{rev} \times 1000\frac{rev}{min}} = 0.12(min)$$

$$V(m/min) = \frac{\pi DN}{1000}$$

$$N = \frac{V \times 1000}{\pi D} = \frac{90 \times 1000}{3 \times 30} = 1000(rpm)$$

05

정답 ②

해설

C/M*	G40	07	07	공구경 보정 취소	공구경 보정 모드 해제 → G40 G00(01) G90(91) X_Y_Z_ ;
C/M*	G41			공구경 좌측 보정	공구 진행 방향 좌측으로 보정 → G90(91) G00(01) X_Y_Z_ G41 D_ ;
C/M*	G42			공구경 우측 보정	공구 진행 방향 우측으로 보정 → G90(91) G00(01) X_Y_Z_ G42 D_ ;
M	G43		08	공구 길이 보정 +	공구 길이 보정이 Z축 방향으로 양수 → G00(01) G90(91) Z_ G43 H_ ;
M	G44			공구 길이 보정 −	공구 길이 보정이 Z축 방향으로 음수 → G00(01) G90(91) Z_ G44 H_ ;
M	G45		00	공구 위치 오프셋 신장	이동 지령을 경보정량만큼 신장
M	G46			공구 위치 오프셋 축소	이동 지령을 경보정량만큼 축소
M	G47			공구 위치 오프셋 2배 신장	이동 지령을 경보정량만큼 2배 신장
M	G48			공구 위치 오프셋 2배 축소	이동 지령을 경보정량만큼 2배 축소
M*	G49		08	공구 길이 보정 취소	공구 길이 보정 모드 취소 → G49 Z_ ;

C/M	G92	01	00	나사 절삭 사이클 92 X_Z_R_F_ ;
				공작물 좌표설정(CNC선반의 G50과 같은 개념) → G92 G90 X_Y_Z_S_ ;
C/M	G94		05	단면 절삭 사이클 G94 X(U)_Z(W)_F_ ; 테이퍼절삭 R_포함
				분당 이송 지정(m/min) → G94 F_ ;
M	G95			회전 당 이송 지정(mm/rev) → G95 S_ ; ↑MCT에서는 초기설정 되어 있음
C/M	G96	02	13	절삭속도(m/min) G96 S_ M03; 지름에 따라 회전수 변함 주속일정제어(공구와 공작물의 상대운동속도 일정)
C/M	G97			절삭속도 일정제어 취소 G97 S_;(G50에서 설정한 최고회전수 무시됨) 주축 rpm/min 일정 제어 MCT는 초기설정 되어 있음
C/M	G98	03	10	분당 이송 지정(m/min) G98 F_; 고정 사이클 종료 후 초기점으로 복귀 → G 고정 사이클 G98 고정 사이클 데이터
C/M	G99			회전 당 이송 지정(mm/rev) G99 F_; 고정 사이클 종료 후 R점으로 복귀 → G 고정 사이클 G98 고정 사이클 데이터

원호 가공의 I, J는 원호의 시작점으로부터 호의 중심까지 거리의 x증분, y증분 값을 나타낸다.

06

정답 ③

해설 ㄱ. NC선반 프로그래밍 시 원호가공에 사용되는 어드레스 I, K의 데이터는 각각 원호 시작점에서 원호 중심까지의 X, Z축 증분값을 나타낸다.

ㄹ. 잇수 30개인 서보모터 축 기어와 잇수 60개인 볼스크류 축기어가 맞물려 돌아가고, 볼스크류의 피치는 10mm일 때, 한 지령펄스에 의해 테이블을 0.05mm 이송하기 위한 서보모터의 회전각도는 $3.6°$이다.

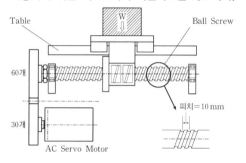

테이블이 피치만큼 10mm 이동되려면 볼스크류가 1회전을 해야 한다. 볼스크류가 1회전을 하기 위해서는 서보모터 축이 2회전을 해야 한다.

테이블이 0.05mm 이동되려면 볼스크류가 0.005회전을 해야 한다. 볼스크류가 0.005회전을 하기 위해서는 서보모터 축이 0.01회전을 해야 하고, 서보모터축이 0.01회전 할 때 각도는 $3.6°$이다.

07

정답 ③

해설 1) $\dfrac{10000\text{pulse/s}}{1000\text{pulse/s}} = 10(\text{rev/s})$

이동속도

$V_f = \dfrac{5\text{mm}}{\text{rev}} \times 10\dfrac{\text{rev}}{\text{s}}$

$= 50\dfrac{\text{mm}}{s} \times \dfrac{60\text{s}}{1\text{min}} = 3000(\text{mm/min})$

2) 이송 분해능 : 1pulse당 진행거리

$\dfrac{5 \times 10^{-3}\text{m/rev}}{1000\,\text{Pulse/rev}} = 5(\mu\text{m})$

08

정답 ④

해설 주어진 도면과 같은 제품은 머니싱 센터로 제품을 제작하며 엔드밀을 고정하기 위해 콜릿과 콜릿 척이 필요하고 공구교환을 하기 위해서는 압축공기 공급 장치가 있어야 된다.
ㄱ. 호빙 머신: 기어가공에 사용되는 공작기계
ㄷ. 드릴 프레스: 구멍가공에 사용되는 공작기계

09

모범답안
1) ① 서피스 모델링
② 솔리드 모델링
③ 와이어 프레임 모델링(선 모델링)
2) 정의된 곡면 형상을 따라 공구가 지나가야 할 경로를 그린 그림을 파일로 만든 것
3) C/L 데이터를 NC공작 기계가 인식할 수 있는 문자만 숫자로 이루어진 NC데이터로 변환

10

모범답안
메커트로닉스의 주요 구성요소는 다음과 같다.
① 기계 가공 및 설계(CAD/CAM)
② 제어(control)
③ 임베디드 시스템(embedded system): 특정한 목적을 가지고 만들어진 프로그램 가능한 모든 컴퓨터를 의미한다.
④ SI(system integration): 시스템 통합 기술로 시스템 구성 요소들을 결합하여 하나의 전체 시스템을 구축하는 것

Chapter 11 | 측정

본문p.230~233

01

정답
1) 바깥지름 및 길이: 버니어 캘리퍼스, 마이크로미터, 다이얼게이지
2) 나사: 나사마이크로미터, 나사피치게이지, 삼침법

02

정답
1) 구조 명칭: ⓐ 앤빌, ⓑ 스핀들, ⓒ 슬리브, ⓓ 심볼
2) 측정값: 6.73(mm)

03

정답 ②

해설 ㄴ. 정밀측정에서 반복 측정하여 평균값을 구하는 방법으로는 우연오차를 줄일 수 있다.
ㄷ. 정밀도(precision)란 표준시편에 대한 반복 측정 시 측정값의 산포(흩어짐) 정도를 말한다.

▶TIP

❶ 정확도(accuracy)

계통적 오차에 원인이 크다. 측정된 치수와 실제값(참값) 사이의 일치도

❷ 정밀도(precision)

측정의 반복도 우연오차의 원인이 크다. 측정을 반복해서 했을 때 측정값의 산포상태(흩어짐) 정도이다. 측정값의 산포상태가 밀집되어 있을 때 정밀도가 좋다고 한다. 정밀도는 우연오차 즉 알 수 없는 오차 때문에 발생된다.

측정오차 ┬ 계통오차 ┬ 계기오차(= 기기오차, 측정기의 오차)
│   ├ 환경오차(온도, 습도에 따른 오차)
│   ├ 개인오차(개인의 숙련도의 차이)
│   └ 이론오차(이론적 근사에 따른 오차, 빛의 굴절)
├ 우연오차: 알 수 없는 원인으로 일어나 보정할 수 없는 오차
└ 과실오차: 측정기의 취급 부주의에 의해 발생되는 오차, 개인의 실수

04

정답 ①

해설

사인바	45° 이하의 각도측정에 사용되는 각도 게이지 직각삼각형의 2변 길이로 삼각함수에 의해 각도를 구하는 것으로 삼각법에 의한 측정에 많이 이용되며 양원통 롤러 중심거리(L)는 일정 치수로 보통 100mm 또는 250mm로 만든다.
스냅게이지	한계 게이지 = 공차게이지(limit gauge) 1) 축용 한계 게이지 ① 링게이지 ② 스냅게이지 2) 구멍용 한계 게이지 ① 원통형 플러그 게이지 ② 평형 플러그 게이지 ③ 봉게이지 ④ 터보게이지
콤비네이션 세트	다양한 각도의 측정, 중심내기 등에 사용되는 측정기이다.
블록게이지	길이 측정의 표준이 되는 게이지이며 표면은 정밀하게 래핑되어 있으며, 재질은 특수공구 강, 초경합금, 고탄소강 등이 있으며, 열처리하여 연마한 후 래핑 다듬질 후 사용한다.

등급	25(mm)에 대한 오차(mm)	용도
AA급 (연구소용)	0.00005	표준용 블록게이지 정도 점검, 연구용
A급(표준용)	0.0001	검사용 게이지 또는 공작용 게이지 정도 점검, 측정기구 정도 점검
B급(검사용)	0.0002	기계부품, 공구검사, 측정 기구의 정도 조정
C급(공작용)	0.0003	공구, Cutter의 고정

다이얼 게이지	래크와 피니언을 이용하여 미소 길이를 확대 표시하는 기구로 되어 있는 측정기이며 평면도, 원통도, 진원도, 축의 흔들림을 측정하는 기구이다. 다이얼 게이지의 특징은 다음과 같다. ① 소형, 경량으로 취급이 쉽다 ② 측정 범위가 넓다 ③ 눈금과 지침에 의해 읽으므로 시차가 적다. ④ 연속된 변위량의 측정이 가능하다. ⑤ 진원 측정의 검출기로서 사용할 수 있다. ⑥ 부속품(어태치먼트)을 사용하면 광범위한 측정을 할 수 있는 특징이 있다.

05

정답 ④

해설 ㄹ. V블록 위에 원통 제품을 올려놓고 회전시키면서 다이얼 게이지의 눈금 변화량이 0.1mm라고 할 때 진원도는 0.05mm 이다.

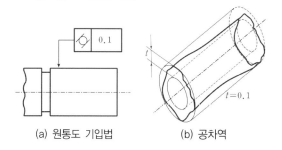

(a) 원통도 기입법   (b) 공차역

06

정답 ③

해설 ㄱ. 링 게이지(ring gage)를 사용하여 축의 공차를 측정한다.
ㄴ. 블록 게이지(block gage)를 사용하여 가공면의 길이를 측정한다.

07

정답 파상도

08

정답 $\alpha = 30°$

해설

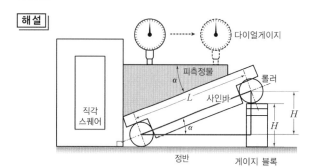

$$\sin\alpha = \frac{H}{L} = \frac{1000}{2000} = \frac{1}{2}$$
$$\therefore \alpha = 30°$$

PART
09

기계재료

본문 p.236~242

Chapter 01 | 재료의 분류 및 시험법

01

모범답안

1) 경도시험
2) ㉠ 브리넬(Brinell)시험에서 사용하는 압입자의 형상: 지름 5mm 또는 10mm 강구
3) ㉠의 브리넬(Brinell)시험은 정하중 1회, ㉡의 로크웰(Rockwell)시험은 최초의 기준시험하중을 가한 다음 부가시험하중을 가해주므로 하중 횟수 2회이다.
4) 단시간 내에 측정이 가능하다.

TIP

❶ 브리넬 (Brinell)시험은 5mm 또는 10mm 강구를 하중 1회이다.

강구지름 D [mm]	하중 P [kg]	기호	용도
5	750	HB(5/750)	철강재
10	500	HB(10/5000)	구리, 알루미늄과 그 합금
10	1000	HB(10/1000)	구리합금, 알루미늄 합금
10	3000	HB(10/3000)	철강재

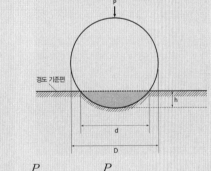

$$HB = \frac{P}{A} = \frac{P}{\frac{\pi D}{2}(D - \sqrt{D^2 - d^2})} = \frac{2P}{\pi D(D - \sqrt{D^2 - d^2})}$$

(P : 하중(kg$_f$), D : 강구압입체의 지름(mm), d : 압입자국의 지름(mm), h : 압입자국의 깊이(mm))

❷ 로크웰(Rockwell)시험

스케일	압입자	기준시험하중	부가시험 하중[kg$_f$]	경도값
B	지름 1.588mm 강구	10kg$_f$	90kg$_f$	$H_R B$ = 130 - 500h
C	120° 원뿔형 다이아몬드	10kg$_f$ = 98.07N	140kg$_f$ = 1373N	$H_R C$ = 100 - 500h

로크웰 경도 C 잣대의 경우 보는 바와 같이 120° 다이아몬드 원추에 기준시험 하중(98.07N)을 가하고, 여기에 다시 부가 시험 하중(1373N)을 가하면 시험 하중(W = 98.07N + 1373N = 1471kN)에 의하여 시험편은 누르개의 형상으로 변형을 일으키며, 이 상태에서 부가 시험 하중(1373N)을 제거하면 처음의 기준 시험 하중(98.07N)으로 되돌리고 이때 탄성변형은 회복되고 소성변형만 남게 된다. 소성변형 된 깊이를 처음 기준 시험 하중(98.07N)을 가했을 때의 깊이 h를 기준으로 측정하면 그 깊이는 시험편의 경도와 대응하는 양을 나타낸다. 깊이 h의 값은 다이얼 게이지에 의해 측정되며 그에 상당하는 수치가 경도 값으로 표시된다.

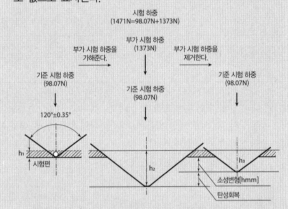

$h = h_3 - h_1$ (h_1 : 기준시험 하중(98.07N)일 때 자국깊이, h_2 : 부가시험 하중(1373N)을 더 가해 줄 때 자국깊이, h_3 : 부가시험 하중(1373)을 더 제거할 때 자국 깊이, h : 소성변형량)

02

정답 (가) : 쇼어, (나) : 10, (다) : 압입자(강구)의 지름, (라) : 압입 자국의 지름

03

모범답안

1) 탄성구간의 직선 기울기 : 탄성계수를 나타내는 것으로 기울기가 클수록 변형이 잘되지 않는 재질이다.
2) 극한인장강도 : B지점
3) 단면감소율(%) $= \frac{A - A'}{A} \times 100$

$$= \frac{\frac{\pi}{4}(10)^2 - \frac{\pi}{4}(6)^2}{\frac{\pi}{4}(10)^2} \times 100$$

$$= 64(\%)$$

04

정답 ③

해설 ㄱ. 항복강도는 경도 값과 상관관계가 있다. 항복강도가 클수록 경도도 증가한다.

　　　※ 항복점이 명확하지 않은 경우
　　　　① 주철, 구리, 알루미늄 및 고무 등의 재료
　　　　② 항복점 : 0.2% 영구변형률 발생점 → 오프셋 항복강도(offset yield strength)라 한다.

　　ㄹ. 최대 하중에서의 진변형률은 가공경화지수와 상관관계가 있다.

▶TIP

❶ 진응력과 진변형률, 공칭응력과 공칭변형률의 관계

1) 진응력 $\sigma_t = \sigma_n(1+\epsilon_n)$ (σ_n : 공칭응력, ϵ_n : 공칭변형률)

2) 진변형률 $\epsilon_t = \ln(1+\epsilon_n)$

　※ $\epsilon_n = 0.2$일 때,
　$\sigma_t = \sigma_n(1+\epsilon_n) = \sigma_n(1+0.2) = 1.2\sigma_n, \ \sigma_t > \sigma_n$
　$\epsilon_t = \ln(1+\epsilon_n) = \ln(1+0.2) = 0.182, \ \epsilon_t < \epsilon_n$

❷ 강도계수와 가공경화계수

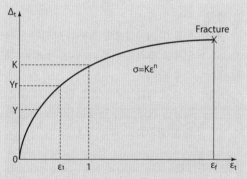

$\sigma_t = K \times \epsilon_t^n$ (K : 강도계수, n : 가공경화계수)

1) n(가공경화계수)가 클수록 연성재료로써 neking이 늦게 발생한다.

2) K(강도계수)는 진변형률이 1일 때의 진응력값이다.

05

정답 ③

해설 ③ 인장 시험을 통해 얻어진 연강 재료의 응력 − 변형률 곡선에서 상항복점과 하항복점이 나타난다.

06

정답 1) $100 \mathrm{kg_f/mm^2}$, 2) 16%

해설 1) $\dfrac{7850\mathrm{kg_f}}{\dfrac{\pi}{4}\times 10^2 \mathrm{mm^2}} = 100(\mathrm{kg_f/mm^2})$

　　　2) $\dfrac{58-50}{50}\times 100 = \dfrac{8}{50}\times 100 = 16(\%)$

07

모범답안
1) 냉간(상온)가공
2) 냉간가공을 하면 가공경화가 일어나기 때문에 가공 전에 비하여 극한인장강도는 증가하고 연신율은 감소한다.

08

정답 1) 샤르피 충격 시험 장치, 2) 취성, 인성

해설 샤르피형 : 단순보 형태로 시편을 지지한다.
아이조드형 : 내다지보 형태로 시편을 지지한다.

09

정답 1) $E = 80\mathrm{J}$, 2) $E_c = 100\mathrm{J/cm^2}$

해설 $E_c = \dfrac{E}{A}$
$= \dfrac{WL(\cos\beta - \cos\alpha)}{A}$
$= \dfrac{160\times 1 \times(\cos 60 - \cos 90)}{1\times(1-0.2)}$
$= 100(\mathrm{Nm/cm^2})$
$= 100(\mathrm{J/cm^2})$

여기서 E는 파괴에너지(= 헤머의 처음 위치와 나중 위치의 위치에너지 차이)이고 A는 파단면의 면적이다.

PART

10

10

모범
답안

1) 충격 흡수 에너지법에 의한 연성-취성 천이온도 판정 방법 : 낮은 온도 조건에서 재료의 파괴에 의한 흡수된 에너지를 측정한다. 다음으로 온도를 서서히 높이며 실험을 계속할 때 재료의 흡수에너지가 급격히 높아지는 지점, 즉 재료의 연성이 급격히 증가하는 지점을 '연성-취성 천이온도'라고 한다.

2) 파단면 관찰법에 의한 연성-취성 천이온도 판정 방법 : 연성 파괴의 경우는 파단면이 섬유형상을 띄고 거칠며, 취성 파괴의 경우는 파단면이 벽개면을 따라 파괴되며 광택이 난다. 여기서 연성-취성 천이온도의 경우는 파단면이 섬유질 모양을 50% 갖는 때를 말한다.

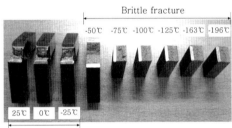

11

정답

1) S_f의 명칭 : 피로한도

2) 피로파괴(fatigue fracture)가 발생하는 하중 조건 : 외부에서 가해지는 반복하중의 응력진폭 값이 피로한도 보다 크면 피로파괴가 발생 한다.

해설

응력진폭 $\sigma_a = \dfrac{\sigma_{max} - \sigma_{min}}{2} = S$

평균응력 $\sigma_m = \dfrac{\sigma_{max} + \sigma_{min}}{2}$

금속은 반복하중을 받을 때 어떤 반복횟수(N)가 지나면 파괴된다. 이때 반복하중의 응력진폭이 작은 경우에는 파괴까지의 반복횟수는 증가한다. 즉 응력진폭(S)이 크면 파괴되기까지의 반복횟수(N)가 작아지고 응력진폭(S)이 작으면 파괴되기까지의 반복횟수(N)가 많아진다. $S-N$ 곡선이 수평이 되어 하중 사이클을 무한히 반복하여도 파괴가 일어나지 않게 된다. 이때의 응력진폭 값을 피로한도(S_f)라 한다.

12

정답 ④

해설

ㄱ. 기계부품이나 구조물 등을 안전하게 사용하기 위해서는 사용응력이 허용응력보다 작아야 한다.

ㄴ. 재료의 반복하중을 받을 때 강도설계 시 항복강도보다 피로한도를 기준으로 한다.

ㄹ. 피로한도는 $S-N$ 곡선으로 나타내는데, N은 응력진폭을 의미한다.

13

정답 ㉠ 피로파괴, ㉡ $S-N$

14

정답

1) 명칭 : 천이 크리프
현상 : 재료가 가공경화를 일으키는 단계로 크리프 변형속도가 점점 감소한다.

2) 명칭 : 정상 크리프
현상 : 재료가 가공경화와 회복이 번갈아 일어나는 단계로 크리프 변형 속도가 거의 일정하다.

3) 명칭 : 가속 크리프
현상 : 재료의 경화작용은 별로 증가하지 않고 연화작용만 크게 되는 단계로 크리프 변형 속도가 점점 증가하여 파괴된다.

해설 크리프(creep)

고온에서 일정한 하중(정하중)을 작용시키면 재료 내의 응력이 일정함에도 불구하고 시간의 경과에 따라 변형률이 점차 증가하는 현상으로 변형이 급격히 증가하다 파괴되는 현상이다.

ⅰ) 1차 크리프(천이 크리프) : 재료가 가공경화를 일으키는 단계로 크리프 변형속도가 점점 감소한다.

ⅱ) 2차 크리프(정상 크리프) : 재료가 가공경화와 회복이 번갈아 일어나는 단계로 크리프 변형속도가 거의 일정하다.

ⅲ) 3차 크리프(가속 크리프) : 재료가 경화는 거의 일어나지 않고 연화작용만 크게 일어나는 단계로 크리프 변형속도가 점점 증가하여 파괴가 일어다는 단계이다.

Chapter 02 철강재료

본문 p.243~254

01

정답 1) 고체 연료 : 코크스
용제 : 석회석(CaO_3)

2) $Fe_2O_3 + 3CO \rightarrow 2Fe + 3CO_2$

02

모범답안

원료명	변화	역할
① 철광석	일산화탄소 혹은 코크스와 환원 반응으로 철이 생성된다.	선철이 생산된다.
② 코크스	용광로 속에서 일어나는 화학 반응으로 CO_2가 만들어 지고 CO_2는 상승 중에 코크스와 반응하여 CO가 된다.	고체연료, 환원제
③ 석회석 (CaO_3)	CaO와 CO_2로 분해된다.	철과 불순물을 분리하는 용제

※ 코크스 : 화석 연료를 정제하여 특별히 고탄소화시킨 것을 지칭한다. 연탄을 만들 때 사용되는 주재료이다.

03

모범답안

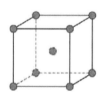

체심입방격자

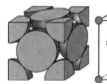

면심입방격자

1) 상온에서 철이 갖는 결정 구조의 명칭 : 체심입방격자
단위정(단위포 = 단위셀)에 속하는 철 원자의 수 :
$\left(\dfrac{1}{8} \times 8\right) + 1 = 2$(개)

2) 상온에서 이론적인 철의 밀도 $\rho(g/cm^3)$

$$\rho(g/cm^3) = \frac{m}{V}$$
$$= \frac{\left(w g/mol \times \dfrac{1}{N_A} mol\right) \times 2개}{a^3 cm^3}$$
$$= \frac{2w}{a^3 N_A}$$

04

모범답안 A_3 변태섬(912℃) : α - 페라이트 → 오스테나이트
A_4 변태점(1394℃) : 오스테나이트 → δ - 페라이트

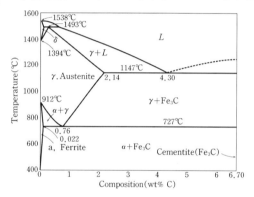

05

정답 ③

해설 ㄱ. α - 철과 δ - 철의 격자상수는 다르다.

ㄹ. 큐리(Curie) 점은 순철의 자기 변태점으로 768℃ (A_2 변태점)이다.

α - 철과 δ - 철은 같은 체심입방격자지만 온도가 상승할수록 부피가 증가하고 격자상수가 증가한다.

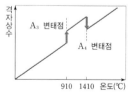
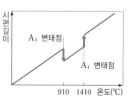

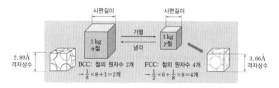

06

정답 A구간은 BCC(체심입방격자)이므로 배위수는 8개

해설

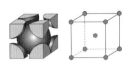 체심입방격자	• 배위수(CN) : 8개 • 단위격자당 원자 수 : 2개 • Cr, Mo, Li, W, V, Na, K • 강도가 크고 전성, 연성이 떨어진다. • 용융점이 높다.
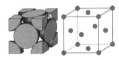 면심입방격자 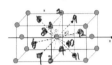 면심입방격자의 배위수	• 배위수(CN) : 12개 • 단위격자당 원자 수 : 4개 • Au, Ag, Al, Cu, Pt, Pb, $\gamma-$Fe, Ni, Ca • 전연성 풍부, 가공이 매우 우수하다. • 용융점이 낮다.
 조밀육방격자 	• 배위수(CN) : 12개 • 단위격자당 원자 수 : 6개 • Mg, Zn, Ti, Zr, Cd, Co, Be, Ce, Hg • 전연성이 낮고 용융점이 높다. • 강도도 낮은 편이다.

07

정답 1) 직선 PQ의 기울기가 의미 : 열팽창계수
2) 온도 구간 C 에서의 결정 구조 : 면심입방격자

해설 직선 PQ의 기울기가 의미 = 열팽창계수 α

$$\alpha = \frac{\Delta l}{l_o \times \Delta T}$$

08

정답 ① 페라이트 + 펄라이트, ② 펄라이트, ③ 시멘타이트 + 펄라이트

해설

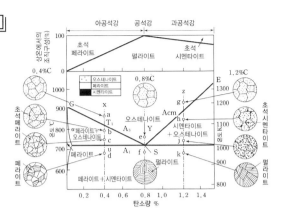

09

정답 ① 펄라이트의 부피 분율 : $\dfrac{0.3-0.02}{0.8-0.02} \times 100 = 35.89(\%)$

② 페라이트의 부피 분율 :

$$\frac{6.67-0.8}{6.67-0.02} \times 100 = 88.27(\%)$$

해설 1) 초석페라이트(α')와 펄라이트(p) 상대적 양의 결정

펄라이트의 무게 비 $W_p = \dfrac{T}{T+U} = \dfrac{c_o-0.022}{0.76-0.022}$

초석페라이트의 무게 비

$$W_{\alpha'} = \frac{U}{T+U} = \frac{0.76-c_o}{0.76-0.022}$$

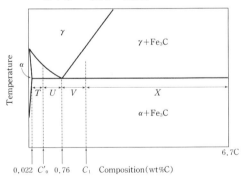

2) 초석시멘타이트(Fe_3C')와 펄라이트(p) 상대적 양의 결정

초석시멘타이트 무게 비

$$W_{Fe_3C'} = \frac{V}{V+X} = \frac{c_1-0.76}{6.7-0.76}$$

펄라이트의 무게 비 $W_P = \dfrac{X}{V+X} = \dfrac{6.7-c_1}{6.7-0.76}$

10

정답 ③

해설
① $\gamma + L$영역에서의 자유도는 1이다.

깁스의 자유도 $F = 3 - P = 3 - 2 = 1$ (P : 상의 개수)

② 순금속 Fe의 온도를 상온으로부터 $1100\,^\circ$C까지 상승시키면, $910\,^\circ$C에서 Fe의 결정 구조가 BCC에서 FCC로 변한다.

④ 0.8wt%C 합금을 γ영역으로부터 냉각시켜 $723\,^\circ$C에서 공석 반응이 완료 되었을 때, $\alpha : \mathrm{Fe_3C}$의 중량비는 약 89 : 11이다.

α 페라이트의 무게 비 $W_\alpha = \dfrac{6.7 - 0.8}{6.7 - 0.02} \times 100 = 89$

$\mathrm{Fe_3C}$의 무게 비 $W_{Fe_3C} = \dfrac{0.8 - 0.02}{6.7 - 0.02} \times 100 \fallingdotseq 11$

⑤ 0.4wt%C 합금을 γ영역으로부터 $\gamma + \alpha$영역으로 냉각시키면, A_3선과 만나는 온도에서 초석(proeutectoid) 페라이트가 석출되기 시작한다.

11

모범답안
1) α상 중량비 $= \dfrac{g - f}{g - e} \times 100$,

γ상 중량비 $= \dfrac{f - e}{g - e} \times 100$

2)

페라이트 P / 페라이트 펄라이트 초석페라이트 Q / 펄라이트 R / 초석시멘타이트 펄라이트 S

3) P와 Q의 차이 : P는 페라이트 조직만 가지며 Q는 페라이트와 시멘타이트의 층상으로 결합된 펄라이트 조직이 초석 페라이트와 같이 나타난다.

Q와 R의 차이 : Q의 경우 페라이트와 펄라이트가 같이 나타나고 R의 경우 100% 펄라이트 조직을 얻는다.

R과 S의 차이 : R의 경우 펄라이트 100% 조직이며 S의 경우 초석시멘타이트와 펄라이트가 같이 나타난다.

12

정답
1) A영역의 고용체에서 모원자가 갖는 격자구조 명칭 : 면심입방격자

2) $\dfrac{r}{a} = 0.15$

해설

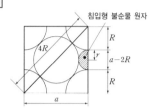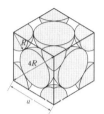

침입형 불순물 원자

$a = 4R \times \sin 45 = 4R \times \dfrac{\sqrt{2}}{2} = 2\sqrt{2} \times R$

$R = \dfrac{a}{2\sqrt{2}} = \dfrac{a\sqrt{2}}{4}$

$r = \dfrac{a - 2R}{2}$

$= \dfrac{a - 2 \times \dfrac{a\sqrt{2}}{4}}{2}$

$= a \times \dfrac{\left(1 - \dfrac{\sqrt{2}}{2}\right)}{2}$

$= a \times \dfrac{\left(1 - \dfrac{1.4}{2}\right)}{2}$

$= a \times 0.15$

$\therefore \dfrac{r}{a} = 0.15$

13

정답 페라이트, 시멘타이트

해설 펄라이트는 페라이트와 시멘타이트이 층상조직으로 되어 있다.

14

정답 ① 세미킬드강, ② 킬드강, ③ 탈산

해설 탈산 정도에 따른 강의 분류 : 용강을 주형에서 냉각시킨 것을 강괴(ingot)라고 하며, 단면 모양은 원형, 각형으로 탈산 정도에 따라 림드강, 킬드강, 세미킬드강이 있다. 불순물의 함유되지 않은 순수한 철의 제조는 불가능하며, 공업적으로 생산하는 철은 다소의 불순물이 함유되어 있다.

PART 10

1) 탈산제 : 제강용 탈산제에는 페로실리콘(Fe−Si), 페로망간(Fe−Mn), 알루미늄(Al)이 있다.

2) 강괴의 종류 : 용강의 탈산 정도에 따라 3가지가 있다.
　① 킬드강(killed steel) : 탈산제로 충분히 탈산시킨 강괴로서 비교적 성분이 균일하여 보일러용 강판, 기계구조용 탄소강 등 고급 강제로 사용한다. 기포나 편석이 없고 진정강이라고 한다.
　② 림드강(rimmed steel) : 용강을 Fe−Mn로 가볍게 탈산시킨 것으로 내부에는 기포가 남아있다. 표면 부근은 순도가 높기 때문에 봉, 관재, 판재로 사용한다.
　③ 세미킬드강(semi − killed steel) : 킬드강과 림드강의 중간 정도의 강괴이다

15

① 용융점이 낮아 주조성이 높다.
② 감쇠성이 높아 공작기계나 동력전달의 몸체에 사용된다.
③ 압축강도가 강하지만 인장에는 약한 성질이 있다.
④ 취성을 가진다.
⑤ 내마멸성이 우수하다.

TIP

주철의 종류

1) 보통 주철
① 회주철을 대표하는 주철로 인장강도가 10~25(kg/mm^2) 정도이며, 기계 가공성이 좋고 값이 싸다.
② 강인성이 작고 단조가 안되나, 용융점이 낮고 유동성이 좋으므로 주조하기가 쉬워 널리 사용된다.
③ 일반 기계 부품, 수도관, 난방 용품, 가정용품, 농기구 등에 사용되며, 특히 공작 기계의 베드, 프레임 및 기계 구조물의 몸체 등에 널리 사용되고 있다.

2) 고급 주철(= 펄라이트 주철) : 편상 흑연 주철 중에서 인장 강도가 25(kg/mm^2) 정도 이상의 주철로 바탕이 펄라이트로 되어 있어 펄라이트 주철이라고도 한다.

3) 특수주철
① 가단주철 : 보통 주철의 결점인 여리고 약한 인성을 개선하기 위하여 백주철을 장시간 열처리하여 C의 상태를 분해 또는 소실시켜, 인성 또는 연성을 증가시킨 주철
　㉠ 백심가단주철 : 파단면이 흰색을 나타내며 강도는 흑심가단주철보다 다소 높으나 연신율은 작다.
　㉡ 흑심가단주철 : 표면은 탈탄되어 있으나 내부는 시멘타이트가 흑연화되어 파단면이 검게 보이는 주철
　㉢ 펄라이트 가단주철 : 입상흑연과 입상 펄라이트 조직으로 된 주철로 인성은 약간 떨어지나, 강력하고 내마멸성이 좋다.

② 구상 흑연주철 : 용융 상태의 주철 중에 마그네슘, 세륨(Ce) 또는 칼슘 등을 첨가 처리하여 흑연을 구상화한 것으로, 노듈러주철(nodular cast iron), 덕타일주철(ductile cast iron) 등으로 불리며 인장강도, 내마멸성, 내식성 등이 우수하여 실린더 라이너, 피스톤, 기어 등에 사용한다.
③ 칠드주철 : 주조할 때 필요한 부분에만 모래 주형 대신 금형으로 하고, 금형에 접한 부분을 급랭, 칠(chill)화시켜 경도를 높인 것으로 내부가 연하고 표면이 단단하여 롤러, 차바퀴 등에 사용한다. 칠드 된 표면은 시멘타이트 조직이다.

16

정답　①

해설
ㄷ. (나)는 (가)보다 브리넬 경도(Brinell hardness) 값이 작다.
ㄹ. (나)는 인장력보다 압축력이 크게 작용하는 기계 몸체에 사용한다.
　　(가)는 백주철이고 (나)는 회주철이다. 백주철의 기계적 강도가 회주철보다 우수하다.

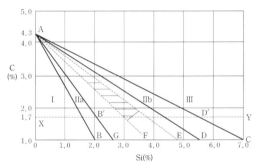

- Ⅰ구역
　백(극경)주철(P + Fe$_3$C)
- Ⅰa구역
　(경질)주철(P + Fe$_3$C + 흑연)
- Ⅱ구역
　펄라이트(강력)주철(P + 흑연)
- Ⅱa구역
　회(보통)주철(pearlite + F + 흑연)
- Ⅲ구역
　페라이트(연질)주철(Ferrite + 흑연)

17

정답 ①

해설 불변강 : 주위 온도가 변화하여도 재료의 선팽창 계수나 탄성률 등의 특성이 변하지 않는 합금강
1) 인바(Invar) : 0.2(%) C 이하, 35~36(%) Ni, 약 0.4(%) Mn의 철 합금, 200(℃) 이하의 온도에서 선팽창 계수가 작다.(20(℃)에서 보통 탄소강은 12.0×10^{-6}이나 인바는 1.2×10^{-6}이다.) 줄자, 표준자, 시계의 추 등의 재료에 사용된다.
2) 엘린바(Elinvar) : 36(%) Ni, 12(%) Cr의 철 합금이다. 탄성계수는 온도 변화에 의해서도 거의 변화하지 않고 선팽창 계수가 8.0×10^{-6}이다. 정밀 계측기기의 스프링 재료, 전자기 장치, 각종 정밀 부품 등의 주요 부품재료로 사용된다.
3) 초불변강(= 초인바, Super invar) : 30.5~32.5(%) Ni, 4~6(%) Co를 함유하는 철 합금이다. 20(℃)에서의 선팽창 계수가 0.1×10^{-6}으로서 인바보다 훌륭한 합금이다.
4) 코엘린바(Coelinvar) : 10~11(%) Cr, 26~58(%) Co, 0~16.5(%) Ni를 함유하는 철 합금이다. 온도 변화에 의한 길이변화가 매우 작고, 공기나 물속에서 부식되지 않는다. 주로 스프링, 태엽 기상 관측용 기구 등의 부품 재료로 사용된다.
5) 플래티나이트(Platinite : 44~47.5% Ni, 나머지 Fe) 열팽창계수가 유리나 백금에 가까우며 주로 전구의 도입선으로 사용된다.

18

모범답안
① 합금원소 1가지 : C
② C, Cr, V, Co 이외의 중요한 합금원소 1가지 : W 혹은 Mo
③ 구체적인 기구(메커니즘) : 탄화물 생성
④ 구체적인 기구(메커니즘) : Cr이 페라이트에 고용되어 내식성 증가, 최초 부식에 의해 표면에 보호막 형성

▶TIP

❶ 고속도 공구강(High Speed Steel : HSS)

HSS(하이스 JIS규격), SKH(KS규격) 주성분이 0.8(%) C,18(%) W, 4(%) Cr, 1(%) V로 된 것이 표준형을 표준고속도강으로 18 − 4 − 1 공구강이라고도 한다. 500~600(℃)의 고온에서도 경도가 저하되지 않고, 내마멸성이 크며 고속도의 절삭 작업이 가능하게 된다.

1) 600(℃)이상에서도 경도 저하 없이 고속절삭이 가능하며 고온경도가 크다.
2) 고온 및 마모저항이 크고 보통강에 비하여 고온에서 3~4배의 강도를 갖는다.
3) 18 − 8 − 1형인 표준고속도강은 오스테나이트와 마텐자이트 기지에 망상을 한 오스테나이트와 복합탄화물의 혼합조직이다.
4) 고속도강은 다른 공구강에 비하여 열처리 공정이 특별하다. 담금질온도가 매우높고, 유지시간이 짧다. 그러므로 예열을 하여 담금질 온도에서의 짧은 유지시간에도 탄화물이 오스테나이트상에 많이 고용되게 해야 한다. 예열은 2단 예열을 실시하며, 1차 예열은 650℃, 2차 예열은 850℃에서 하는 것이 좋다. 2차 예열이 끝나면 즉시 담금질 온도(1175~1245℃)로 급속하게 가열한다.

❷ 스테인레스강(stainless steel)

성분계	조직	KS기호	특징	
			자성	담금질성 (열처리성)
Cr계	마텐자이트 (13%Cr)	STS410	자성있음	담금질경화성 있음
	페라이트 (15%Cr)	STS430	자성있음	담금질경화성 없음
Cr − Ni계 내식성가장 우수	오스테나이트 18%Cr − 8%Ni	STS304	자성없음	담금질경화성 없음

19

정답 ③

③ austenite계는 Fe − Cr − Ni계로 자성을 가지지 않으며, 열처리에 의해 경해지지 않는다.

20

정답 ②

② 산소아세틸렌 불꽃을 이용하여 강을 가열한 후, 급냉하여야 표면경화가 잘 이루어진다.

표면 경화법
　─ 화학적 방법
　　─ 침탄법 − 고체침탄법, 액체침탄법, 가스침탄법
　　─ 질화법 − 암모니아가스를 이용해 표면에 질소를 넣어 표면을 경화시킨다.
　　─ 금속 침투법 ─ 크로마이징(Cr침투), 칼로라이징(Al침투), 실리코나이징(Si침투), 부로나이징(B침투), 세라다이징(Zn침투)
　─ 물리적 방법
　　─ 화염경화법
　　─ 고주파경화법
　　─ 숏트피닝
　　─ 액체호닝

21

정답 방법 : 0℃ 이하로 냉각한다.

효과 : 잔류오스테나이트가 모두 마르텐사이트 조직으로 변태한다.

해설 심랭처리(sub − zero treatment)

담금질 후 경도 증가, 시효변형 방지하기 위해야 0℃ 이하의 온도로 냉각하면 잔류 오스테나이트를 마르텐자이트로 만드는 심냉처리를 한다. 특히, 스테인레스강에서의 기계적 성질 개선과 조직 안전화와 게이지강에서의 자연시효 및 경도 증대를 위해 실시한다.

22

정답 회복 : 잔류응력을 제거하고 낮은 에너지의 전위 배열을 형성

재결정 : 새로운 결정들이 성장하여 전위의 밀도가 현저히 감소됨

해설 재결정 : 가공 경화된 결정격자에 적당한 온도로 가열하면 재료가 무르게 된다. 이와 같이 재료를 가열하면 응력이 제거되어 본래의 상태로 되돌아온다. 이 같은 현상을 회복(recovery)이라고 한다. 그러나 경도는 변화하지 않으므로 더욱 가열하면 결정의 슬립이 해소되며, 새로운 핵이 생기어 전체가 새로운 결정으로 된다. 이때의 상태를 재결정이라고 하며, 이때의 온도를 재결정 온도(re − crystallization temperature)라 한다.

소성가공분야에서는 재결정 온도 이상에서 가공하는 것을 열간가공이라 하며, 재결정온도 이하에서 가공하는 것을 소성가공이라 한다.

23

정답 ㉠ 내마모성, ㉡ 강인성

24

 모범 답안 세라다이징(Zn 침투법), 칼로라이징(Al 침투법), 크로마이징(Cr 침투법), 실리코나이징(Si 침투법), 보로나이징(B 침투법)

Chapter 03 비철금속

본문p.255~258

01

 모범 답안
1) 주석(Sn)
2) 주석이 납과 혼합할 경우 녹는점이 낮아짐
3) 철의 부식을 방지하기 위함이다. 대표적인 얇은 강판에 주석을 도금한 양철이 있다.

> **TIP**
>
> **철의 부식방지 방법**
> 1) **철 표면에 물 또는 산소를 차단시킨다.**
>   ① 도장 : 철 표면에 페인트를 칠한다.
>   ② 도금 : 함석(아연도금), 양철(주석도금)
> 2) **반응성이 큰 금속사용(음극화 보호)**
>   음극화 보호란 철의 녹을 방지하기 위해서 철보다 반응성이 큰 금속을 철 구조물에 용접시키거나 도선으로 연결하여 녹을 방지하는 방법이다. 즉 철보다 먼저 부식이 되도록 하는 방법이다. 이 방법으로 땅속에 묻혀 있는 철 파이프나 주유소의 기름 탱크를 보호할 수 있고, 배의 선체에 마그네슘 또는 아연을 연결해서 녹을 방지하기도 한다.
> 3) **철의 성질변화**
>   합금을 사용한다. 대표적으로 철의 크롬을 합금시켜 스테인레스강을 사용하면 부식이 방지된다.

02

모범 답안
분류 : 7 − 3 황동과 6 − 4 황동

특징 : ① 7 − 3 황동 : 연신율과 인장강도가 높아 냉간가공성이 우수하다.

② 6 − 4 황동 : 7 − 3황동에 비해 전연성은 낮으나 인장강도가 높다. 고온 가공을 해야 한다.

※ 구리 합금 ─ 황동

비중 : 8.96

용융점 : 1083℃

※ 구리의 특징
- 전기가 잘 통한다.
- 비자성체이다.
- 열전전도가 우수하다.
- 면심입방격자
- 전연성 풍부하다.
- 변태점 없다.
- 용접성이 우수하다.
- 공기 중에서 표면이 산화되어 암적색이 되고 재료내부는 부식되지 않음
- 해수에 침식된다.
- 황산, 염산, 질산에 쉽게 용해된다.

황동
- 톰백 : 모조금 아연 5~20% 전연성이 좋고 색깔이 금색 모조금으로 사용, 판재 사용
- 7:3 황동 : 카터리지메탈 70Cu－30Zn 의 합금, 가공용 황동의 대표, 자동차 방열기, 탄피재료
- 6:4 황동 : 문쯔베탈 60Cu－40Zn 황동 중 가장 저렴. 탈아연 부식 발생
- 황동주물 － 절삭성과 주조성이 좋아 기계부품, 건축용 부품
- 쾌삭황동 － 1.5~3.0% Pb 절삭성이 좋아 정밀절삭가공을 필요로 하는 기계용 기어, 나사
- 주석황동 ─ 에드머럴티 황동 : 7:3 황동에 1%의 내의 Sn 첨가
　　　　　└ 네이벌 황동 : 6:4 황동에 1%의 내의 Sn 첨가
- 델타메탈 (＝철황동) : 6:4 황동에 1~2% Fe 함유, 강도와 내식성우수 광산, 선박, 화학기계에 사용
- 망간니 : 황동에 10~15% Mn 함유 전기저항률이 크고, 온도계수가 적어 표준저항기, 정밀기계에 사용
- 양은 : 양백 ＝ Nickel Silver 10~20% Ni 장식품, 악가, 광학기계부품에 사용

청동
- 청동주물 ─ 포금 : 8~12%의 Sn에 1~2%의 Zn을 함유, 해수에 잘 침식되지 않는다.
　　　　　└ 에드머럴티포금 : 88%의 Cu, 10% Sn, 2% Zn 의 합금으로 포금의 주조성과 절삭성 개량
- 베어링용청동 : 10~14% Sn, 내마멸성이 크므로 자동차나 일반기계의 베어링으로 사용
- 인청동 : 인으로 탈산시킨 것으로 강인하고 내식성이 좋아 스프링재료
- 알루미늄청동 : 약 15% Al 함유, 선박용, 화학공업용
- 베릴륨청동 : 탄성이 좋은 점의 이용, 고급스프링, 벨로우즈(bellows)
- 니켈청동 : 점성이 강하고, 내식성도 크며, 표면의 평활한 합금이 된다. 뜨임취성을 일으키는 단점이 있다.

03

모범답안 황동석(chalcopyrite) : 화학조성식 $CuFeS_2$, 구리(Cu) 함유량이 34.6%인 정방정계에 속하는 광물로 산지에 의한 조성변화가 적은 특징이 있다.

매트(matte) 제련과정에서 생성되는 중금속의 화합물 조동과 전기동 생산과정 : 광석에서 황동석을 선별하고 이것을 용광로에서 용제를 가하고 용해시켜 20~40% Cu를 함유하는 황화동(CuS)과 황하철(FeS)의 혼합물인 메트(matte)를 만든다. 메트는 다시 전로에서 산소와 반응시켜 산화, 정련시키며 순도 98.5~99.5%인 구리를 얻는다. 이것을 조동이라 한다. 조동을 전기 분해시키면 99.5~99.9%의 전기동이 만들어진다.

04

정답 ㉠ 구리(Cu), ㉡ 열처리 방법

해설 1) 미국 알루미늄 협회(AA)에서 분류한 가공재 알루미늄 합금

1000계열 알루미늄	AL (99.0% 이상)
2000계열	AL－Cu계 합금
3000계열	AL－Mn계 합금
4000계열	AL－Si계 합금
5000계열	AL－Mg계 합금
6000계열	AL－Mg－Si계 합금
7000계열	AL－Zn계 합금
8000계열	기타
9000계열	예비

2) T 열처리 방법

T1 : 높은 온도에서 가공한 다음 냉각하고, 자연 시효 처리하여 안정화시킨 상태

T2 : 높은 온도에서 가공한 후 냉각하고, 다시 냉간가공한 후 자연 시효 처리하여 안정화시킨상태

T3 : 용체화 처리 후 냉간가공하고 자연 시효한 상태

T4 : 용체화 처리한 후 자연 시효 처리하여 안정화시킨 상태

T5 : 높은 온도에서 가공하고 냉각한 다음 인공 시효한 상태

T6 : 용체화 처리한 후 인공 시효한 상태

T7 : 용체화 처리한 후 과시효에 의해서 안정화시킨 상태

T8 : 용체화 처리한 후 냉간가공하고 인공 시효한 상태

T9 : 용체화 처리한 후 인공 시효하고 냉간가공한 상태

T10 : 고온가공 온도에서 냉각하고 냉간가공한 다음, 인공 시효한 상태

PART 10

05

정답 ④

해설 ㄱ. 마그네슘의 밀도는 알루미늄의 밀도보다 작다.
마그네슘 비중은 1.74, 알루미늄비중은 2.7로 마그네슘은 실용금속 중 가장 가벼운 금속이다.
마그네슘의 특징은 다음과 같다.
① 비중 1.74로 실용금속 중 가장 가볍고, 용융점 650℃, 재결정 온도 150℃이다.
② 조밀육방격자이다.
③ 상자성체(常磁性)이다.
④ 물과 반응하여 금속화재가 발생한다. 또한 고온에서 발화하기 쉽다.
⑤ 대기 중에서 내식성이 양호하나 산이나 염류에는 침식되기 쉽다. 알카리성에 거의 부식되지 않는다.
⑥ 냉간가공이 거의 불가능하여 200℃ 정도에서 열간가공(300~400℃) 압연·압출한다.

06

정답 ⑤

해설 ㄱ. 티타늄은 융점이 높지만, 화학적으로 안정하여 용해 및 주조가 어렵다.
ㄴ. 티타늄은 알루미늄보다 무겁고, 강(steel)보다 강도는 높기 때문에 비강도가 높다.
ㄷ. 티타늄은 상온에서 조밀육방격자(HCP)의 상이고, 883℃에서 체심입방격자(BCC)의 상으로 동소변태한다.
티타늄의 특징은 다음과 같다.
① 비중: 4.54, 용융점: 1668℃
② 880℃ 이하에서는 조밀육방격자(HCP)인 α상을 가지고, 880℃이상에서는 면심입방격자(BCC)인 β상을 나타낸다.
③ 비중에 대한 인장강도의 비, 즉 비강도가 극히 높아 우주 항공기분야에 많이 사용된다.
④ 크리프 강도가 높아 고온재료, 즉 항공기, 우주선, 가스터빈의 구조용 재료에 사용된다.
⑤ 실용 금속 중 내식성이 가장 우수하다. (화학공업용으로 수산화나트륨의 제조장치, 분뇨처리설비 등 강부식의 환경용으로 사용된다. 해수(海水)에 거의 부식이 없기 때문에 선박부품에 사용되며, 해안부근의 설비나 건축물의 구조재로 사용된다.)

⑥ 인체와 친화성이 대단히 좋아 안경, 시계, 장신구 및 인공치아, 의치, 인공뼈 등 생체재료로도 사용된다.
⑦ 티탄제조법에는 크롤(kroll)법과 헌터(hunter)법이 있다.

07

모범답안 정의: 장범위(long - range)에 걸친 원자 배열의 주기성이 없는 구조를 비정질 구조라 한다. 비정질 물질이란 결정이 아닌 모든 고체를 가리키며, 결정은 원자가 주기적으로 배열되어 있는 것이다. 예를 들면 금속을 가열한 뒤 액상에서 급랭하여 무질서한 조직을 갖는 재료이다.
특성: 결정 입계, 전위, 편석 등 결정의 결함이 없기 때문에 표면 전체가 균일하고 고강도와 내식성이 우수하다. 또한 결정이 없으므로 결정방향에 따라 성질이 달라지는 이방성이 없다.

08

정답 ㉠ 주기성, ㉡ 이방성

Chapter 01 | 2020학년도 기출문제

본문p.262~269

01

정답 (가) 방전가공, (나) 전해가공(전기화학가공)

해설 (가) 방전가공(Electrical Discharge Machining, EDM)

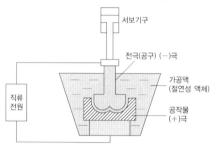

1) 방전가공의 원리 : 초당 200~500,000회의 불꽃 방전에 의해 금속의 침식을 진행시키면서 가공하는 방법이다.

절연성이 있는 가공액 중에 공구(전극)와 공작물을 넣고 5~10μm 정도 간격을 두어 100V의 직류 전압으로 방전하면 공작물의 재료가 미분 상태의 칩으로 되어 가공액 중에 부유물로 뜨게 하여 가공하는 방법이다.

2) 특징 : 높은 경도로 절삭 가공이 곤란한 금속(초경합금, 열처리강, 내열강, 담금질된 고속도강, 스테인리스, 강철, 다이아몬드, 수정 등)을 쉽게 가공할 수 있다. 또한 열의 영향이 적으므로 가공 변질층이 얇고 내마멸성, 내부식성이 높은 표면을 얻을 수 있으며, 작은 구멍, 좁고 깊은 홈 등 작고 복잡한 가공도 할 수 있다.

(나) 전해가공＝전기화학가공(electro-chemical machining, ECM)

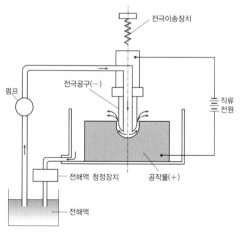

1) 전기화학가공의 원리 : 도전성의 공구를 음극(－), 공작물을 양극(+)에 0.02~0.7mm의 간격으로 접근시키고, 그 사이에 전해액(NaCl, NaNO)을 분출시켜, 양극 사이에 전압을 5~20V, 전류밀도는 30~200A를 통전시켜 공작물을 용해 가공하는 방법이다.

2) 특징 : 경도가 크고 인성이 큰 재질에 대해서 가공량이 크고 가공면에 응력이나 변형이 없으며, 공구인 전극의 소모가 거의 없으나, 폐전해액의 처리가 어렵다.

02

정답 1) 직선 PQ 기울기의 의미 : 열팽창계수(선팽창계수)
2) 온도 구간 C에서의 결정 구조 : 면심입방격자

해설 직선 PQ 기울기의 의미＝열팽창계수 : $\alpha = \dfrac{\triangle l}{l_o \times \triangle T}$

A구간은 FCC(면심입방격자)이므로 배위수는 12개

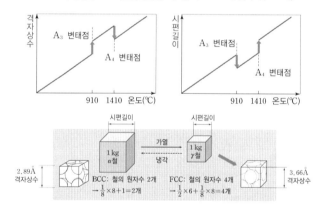

03

정답 ㉠ : 뉴턴유체, ㉡ : 점성계수

해설

04

정답 1) $\tau = 16\text{kg}_f/\text{mm}^2$, 2) $\sigma = \dfrac{12}{11}\text{kg}_f/\text{mm}^2$

해설 강판에 작용하는 전체하중

$$W = w \times b = 10\text{kg}_f/\text{mm} \times 600\text{mm} = 6000(\text{kg}_f)$$

리벳에 작용하는 전단응력

$$\tau = \dfrac{W}{Z \times \dfrac{\pi}{4}d^2} = \dfrac{6000}{5 \times \dfrac{3}{4} \times 10^2} = 16(\text{kg}_f/\text{mm}^2)$$

강판에 발생하는 최대인장응력

$$\sigma = \dfrac{W}{(t \times b) - (d \times t \times Z)}$$
$$= \dfrac{6000}{(10 \times 600) - (10 \times 10 \times 5)} = \dfrac{12}{11}(\text{kg}_f/\text{mm}^2)$$

05

정답 공구수명: $T = \left(\dfrac{L\pi D}{f_r K \times 1000}\right)^{\frac{1}{1-n}}$

해설

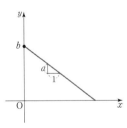 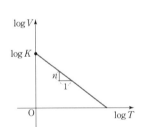

$y = -ax + b$
$\log V = -n\log T + \log K$
$\log V + n\log T = \log K$
$\log V + \log T^n = \log K$
$\log VT^n = \log K$
$VT^n = K \rightarrow$ 테일러의 공구수명식

$$T = \dfrac{L}{f_r \times N} = \dfrac{L}{f_r \times \dfrac{V \times 1000}{\pi D}}$$
$$= \dfrac{L\pi D}{f_r \times V \times 1000} = \dfrac{L\pi D}{f_r \times \dfrac{K}{T^n} \times 1000}$$
$$= \dfrac{L\pi DT^n}{f_r K \times 1000}$$

$$\dfrac{T}{T^n} = \dfrac{L\pi D}{f_r K \times 1000}, \quad T^{1-n} = \dfrac{L\pi D}{f_r K \times 1000}$$

$$\therefore T = \left(\dfrac{L\pi D}{f_r K \times 1000}\right)^{\frac{1}{1-n}}$$

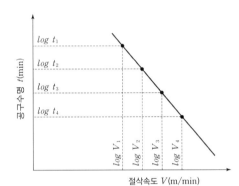

$$\dfrac{1}{n} = \dfrac{\log t_1 - \log t_2}{\log V_2 - \log V_1} = \dfrac{\log \dfrac{t_1}{t_2}}{\log \dfrac{V_2}{V_1}}$$

$$\left(\dfrac{t_1}{t_2}\right)^n = \dfrac{V_2}{V_1}$$

$$\therefore V_1 \cdot t_1^n = V_2 \cdot t_2^n = C$$

$$\therefore V \cdot t^n = C$$

06

정답 1) $\epsilon = 1 \times 10^{-3}$, 2) $E = 15 \times 10^{10}\text{N/m}^2$

해설 길이변형률 $\epsilon = \dfrac{\delta}{L} = \dfrac{1 \times 10^{-4}}{0.1} = 1 \times 10^{-3}$

탄성계수 $E = \dfrac{\sigma}{\epsilon} = \dfrac{P}{A \times \epsilon} = \dfrac{45000}{3 \times 10^{-4} \times 10^{-3}}$
$= 15 \times 10^{10}(\text{N/m}^2)$

07

정답 1) $F = \dfrac{p \times \pi D^2 \times b}{4a}$, 2) $T = \dfrac{\mu FaD}{4b}$

해설 $\sum M_B = 0$, $F \times a = Q \times b$

축방향 미는 힘 $Q = p \times \dfrac{\pi}{4}D^2$

$F = \dfrac{Q \times b}{a} = \dfrac{\left(p \times \dfrac{\pi}{4}D^2\right) \times b}{a} = \dfrac{p \times \pi D^2 \times b}{4a}$

$T = \mu Q \times \dfrac{D_m}{2} = \mu\left(\dfrac{F \times a}{b}\right) \times \dfrac{\dfrac{D}{2}}{2} = \dfrac{\mu FaD}{4b}$

평균지름 $D_m = \dfrac{D}{2}$

08

정답 1) 축 ③의 분당 회전수 $N_3 = 1000\text{rpm}$
2) 축 ③의 토크는 엔진 축 ①에 걸리는 토크의 3배이다.

해설 $Z_1 N_1 = Z_3 N_3$

$N_3 = \dfrac{Z_1 N_1}{Z_3} = \dfrac{15 \times 2000}{30} = 1000\,(\text{rpm})$

입력동력 H_i = 출력동력 H_{out}

$H_i = H_1 + H_2 = H_1 + \dfrac{H_1}{2} = \dfrac{3H_1}{2}$

$H_{out} = \dfrac{3H_1}{2}$

1축의 토크 $T_1 = \dfrac{H_1}{w_1} = \dfrac{H_1}{\dfrac{2\pi N_1}{60}}$

3축의 토크 $T_3 = \dfrac{H_3}{w_3} = \dfrac{H_3}{\dfrac{2\pi N_3}{60}}$

$= \dfrac{\dfrac{3}{2}H_1}{2\pi\dfrac{N_1}{2}} = \dfrac{H_1}{\dfrac{2\pi N_1}{60}} \times \dfrac{\dfrac{3}{2}}{\dfrac{1}{2}}$

$= T_1 \times 3$

TIP

하이브리드 자동차

1) 직렬형 하이브리드 자동차

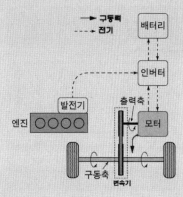

2) 병렬형 하이브리드 자동차

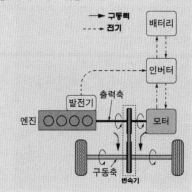

09

정답 1) $I_1 = (\rightarrow 1)\text{A}$, 2) $I_2 = (\downarrow 2)\text{A}$

해설 1) V_1만 인가될 때

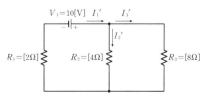

합성저항 $R_e{'} = \dfrac{4 \times 8}{4 + 8} + 2 = \dfrac{14}{3}\,(\Omega)$

$I_1{'} = \dfrac{V_1}{R_e{'}} = \dfrac{10}{\dfrac{14}{3}} = \dfrac{15}{7}\,(\text{A})$

전류분배 전압일정

$I_1{'} = I_2{'} + I_3{'}$

$I_1{'} = I_2{'} + I_3{'} = 2I_3{'} + I_3{'} = 3I_3{'}$

$I_3{'} = \dfrac{I_1{'}}{3} = \dfrac{\dfrac{15}{7}}{3} = \dfrac{5}{7}\,(\text{A})$

PART

11

$$V_2' = V_3'$$
$$I_2' R_2 = I_3' R_3$$
$$I_2' \times 4 = I_3' \times 8$$
$$I_2' = 2 \times \frac{5}{7} = \frac{10}{7}(A)$$

2) V_2만 인가될 때

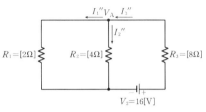

$R_1=[2\Omega]$ $R_2=[4\Omega]$ $R_3=[8\Omega]$

$V_2=16[V]$

합성저항 $R_e' = 8 + \frac{4 \times 2}{4+2} = \frac{28}{3}(\Omega)$

$$I_3'' = \frac{V_2}{R_e'} = \frac{16}{\frac{28}{3}} = \frac{12}{7}(A)$$

전류분배 전압일정

$$I_3'' = I_2'' + I_1''$$
$$I_3'' = I_2'' + I_1'' = I_2'' + 2I_2'' = 3I_2''$$
$$I_2'' = \frac{I_3''}{3} = \frac{\frac{12}{7}}{3} = \frac{4}{7}(A)$$
$$V_2'' = V_1''$$
$$I_2'' R_2 = I_1'' R_1$$
$$I_2'' \times 4 = I_1'' \times 2, \quad I_1'' = 2I_2''$$
$$I_1'' = 2 \times \frac{4}{7} = \frac{8}{7}(A)$$

$$\therefore \; I_1 = I_1' + I_1'' = (\rightarrow \frac{15}{7}) + (\leftarrow \frac{8}{7})$$
$$= (\rightarrow \frac{7}{7}) = (\rightarrow 1)(A)$$
$$I_2 = I_2' + I_2'' = (\downarrow \frac{10}{7}) + (\downarrow \frac{4}{7})$$
$$= (\downarrow \frac{14}{7}) = (\downarrow 2)(A)$$
$$I_3 = I_3' + I_3'' = (\rightarrow \frac{5}{7}) + (\leftarrow \frac{12}{7})$$
$$= (\leftarrow \frac{7}{7}) = (\leftarrow 1)(A)$$

10

정답 ㉠ : 슬립율

㉡ : 잠김 방지 브레이크 시스템

해설 1) 슬립율(slip ratio) : 타이어의 슬립율을 표시하는 것으로 0%는 차륜의 노면에 대하여 완전히 회전하는 상태를 나타내고, 100%는 차륜이 Lock된 상태(바퀴는 회전하진 않는 상태)를 보여준다.

2) ABS(Anti-lock Brake System) : 잠김 방지 브레이크 시스템. 브레이크를 강하게 밟으면 제동력에 의해 차량이 멈추기 전에 바퀴가 멈추게 되는데 이를 락업(lock-up)이라 한다. 즉, 바퀴가 잠기는 것이다. 하지만 자동차는 여전히 움직이는 상태이기 때문에 도로에 스키드 마크를 그리며 차량은 계속 밀려나게 된다. 이렇게 될 때 자동차의 제동력은 평소보다 떨어지게 되는데, 이때는 운동마찰력이 작용하기 때문이다.

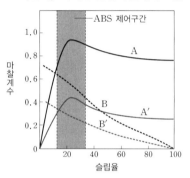

TIP

슬립(Slip)율과 노면과의 관계

1) 주행중 제동시 타이어와 노면과의 마찰력으로 인하여 차륜속도가 저하된다. 이대 차량 속도와 차륜속도에 표시하는 것을 슬립율(%)이라 한다.

2) 제동시 타이어와 노면이 마찰 특성으로 인한 ABS의 효과에 대하여 설명하면 다음과 같다. 주행중 운전자가 브레이크 페달(Brake Pedal)을 밟으면 라이닝과 드럼간의 마찰로 인한 제동 토크가 발생되어 차륜의 회전속도가 감소하고 차륜의 회전속도는 차체속도 보다 작아진다. 이것을 슬립 현상이라 하며 이 슬립에 의해 타이어와 노면 사이에 발생하는 마찰력이 제동력이 된다. 그러므로 제동력은 슬립의 크기에 의존하는 특성을 나타내며 슬립율은 슬립율의 크기를 나타내는 것으로 다음과 같이 정의한다.

$$슬립율(slip\ ratio) = \frac{차량속도 - 바퀴속도}{차량속도} \times 100(\%)$$
$$= 1 - \frac{바퀴속도}{차량속도} \times 100(\%)$$

3) 슬립율을 한마디로 요약한다면 주행중 제동시 차륜은 Lock되나 관성에 의해 차체가 진행하는 것을 말한다. 슬립율은 차량속도가 빠를수록 제동 토크가 클수록 크다.

11

정답 1) $G(s) = \dfrac{Y(s)}{X(s)} = \dfrac{20}{s+2}$, 2) $Y(s) = \dfrac{20}{s(s+2)}$

해설 $G(s) = \dfrac{Y(s)}{X(s)} = 20 \times \dfrac{\dfrac{1}{s+1}}{1 + \dfrac{1}{s+1} \times 1}$

$= 20 \times \dfrac{1}{s+2} = \dfrac{20}{s+2}$

$Y(s) = X(s) \times \dfrac{20}{s+2} = \dfrac{1}{s} \times \dfrac{20}{s+2} = \dfrac{20}{s(s+2)}$

$X(s) = u(t) = 1$

$\therefore L(1) = \dfrac{1}{s}$

▶ TIP

❶ 라플라스 변환

라플라스 변환이란 미분방정식을 쉽게 풀기 위하여 라플라스가 고안한 방법이다. 주어진 원함수에 e^{-st}을 곱해서 적분한 것을 라플라스 변환이라고 한다.

> 시간함수 $f(t)$를 $0 \le t < \infty$에서 정의된 함수라 할 때, $f(t)$에 감쇠정수 e^{-st}를 곱한 함수 $f(t)e^{-st}$를 시간 t에 대해 적분한 함수
> $$F(s) = L[f(t)] = \int_0^\infty f(t)e^{-st}dt$$

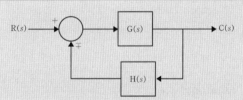

$M(s) = \dfrac{C(s)}{R(s)} = \dfrac{\text{전향 이득}}{1 \mp \text{루프 이득}} = \dfrac{G(s)}{1 \mp G(s)H(s)}$

($M(s)$: 전달함수, $G(s)H(s)$: 루프 이득, $G(s)$: 전향 이득, $H(s)$: 되먹임(feedback) 이득)

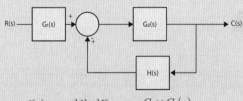

$M(s) = \dfrac{C(s)}{R(s)} = \dfrac{\text{전향 이득}}{1 \mp \text{루프 이득}} = \dfrac{G_1 \times G_2(s)}{1 \mp G_2(s)H(s)}$

❷ 전기·전자 기초

시간함수 $f(t)$를 주파수 함수 $F(jw) = F(s)$로 변환하는 것이다.
$\therefore$ 복소함수 $S = jw$

$\displaystyle\int_0^\infty e^{-st}dt = \left[\dfrac{1}{(-st)'} \times e^{-st} \right]_0^\infty = -\dfrac{1}{s}\left[e^{-s \times \infty} - e^{-s \times 0} \right]$

$= -\dfrac{1}{s}\left[\dfrac{1}{e^{s \times \infty}} - e^{-s \times 0} \right] = -\dfrac{1}{s}\left[\dfrac{1}{\infty} - e^0 \right]$

$\equiv -\dfrac{1}{s}[0-1] = \dfrac{1}{s}$

❸ 라플라스 공식 암기

비고	함수명	$f(t)$: 시간함수	$F(s) = F(jw)$: 복소수 함수
1	단위 충격 함수 단위 임펄스 함수	$f(t) = \delta(t)$	1
2	단위 계단 함수	$f(t) = u(t) = 1$	$\dfrac{1}{s}$
3	단위 경사 함수 단위 램프 함수	$f(t) = t$	$\dfrac{1}{s^2}$
4	포물선 함수	$f(t) = t^2$	$\dfrac{2}{s^3}$
5	n차 경사 함수	$f(t) = t^n$	$\dfrac{n!}{s^{n+1}}$
6	지수감쇠	$f(t) = e^{-at}$	$\dfrac{1}{s+a}$
7	지수감쇠경사	$f(t) = te^{-at}$	$\dfrac{1}{(s+a)^2}$
8	지수 n차 경사	$f(t) = t^n e^{-at}$	$\dfrac{n!}{(s+a)^{n+1}}$
9	cos함수	$f(t) = \cos wt$	$\dfrac{s}{s^2+w^2}$
10	sin함수	$f(t) = \sin wt$	$\dfrac{w}{s^2+w^2}$
11	지수감쇠 cos함수	$f(t) = e^{-at}\cos wt$	$\dfrac{s+a}{(s+a)^2+w^2}$
12	지수감쇠 sin함수	$f(t) = e^{-at}\sin wt$	$\dfrac{w}{(s+a)^2+w^2}$

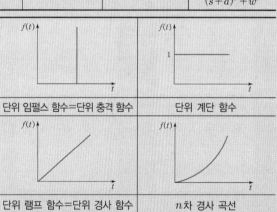

단위 임펄스 함수=단위 충격 함수	단위 계단 함수
단위 램프 함수=단위 경사 함수	n차 경사 곡선

❹ $L(1)$을 구하는 법

$L[f(t)] = L(1)$
$f(t) = 1$이므로

$L(1) = \displaystyle\int_0^\infty 1 \cdot e^{-st}dt$

$= \left[-\dfrac{1}{s}e^{-st} \right]_0^\infty$

$= \dfrac{1}{s}$

$\displaystyle\int e^{-st}dt = -\dfrac{1}{s}e^{-st}$

12

정답 $a(x) = \dfrac{dy(x)}{dx} = y'$, $y' = \dfrac{1}{EI}\left(-\dfrac{M_o}{2l}x^2 + \dfrac{M_o l}{6}\right)$

해설 우력을 받는 단순보

$$EIy'' = -\frac{M_o}{l}x$$

$$EIy' = -\frac{M_o}{2l}x^2 + C_1$$

$$EIy = -\frac{M_o}{2l} \times \frac{x^2}{3} + C_1 + C_2$$

$x = 0$일 때, $y = 0$

$\therefore C_2 = 0$

$x = l$일 때, $y = 0$

$$0 = -\frac{M_o}{6l}l^3 + C_1 l = 0, \quad \therefore C_1 = \frac{M_o l}{6}$$

일반해 $y = \dfrac{1}{EI}\left(-\dfrac{M_o}{6l}x^3 + \dfrac{M_o l}{6}x\right)$

$$y' = \frac{1}{EI}\left(-\frac{M_o}{2l}x^2 + \frac{M_o l}{6}\right)$$

$$\therefore \theta_A = y'_{x=0} = \frac{M_o l}{6EI}, \quad \theta_B = y'_{x=l} = \frac{M_o l}{3EI}$$

따라서 단순보 B지점에서 우력이 작용할 때, A단의

굽힘각은 $\theta_A = y'_{x=0} = \dfrac{M_o l}{6EI}$이고 B단의 굽힘각은

$\theta_B = y'_{x=l} = \dfrac{M_o l}{3EI}$ 이다.

최대처짐이 발생되는 x의 위치 → 굽힘각이 0이 되는

위치이다. $\left(\dfrac{dy}{dx} = 0$인 위치, $0 = \dfrac{M_o}{2L}x^2 = \dfrac{M_o l}{6}\right)$

$\therefore x = \dfrac{l}{\sqrt{3}} = 0.577l$

따라서 단순보의 B지점에서 우력 M_o이 작용할 때,

$x = \dfrac{l}{\sqrt{3}}$ 위치에서 $\delta_{\max}$가 발생된다.

$\therefore$ 최대처짐량 $\delta_{\max} = \dfrac{M_o l^2}{9\sqrt{3}\,EI}$

13

정답 1) $P_f = 0.125\,\text{bar}$, 2) $V_f = 2\text{m}^3$

해설 $\dfrac{T_2}{T_1} = \left(\dfrac{V_1}{V_2}\right)^{k-1} = \left(\dfrac{P_2}{P_1}\right)^{\frac{k-1}{k}}$ → A과정 단열과정

$$k = \frac{C_P}{C_V} = \frac{\frac{5}{2}R}{\frac{3}{2}R} = \frac{5}{3}$$

$$\left(\frac{V_1}{V_2}\right) = \left(\frac{P_2}{P_1}\right)^{\frac{1}{k}}$$

$$\left(\frac{V_i}{V_f}\right) = \left(\frac{P_f}{P_i}\right)^{\frac{1}{k}}$$

$$\left(\frac{0.25}{V_f}\right) = \left(\frac{P_f}{4}\right)^{\frac{3}{5}} \quad \cdots\cdots ①$$

$P_1 V_1 = P_2 V_2$ → B과정 등온과정

$P_i V_i = P_f V_f$

$1 \times 0.25 = P_f V_f$

$V_f = \dfrac{0.25}{P_f} \quad \cdots\cdots ②$

$$\left(\frac{0.25}{\frac{0.25}{P_f}}\right) = \left(\frac{P_f}{4}\right)^{\frac{3}{5}}$$

$$P_f = \left(\frac{P_f}{4}\right)^{\frac{3}{5}}$$

$$P_f = 0.125\,\text{bar}$$

$$V_f = \frac{1 \times 0.25}{0.125} = 2\,(\text{m}^3)$$

14

모범답안

1) 경도시험

2) 브리넬(Brinell)시험에서 사용하는 압입자의 형상: 지름 5mm 또는 10mm 강구

3) ㉠의 브리넬(Brinell)시험은 정하중 1회, ㉡의 로크웰(Rockwell)시험은 최초의 기준시험하중을 가한 다음 부가시험하중을 가해주므로 하중 횟수 2회이다.

4) 단시간 내에 측정이 가능하다.

❶ 브리넬 (Brinell)시험은 $5mm$ 또는 $10mm$ **강구를 사용하며 하중 1회이다.**

강구지름 D [mm]	하중 P [kg]	기호	용도
5	750	HB(5/750)	철강재
10	500	HB(10/5000)	구리, 알루미늄과 그 합금
10	1000	HB(10/1000)	구리합금, 알루미늄 합금
10	3000	HB(10/3000)	철강재

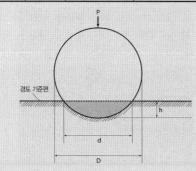

$$HB = \frac{P}{A} = \frac{P}{\frac{\pi D}{2}(D - \sqrt{D^2 - d^2})}$$

$$= \frac{2P}{\pi D(D - \sqrt{D^2 - d^2})} = \frac{P}{\pi Dh}$$

(P: 하중(kg_f), D: 강구압입체의 지름(mm), d: 압입자국의 지름(mm), h: 압입자국의 깊이(mm))

❷ **로크웰(Rockwell)시험**

스케일	압입자	기준시험 하중	부가시험 하중[kg_f]	경도값
B	지름 1.588mm 강구	$10kg_f$	$90kg_f$	$H_R B$ $= 130 - 500h$
C	120° 원뿔형 다이아몬드	$10kg_f$ $= 98.07N$	$140kg_f$ $= 1373N$	$H_R C$ $= 100 - 500h$

로크웰 경도 C 잣대의 경우 보는 바와 같이 120° 다이아몬드 원추에 기준시험 하중(98.07N)을 가하고, 여기에 다시 부가 시험 하중(1373N)을 가하면 시험 하중 ($W = 98.07N + 1373N = 1471kN$)에 의하여 시험편은 누르개의 형상으로 변형을 일으키며, 이 상태에서 부가 시험 하중(1373N)을 제거하면 처음의 기준 시험 하중(98.07N)으로 되돌리고 이때 탄성변형은 회복되고 소성변형만 남게 된다. 소성변형 된 깊이를 처음 기준 시험 하중(98.07N)을 했을 때의 깊이 h를 기준으로 측정하면 그 깊이는 시험편의 경도와 대응하는 양을 나타낸다. 깊이 h의 값은 다이얼 게이지에 의해 측정되며 그에 상당하는 수치가 경도 값으로 표시된다.

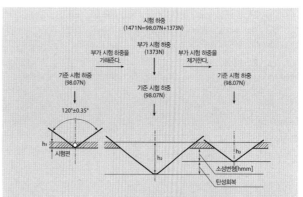

$h = h_3 - h_1$ (h_1: 기준시험 하중(98.07N)일 때 자국깊이, h_2: 부가시험 하중(1373N)을 더 가해 줄 때 자국깊이, h_3: 부가시험 하중(1373N)을 더 제거할 때 자국 깊이, h: 소성변형량)

15

정답 1) $V = 4m/s$, 2) $F = 1600N$

해설 $V_{out} = \sqrt{2gh} = \sqrt{2 \times 10 \times 0.8} = 4(m/s)$

$F = \rho S V_{out}^2 = 1000 \times 0.1 \times 4^2 = 1600(N)$

16

모범답안
1) 용접법의 명칭 : 심(seam) 용접
2) 롤러전극이 가져야 할 전기적 특성 : 전기가 통하는 도체여야 된다.
3) 발열량 $Q = I \times R^2 \times (t_2 - t_1)$
$= 100 \times 1^2 \times (3 - 1)$
$= 200(J)$

17

정답 1) $P_A = 30kPa$, 2) $F = 240kN$

해설

액주계

$$P_C = P_D$$
$$P_C = P_B + w_3 \times 0.1 + w_2 \times 0.1$$
$$P_D = P_A + w_1 \times 0.2$$

PART **11**

$$P_A = P_B + w_3 \times 0.1 + w_2 \times 0.1 - w_1 \times 0.2$$
$$= 18 + 8 \times 0.1 + 132 \times 0.1 - 10 \times 0.2$$
$$= 30 (\text{kPa})$$

$$P_A = w_1 \times H_A$$

A점의 깊이

$$H_A = \frac{P_A}{w_1} = \frac{30}{10} = 3(\text{m})$$

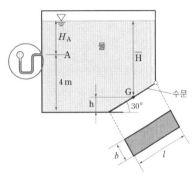

$$h = \frac{l}{2} \times \sin 30 = \frac{4}{2} \times \frac{1}{2} = 1(\text{m})$$

$$\overline{H} = (H_A + 4) - h = (3 + 4) - 1 = 6(\text{m})$$

수문에 작용하는 힘

$$F = w_1 \times \overline{H} \times A = 10\text{kN/m}^3 \times 6\text{m} \times 4\text{m}^2 = 240(\text{kN})$$

01

정답 ㉠ : 결합제, ㉡ : 드레싱(dressing)

해설 드레싱(= 새날형성 : dressing)

숫돌바퀴의 입자가 막히거나 달아서 절삭도가 둔해졌을 경우, 드레서(dresser)라는 날내기 하는 공구로 숫돌바퀴의 표면을 깎아 숫돌바퀴의 날을 세우는 작업으로 정밀 연삭용에는 다이아몬드 드레서를 사용한다.

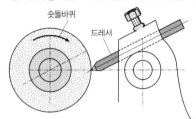

02

정답 $C_4 = 2\mu\text{F}$

해설

$$C_e' = \frac{C_1 \times C_2}{C_1 + C_2} = \frac{3 \times 6}{3 + 6} = 2(\mu\text{F})$$

$$C_e'' = C_3 + C_4 = 1 + C_4$$

$$3 = 1 + C_4$$

$$\therefore C_4 = 2\mu\text{F}$$

$$C_e = \frac{C_e' \times C_e''}{C_e' + C_e''}$$

$$1.2 = \frac{2 \times C_e''}{2 + C_e''}$$

$$\therefore C_e'' = 3\mu\text{F}$$

전하량(전기량)의 최소단위 $e[\text{C}]$는 전자 하나가 가지는 전기량으로 $e = 1.60219 \times 10^{-19}(\text{C})$ 이다.

❶ 쿨롱(Coulomb)

1) 프랑스 물리학자 Coulomb(쿨롱)이 6.24×10^{18}개의 전자의 전기량을 1C이라 정의 하였다.

$$\frac{1.60219 \times 10^{-19}\text{C}}{\text{개}} \times (6.24 \times 10^{18})\text{개} = 1(\text{C})$$

$$Q = e \times n$$

(Q: 전하량(C), e: 전하량의 최소 단위 1.60219×10^{-19}(C), n: 전자의 개수(개))

전류 $I(\text{A}) = \dfrac{Q(\text{C})}{t(\text{s})}$

전류 $1(\text{A}) = \dfrac{1(\text{C})}{1(\text{s})} = \dfrac{6.24 \times 10^{18}\text{개의 전자의 이동}}{1\text{초}}$

2) 콘덴서에 축적되는 전하 $Q(\text{C})$는 인가하는 전압 $V(\text{V})$에 비례한다.

$$Q(\text{C}) = C(\text{F}) \times V(\text{V})$$

구분	기호	단위	비고	
전하량	Q	[C] = [쿨롱]	물탱크에 담근 물의 체적	물탱크에 담긴 물의 체적
정전용량 캐패던스	C	[F] = [패럿] = [Farad]	물탱크 바닥의 면적	$V[\text{V}]$ $Q[\text{C}]$ $C[\text{F}]$
전압	V	[V]	물의 높이	

❷ 콘덴서의 직렬접속

콘덴서를 직렬로 접속하면 정전용량에 관계없이 각 콘덴서에 같은 양의 전하가 축적된다. 콘덴서 직렬접속일 때는 채워지는 전하량이 같다.

$Q = Q_1 = Q_2 = Q_3 \rightarrow$ 전하량 $Q(\text{C})$ 일정 = 채워지는 물의 양 일정, 전압분배

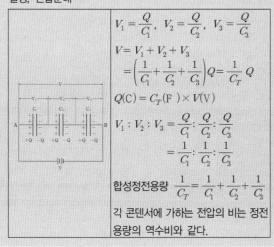

$$V_1 = \frac{Q}{C_1}, \quad V_2 = \frac{Q}{C_2}, \quad V_3 = \frac{Q}{C_3}$$

$$V = V_1 + V_2 + V_3$$
$$= \left(\frac{1}{C_1} + \frac{1}{C_2} + \frac{1}{C_3}\right)Q = \frac{1}{C_T}Q$$

$$Q(\text{C}) = C_T(\text{F}) \times V(\text{V})$$

$$V_1 : V_2 : V_3 = \frac{Q}{C_1} : \frac{Q}{C_2} : \frac{Q}{C_3}$$
$$= \frac{1}{C_1} : \frac{1}{C_2} : \frac{1}{C_3}$$

합성정전용량 $\dfrac{1}{C_T} = \dfrac{1}{C_1} + \dfrac{1}{C_2} + \dfrac{1}{C_3}$

각 콘덴서에 가하는 전압의 비는 정전용량의 역수비와 같다.

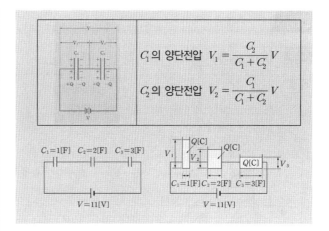

C_1의 양단전압 $V_1 = \dfrac{C_2}{C_1 + C_2} V$

C_2의 양단전압 $V_2 = \dfrac{C_1}{C_1 + C_2} V$

$C_1 = 1[\text{F}] \quad C_2 = 2[\text{F}] \quad C_3 = 3[\text{F}]$

$V = 11[\text{V}]$

$C_1 = 1[\text{F}] \, C_2 = 2[\text{F}] \quad C_3 = 3[\text{F}]$

$V = 11[\text{V}]$

03

정답 ㉠: -0.012mm, ㉡: -0.034mm

해설 구멍의 최대허용치수 $\phi 100.035$, 구멍의 위치수허용차
: 0.035

㉠ 최소 틈새 = 구멍의 아래치수허용차 − 축의 위치수허용차

최소틈새 = 0 − 축의 위치수허용차 = 0.012

∴ 축의 위치수허용차: -0.012mm

㉡ 최대틈새 = 구멍의 위치수허용차 − 축의 아래치수허용차

최대틈새 = 0.035 − 축의 아래치수허용차 = 0.069

∴ 축의 아래치수허용차: -0.034mm

04

정답 1) $v = 7.5$m/s, 2) $i = \dfrac{N_2}{N_1} = \dfrac{(D_1 + t)}{(D_2 + t)}$

해설 1) $v = w_1 \times R_1$

$$= \frac{2\pi N_1}{60} \times \frac{(D_1 + t)/2}{1000}$$
$$= \frac{2 \times 3 \times 600}{60} \times \frac{(245 + 5)/2}{1000}$$
$$= 7.5(\text{m/s})$$

2) $v = v_1 = v_2$이므로

$$v_1 = w_1 \times R_1 = \frac{2\pi N_1}{60} \times \frac{(D_1 + t)/2}{1000}$$

$$v_2 = w_2 \times R_2 = \frac{2\pi N_2}{60} \times \frac{(D_2 + t)/2}{1000}$$

$$\frac{2\pi N_1}{60} \times \frac{(D_1 + t)/2}{1000} = \frac{2\pi N_2}{60} \times \frac{(D_2 + t)/2}{1000}$$

$$N_1 \times (D_1 + t) = N_2 \times (D_2 + t)$$

회전속도비 $i = \dfrac{N_2}{N_1} = \dfrac{(D_1 + t)}{(D_2 + t)}$

PART 11

05

정답 1) $R_m = 200000\text{mm}^3/\text{min}$, 2) $F_c = 6000\text{N}$

해설 MMR $= V \times f \times t$ ($V(\text{mm/min})$: 절삭속도,

$f(\text{mm/rev})$: 이송량, $t(\text{mm})$: 절삭 깊이)

MMR $= 100000 \times 0.5 \times 4$
$\qquad = 200000(\text{mm}^3/\text{min})$

절삭동력 $P(\text{W}) = \dfrac{F_c(\text{N}) \times V(\text{m/s})}{\eta}$ (η : 기계효율)

절삭동력 $P = U_t \times \text{MMR}$
$\qquad = 3\text{J/mm}^3 \times 200000\text{mm}^3/\text{min}$
$\qquad = 600000(\text{J/min})$
$\qquad = 10000(\text{W})$

주분력 $F_c = \dfrac{P \times \eta}{V} = \dfrac{10000 \times 1}{\dfrac{100}{60}} = 6000(\text{N})$

06

정답 1) $\tau_{xy} = 30\text{MPa}$, 2) $\tau_{\max} = 65\text{MPa}$

해설

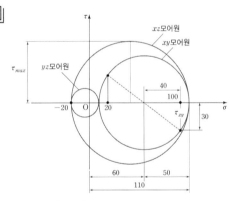

$\tau_{xy} = 30(\text{MPa})$

$\tau_{\max} = \dfrac{130}{2} = 65(\text{MPa})$

07

정답 1) $V_1 = 861\text{cm}^2$, 2) $q_{in} = 0.51\text{kJ}$

해설 $V_1 = \dfrac{mRT_1}{P_1}$
$\qquad = \dfrac{0.001 \times 0.287 \times 300}{100}$
$\qquad = 861 \times 10^{-6}(\text{m}^3)$
$\qquad = 861(\text{cm}^3)$

$q_{in} = mC_p(T_3 - T_2)$
$\qquad = 0.001 \times 1 \times (1500 - 990)$
$\qquad = 0.51(\text{kJ})$

08

정답 1) $S_0 = 16\text{m}$, 2) $S_1 = 40\text{m}$

해설 $V = \dfrac{S_0}{t_0}$

$S_0 = V \times t_0 = 20 \times 0.8 = 16(\text{m})$

$\dfrac{1}{2}mV^2 = \mu mg \times S_1$

$S_1 = \dfrac{\dfrac{1}{2} \times V^2}{\mu g} = \dfrac{\dfrac{1}{2} \times 20^2}{0.5 \times 10} = 40(\text{m})$

09

정답 1) $G(s) = \dfrac{Y(s)}{X(s)} = \dfrac{6s+5}{(s+1)(s+5)}$, 2) 극점 -1, -5

해설 $\dfrac{d^2y(t)}{dt^2} + 6\left[\dfrac{dy(t)}{dt} - \dfrac{dx(t)}{dt}\right] + 5[y(t) - x(t)] = 0$

$\dfrac{d^2y(t)}{dt^2} + 6\dfrac{dy(t)}{dt} + 5y(t) = 6\dfrac{dx(t)}{dt} + 5x(t)$

$s^2Y(s) + 6sY(s) + 5Y(s) = 6sX(s) + 5X(s)$

$Y(s)\{s^2 + 6s + 5\} = X(s)\{6s + 5\}$

전달함수 $G(s) = \dfrac{Y(s)}{X(s)} = \dfrac{6s+5}{s^2 + 6s + 5}$
$\qquad\qquad = \dfrac{6s+5}{(s+1)(s+5)}$

따라서 영점은 $-\dfrac{5}{6}$ 1개, 극점은 -1과 -5로 2개이다.

▸TIP

$L\left(\dfrac{df(t)}{dt}\right) = L(f'(t)) = sL(f(t)) - f(o) = sF(s)$

$L\left(\dfrac{dy(t)}{dt}\right) = L(y'(t)) = sL(y(t)) - y(o) = sY(s)$

$L\left(\dfrac{dx(t)}{dt}\right) = L(x(t)) = sL(x(t)) - x(o) = sX(s)$

$\dfrac{d}{dt}$ 라플라스 변환하면 s ($\because e^{st} = e^{(jw)t}$)

$\dfrac{d^2}{dt^2}$ 라플라스 변환하면 s^2

$y(t)$ 라플라스 변환하면 $Y(s)$

$x(t)$ 라플라스 변환하면 $X(s)$

10

정답 ㉠: 반경류, ㉡: 비속도(n_s)

해설

회전차의 형식							
η_s의 범위	80~120	125~250	250~240	700~1,000	700~1,000	800~1,200	1,200~2,200
η_s가 잘 사용되는 값	100	150	350	550	880	1,100	1,500
흐름에 의한 분류	반경류형	반경류형	혼류형	혼류형	사류형	사류형	축류형
전양정 (m)	30	20	12	10	8	5	3
양수량 ($m^3/$)min	8 이하	10 이하	10~100	10~300	8~200	8~400	8 이상
펌프의 명칭	고양정원심펌프	고양정원심펌프	중양정원심펌프	저양정원심펌프	사류 펌프	축류 펌프	축류 펌프
	터빈	터빈 볼류트	볼류트	양흡입 볼류트			

ⅰ) 펌프의 특성곡선도

펌프의 운전조건에 따라 달라지게 되는데 어떠한 작동조건이 주어졌을 때 가장 적합한 펌프를 선정할 수 있어야 한다. 어떠한 펌프든지 최대 효율점은 하나이며 이점에서의 수두계수 C_H(Head Coefficient), 용량계수 C_Q(Flow Coefficient)는 유일하게 결정되게 된다. 그리고 이것이 펌프의 고유성질을 나타낸다. 그렇다면, 고유의 펌프 성질을 적절히 구분할 수 있는 이 관계를 판단할 수 있는 무차원 변수가 있다면 굉장히 편리하다. 즉, 설계 시에 어떠한 성능을 갖는 펌프가 시스템에 가장 적절한지 가이드할 수 있는 변수를 만들어야 하는데 이것이 비속도(n_s)이다.

회전차의 형상 치수 등을 결정하는 기본요소는 펌프 전양정 H, 토출량 Q, 회전수 N 3가지가 있고, 기계의 크기와 종류는 설계자가 결정해야 하는 부분이다. 이때, 동작점에서 최대효율을 얻을 수 있는 펌프를 선택하면 된다. 즉 최대효율점에서 용량계수 $C_Q = \dfrac{Q}{ND^3}$, 수두계수 $C_H = \dfrac{gH}{N^2D^2}$ 일 때, 여기에서 직경 항을 소거한다면 비속도는 다음과 같다.

비속도 $N_s = N\dfrac{Q^{\frac{1}{2}}}{H^{\frac{3}{4}}}$

ⅱ) 비교회전도 N_s(Specific Speed : 비속도) 유도하기

용량계수 $C_Q = \dfrac{Q}{ND^3} = \dfrac{Q'}{N'D'^3}$

∴ 유량비 : $\dfrac{Q'}{Q} = \left(\dfrac{D_2'}{D_2}\right)^3\left(\dfrac{N'}{N}\right)$

수두계수 $C_H = \dfrac{gH}{N^2D^2} = \dfrac{gH'}{N'^2D'^2}$

∴ 양정비 : $\dfrac{H'}{H} = \left(\dfrac{D_2'}{D_2}\right)^2\left(\dfrac{N'}{N}\right)^2$

유량비 $\dfrac{Q'}{Q} = \left(\dfrac{D_2'}{D_2}\right)^3\left(\dfrac{N'}{N}\right)$

$\rightarrow \left(\dfrac{N'}{N}\right) = \dfrac{\left(\dfrac{Q'}{Q}\right)}{\left(\dfrac{D_2'}{D_2}\right)^3} = \dfrac{\left(\dfrac{Q'}{Q}\right)}{\left(\dfrac{\left(\dfrac{H'}{H}\right)^{\frac{1}{2}}}{\left(\dfrac{N'}{N}\right)}\right)^3} = \dfrac{\left(\dfrac{Q'}{Q}\right)\left(\dfrac{N'}{N}\right)^3}{\left(\dfrac{H'}{H}\right)^{\frac{3}{2}}}$

$\rightarrow \left(\dfrac{N'}{N}\right)^{-2} = \dfrac{\left(\dfrac{Q'}{Q}\right)}{\left(\dfrac{H'}{H}\right)^{\frac{3}{2}}}$

위 식에서 직경비를 구하기 위해

양정비 $\dfrac{H'}{H} = \left(\dfrac{D_2'}{D_2}\right)^2\left(\dfrac{N'}{N}\right)^2$

$\rightarrow \left(\dfrac{D_2'}{D_2}\right) = \dfrac{\left(\dfrac{H'}{H}\right)^{\frac{1}{2}}}{\left(\dfrac{N'}{N}\right)}$

$\rightarrow \left(\dfrac{N'}{N}\right) = \dfrac{\left(\dfrac{Q'}{Q}\right)^{-\frac{1}{2}}}{\left(\dfrac{H'}{H}\right)^{-\frac{3}{4}}} = \dfrac{\left(\dfrac{Q}{Q'}\right)^{\frac{1}{2}}}{\left(\dfrac{H}{H'}\right)^{\frac{3}{4}}}$

여기서 $Q' = 1m^3/s$, $H' = 1m$일 때, $N' = N_s$

∴ 비속도 $N_s = N\dfrac{Q^{\frac{1}{2}}}{H^{\frac{3}{4}}}$

11

정답 1) 면심입방격자, 2) $\dfrac{r}{a} = 0.15$

해설

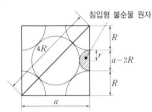 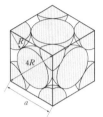

$$a = 4R \times \sin 45 = 4R \times \dfrac{\sqrt{2}}{2} = 2\sqrt{2} \times R$$

$$R = \dfrac{a}{2\sqrt{2}} = \dfrac{a\sqrt{2}}{4}$$

$$r = \dfrac{a - 2R}{2}$$

$$= \dfrac{a - 2 \times \dfrac{a\sqrt{2}}{4}}{2}$$

$$= a \times \dfrac{\left(1 - \dfrac{\sqrt{2}}{2}\right)}{2}$$

$$= a \times \dfrac{\left(1 - \dfrac{1.4}{2}\right)}{2}$$

$$= a \times 0.15$$

$$\therefore \dfrac{r}{a} = 0.15$$

12

정답 1) $x_L = 0.7\text{m}$, 2) $w = 10\text{kN/m}$

해설

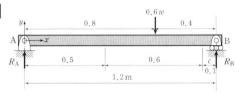

$$R_A = \dfrac{0.6w \times 0.4}{1.2} = 0.2w$$

$$R_B = \dfrac{0.6w \times 0.8}{1.2} = 0.4w$$

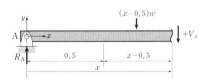

$$\sum F_y = 0 \ \downarrow \oplus$$

$$V_x + (x - 0.5)w - R_A = 0$$

$$V_x = R_A - (x - 0.5)w = 0.2w - xw + 0.5w$$
$$= 0.7w - xw$$

전단력을 V_x을 "0"을 만족하는 지점에서 최대굽힘모멘트가 발생한다.

$$V_x = 0, \ 0 = 0.7w - xw, \ \therefore \ x = 0.7\text{m}$$

$x_L = 0.7\text{m}$ 지점에서 최대굽힘모멘트가 발생한다.

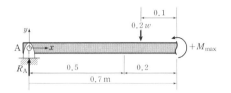

$$\sum M_{\boxtimes} = 0 \ \curvearrowleft \oplus$$

$$M_{\max} + 0.2w \times 0.1 - R_A \times 0.7 = 0$$

$$M_{\max} = + R_A \times 0.7 - 0.2w \times 0.1$$
$$= 0.2w \times 0.7 - 0.2w \times 0.1 = 0.12w$$

$$M_{\max} = 1.2(\text{kN·m})$$

$$1.2 = 0.12w$$

$$w = \dfrac{1.2}{0.12} = 10(\text{kN/m})$$

13

정답 1) $p = 0.12\text{kg}_f/\text{mm}^2$, 2) $pv = 2.7\text{kg}_f/\text{mm}^2 \cdot \text{m/s}$

해설
$$p = \dfrac{P}{\dfrac{\pi}{4}(d_2^2 - d_1^2)}$$

$$= \dfrac{P}{\dfrac{\pi}{4}(d_2 + d_1)(d_2 - d_1)}$$

$$= \dfrac{2700}{\dfrac{3}{4}(200 + 100)(200 - 100)}$$

$$= 0.12(\text{kg}_f/\text{mm}^2)$$

$$pv = \dfrac{P}{\dfrac{\pi}{4}(d_2^2 - d_1^2)} \times \dfrac{\pi\left(\dfrac{d_2 + d_1}{2}\right)N}{60 \times 1000}$$

$$= \dfrac{P}{\dfrac{\pi}{4}(d_2 + d_1)(d_2 - d_1)} \times \dfrac{\pi\left(\dfrac{d_2 + d_1}{2}\right)N}{60 \times 1000}$$

$$= \dfrac{2P}{(d_2 - d_1)} \times \dfrac{N}{60 \times 1000}$$

$$= \dfrac{2 \times 2700}{(200 - 100)} \times \dfrac{3000}{60 \times 1000}$$

$$= 2.7(\text{kg}_f/\text{mm}^2 \cdot \text{m/s})$$

14

정답 1) $E = 80\text{J}$, 2) $E_c = 100\text{J}/\text{cm}^2$

해설
$$E_c = \frac{E}{A}$$
$$= \frac{WL(\cos\beta - \cos\alpha)}{A}$$
$$= \frac{160 \times 1 \times (\cos 60 - \cos 90)}{1 \times (1 - 0.2)}$$
$$= 100(\text{Nm}/\text{cm}^2)$$
$$= 100(\text{J}/\text{cm}^2)$$

여기서 E는 파괴에너지(= 헤머의 처음 위치와 나중 위치의 위치에너지 차이)이고 A는 파단면의 면적이다.

15

정답 1) $P_A - P_B = 20000\text{N}/\text{m}^2$, 2) $a = 11\text{m}/\text{s}^2$

해설
1) $P_A - P_B = \gamma \times (\triangle h + h_o)$
$$= \rho g \times (\triangle h + h_o)$$
$$= 1000 \times 10 \times (1 + 1)$$
$$= 20000(\text{N}/\text{m}^2)$$

2) $a = \sqrt{a_x^2 + g^2} = \sqrt{5^2 + 10^2}$
$$= \sqrt{125} = \sqrt{25 \times 5}$$
$$= 5\sqrt{5} = 5 \times 2.2$$
$$= 11(\text{m}/\text{s}^2)$$

16

 모범 답안

1) ㉠의 명칭: 슬래그
2) 용접법의 명칭: 피복아크용접(Shelded Metal Arc Welding : SMAW)
3) 최대하중 $P = \tau_a \times 4Lt$
$$= \tau_a \times 4Lf\cos 45$$
$$= 10 \times 4 \times 50 \times 5\sqrt{2} \times \frac{\sqrt{2}}{2}$$
$$= 10000(\text{kg}_\text{f})$$

17

정답 1) $V_2 = 6\text{m}/\text{s}$, 2) $Q = 0.06\text{m}^3/\text{s}$

해설
$$\frac{P_{G1}}{\gamma} + \frac{V_1^2}{2g} + Z_1 = \frac{P_{G2}}{\gamma} + \frac{V_2^2}{2g} + Z_2$$

$$\frac{8000}{1000 \times 10} + \frac{0^2}{2 \times 10} + 1 = \frac{0}{1000 \times 10} + \frac{V_2^2}{2 \times 10} + 0$$

$$\therefore V_2 = 6\text{m}/\text{s}$$

$$Q = A_2 \times V_2 = 0.01 \times 6 = 0.06(\text{m}^3/\text{s})$$

Chapter 03 2022학년도 기출문제

본문p.278~286

01

정답 ㉠: 트래버스, ㉡: 플랜지

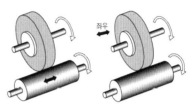

트래버스 연삭

플랜지 연삭

02

정답 $R_4 = 60\Omega$

해설
$$R_e' = R_3 + R_4$$
$$R_2'' = \frac{R_2 \times R_e'}{R_2 + R_e'} = \frac{40 \times R_e'}{40 + R_e'}$$
$$R_e = R_1 + R_2'' = 20 + \frac{40 \times R_e'}{40 + R_e'}$$
$$50 = 20 + \frac{40 \times R_e'}{40 + R_e'}$$
$$30 = \frac{40 \times R_e'}{40 + R_e'}$$
$$R_e' = 120[\Omega]$$
$$R_e' = R_3 + R_4$$
$$R_4 = R_e' - R_3 = 120 - 60 = 60[\Omega]$$

03

정답 ㉠: 알루미늄, ㉡: 두랄루민

04

정답 1) $R_B = 501 \text{kg}_f$, 2) $M_B = -10 \text{kg}_f \cdot \text{m}$

해설

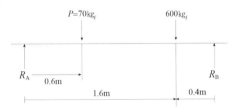

$$\sum F_y = 0 \uparrow + \curvearrowleft$$

$$R_A + R_B = 670 \, (\text{kg}_f)$$

$$\sum M_A = 0 +$$

$$70 \times 0.6 + 670 \times 1.6 - R_B \times 2 = 0$$

$$R_B = \frac{(70 \times 0.6) + (600 \times 1.6)}{2} = 501 \, (\text{kg}_f)$$

$$M_B = -(500 \times 0.2) \times 0.1 = -10 \, (\text{kg}_f \cdot \text{m})$$

05

정답 1) $W_{\max} = 100 \text{kg}_f$, 2) $P = 20 \text{kg}_f$

해설

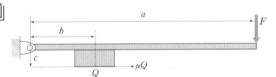

마찰력 $P = \mu Q = 0.2 \times 100 = 20 \, (\text{kg}_f)$

$$\sum M_o = 0 \curvearrowleft \oplus$$

$$F \times a - Q \times b - \mu Q \times c = 0$$

$$F \times a = Q(b + \mu c)$$

$$Q = \frac{F \times a}{(b + \mu c)} = \frac{26 \times 1000}{(250 + 0.2 \times 50)} = 100 \, (\text{kg}_f)$$

$$T = W_{\max} \times \frac{d}{2} = P \times \frac{D}{2}$$

$$W_{\max} = P \times \frac{D}{d} = 20 \times \frac{500}{100} = 100 \, (\text{kg}_f)$$

06

정답 1) $\sigma_m = 50 \text{MPa}$, 2) $\sigma_a = 25 \text{MPa}$,

3) $(\sigma_a)_{\max} = 100 \text{MPa}$

해설 Goodman 선

평균응력 $\sigma_m = \dfrac{75 + 25}{2} = 50 \, (\text{MPa})$

응력진폭 $\sigma_a = \dfrac{75 - 25}{2} = 25 \, (\text{MPa})$

$$\frac{\sigma_a}{\sigma_e} + \frac{\sigma_m}{\sigma_u} = 1$$

$$\frac{(\sigma_a)_{\max}}{200} + \frac{200}{400} = 1$$

$$\frac{(\sigma_a)_{\max}}{200} = 1 - \frac{1}{2} = \frac{1}{2}$$

$$(\sigma_a)_{\max} = 200 \times \frac{1}{2} = 100 \, (\text{MPa})$$

07

정답 1) 용정법 명칭: 서브머지드 용접(잠호용접)

2) 용접이음의 명칭: V홈 맞대기 이음

3) $M_0 = 10000 \text{kg}_f \cdot \text{mm}$

해설 $M_0 = \sigma_b \times Z = \sigma_b \times \dfrac{t^2 \times L}{6}$

$$= 6 \times \frac{10^2 \times 100}{6} = 10000 \, (\text{kg}_f \cdot \text{mm})$$

08

정답 $F_V = 1200 \text{N}$, $F_h = 450 \text{N}$, $W = 1425 \text{N}$

해설 $F_V = F_B (\text{부력})$

$$F_V = \rho g \times h \times b \times L$$

$$= 1000 \times 10 \times 0.3 \times 0.4 \times 1 = 1200 \, (\text{N})$$

$$F_h = \rho g \times \frac{h}{2} \times (h \times L)$$

$$= 1000 \times 10 \times \frac{0.3}{2} \times (0.3 \times 1) = 450 \, (\text{N})$$

$$\sum M_0 = 0 + \curvearrowleft$$

$$F_h \times \frac{h}{3} + F_V \times \frac{b}{2} - W \times \frac{b}{2} = 0$$

$$W = \frac{\left(F_h \times \dfrac{h}{3}\right) + \left(F_V \times \dfrac{b}{2}\right)}{\dfrac{b}{2}}$$

$$= \frac{\left(450 \times \dfrac{0.3}{3}\right) + \left(1200 \times \dfrac{0.4}{2}\right)}{\dfrac{0.4}{2}}$$

$$= 1425 \, (\text{N})$$

09

정답 1) $G(s) = \dfrac{8}{(s+2)(s+4)}$, 2) 극점: -2, -4

해설 전달함수 $G(s) = \dfrac{\dfrac{1}{s(s+6)} \times 8}{1 + \dfrac{1}{s(s+6)} \times 8} = \dfrac{\dfrac{8}{s(s+6)}}{1 + \dfrac{8}{s(s+6)}}$

$= \dfrac{\dfrac{8}{s(s+6)}}{\dfrac{s(s+6)+8}{s(s+6)}} = \dfrac{8}{s(s+6)+8}$

$= \dfrac{8}{s^2 + 6s + 8} = \dfrac{8}{(s+2)(s+4)}$

$\therefore$ 극점: -2, -4

10

정답 ㉠: 프로펠러, ㉡: 공동화 현상(Cavitation)

11

정답 1) $\sigma_1 = 50\text{MPa}$, 2) $\sigma_2 = 100\text{MPa}$, 3) $\tau_\theta = 25\text{MPa}$

해설 $\sigma_1 = \dfrac{Pd}{4t} = \dfrac{1 \times 600}{4 \times 3} = 50(\text{MPa})$

$\sigma_2 = \dfrac{Pd}{2t} = \dfrac{1 \times 600}{2 \times 3} = 100(\text{MPa})$

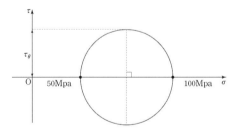

$\tau_\theta = \dfrac{100 - 50}{2} = 25(\text{MPa})$

12

정답 1) $T = 19200\text{kg}_\text{f} \cdot \text{mm}$, 2) $d = 32\text{mm}$

해설 $T = \left(\tau_b \times \dfrac{\pi}{4}\delta^2 \times Z\right) \times \dfrac{D_B}{2}$

$= \left(2 \times \dfrac{3}{4} 8^2 \times 4\right) \times \dfrac{100}{2}$

$= 19200(\text{kg}_\text{f} \cdot \text{mm})$

$d = \sqrt[3]{\dfrac{16 \times T}{\pi \times \tau_s}} = \sqrt[3]{\dfrac{16 \times 19200}{3 \times 4}}$

$= \sqrt[3]{4 \times 6400} = \sqrt[3]{400 \times 64}$

$= \sqrt[3]{400} \times \sqrt[3]{4^3} = 8 \times 4$

$= 32(\text{mm})$

13

정답 1) "◎"의 명칭: 동심도(동축도)

2) 축 ($\phi50\text{m}5$)의 공차: 0.011mm

3) 최대틈새 $\triangle_\text{T}$: 0.016mm

해설 ◎: 동심도

$\phi50\text{m}5$ $\phi50^{+0.02}_{+0.009}$

공차 $= 0.02 - 0.009 = 0.011(\text{mm})$

$\phi50\text{H}7$ $\phi50^{+0.025}_0$

$\triangle_\text{T} = 50.025 - 50.009 = 0.016(\text{mm})$

14

정답 1) $S = 0.4\text{mm}$, 2) $N = 400\text{rpm}$

해설 $H = \dfrac{s^2}{8r}$

$s = \sqrt{H \times 8r} = \sqrt{0.01 \times 8 \times 2} = \sqrt{\dfrac{16}{100}} = \dfrac{4}{10}$

$= 0.4(\text{mm})$

$VT^n = C$

$V = \dfrac{C}{T^n} = \dfrac{960}{64^{0.5}} = \dfrac{960}{8} = 120(\text{m/min})$

$V = \dfrac{\pi DN}{1000}$

$N = \dfrac{V \times 1000}{\pi D} = \dfrac{120 \times 1000}{3 \times 100} = 400(\text{rpm})$

15

정답 1) $T = 360\text{N} \cdot \text{m}$, 2) $P = 72\text{kW}$

해설 엔진동력 H_E

모터동력 H_M

엔진토크 $T_E = 120(\text{N} \cdot \text{m})$

모터토크 $T_M = 180(\text{N} \cdot \text{m})$

N_E: 엔진의 분당 회전수, N_M: 모터의 분당 회전수

출력축 분당 회전수 $N_1 = N_E = N_M = 2400$

PART 11

구동축 분당 회전수

$$N_2 = \frac{r_1 N_1}{r_2} = \frac{1 \times 2400}{1.2} = 2000(\text{rpm})$$

구동축 토크 $T_2 = T$

구동축 출력동력 $H_2 = H_E + H_M$

$$T_2 \times \frac{2\pi N_2}{60} = T_E \times \frac{2\pi N_E}{60} + T_M \times \frac{2\pi N_M}{60}$$

$$T_2 \times N_2 = T_E \times N_E + T_M \times N_M = N_1 \times (T_E + T_M)$$

$$T_2 = \frac{N_1 \times (T_E + T_M)}{N_2} = \frac{2400 \times (180 + 120)}{2000}$$

$$= 360(\text{N} \cdot \text{m})$$

$$\therefore T = 360\text{N} \cdot \text{m}$$

$$P = T_2 \times w_2 = T_2 \times \frac{2 \times \pi \times N_2}{60}$$

$$= 360 \times \frac{2 \times 3 \times 2000}{60} = 72(\text{kW})$$

16

정답 1) $q_{in} = 3000\text{kJ/kg}$, 2) $\eta_{\text{th}} = 30\%$

해설 $q_{in} = h_3 - h_2 = 3400 - 400 = 3000(\text{kJ/kg})$

$$\eta_{\text{th}} = \frac{w_T - w_p}{g_{in}} = \frac{(h_3 - h_4) - (h_2 - h_1)}{h_3 - h_2}$$

$$= \frac{(3400 - 2450) - (400 - 350)}{3000} = 0.3$$

$$= 30(\%)$$

17

정답 1) $P = 8000\text{N/m}^2$, 2) $V = 8\text{m/s}$

해설 $P + \rho g \times h_2 = \gamma_L \times h_3$

$$P = \gamma_L h_3 - \rho g h_2$$

$$= 130000 \times 0.1 - 1000 \times 10 \times 0.5$$

$$= 8000(\text{N/m}^2)$$

$$h_1 = \frac{P}{\rho g} + \frac{V^2}{2g}$$

$$\frac{V^2}{2g} = h_1 - \frac{P}{\rho g} = 4 - \frac{8000}{1000 \times 10} = 3.2(\text{m})$$

$$V = \sqrt{2 \times g \times 3.2} = \sqrt{2 \times 10 \times 3.2} = 8(\text{m/s})$$

Chapter 04 2023학년도 기출문제

본문p.287~295

01

정답 1) "⊥"의 명칭: 직각도, 2) ㉠: 324

해설 기준면 A에 대해 직각도 0.015mm

㉠ $= (40 \times 7) + (22 \times 2) = 324(\text{mm})$

02

정답 1) ㉠: 발전기, 2) ㉡: 1.75V

해설 단위전지의방전종지전압

$$= \frac{\text{부하최저소요전압} + \text{축전지부하간의 전압강하}}{\text{직렬연결축전지 cell수}}$$

$$= \frac{10.5 + 0}{6} = 1.75(\text{V})$$

03

정답 1) 관의 표면거칠기(조도)에 의한 관마찰의 손실

2) $P = 500\text{kW}$

해설 $P = \gamma H_e Q$

$$= 10000\text{kg/m}^2\text{s}^2 \times 10\text{m} \times 5\text{m}^3/\text{s}$$

$$= 500000(\text{kgm/s}^2 \cdot \text{m/s})$$

$$= 500000(\text{W}) = 500(\text{kW})$$

04

정답 1) 2가지 상(phase)의 명칭: α페라이트, 오스테나이트

2) α페라이트-25%, 오스테나이트-75%

해설 α페라이트 $= \frac{0.74 - 0.56}{0.74 - 0.02} = 0.25 = 25(\%)$

오스테나이트 $= \frac{0.56 - 0.02}{0.74 - 0.02} = 0.75 = 75(\%)$

05

정답 1) $M(x) = -0.9x^2 - x$, 2) $\theta_A = -0.044\text{rad}$

해설 $M(x) = -Px - \frac{wx^2}{2} = -1 \times x - \frac{1.8x^2}{2} = -x - 0.9x^2$

$$w = \gamma A = \rho g A = 7200 \times 10 \times 0.05^2$$
$$= 1800(N/m) = 1.8(kN/m)$$
$$EIy'' = -M(x) = 0.9x^2 + x$$
$$\int EIy'' = \int 0.9x^2 + x\,dx, \quad EIy' = \frac{0.9x^3}{3} + \frac{x^2}{2} + c_1$$
$$y' = \frac{1}{EI}\left(\frac{0.9x^3}{3} + \frac{x^2}{2} + c_1\right)$$
$$y'_{x=2} = 0, \quad 0 = \frac{1}{EI}\left(\frac{0.9 \times 2^3}{3} + \frac{2^2}{2} + c_1\right)$$
$$\therefore c_1 = -4.4$$
$$y' = \frac{1}{EI}\left(\frac{0.9x^3}{3} + \frac{x^2}{2} - 4.4\right)$$
$$\theta_A = y'_{x=0}$$
$$= \frac{1}{EI}\left(\frac{0.9 \times 0^3}{3} + \frac{0^2}{2} - 4.4\right)$$
$$= -\frac{4.4}{EI}$$
$$= -\frac{4.4}{100}$$
$$= -0.044(\mathrm{rad})$$

06

정답 | 1) $P = 10000\mathrm{kg_f}$, 2) $l = \dfrac{1000}{7} = 142.857\mathrm{mm}$

해설 | $P = \sigma_a \times (b \times t)$
$$= 10\mathrm{kg_f/mm^2} \times (50 \times 20)\mathrm{mm^2}$$
$$= 10000(\mathrm{kg_f})$$
$$\tau_a = \frac{P}{2 \times h\cos 45 \times l}$$
$$l = \frac{P}{2 \times h\cos 45 \times \tau_a} = \frac{10000}{2 \times 10 \times \frac{\sqrt{2}}{2} \times 5}$$
$$= \frac{10000}{10 \times 1.4 \times 5} = 142.857(\mathrm{mm})$$

07

정답 | 1) $I_1 = -1\mathrm{A}$, $I_2 = +2\mathrm{A}$, 2) $P = 8\mathrm{W}$

해설 |

$$-1 + \frac{V_A - 5[\mathrm{V}]}{1[\Omega]} + \frac{V_A - 0[\mathrm{V}]}{2[\Omega]} = 0$$

$$V_A - 5 + \frac{V_A}{2} = 1$$
$$V_A + \frac{V_A}{2} = 6$$
$$\frac{3V_A}{2} = 6$$
$$V_A = 4(\mathrm{V})$$
$$I_1 = \frac{V_A - 5}{1} = \frac{4-5}{1} = -1(\mathrm{A})$$
$$I_2 = \frac{V_A - 0}{2} = \frac{4-0}{2} = 2(\mathrm{A})$$
$$P = I^2 R = 2^2 \times 2 = 8(\mathrm{W})$$

08

정답 | 1) $F_1 = 3.6\mathrm{kN}$, 2) $F_2 = 2\mathrm{kN}$

해설 | $F_1 = \gamma \overline{H} A = \gamma \times \dfrac{h_1}{2} \times (h_1 \times \ell)$
$$= 10000 \times \frac{0.6}{2} \times (0.6 \times 2) = 3600(\mathrm{N})$$
$$= 3.6(\mathrm{kN})$$
부력 $F_b = \gamma \times (b \times h_1 \times \ell)$
$$= 10000 \times (1.5 \times 0.6 \times 2)$$
$$= 18000(\mathrm{N})$$

09

정답 | 1) $K = 4$, 2) 정상상태 오차: $\dfrac{1}{5}$

해설 |
$$\frac{Y(s)}{R(s)} = \frac{K \times \dfrac{1}{(S+1)^2}}{1 + K \times \dfrac{1}{(S+1)^2}}$$
$$= \frac{\dfrac{K}{(S+1)^2}}{\dfrac{(S+1)^2 + K}{(S+1)^2}}$$
$$= \frac{K}{(S+1)^2 + K}$$
$$(S+1)^2 + K = 0$$
$$S^2 + 2S + 1 + K = 0$$
$$S = \frac{-2 + \sqrt{2^2 - 4(1 \times (1+K))}}{2 \times 1}$$
$$= \frac{-2 \pm \sqrt{1 - (1 \times (1+K))}}{2}$$
$$= -1 \pm \sqrt{1 - 1 + K}$$
$$= -1 \pm \sqrt{K}$$
$$S_p = -1 \pm 2j$$
$$\therefore K = 4$$

$$G(s) = \frac{Y(s)}{R(s)} = \frac{4}{(S+1)^2 + 4}$$
$$= \frac{4}{s^2 + 2S + 1 + 4} = \frac{4}{S^2 + 2S + 5}$$

정상상태 오차 e_{ss}

문제 조건에서 입력

$$r(t) = u(t) = 1 \xrightarrow{\mathcal{L}^{-1}} R(s) = \frac{1}{s}$$

$$e_{ss} = \lim_{s \to 0} \frac{sR(s)}{1 + \text{루프이득}}$$

$$= \lim_{s \to 0} \frac{s \times \dfrac{1}{s}}{1 + 4 \times \dfrac{1}{(s+1)^2}}$$

$$= \frac{1}{1 + 4 \times \dfrac{1}{(0+1)^2}}$$

$$= \frac{1}{5}$$

10

정답 $\nu = 0.3$

해설 $\nu = \dfrac{\epsilon'}{\epsilon} = \dfrac{\dfrac{3.84 \times 10^{-3}}{12.8}}{\dfrac{5 \times 10^{-2}}{50}} = 0.3$

11

정답 1) $\sigma_{\max} = 125\text{MPa}$, 2) $\rho = 66\text{m}$

해설 $\sigma_{\max} = \dfrac{M_y}{Z_y} = \dfrac{10 \times 10^6 \text{N} \cdot \text{mm}}{80000 \text{mm}^3} = 125(\text{MPa})$

$$I_y = \frac{ab^3}{12} - \frac{(a - 2t_1) \times (b - 2t_2)^3}{12}$$
$$= \frac{120 \times 100^3}{12} - \frac{(120 - 2 \times 10) \times (b - 2 \times 5)^3}{12}$$
$$= \frac{120 \times 100^3}{12} - \frac{100 \times 90^3}{12}$$
$$= \frac{120 \times 100^3}{12} - \frac{100 \times 72 \times 10^4}{12}$$
$$= 4000000(\text{mm}^4)$$

$$Z_y = \frac{I}{\dfrac{b}{2}} = \frac{4000000}{\dfrac{100}{2}} = 80000(\text{mm}^3)$$

$$\frac{1}{\rho} = \frac{M}{EI}$$

$$\rho = \frac{EI}{M_y} = \frac{165000 \times 4000000}{10 \times 10^6} = 66000(\text{mm}) = 66(\text{m})$$

12

정답 1) $W_t = 800\text{N}$, 2) $W_s = 288\text{N}$

해설 $T = \dfrac{60s}{2\pi} \times \dfrac{H}{N}$

$$= \frac{60s}{2\pi} \times \frac{3000\text{N} \cdot \text{m/s}}{500}$$
$$= \frac{60}{2 \times 3} \times \frac{3000}{500}$$
$$= 60(\text{N} \cdot \text{m})$$

$$T = W_t \times \frac{D}{2}$$

$$W_t = \frac{2T}{D} = \frac{2T}{mz} = \frac{2 \times 60000}{5 \times 30} = 800(\text{N})$$

$$\tan\alpha = \frac{W_s}{W_t}$$

$$W_s = \tan\alpha \times W_t = \tan 20 \times W_t$$
$$= 0.36 \times 800 = 288(\text{N})$$

13

정답 1) $N_s = 500\text{rev}$, 2) $T_m = 0.5\text{min}$

해설 $L = 2\text{mm/rev}$

이동거리 $S_x = 250\text{mm}$

$$S_x = L \times N_L$$

리드스크류의 회전수 N_L

$$N_L = \frac{S_x}{L} = \frac{250\text{mm}}{2\text{mm/rev}} = 125(\text{rev})$$

서브모터의 총 회전수 N_s

$$N_s = r_g \times N_L = 4 \times 125 = 500(\text{rev})$$

$$T_m = \frac{\pi R}{F} = \frac{\pi \times 50\text{mm}}{300\text{mm/min}} = \frac{3 \times 50}{300} = 0.5(\text{min})$$

14

정답 1) $f_r = 0.2\text{mm/rev}$, 2) $T_m = 1.5\text{min}$

해설 $U_r = f_r\text{mm/rev} \times \dfrac{\pi D^2}{4}\text{mm}^2 \times N\text{rev/min}$

$$f_r = \frac{U_r}{\dfrac{\pi D^2}{4} \times N} = \frac{12000}{\dfrac{3 \times 20^2}{4} \times 200} = 0.2(\text{mm/rev})$$

$$V = \frac{\pi DN}{1000}$$

$$N = \frac{V \times 1000}{\pi D} = \frac{12 \times 1000}{3 \times 20} = 200(\text{rpm})$$

$$T_m = \frac{t+h}{F_r \times N} = \frac{54+6}{0.2 \times 200} = 1.5(\text{min})$$

원뿔높이 $h = \tan 31 \times \dfrac{D}{2} = 0.6 \times \dfrac{20}{2} = 6(\text{mm})$

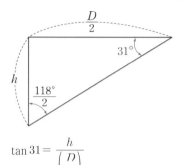

$$\tan 31 = \frac{h}{\left(\dfrac{D}{2}\right)}$$

15

정답 1) $V_n = 1296 l/\text{min}$, 2) $P_b = 26.25\text{kW}$

해설 $N = 1500\text{rpm}$

$$\begin{aligned}
V_n &= \left(\frac{\pi}{4}D^2 \times S \times Z\right) \times \frac{N}{2} \\
&= \left(\frac{\pi}{4} \times 80^2 \times 90 \times 4\right) \times \frac{1500}{2} \\
&= \left(\frac{3}{4} \times 80^2 \times 90 \times 4\right) \times \frac{1500}{2} \\
&= 1296 \times 10^6 (\text{mm}^3/\text{min}) \\
&= 1296(l/\text{min})
\end{aligned}$$

$T = 35\text{kg}_f \cdot \text{m}$

$$T = \frac{60\text{s}}{2\pi} \times \frac{P_b}{\left(\dfrac{N}{2}\right)} = \frac{60 \times P_b}{\pi \times N}$$

$$\begin{aligned}
P_b &= \frac{T \times \pi N}{60\text{s}} = \frac{35 \times 3 \times 1500}{60} \\
&= 2625(\text{kg}_f \cdot \text{m/s}) = 26250(\text{N} \cdot \text{m/s}) \\
&= 26.25(\text{kW})
\end{aligned}$$

16

정답 1) $V_B = 10\text{m/s}$, 2) $V_C = 2.5\text{m/s}$

해설 $P_1 = \gamma h_2$, $P_B = 0$, $V_1 = 0\text{m/s}$

$$\frac{\pi}{4}d_1^2 \times V_C = \frac{\pi}{4}d_2^2 \times V_B$$

$$(2d_2)^2 \times V_C = d_2^2 \times V_B$$

$$V_B = 4V_C$$

1지점과 B지점

$$\frac{P_1}{\gamma} + \frac{V_1^2}{2g} + Z_1 = \frac{P_B}{\gamma} + \frac{V_B^2}{2g} + Z_B$$

$$\frac{\gamma h_2}{\gamma} + 0 + h_3 = 0 + \frac{V_B^2}{2g} + 0$$

$$h_2 + h_3 = \frac{V_B^2}{2g}$$

$$\begin{aligned}
V_B &= \sqrt{(h_2 + h_3) \times 2g} \\
&= \sqrt{(2+3) \times 2 \times 10} \\
&= 10(\text{m/s})
\end{aligned}$$

$$V_C = \frac{V_B}{4} = \frac{10}{4} = 2.5(\text{m/s})$$

17

정답 1) $\dot{W} = 2\text{kW}$, 2) $\dot{Q} = 72000\text{kJ/h}$

해설

$$\epsilon_{HP} = \frac{\dot{Q}_H}{\dot{W}} = \frac{\dot{Q}_H}{\dot{Q}_H - \dot{Q}_L} = \frac{T_H}{T_H - T_L}$$

$$\frac{\dot{Q}_H}{\dot{Q}_H - 81000} = \frac{21 + 273}{21 - (-3)} = \frac{294}{24}$$

$$\dot{Q}_H = 88200\text{kJ/h}$$

$$\dot{W} = \dot{Q}_H - \dot{Q}_L = 88200 - 81000 = 7200(\text{kJ/h}) = 2(\text{kW})$$

$$\dot{Q} = \dot{Q}_H - \dot{Q}_L = 88200 - 81000 = 7200(\text{kJ/h})$$

PART

11

Chapter 05 | 2024학년도 기출문제

본문p.296~303

01

정답 1) 축의 최대 실체 치수(MMS): $\varnothing 20$, 2) 축의 직각도 공차: $\varnothing 0.2$

해설 최대 실체 치수(MMS): 질량을 최대로 하는 치수
축의 최대 실체 치수=기준 치수+위치수 허용차
구멍의 최대 실체 치수=기준 치수+아래치수 허용차
축의 직각도 공차는 $\varnothing 0.2$

02

정답 ㉠: 가공경화, ㉡: 회복

03

정답 1) $V_1 = 5740\,\mathrm{cm}^3$, 2) $Q_{out} = 0.7\mathrm{kJ}$

해설 ④ → ① 정적과정

$$\frac{P_1}{T_1} = \frac{P_4}{T_4}$$

$$P_1 = \frac{P_4}{T_4} \times T_1 = \frac{200}{400} \times 300 = 150(\mathrm{kPa})$$

$$P_1 V_1 = mRT_1$$

$$V_1 = \frac{mRT_1}{P_1} = \frac{0.01 \times 0.287 \times 300}{150}$$
$$= 5.74 \times 10^{-3}(\mathrm{m}^3) = 5740(\mathrm{cm}^3)$$

④ → ① 정적과정의 열방출량 Q_{out}

$$Q_{out} = m C_v (T_4 - T_1) = 0.01 \times 0.7 \times (400 - 300)$$
$$= 0.7(\mathrm{kJ})$$

04

정답 1) $K_g = 1.8$, 2) $P_{max} = 600\mathrm{kN}$

해설 $d = D - 2r = 150 - 2 \times 15 = 120(\mathrm{mm})$

$$\frac{r}{d} = \frac{15}{120} = 0.125$$

그래프에서 응력집중계수 $K_g = 1.8$

$$\sigma_a \geq \sigma_{max}$$

$$\sigma_a \geq K_g \times \frac{P_{max}}{\frac{\pi}{4}d^2}$$

$$P_{max} \leq \sigma_a \times \frac{\pi}{4}d^2 \times \frac{1}{K_g}$$
$$\leq 100 \times \frac{\pi}{4} \times 120^2 \times \frac{1}{1.8}$$
$$\leq 600000(\mathrm{N})$$
$$\leq 600(\mathrm{kN})$$

05

정답 1) $R_{min} = 75\,\mathrm{kg_f}$, 2) $d_{min} = 10\,\mathrm{mm}$

해설

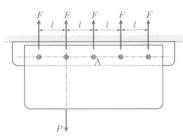

직접전단력 $F = \dfrac{P}{Z} = \dfrac{750}{5} = 150(\mathrm{N})$

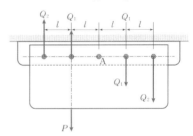

모멘트에 의한 전단력 Q_2, Q_1

$$Q_2 = 2Q_1$$

$$P \times l = 2(Q_1 \times l) + 2(Q_2 \times 2l)$$
$$= 2(Q_1 \times l) + 2(2Q_1 \times 2l)$$
$$= 10Q_1 \times l$$

$$Q_1 = \frac{P}{10} = \frac{750}{10} = 75(\mathrm{kg_f})$$

$$Q_2 = 2Q_1 = 2 \times 75 = 150(\mathrm{kg_f})$$

최소 합성 전단력의 크기

$$R_{min} = F - Q_1 = 150 - 75 = 75(\mathrm{kg_f})$$

최대 합성 전단력의 크기

$$R_{max} = F + Q_2 = 150 + 150 = 300(\mathrm{kg_f})$$

$$\tau_a = \frac{R_{max}}{\frac{\pi}{4}d_{min}^2}$$

$$d_{min} = \sqrt{\frac{4R_{max}}{\pi \times \tau_a}} = \sqrt{\frac{4 \times 300}{3 \times 4}} = 10(\mathrm{mm})$$

06

정답 1) 전기장치의 명칭: 변압기, 2) $f = 50\text{Hz}$,

3) $v_{\max} = 400\text{V}$

해설 각속도 $\omega = \dfrac{2\pi}{T} = \dfrac{2\pi}{20 \times 10^{-3}} = 100\pi\,(\text{rad/s})$

$f = \dfrac{\omega}{2\pi} = \dfrac{100\pi}{2\pi} = 50\,(\text{Hz})$

$\dfrac{v_1}{v_2} = \dfrac{n_1}{n_2}$

$\dfrac{v_{\max}}{200} = \dfrac{200}{100}$

$v_{\max} = 400\,(\text{V})$

07

정답 1) $\triangle P = 540\,\text{Pa}$, 2) $V = 30\,\text{m/s}$

해설 $\triangle P = \gamma_g \times h = \rho_g g \times h$

$\qquad = 12000 \times 10 \times \dfrac{4.5}{1000} = 540\,(\text{Pa})$

$\dfrac{P_1}{\gamma_a} + \dfrac{V_1^2}{2g} + Z_1 = \dfrac{P_2}{\gamma_a} + \dfrac{V_2^2}{2g} + Z_2$

$Z_1 = Z_2, \ V_2 = 0$

$\dfrac{P_1}{\gamma_a} + \dfrac{V_1^2}{2g} = \dfrac{P_2}{\gamma_a}$

$\dfrac{V_1^2}{2g} = \dfrac{P_2 - P_1}{\gamma_a} = \dfrac{\triangle P}{\gamma_a}$

$V_1 = \sqrt{\dfrac{\triangle P \times 2g}{\gamma_a}} = \sqrt{\dfrac{\triangle P \times 2g}{\rho_a g}}$

$\quad = \sqrt{\dfrac{\triangle P \times 2}{\rho_a}} = \sqrt{\dfrac{540 \times 2}{1.2}}$

$\quad = 30\,(\text{m/s})$

08

정답 1) $G(s) = \dfrac{1}{s^2 + 8^2}$, 2) $y_{\max} = 1\,\text{m}$

해설 $M\ddot{y}(t) + k y(t) = f(t)$

$M s^2 Y(s) + k Y(s) = F(s)$

$Y(s)(M s^2 + k) = F(s)$

$G(s) = \dfrac{Y(s)}{F(s)} = \dfrac{1}{M s^2 + k} = \dfrac{1}{s^2 + 64} = \dfrac{1}{s^2 + 8^2}$

$G(s) = \dfrac{1}{s^2 + 8^2} = \dfrac{1}{8} \times \dfrac{8}{s^2 + 8^2}$

시간함수로 표현된 전달함수 $g(t) = \dfrac{1}{8}\sin 8t$

$g(t) = \dfrac{y(t)}{f(t)} = \dfrac{1}{8}\sin 8t$

$y(t) = f(t) \times \dfrac{1}{8}\sin 8t = 8 \times \dfrac{1}{8}\sin 8t = 1 \times \sin 8t$

$y_{\max} = 1\,(\text{m})$

09

정답 ㉠: 상향절삭, ㉡: 350

해설 $f = f_z \times Z \times N$

$N = \dfrac{f}{f_z \times Z} = \dfrac{560}{0.2 \times 8} = 350\,(\text{rpm})$

10

정답 1) $\dfrac{T_\text{B}}{T_\text{A}} = \dfrac{1}{2}$, 2) $\tau_{\max} = 25\,\text{MPa}$

해설 $\theta = \dfrac{T_\text{A} L_\text{A}}{G I_P} = \dfrac{T_\text{B} L_\text{B}}{G I_P}$

$T_\text{A} L_\text{A} = T_\text{B} L_\text{B}$

$\dfrac{T_\text{B}}{T_\text{A}} = \dfrac{L_\text{A}}{L_\text{B}} = \dfrac{1}{2}$

$T_\text{A} = 2\,T_\text{B}$

$\quad = 2 \times \dfrac{\theta\, G I_P}{L_\text{B}}$

$\quad = 2 \times \dfrac{\left(30° \times \dfrac{\pi}{180°}\right) \times 100000 \times \dfrac{\pi \times 40^4}{32}}{8000}$

$\quad = 300000\,(\text{N/mm})$

$\tau_{\max} = \dfrac{T_A}{Z_P} = \dfrac{300000}{\dfrac{\pi \times 40^3}{16}} = 25\,(\text{MPa})$

11

정답 1) $p = 0.02\,\text{kg}_\text{f}/\text{mm}^2$, 2) $N_{\max} = 2000\,\text{rpm}$

해설 $p = \dfrac{P}{\dfrac{\pi}{4}(d_2^2 - d_1^2) \times Z}$

$\quad = \dfrac{1800}{\dfrac{3}{4} \times (200^2 - 100^2) \times 4}$

$\quad = 0.02\,\left(\text{kg}_\text{f}/\text{mm}^2\right)$

$$(pv) \geq 0.02 \times \frac{\pi d_m N_{\max}}{60 \times 1000}$$

$$\begin{aligned} N_{\max} &= \frac{(pv) \times 60 \times 1000}{0.02 \times \pi \times d_m} \\ &= \frac{0.3 \times 60 \times 1000}{0.02 \times 3 \times 150} \\ &= 2000 (\text{rpm}) \end{aligned}$$

12

정답 1) ㉠: 절삭속도, ㉡: 리드, 2) $N_s = 8\,\text{rev}$

해설 1) G96 S180 M03: 절삭속도 180(m/min), 주축 정회전

G92 X26.3 Z−48.5 F1.5

G92: 나사가공 사이클

X26.3: 처음 나사절입 깊이량(직경 26.3)

Z−48.5: 나사가공 길이(−48.5mm)

F1.5: 나사의 리드(1.5mm)

2) 홈 가공

G97 S240: 240(rpm) 일정

G01 X21.: 지름 21mm

G04 P2000: 2초간 휴지(dwell time)

60초: 240회전 = 2초:N

60(초):240(rev) = 2(초):N_s(rev)

$$N_s = \frac{240 \times 2}{60} = 8 (\text{rev})$$

13

정답 1) $\dot{m}_2 = 0.24\,\text{kg/s}$, 2) $V_1 = 0.25\,\text{m/s}$

해설 $\dot{m}_1 = \rho \times \dfrac{\pi}{4} D_1^2 \times V_1$

$$V_1 = \frac{\dot{m}_1}{\rho \times \dfrac{\pi}{4} D_1^2} = \frac{0.3}{1000 \times \dfrac{3}{4} 0.04^2} = 0.25 (\text{m/s})$$

$$h_3(\dot{m}_1 + \dot{m}_2) = h_1 \times \dot{m}_1 + h_2 \times \dot{m}_2$$

$$170(0.3 + \dot{m}_2) = 250 \times 0.3 + 70 \times \dot{m}_2$$

$$\dot{m}_2 = 0.24 (\text{kg/s})$$

14

정답 1) $P = 2000\,\text{kPa}$, 2) $F_D = 1200\,\text{N}$

해설 $\sum M_A = 0$ 시계방향+

$$F_B \times b = F \times (a+b)$$

$$F_B = \frac{F \times (a+b)}{b} = \frac{200 \times (20+4)}{4} = 1200(\text{N})$$

유압 P

$$P = \frac{F_B}{A_\omega} = \frac{1200}{6 \times 10^{-4}}$$

$$= 2 \times 10^6 (\text{Pa}) = 2000(\text{kPa})$$

제동력 $F_D = \mu \times (P \times A_\omega) \times 2$

$$\quad = 0.25 \times (2 \times 10^6 \times 12 \times 10^{-4}) \times 2$$

$$\quad = 1200(\text{N})$$

15

정답 1) $V_A = 0.2\,\text{m/s}$, 2) $Q = 0.00384\,\text{m}^3/\text{s}$

해설 $Q = \dfrac{\pi}{4} 16^2 \times V_A = \dfrac{\pi}{4} 4^2 \times V_B$

$$V_B = 16 V_A, \ Z_A = Z_B$$

$$\frac{P_A}{\rho g} + \frac{V_A^2}{2g} + Z_A = \frac{P_B}{\rho g} + \frac{V_B^2}{2g} + Z_B$$

$$\frac{P_A - P_B}{\rho g} = \frac{V_B^2 - V_A^2}{2g} = \frac{(16V_A)^2 - V_A^2}{2g}$$

$$\frac{2(P_A - P_B)}{\rho} = 255 V_A^2$$

$$V_A = \sqrt{\frac{2 \times (P_A - P_B)}{\rho \times 255}} = \sqrt{\frac{2 \times 5100}{1000 \times 255}} = 0.2(\text{m/s})$$

$$Q = \frac{\pi}{4} \times 0.16^2 \times V_A$$

$$= \frac{3}{4} \times 0.16^2 \times 0.2$$

$$= 0.00384 (\text{m}^3/\text{s})$$

16

정답 1) $\dot{Q}_e = 8\,\text{kW}$, 2) $\text{COP} = 4$

해설 $\dot{W} = \dot{m} \times (h_2 - h_1)$

$$h_1 = h_2 - \frac{\dot{W}}{\dot{m}} = 285.5 - \frac{2}{0.05} = 245.5(\text{kJ/s})$$

$$\dot{Q}_e = \dot{m} \times (h_1 - h_4) = 0.05 \times (245.5 - 85.5) = 8(\text{kW})$$

$$\text{COP} = \frac{\dot{Q}_e}{\dot{W}} = \frac{8}{2} = 4$$

정영식
임용기계
기출문제집

초판인쇄 2024. 11. 11.　**초판발행** 2024. 11. 15.　**편저** 정영식

발행인 박 용　**발행처** (주)박문각출판　**등록** 2015년 4월 29일 제2019-000137호

주소 06654 서울시 서초구 효령로 283 서경 B/D 4층　**팩스** (02)584-2927

전화 교재 주문 (02)6466-7202, 동영상문의 (02)6466-7201

저자와의
협의하에
인지생략

정가 36,000원

ISBN 979-11-7262-328-9